学术研究丛书

主　　编：林有能　叶金宝

执行主编：陶原珂

审美文化：从形而上研究到范畴拓展

商务印书馆
创于1897 The Commercial Press

2015年·北京

图书在版编目(CIP)数据

审美文化：从形而上研究到范畴拓展 / 林有能，叶金宝主编. — 北京：商务印书馆，2015
（学术研究丛书）
ISBN 978－7－100－11061－7

Ⅰ. ①审… Ⅱ. ①林… ②叶… Ⅲ. ①审美－文集 Ⅳ. ①B83-0

中国版本图书馆CIP数据核字(2015)第018813号

审美文化：从形而上研究到范畴拓展

主编：林有能　叶金宝

执行主编：陶原珂

商　务　印　书　馆　出　版
（北京王府井大街36号　邮政编码 100710）
商　务　印　书　馆　发　行
三河市尚艺印装有限公司印刷
ISBN 978－7－100－11061－7

2015 年 3 月第 1 版　　开本 880×1230　1/32
2015 年 3 月北京第 1 次印刷　　印张 15 3/8

定价：60.00 元

目录 Contents

第三部分　文艺美学的拓展

第四部分 文艺美学学科问题研究

第五部分 审美大众化研究

第六部分　审美文化范畴研究

审美文化研究的进路（代序）

陶原珂

《学术研究》杂志从1962年年初，在其前身《理论与实践》杂志停刊1年后以现名复刊，不久即开始刊发美学研究论文（如1963年第6期刊发李泽厚《审美意识与创作方法》）。但是，后来批判资产阶级学术思想的气氛越来越浓，所刊美学论文便带有较强的思想批判色彩，如1964—1965年刊登了萧殷、蓝宜《资产阶级美学观点的艺术标本——〈北国江南〉的思想实质和美学理想解剖》（1964年第6期）和李泽厚《派克美学思想批判》（1965年第4期）。

美学研究的全面开展，特别是进入审美文化研究阶段，这是1978年复刊以来在新的历史时期出现的美学繁兴局面。美学的形而上思考是审美文化研究的根基，文艺美学研究是审美文化研究的主体，日常审美研究是审美大众化的发展要求。新时期以来，不仅有美学本位研究，更有以文艺审美研究为主干的审美文化研究。美学的本位研究包括美学的哲学思考、心理学美学研究和审美方法论的探讨。审美文化研究，除了继续探讨文艺审美规律外，更拓展出日常生活审美、城市与环境美学以及近年兴起的生态美学等领域。对此，《学术研究》杂志步步跟进美学发展步伐，所刊美学研究文章汇集起来按类编次，并对部分文章内容进行了压缩、订正与修改，正可以反映出30年美学研究主要向度的发展态势，为相关研究提供理论参考。这是我们编辑这个文集的初衷。

以下按分类编次简介所刊主要文章的学术理路及其研究价值。

一、美学的本位研究

美学本位研究是审美文化研究生长于其上的基础。美学发展存在两条线索："一是美学历史发展的客观规律，一是现代自然科学、社会科学的多维渗透。"[1] 新时期美学本位研究也可大致分两条线索。

一条线索呈现于20世纪80—90年代初，体现在两个方面。一是受新方法论的影响明显，并注重相关学科思想的渗透和方法，如刘君奇《美在连续值逻辑的桥梁上流动》、汤伟民《浅议接受美学中的反馈思想》、潘智彪《论审美的心理距离》、王世德《探究审美生理基础的重大贡献——评黎乔立的〈审美新假说〉》、张德兴《萨特存在主义美学述评》和刘伟林《先秦美学的方法论意义》，反映出美学研究对各种方法论的吸纳或关注；其中审美心理研究成了审美研究的基础路径，后来彭立勋《西方现代心理美学评价》还对西方心理美学思潮做了综合评介和梳理。二是中国古代美学研究探寻相关思想的渗透，李岚《中国审美主体理论的发轫与道家哲学》、袁济喜《有无之辨与自然雕饰之争——魏晋南北朝两种审美情趣的玄学根源》和杨煦生《道家美学》等，反映出中国美学史研究在李泽厚《美的历程》之后更注重哲学思想探源的发展路径。

[1] 劳承万：《关于中国当代美学发展中的两个问题》，《学术研究》1989年第4期。

另一条线索呈现于20世纪80年代后期到新世纪，是对美学问题的形而上思考。一方面是对传统审美范畴和相关问题继续跟进和深化，向翔《论自然美的社会性质》、蔡列《论“多向型”审美意识》、王强东《西方古典美学“理想”范畴的研究》、史可扬《美学的精神》、潘智彪《美育与人的审美需要》和《论审美知觉的社会性》、刘士林《论审美活动的历史沉沦》、程金海《主体间性与中国美学的拓进之维》和邹元江《对美之意象的非对象化感知》等，都是对具体传统美学范畴进行深化或拓展的阐释。劳承万更深入探讨了中介范畴，形成自成一说的审美中介论，引起学界关注和充分肯定[1]，后来刘士林《〈澄明美学〉的学术理念旨归》通过评论其另一著作肯定了他美学研究追求的学术独立旨归。程文超《评彭立勋〈美学的现代思考〉》借评陟该文集深入介绍了作者的力著所阐释的审美经验论。另一方面是反思美学发展史，劳承万《关于中国当代美学发展中的两个问题》对中国当代美学的发展趋向做了哲学思考和概括，指出其中否定之否定的发展规律；彭立勋《20世纪中国审美主体研究纵论》和《西方近代美学思潮的主导精神和基本倾向》，前者围绕审美主体经验范畴清理出中国美学走向综合及多学科性的发展趋向，后者则梳理出西方近代以人本精神和科学精神主导的美学思潮发展线索；其他学者更多（尤其在新世纪）从当代学术视野反思美学史上的理论问题，如何梓焜《关于普列汉诺夫的“美感矛盾二重性”》、陈望衡《中国现代美学史上的怪才——张竞生》、陈海静《反思美学中的实体论思维》、庞跃辉《中西美育“净化”说之比较认知分析》、蓝国桥《从后现代的角度看

---

[1] 刘伟林：《劳承万的审美中介学研究——当代美学研究的新视向》，《学术研究》1992年第4期。

柏拉图的艺术观》、胡鹏林《走出实践美学二元对立思维的误区》、闫月珍《叶维廉对道家美学抒情性的探寻》、章辉《〈巴黎手稿〉与实践美学》、於贤德《论朱光潜的物甲物乙说与李泽厚积淀说的互补性》、张仁香《论梁宗岱的审美批判个性：慎思明辨与诗性体悟》、杜学敏《20世纪以来的自然美问题研究》、劳承万《康德“美是道德的象征”在先验体系中的构架性意义》和胡明娥《论康德美学中的图式》等。其中，劳文从康德美学中发掘出美学发展逻辑的新路径——道德审美。

二、文艺美学的拓展

《学术研究》杂志刊登文艺美学论文是从20世纪80年代中期的风格范畴研究开始的。贾益民《论风格规律及其美学实践意义》《论风格构成的美学规律》和陶东风《风格演变与艺术史的心理学思考》，分别探讨了风格的审美价值及其构成和艺术史演变的规律；吴承学《从破体为文看古人审美的价值取向》，进而探讨古代文体风貌变迁的审美取向。同时，从审美视角研究文艺（主要是文学）的作品、文论和创作规律的文章开始涌现，逐渐形成文学审美研究的潮流。探讨创作规律问题的如孔智光《创作自由的矛盾二重性及审美特质》、饶芃子《中西灵感说与文化差异》、蒋述卓《佛教心性论对古代文艺创作心理学的启示》等，其中吸收了审美心理研究的成果；探讨古代文论的如劳承万《论〈文心雕龙〉的逻辑体系》、孙汉生《司空图的审美图式论》、韩湖初《论严羽的审美理想与时代的关系》、刘伟林《“三外”说——司空图的诗鉴赏心理学》、陈建忠《略论康有为的诗歌美学观》、李建中《中国古代鉴赏心理学论纲》、樊宝英《接受美学与中国古代文论研究》、吴俊忠《关于文学鉴赏理论建构的思考》，探讨现代文论思想的如董馨《审美理解：文学本体论》、潘雅琴《误读的美学意义》和刘慧姝《论克尔凯郭尔绝望心理范畴的审美意义》等，在阐释文论思想和体系中注入了美学思想和相关范畴，尤其体现出引进的接受美学影响着鉴赏心理研究；用以探析创作和批评等文学审美实践的范围更广泛，如王本朝《论中国现代文学悲剧意识的美学特征》、王济民《毛泽东的审美趣味》、罗斯宁《论宋词的感伤美》、程杰《宋诗“平淡”美的理论和实践》、张海鸥《浪子词人柳永与正统君臣审美意识的冲突》和《苏轼文学观念中的清美意识》、王坤《古典美学的拓展与突破——〈金瓶梅〉美学风貌论要》、陈文新《人情小说审美范式的确立——〈金瓶梅〉人物谱系归属研究》、陈红蕾《论季语在俳句中的审美价值》、程杰《林逋咏梅在梅花审美认识史上的意义》、张世君《明清小说评点山水画概念析》和高小康《重新审视小说评点的审美阅读意义》等，涉及古今中外。其中，在审美实践的新视角下拓展了《金瓶梅》研究和小说评点研究的新路径。

文艺美学研究在不同层面进行的基础上，作为学科的文艺美学呼之欲出。从文艺学到文艺美学的学科发展过程中，进行过一系列讨论。20世纪90年代初，陆一帆发表了《关于文艺本质问题的思考提纲》和《再论社会心理是文艺反映现实的中介》，提出“社会心理是文艺的直接源泉”的观点，引起学界讨论并关注审美心理对文艺创作和欣赏的中介作用。继而，陆一帆《关于文艺批评标准的思考提纲》提出文艺批评的真、善、美标准，也为文艺学引入审美批评提供了理论支持。20世纪90年代中期以后的10年间，面对文艺学学科转向的现实，全国文艺学博士点定期召开学科建设研讨会，一批教授就学科的根本问题先后发表见解。经学界共同努力，文艺美学学科逐渐成形，劳承万主编了首套《文艺学美学丛书》，暨南大学举行了“文艺美学在中国”专题研讨会。然而，尽管此时文艺学学科已经接受了美学的改造，但是在术语上，“文艺学”和“文艺美学”并未统一，探讨古代文论时有用新名的，如涂林祥《台湾香港刘熙载文艺美学思想研究述评》；而探讨学科核心问题时更多仍用旧称，如王元骧《试论古代文论的“现代转换”》、童庆炳《审美意识形态论作为文艺学的第一原理》、王坤《现代中西方文艺理论学科基点研究》和其与蓝国桥合著的《经典与文艺学学科生机的反思》、张炯《对当前文艺学学科建设之我见》、杨春时《论文学的多重本质》、柯汉琳《重读马克思多种视角的文艺批评》等。而在文艺学走向文艺美学的同时，与审美大众化相伴相生，文艺学和美学都出现了泛化倾向，尤为青年学者关注，湛江师范学院还组织了专题研讨。

三、审美大众化研究

在过去的30年中，美学不仅受到多学科渗透，美学本身也从哲学美学本位向多维扩散开来；美学在渗透和改造文艺学的同时，还多维地渗透到日常生活和其他文化领域，从而形成审美大众化倾向。审美文化研究也随之从文艺审美研究向大众日常生活文化审美研究扩展开来。美学研究的这种扩展倾向，自20世纪80年代中期以来一直成为学界关注和研究的现象。起初是描述这种扩展的特征，如彭修艮《论美学研究范围的自律与扩展》和刘朝谦《泛美—善文化与文学的浑沌》；继而试图把握发展的理论路向，如李珺平《推进审美文化研究的几个问题——面向21世纪的思考》、胡经之《走向文化美学》、周宪《视觉文化的转向》和蒋述卓主持《“消费时代文化批评现状的反思”笔谈》；或探讨文艺美学在审美文化发展中的自觉与选择，如刘洪一《文化诗学的理念与追求》、侯敏《唐君毅的文化诗学》、於贤德《文艺学、美学对消费主义挑战的回答》、陈伟军《程文超的文学研究与文化建构》；进而探讨审美文化与相关社会现象、社会思潮的关系，如潘智彪《论审美文化与社会之间的互动》、彭立勋《后现代性与中国当代审美文化》、庞跃辉《从和谐审美文化把握和谐社会的文明演进》，以及程相占、阿诺德·伯林特《从环境美学到城市美学》等。

审美大众化现象的研究受文化批评理论的影响和驱动，黄春燕《本雅明文化批评“谋略”的启迪》和赵勇《论法兰克福学派大众文化理论的生成语境》反映了文化批评的理论来源；而审美文化研究本身更向多种文化事象拓展，指向早期文本的如陆扬《〈圣经〉的美学内容及其传统》和金莉莉《从童话看成人的文化想象》；指向影视的如史风华《阿恩海姆的电影美学思想》、曾耀农《新历史主义对新时期影视的影响》、桂青山《“第五代”电影20年来的文化态势》和梁振华《中国作家介入当代影视文化的群体现象》等；指向数字虚拟空间的如梅琼林《电子虚拟世界之传播本质》和约斯·德·穆尔、吕和应《数字化操控时代的艺术作品》；指向人自身的如余福智《中国古代生命美学初探》、张开焱《种群文艺视角的可能研究空间》、蓝勇《中国古代美女的地域认同文化研究》和王晓华《西方主体论身体美学的诞生踪迹》；还有指向传统文化行为、事象审美的如许宗元《论旅游的美学本质》、王莲与谢建明《中日菊花意象的人文涵义比较》，以及朱志荣与石迪《论夏代玉器的审美特征》等。这些研究反映了文化审美研究的范围十分广泛而且研究有表象化倾向。

为了提高审美文化研究的理论抽象层次，新世纪以来有学者开始注意把审美文化现象与范畴结合起来研究，如於贤德《论城市美的形式特征》、陈瑞红《审美现代性中的纨绔主义》、周宪《从视觉文化观点看时尚》、赵静蓉《从怀旧感看斯宾格勒的文化观》、向卫国《世纪之交广东诗歌崛起的文化生态考察》和刘永丽《上海怀旧：对一种审美生活方式的向往》。为了以范畴研究提升审美文化研究的理论层次，2007年《学术研究》杂志与湛江师范学院文学院及中山大学中文系还借助于“岭南学术论坛”平台，合作举办了“审美文化范畴研讨会”，於贤德《构建范畴：深化审美文化研究的突破口》、李珺平《对当前艺术生活中“刻奇”现象的思考——从米兰·昆德拉谈起》、朱寿桐和王晖《谈流行文化审美精神的流失》等，体现出审美文化范畴研究的自觉意识。

为了推进审美文化研究的进一步发展，使审美现象研究与美学形上研究相结合，发挥理论研究的导向功能，《学术研究》杂志2010年又与汕头大学文学院及中山大学中文系合作，利用“岭南学术论坛”平台，就“德性审美文化范畴”再次组织研讨，沟通了审美文化现象批评和审美形上研究的理论联系，以期拓展新一轮的收获。

第一部分

新方法影响下的研究

美在连续值逻辑的桥梁上流动
——用模糊数学研究美学的设想

刘君奇

一

经典数学是一门高度精确和抽象的“硬科学”，而美学却是一门模糊的“软科学”，“硬”与“软”之间还没具备渗透的条件。然而，随着数学本身在发展中出现“软化”，即产生了“软分支”模糊数学之后，运用数学方法来研究美学却成为可能了。

美学的“软”是相对于形而上学的明确哲学而言的。18世纪初，德国理性主义哲学家莱布尼兹（Gottfried Wilhelm Leibniz，1646—1716）在他的认识系统中，把人的认识分为“明确的认识”和“混乱的认识”，把审美鉴赏力划归到“混乱的认识”，对于什么是美，他只能说美是一种“我说不出来的什么”。他的后继者鲍姆嘉通（Alexander Gottlieb Baumgarten，1714—1762），为了弥补这“混乱的认识”，在1750年写出了《美学》一书，创立了美学这门新学科，使之从哲学中独立出来。美学的研究对象是模糊性的感觉世界，它不用排中律对客观事物做非此即彼的哲学抽象，不拿概念硬套丰富多彩的生活现象，它承认过程，对复杂现象做出具体描述，对难以用语言表达的现象提供说明的可能性，审美鉴赏要求审美者不带着诸如“好人、坏人、正面人物、反面人物”等理性概念去规范艺术形象，以免束缚想象力，赶跑了美感。这些，体现了美学“软”的特性，也即灵活性、运动性。康德（Immanuel Kant，1724—1804）将美学这种特性概括为“非功利而生愉快”、“心无概念而趋于认识”、“无目的的合目的性”。

再看看经典数学如何“软化”成模糊数学。经典数学建立在普通集合论的基础上。按普通集合论的原理，把一些确定的事物汇集成一个集合，通常用大写字母 A、B、C……来表示。集合里的每个事物称为这个集合的元素，用小写字母 a、b、c……来表示。例如太阳系是一个行星集合，地球是这个集合中的一个元素。集合中的某个元素是否属于这个集合，区分得非常清楚，或属于或不属于，二者必居其一，不能模棱两可。符号∈表示属于，符号∉表示不属于。集合用特征函数 C 来表示，特征函数 C 可表示元素 x 是否属于集合 A：当 $x \in A$，则 C_A（x）=1；当 $x \notin A$，则 C_A（x）=0。由于普通集合的特征函数只允许取 {0，1} 两个值，故与非此则彼的二值逻辑对应，二值逻辑也只承认真假二值 {0，1}。在肯定真假时，一个命题只能真或假，没有亦真亦假的可能，这是经典数学的硬性原则。这种数学抽象和数学逻辑以精确性见长，然而，它把现实错综复杂、充满模糊性的现象排除在研究范围之外。20 世纪 60 年代中期电子计算机科学的发展，就将经典数学的这一缺陷暴露出来了，诸如“不很老”、“美人”等模糊概念，经典精确数学就没法做明确的集合描述，也就没法选用适当的计算机形式语言。面对新挑战，必须对现有的数学概念进行本质上的改造，开放数学的研究范围，反映事物的运动过程。为此，美国著名控制论专家卢特菲 · 扎德（Lotfi A. Zadeh，1921—　），在

1965 年修改了经典集合论，提出了模糊集合概念，首创模糊数学，回答了时代所提出的新课题。扎德在方法论上的贡献是从特征函数推广出隶属函数，使隶属函数不是取 {0，1} 两个值，而是扩大到可取〔0，1〕闭区间[1]的无穷多个值，从而使数学从二值逻辑扩展到连续值逻辑上来，这样，真假二值之间就架起一座过渡的桥梁，连接了“是”与“非”之间的鸿沟。在这座中介桥梁上，事物矛盾对立的两极，能够相互联系、相互渗透、由此达彼地做趋向性运动。这是继微积分之后又一次“使自然科学有可能用数学来不仅仅表明状态，并且也表明过程：运动”。[2] 这种隶属函数连续值的桥梁，同样伸向了经典集合论无法插足的美学。由于隶属函数连续值的运动性特征正符合审美思维方式的本质特性，在这个共同点上，美学得以用数学方法来完善自己。

美学创立两百多年来，不论是鲍姆嘉通还是康德，美学家都在寻求美的思维特性的表述方式，他们都朦胧感到美处于感性与理性之间，美的思维要实现杂多的统一，达到认识的完善，但他们的表述只能靠晦涩的思辨哲学，所谓“非功利而生愉快”、“无概念而趋于认识”、“无目的的合目的性”之类。严羽在《沧浪诗话》说：“不涉理路，不落言筌”，讲的也是审美思维方式，至于不涉理路涉什么路，他也没讲清楚。美学家努力想表述的美的思维方式，若用模糊集合论来描述就明确得多，美的思维方式就是隶属函数〔0，1〕闭区间运动着的连续值架起的桥梁；桥梁的两岸〔0，1〕是目的，是概念，人们在桥上缓慢行走，浏览周围的美丽风光，自由展开想象的翅膀，思接

[1]　闭区间 在 a，b（a>b）两数间所有实数的全体，称为“开区间”，记为 {a，b}，添入两端点 a 和 b，于 {a，b}，则成“闭区间”，记为〔a，b〕，或文中的〔0，1〕。区间往往用来表示变量的变化范围。

[2]《马克思恩格斯全集》，第 20 卷，人民出版社，1956 年，第 616 页。

千载，视通万里，意味无穷。用隶属函数MA（x）来表示，审美者就处在0≤MA(x）≤1的运动域中。运动域（桥梁）的过渡性、流动性、亦此亦彼的非概念性、联系性、渗透性，放射着美的光辉。

二

理论上的论述难免显得抽象，让我们到具体的艺术形象中去寻找“美在连续值逻辑的桥梁上流动”的足迹吧。

某大学哲学教师，曾在课堂上对中文系学生说：“《红楼梦》不外是一个封建家族的盛衰史，几页纸就可以介绍完并做出结论。”他是二值逻辑思维方式，只要目的，厌弃过程；只要抽象，不要形象。喜爱清晰，讨厌模糊。如果用连续值逻辑思维方法来看，《红楼梦》不仅有政治、经济的深刻内涵，还有千姿百态的人际、伦理、心理、艺术等生活奇观，凝聚着丰富深广的美的价值。试以刘姥姥三进荣国府为例：

设荣国府的盛衰史为模糊集A

设论域U是〔0，1〕闭区间的隶属函数，0表示盛值，1表示衰值。

又设刘姥姥三进荣国府各次所见衰况为模糊集合元素X_1，X_2，X_3。

则$U=\{X_1，X_2，X_3\}$

刘姥姥在小说第四十回，以穷村妪身份第一次出现在豪华的“晓翠堂”宴席上，眼见一片豪华富贵景象，她眼中见到的衰值定为0.1。二进荣国府她看出“家底子已露出来了”，眼见的衰值定为0.5。三进荣国府见到满目疮痍，见欢宴作乐的豪贵们，一个个葬身黄泉，那个趾高气扬的凤姐也落得“骨瘦如柴，神情恍惚”，令刘姥姥“心里也就悲惨起来”。这次见到的衰值定为0.9。那么隶属函数连续值是：

MA（X_1）=0.1；MA（X_2）=0.5；MA（X_3）=0.9

这样就表示出刘姥姥三进荣国府眼前的印象对“盛衰”这个模糊概念的隶属度。模糊集合可写成：A=0.1/X_1，0.5/X_2，0.9/X_3。

模糊集合中隶属函数值的确定带有主观性，通常根据审美经验或审美判断而定，也不可能存在绝对精确的确定数值的方法，因为隶属函数本身就是模糊的。但是，用闭区间连续值来表示一个审美心理流程，其美学意义不是随便抹杀得了的。从刘姥姥三进荣国府这个模糊集合我们看到，连续值架起了盛衰之间的桥梁，它们将审美思维形式描述为一个中介流程，各个变量（衰元素的流动）形成审美的流动性，造成审美内涵的不稳定性，在不可胜数的亦盛亦衰的模糊画面上，形象、情感、情节等非概念的审美语言向你涌来，各种情节和人物互相穿插，感情互相联结又互相转化。因为数值模糊，你的思维不能凝聚在一个概念上。当你随刘姥姥三进荣国府，联想到喜剧中潜藏的悲剧，想到对立面的戏剧性转化，联想到卷首的《好了歌》，你才真正享受到小说的无穷滋味，领略到小说揭露封建社会衰亡的笔力沉重如山。

数学方法向各科学领域渗透，往往需借助载体。运用模糊数学来研究美学，同样需要载体才能奏效，这载体即系统论和控制论方法。系统方法要求在研究某个对象时，先把它分割为各种要素并放在系统的形式中加以分析，从而揭示各要素不同的系统质，以相互联系、作用、制约和运动变化的流动过程，这是系统论分析综合的辩证原则。模糊集合中各元素借助于系统论载体，能通过结构、层次、序列等范畴，对多元素多变量的模糊对象进行分析，又能通过整体性、有序性、流动性等原则，达到对模糊对象的美学处理。上文对刘姥姥三进荣国府所做模糊数学—美学分析中，已运用了系统方法，将三个元素放到由盛转衰的封建社会大系统的形式中，考察了各元素的差异和结构序列的不同，揭示了各元素的性质和联系。但是，刘姥姥这个例子是一个较简单的系统。《红楼梦》全书作为一个系统，则复杂得多。

就美学系统而言，是由艺术哲学、艺术心理学和艺术社会学三大支柱构成，审美分析是由这三大支柱构成的多变量、多侧面、多维的模糊集合系统。下面以对画的分析将模糊集合审美系统更具体化。

鲁本斯（Peter Paul Rubens，1577—1640）的名画《劫夺吕西普的女儿》，油画上有两个强悍男青年在抢劫两个健壮女子，旁边有两个小爱神。画的题材取自罗马神话，众神之王朱庇特和丽达所生孪生兄弟，合伙抢劫迈锡尼王女儿的故事。如果对这幅画下理性判断，会得出“抢劫妇女是野蛮行为”的结论，美在这精确的理性判断中消失了。若用模糊数学及其载体系统论来描述，则整幅画是一个模糊集合，小爱神的爱与劫夺组成模糊集合〔0，1〕。0表示“劫夺”值，1表示“爱”值。再运用系统论原理，把〔0，1〕闭区间的连续值映射到社会发展全过程，从历史、心理、哲学等元素进行多侧面多变量综合考察，揭示各系统质之间的内在联系，最后从审美心理流程上把握其审美价值。

元素X_1：历史系统。远古部族时代的婚姻多靠抢劫来实现，这是合俗的。其时，粗野勇武行为表示对情感和力量赤裸无遗的肯定，包含着人类童年的稚气，其内涵决定$X_1 \in 1$，从劫夺向爱的方向流动。

元素X_2：社会—哲学系统。《劫夺吕西普的女儿》产生于文艺复兴时代之末，画中描绘的那种野性的欢乐、热情和力量，是对中世纪禁欲主义扼杀人性罪行的反动。这种深刻内涵同样决定$X_2 \in 1$，并且揭示出X_2对X_1的渗透和联系，带着更强的爱信息流向爱的方向流动。

元素 X_3：心理学系统。神经心理学实验证实，大脑有储存无穷尽神经元模型的能力，把许多过去的经验和知识储存在头脑里。这幅画正包含着鲁本斯追求人文主义理想和要求冲破禁欲主义束缚的信息，是他感知到此题材时，新艺术发现的结晶。对今天审美者来说，由于原始冲动力的心理积淀，加上对虚文俗礼和以物压人的异化不满，这幅画同审美者大脑中这些神经元模型联结、滚动、融化，使其达到心灵净化。这种审美心理内涵决定 $X_3 \in 1$，从劫夺向爱的方向流动。

在上述 X_1，X_2，X_3……诸元素的流动、联系、渗透的运动中，《劫夺吕西普的女儿》放射出美的光辉。

三

恩格斯说："相互作用是我们从现代自然科学的观点考察整个运动着的物质时首先遇到的东西。"它"是事物的真正的终极原因"[1]。流动着的各元素相互作用、相互联系，是美放射光辉的终极原因。这一命题，事实上就是对美本质的回答。而从此引出的刘姥姥和《劫夺吕西普的女儿》的分析，则是对美的欣赏的模糊数学方法的尝试。

再从审美创造来看。文学是人学，是人类高级情感的创造。现代心理学将感情分为：1. 生命的感情，其中有爽快与倦怠、舒服与郁闷、快乐与忧愁、乐观与悲观等对立因素，与抗交感神经有关；2. 感觉的感情，如明与暗、热与冷、轻与重、甜与苦等，来自身体受外界刺激所产生的生理反应，也会影响人的感情；3. 心情的感情，如喜欢

[1] 《马克思恩格斯选集》，第 3 卷，人民出版社，1972 年，第 551—552 页。

与厌恶、高兴与悲伤、诚实与恐惧、信任与不信任等，这是感觉感情的深化；4. 精神的感情，如崇高与卑下、优美与丑恶、正义与非正义、达观与绝望等，这是高级感情。人的情感都具有这四个价值层，可看作模糊集合的四个连续值 X_1，X_2，X_3，X_4。人的间脑是这四种复合感情的汇合点，则间脑为模糊集合A。生命的肉体能量同精神能量，欲望、本能同理性、天良是〔0，1〕两个值。这样，要塑造有美学性格的艺术形象，表达人物丰富的感情，就必须构建如下情感系统：

〔0，X_1，X_2，X_3，X_4，X_5，X_6，X_7……，1〕，其中 X_1= 生命感情〔0，a1，a2……，1〕，X_2= 感觉情感〔0，b1，b2……，1〕，X_3= 心情感情〔0，c1，c2……，1〕，X_4= 精神感情〔0，d1，d2……，1〕，X_5= 历史〔0，e1，e2……，1〕，X_6= 哲学〔0，f1，f2……，1〕，X_7= 心理〔0，g1，g2……，1〕。

这个系统是感情活动的广度、深度以及旺盛生命力的结晶，也是人类生命系统的连续值逻辑桥梁，在这座美的桥梁上，各种对立因素的渗透、交叉、联结、冲突、转化，造成一种系统性的整体美，多因性的杂多统一美，多变量性的动态美，矛盾性的感染力的美。世界上伟大作品的创造者，在这座桥梁上创造了无数的艺术形象。

作者单位：华南师范大学

萨特存在主义美学述评

张德兴

让－保罗·萨特（Jean-Paul Sartre，1905—1980）是存在主义哲学著名代表人物，在美学方面同样卓有建树，有《美学论文选》《什么是文学》《想象的事物》《想象力的现象学心理学》《波德莱尔》等著作。在现代西方美学人本主义和科学主义两大思潮中，其存在主义美学是人本主义美学思潮的重要组成部分，其基本特点是从人本主义角度考察美学问题，把美学与伦理学紧密结合起来。

一、建立在“存在”概念上的美论

存在主义是把人的存在当作其全部哲学基础和出发点的哲学流派。从德国的M.海德格尔（Martin Heidegger，1889—1976）、K.雅斯贝尔斯（Karl Theodor Jaspers，1883—1969）到法国的萨特、加缪（Albert Camus，1913—1960）等人，都试图从人所经历的严峻历史考验中研究人。面对充满了沮丧、不安、荒谬、烦恼和恐惧的资本主义现实，他们把注意力集中到对人的本质、存在价值的思考上，以存在概念作为基石，构筑整个存在主义哲学大厦。萨特的存在主义美学对美本质的理解也建筑在这个基本概念上。

“存在”这个概念在存在主义哲学中具有本体论意义。存在主义哲学把世界统一性归结为存在。这种存在并不是指客观存在，或人的现实存在，而是指被歪曲和神秘化了的人的精神生活的存在。在萨特看来，世界的存在依赖于人的这种精神生活存在。世界的存在本身是一种“自在的存在”，是偶然的和荒谬的，令人恶心。而真正的存在是一种“自为的存在”，即人的意识，这才是真实的。“意识的存在建立了本质；反过来说，意识是对一个存有的意识，这个存在的本质涵盖着存在，也就是说它的显现要求存有。存有是无处不在的”[1]。萨特赋予精神性的存在以本体论意义，从存在出发，萨特对美本质的基本观点是：实际存在的世界中并没有美存在，美只存在于想象世界。“现实从来就不是美的。美是一种永远而且只能适用于想象物的价值”[2]。也就是说，只有非现实的创造物才美。这种看法反映了萨特对资本主义现实的深恶痛绝。而根本否定现实生活中存在美，把美建立在非现实的基础上，反映了其美学的唯心主义倾向。

美既然是想象的创造物，离开人的存在，美也就不可能存在。就是“在自然和人类的初期，那时还既没有丑也没有美，既没有趣味，也没有文艺爱好者，没有批评”[3]。那么，这种非现实的美有何特点？

第一，美是人的一种创造，必须通过艺术家的丰富想象。这想象创造的美就不是“人工的存在”，而是“一个真正的存在”，是“不可分割的，普遍的和奇异的”，被艺术家所创造的一切所丰富。这是一种永远变化着的“活生生的美”。[4]

---

[1] 《西方现代资产阶级哲学论著选辑》，商务印书馆，1964 年，第 393 页。

[2] 《哲学译丛》，第 5 期，商务印书馆，1982 年，第 20 页。

[3] 萨特：《美学论文集》，锡特德出版社，1963 年，第 82 页。

[4] 萨特：《美学论文集》，锡特德出版社，1963 年，第 75 页。

第二，美不是单元素的。美“需要两个方面的统一，一个可见的方面和另一个秘密的方面”[1]。前者指美的形式，后者指美的内容。因此，美是一种形式和内容有机统一的整体的美。这里，萨特把批判锋芒指向了形式主义美学。

第三，美可以由丑转化而来。萨特指出，在毕加索的画中，“假如罪恶是丑的，那是因为它已成为笑的”。认为毕加索的名画《格尔尼卡》“将一直是个严厉的控诉，不过这点并没有扰乱它的宁静的造型的美，相反，它的造型美增加了而不是妨碍了感情的力量”[2]。屠杀人民的行为是丑的，画家在描绘这种罪恶时，对它进行了强烈谴责，因而丑转化为了美，其基本前提是艺术描绘对丑要持批判、否定态度。

第四，美揭示了人的命运。在萨特看来，美是“艺术的肉体和血液，艺术的存在”[3]。美自始至终是显示人的命运。当然，这种显示并不是赤裸裸的，而是“在以最复杂和丰富的方式被组织”的艺术品中得到显示的。这种看法体现了存在主义哲学关于人在资本主义社会处境的观点。萨特有句名言“他人即地狱”。“当我想摆脱他人的控制时，他人也在想摆脱我的控制”[4]。人与人之间这种陌生、冷漠、敌对关系表现为人的命运，美应当显示人的这种命运。

值得注意的是，萨特一方面认为美是非现实的，另一方面认为美应当揭示现实生活中的人的命运，这里存在着一个不容忽视的内在矛盾。

---

[1] 萨特：《美学论文集》，锡特德出版社，1963 年，第 62 页。

[2] 萨特：《美学论文集》，锡特德出版社，1963 年，第 63—64 页。

[3] 萨特：《美学论文集》，锡特德出版社，1963 年，第 61 页。

[4] 萨特：《存在与虚无》，纽约：哲学图书馆出版社，1956 年，第三章。

二、审美活动：对人的自由的肯定

如果说，美是一种非现实的价值，“美感享受，那么它则是现实的……但它只不过是理解非现实客体的一种方式”[1]。他把审美活动看作是对人的自由的肯定，认为美感的产生是因为我们在审美对象中发现了自由。例如在塞尚（Paul Cézanne，1839—1906）的画中，“穿过现象的符合目的性，我们的目光达到作为对象的深部结构的符合目的性，而且穿过这一符合目的性，我们的目光达到作为对象的源泉及其原始基础的人的自由”[2]。

萨特把审美快感称为“审美喜悦”，并把产生审美喜悦看成作品成功的标志。他对审美喜悦与自由的关系做了多层次界定。第一层次，审美喜悦“与对于一种超越性的、绝对的自由的辨认融为一体”[3]，美感或者审美喜悦首先是人的自由意识在对象中辨认出自身。第二层次，审美喜悦同时也是一种创造，欣赏者的“自由不仅作为纯粹的自主，而且作为创造活动向自己显现，就是说它不限于为自己制定法则，并且作为对象的构成部分把握自己”[4]。这更深一层指出，美感的获得不仅是在审美对象中消极地辨认出自由，而且是欣赏者积极再创造的结果。这种再创造产生美感有两个条件：1. 美感的获得是审美主体与审美对象之间的有机统一，其中，审美主体是主导的、本质性的；2. 审美活动必须通过想象物媒介。第三层次揭示了美感的普

[1]《哲学译丛》，第5期，商务印书馆，1982年，第21页。

[2] 萨特：《为什么写作？》，《萨特研究》，中国社会科学出版社，1981年，第16页。

[3] 萨特：《为什么写作？》，《萨特研究》，中国社会科学出版社，1981年，第18页。

[4] 萨特：《为什么写作？》，《萨特研究》，中国社会科学出版社，1981年，第19页。

遍有效性。萨特写道："上述结构包含着人们的自由之间的一项协定，因为一方面阅读是对于作者的自由的满怀信心和要求苛刻的承认，而另一方面审美快感因其本身是以一种价值的形式被知觉的，它就包括对别人提出的一项绝对要求：要求任何人，就其自由而言，在读同一部作品的时候产生同样的快感。"[1]这种看法吸收了康德美学的合理成果。康德认为，审美主体做鉴赏判断，"不能找到私人的只和他的主体有关的条件作为这愉快的根据，因此必须认为这种愉快是根据他所设想人人共有的东西"[2]。康德把审美判断的普遍性建立在一种人人共有的主观心意状态上，这是缺乏说服力的。因为这种心意状态仍需别的东西加以说明。萨特在谈审美喜悦的普遍性时吸取了康德关于审美判断与自由密切相连的看法，摒弃了他关于共同心意状态的观点。

在以上界定中，萨特把美感的普遍有效性建立在自由基础上，以揭示美感的本质，这至少有两个积极意义：1. 突破了把美感看成对审美对象单纯反映的机械观点；2. 高度肯定了人和人的自由在美感中的主导作用。这就形成萨特审美理论的鲜明伦理学特色。如他说的："审美的无上命令的基础，我们认为是道德的无上命令。"[3]

其次，萨特指出，审美过程不是被动接受，而是以原作为基础、以想象为中介的积极再创造，这个过程需要诉诸情感："人们是用感情来重新创造审美对象的……不过这些感情属于一个特殊类别：它们根源于自由，它们是借来的。"[4]而艺术作品只有融进了艺术家的思想

[1] 萨特：《为什么写作？》，《萨特研究》，中国社会科学出版社，1981年，第19—20页。
[2] 康德：《判断力批判》上卷，商务印书馆，1964年，第48页。
[3] 萨特：《境遇种种》，第2集，巴黎：1948年，第111页。
[4] 萨特：《为什么写作？》，《萨特研究》，中国社会科学出版社，1981年，第11—12页。

和感情，才能打动欣赏者的感情。萨特把以自由为根源和目的的感情称作“豪迈的感情”，认为创作和欣赏都必须具有这样的“豪情”。在此基础上，他提出了“审美距离”的观点。他主张作家“既然决定写作，他就必定要对他的感情保持一段距离。简单说，他已把他的感情变成自由的情感，就像我在读他的作品的时候把我自己的情感变成自由的情感那样，也就是说作者处于豪迈的姿态。因此，阅读是作者的豪情与读者的豪情缔结的一项协定”[1]。他所说的审美距离，是指在审美欣赏中的自由情感要和日常生活感情保持距离，其含义和布洛（Edward Bullough，1880—1934）主张的审美心理距离有所不同。由此出发，萨特激烈反对艺术家不顾自由这个根本目的，一味引起欣赏的恐惧、愤怒等情感的做法，强调“作家为诉诸读者的自由而写作，他只有得到这个自由才能使他的作品存在”[2]。然而，欣赏作品所引起的情感与现实生活情感仍有相似处，否则，萨特就不可能强调文艺对于社会生活的介入了。

另外，他认为，审美欣赏总是一种“预测和期待的过程。……没有期待，没有未来，没有无知状态，就不会有客观性”[3]。这种审美期待是对审美主体的能动性的肯定。审美欣赏是一种对立的统一：欣赏者在自由地想象着，期待着，另一方面，欣赏者被审美对象所吸引，“感到了强制，而且既不知道为什么，也不知道被谁，直到我发现我不得不看和被我自己所强制”[4]。欣赏者之所以欣赏某一艺术品，就是因为通过欣赏肯定了自己的审美趣味、审美能力，也肯定了自己的本

[1] 柳鸣九编选：《萨特研究》，中国社会科学出版社，1981 年，第 16 页。
[2] 柳鸣九编选：《萨特研究》，中国社会科学出版社，1981 年，第 13 页。
[3] 柳鸣九编选：《萨特研究》，中国社会科学出版社，1981 年，第 5 页。
[4] 萨特：《美学论文集》，锡特德出版社，1963 年，第 58 页。

质性和自由。欣赏中产生的自我强制性，就是欣赏者对自我的充分肯定。正是在这个意义上，欣赏者要用自己的自由去创造和审视作者揭示的世界，这观点为20世纪60年代兴起的接受美学开了先河。

三、艺术："由一个自由来重新把握世界"

法国著名的存在主义作家、萨特的终身伴侣西蒙娜·德·波伏瓦在她的回忆录《时势的力量》中记述，萨特在1946年底看了凡尔·米尔的原作以后深有感触，从而给艺术下了这样一个定义：艺术是"由一个自由来重新把握世界"[1]。萨特这个定义的提出有其深刻的哲学根源。早在1943年，萨特在其名著《存在与虚无》中就对自由做了详细的探讨和界定："自由不是任何存在，它是人的存在……人并非有时是自由人有时是奴隶，因为人要么是完全彻底的自由，要么就干脆不存在。"[2] 人的存在首先是自由，这种自由的核心内容是选择自我。即人就是其所作所为，既然文艺是人的一种创造，那么用自由概念来把握文艺本质就顺理成章了。他的这个定义包含了多层含义。首先，肯定了艺术是对世界的一种把握，"以完整地重新把握世界作为它努力的目标"[3]。其方式就是通过自由和想象来把握世界。

其次，指出了艺术创作的真正动机是为了揭示自由。萨特认为："写作，这是某种要求自由的方式。"[4] 艺术家运用自由进行创作，通过创作，他作为艺术家的自由得到了证实；另一方面，艺术家创作是为

[1]　西蒙娜·德·波伏瓦：《时势的力量》，1963年法文版，第132页。

[2]　萨特：《存在与虚无》，三联书店，1987年，第516页。

[3]　柳鸣九编选：《萨特研究》，中国社会科学出版社，1981年，第17页。

[4]　柳鸣九编选：《萨特研究》，中国社会科学出版社，1981年，第24页。

了用想象的世界来揭示人的自由。因此，艺术作品最深层的基础只能是人的自由。

再次，界定了文艺作品的定义。这就是："在世界要求人的自由的意义上，作品以想象方式介绍世界。由此，首先可以推导：没有黑色文学，因为不管人们用多么阴暗的颜色去描绘世界，人们描绘世界是为了一些自由的人能在它面前感到自己的自由。"[1]

最后，规定了艺术题材只能是自由："不管作家写的是随笔、抨击文章、讽刺作品还是小说，不管他只谈论个人情感还是攻击社会制度，作家作为自由人诉诸另一些自由人，他只有一个题材：自由。"[2]

从人出发强调人的本质性，是萨特文艺本质论的根本内容。他肯定人是文艺描写的主要对象，把"文学应当讲人的一切"作为"反驳不了的真理"。[3] 这和高尔基（Алексей Максимович Пешков，1868—1936）说的"文学是人学"的含义十分接近。从人出发，这也是对文艺主体性的强调。萨特认为，文艺创作的冲动来自艺术家内心最深处，艺术家的本质性，也就是艺术家"把他自身体现在他的作品中"[4]，并在作品中认识了自己。这样，"从整体上说，艺术是一种严肃的自白"[5]。

然而，创作仅仅提供艺术家主体性获得承认的前提，只有到作品被欣赏、接受之际，艺术家的主体性才真正得到实现。就文学而言，"写作是求助于别人的意识以便自己被承认为对于存有的总汇而言是

---

[1] 柳鸣九编选：《萨特研究》，中国社会科学出版社，1981 年，第 22 页。

[2] 柳鸣九编选：《萨特研究》，中国社会科学出版社，1981 年，第 23 页。

[3] 萨特：《通过未来反映现在》，转引自《美学论丛》(6)，第 311 页。

[4] 萨特：《美学论文集》，锡特德出版社，1963 年，第 90 页。

[5] 萨特：《美学论文集》，锡特德出版社，1963 年，第 67 页。

本质性的东西，写作就是通过其他人为媒介而体验这一本质性”[1]。这是一个相辅相成的过程：艺术家创作，说明他承认了欣赏者的自由，而欣赏者欣赏，也就承认了艺术家的自由。

萨特文艺本质论的另一要点认为艺术是非现实的。例如绘画，“通过画面表现出来的东西乃是许多新东西和新客体的非现实的总和”。然而，这并不是说艺术可以根本抛弃现实。萨特把艺术理解为一种新创造，包含了对艺术与现实的关系较为辩证的理解。艺术可以反映出时代的面貌，例如在谈到拉波贾德的画时他指出，“画家给我们显示了牺牲者和胜利者——简言之，我们世纪的肖像”[2]，但反映现实并不意味着复制现实，艺术家应当“去创造以前从未存在的意义”，应当“在原先没有秩序的地方引进秩序，并把精神的统一性强加给事物的多样性”[3]。因此，艺术品是艺术家以现实为基础的能动的创造。

总之，用人的自由来规定文艺本质，深入揭示文艺与人的主体性、自由、创造之间的内在联系，较为辩证地解决了文艺与现实关系问题。

四、别具一格的“介入”说

强调行动，这是萨特存在主义哲学的一个基本精神，这个精神贯穿于他对文艺社会功能的理解之中。他提出了一个鲜明的口号：文艺应当介入社会生活。他说：“文学把你投入战斗；写作，这是某种要求

[1] 萨特：《美学论文集》，锡特德出版社，1963 年，第 18 页。
[2] 萨特：《美学论文集》，锡特德出版社，1963 年，第 70 页。
[3] 萨特：《美学论文集》，锡特德出版社，1963 年，第 87 页。

自由的方式，一旦你开始写作，不管你愿意不愿意，你已经介入了。”从这个介入说出发，他指出“为艺术而艺术”的观点是“纯粹的胡说”，也“没有为自己写作这一回事”。[1] 他高度评价毕加索（Pablo Ruiz Picasso，1881—1973）的名画《格尔尼卡》，一个重要原因就是这幅画是对法西斯分子屠杀人民的“一种严厉的控诉”，具有一种“爆发的和毕加索式的美”。

文艺介入社会生活，主要是通过文艺作品影响当代社会生活的各个方面而实现的。介入就是行动，就是为自由说话，作家“是为一些已泯没的、被掩盖的、不能支配的自由而讲话”。这种自由“是从一种历史处境中争得来的。每一部书都是从某种特殊的异化情况出发，提出某种具体的解放途径”[2]。介入就是在具体历史环境争取自由。

萨特主张介入说，有深刻的哲学根源。他的存在主义哲学具有鲜明的政治色彩和伦理色彩，其出发点是人的存在。而“只有当人成为他打算成为的东西的时候，他才是获得了存在”。[3] 文艺既然是人的作品，那就不可避免地要为获得人的存在服务，其中最重要的就是为争取人的自由服务。所以萨特一再要求艺术家去召唤自由，把人的存在归还给人。在萨特看来，文艺要介入社会生活，首先必须揭露社会生活中存在的种种异化现象，并进而消灭它。他指责资本主义社会不人道，人剥削人，“因为社会不人道，艺术才能自称是人道”。[4] 文艺要介入社会生活，就应当为消灭人剥削人的现象服务。

其次，文艺应当直接服务于政治斗争，艺术家应当促进社会变

[1] 柳鸣九编选：《萨特研究》，中国社会科学出版社，1981 年，第 24、26 页。
[2] 萨特：《为谁写作？》，《文艺理论译丛》（2），人民文学出版社，1958 年。
[3] M. 怀特：《分析的时代》，商务印书馆，1981 年，第 121 页。
[4] 《文艺理论译丛》（2），人民文学出版社，1958 年，第 433 页。

革。萨特指出，在18世纪资产阶级革命中，艺术家旗帜鲜明地服务于当时推翻封建制度的政治斗争，“作家就为自己，同时也以一个作家的身份要求思想的自由和表达思想的自由，他必然是为资产阶级的利益服务的”。[1] 文艺作品在那时起到了解放者的作用，因而他要求今天的文艺也像18世纪的文艺那样直接服务于政治斗争。

再次，文艺应当充分发挥社会批评职能。作家实质上是批评家，批评的对象是“法规、迷信、传统惯例和传统政府的法令”，等等，但首先要批评非正义现象。文艺批判非正义现象有其独特的规律性：“如果说他（即艺术家）同意做非正义的创造者，那只是在一个为消灭非正义行为而超越它们的过程中同意这么做罢了。”[2] 艺术家在作品中表现非正义行为，是为了用自己的愤怒使之活跃，并揭露它们。文艺揭露、批判社会生活中的非正义行为，目的是要获得自由。而“今天我们的自由不是别的，而是为解放而斗争的自由选择”。[3] 他这种斗争立场与剥夺人的自由的现象势不两立。他要求文艺保卫民主和自由，甚至“用笔杆子来保卫它们还不够，有朝一日笔杆子被迫搁置，那个时候作家就有必要拿起武器”。[4] 可见其介入说充满战斗精神。

然而，萨特的介入说在理论和实践上都有内在矛盾。在理论方面，萨特要求文艺通过介入社会生活去争取人的自由，但这种自由却是脱离客观必然性和客观现实的绝对个人自由，它本身就是对介入社会生活的逻辑否定。另一方面，萨特企图通过文艺作品实现自由理想，带有浓厚空想色彩。他过分夸大了文艺介入社会生活的作用，未

[1] 《文艺理论译丛》（2），人民文学出版社，1958年，第422页。

[2] 《文艺理论译丛》（2），人民文学出版社，1958年，第409、411页。

[3] 《文艺理论译丛》（2），人民文学出版社，1958年，第476页。

[4] 柳鸣九编选：《萨特研究》，中国社会科学出版社，1981年，第24页。

能正确认识文艺的社会作用。因此，20世纪60年代初，在事实面前他不得不承认："我长期用写作代替长剑，现在我确信：我无能为力。"[1]

在创作实践上，他所塑造的主人公往往对社会生活无能为力。如长篇小说《自由之路》的玛第厄·特拉吕、《恶心》的洛根丁都是如此，这被法国小说家、文学史家安德烈·莫洛亚（Andre Maurois，1885—1967）称为"萨特的悲剧"。

总的来说，建立在存在主义哲学基础上的萨特美学尖锐批判了资本主义现实，高扬自由的旗帜，积极倡导文艺介入论，有强烈的战斗精神和伦理色彩。同时，他否定了美的现实基础，建立起一种唯心主义美论，所强调的自由是绝对的个人自由，塑造了一些在社会生活中无能为力的人物。这一切构成了深刻的内在矛盾。但如果因此低估萨特美学的重要性那就错了。"人们可以批评他，但却不能忽视他。"[2]

作者单位：上海市社会科学院

[1] 萨特：《言论集》，莫斯科：前进出版社，1966年，第173页。
[2] M. 怀特：《分析的时代》，商务印书馆，1981年，第113页。

论审美的心理距离

潘智彪

“心理距离”一词，于20世纪初由英国美学家布洛首先应用于审美分析，并作为重要的美学原则提出来。布洛认为，距离就是“介于我们自身与我们的感受之间”的间隔，是我与物在实用观点上的隔绝。有没有距离，是审美与非审美的根本区别。“是距离使得审美对象成为‘自身目的’。是距离把艺术提高到超出个人利害的狭隘范围之外，而且授予艺术以‘基准’的性质。”“美，最广义的审美价值，没有距离的间隔就不可能成立。”[1] 我国少数学者对布洛这一观点进行过一些探索，但由于种种原因，它还没有引起我国美学界广泛重视，甚至一度被简单地斥为唯心主义美学观。布洛把距离视作美的本质，过分贬斥实用功利观，有某些唯心主义成分，但他把距离作为一个审美范畴提出来，促使审美研究的深化，是一大功劳。本文拟从心理学角度，对一些审美事实进行分析和概括，以证明布洛所说的心理距离存在的依据和条件，并揭示心理距离的实质及其在审美中的作用。

---

[1] 《美学译文》第二辑，中国社会科学出版社，1982年，第92—107页。

一

布洛之谓“距离”，并非一般的空间或时间范畴，而是指“心理距离”。他用了一个简短生动的雾海行船例子来解释他的概念：当人在雾海中行船的时候，往往会因为预感到危险而紧张，因命运难卜而恐惧。但是，如果你能“忘掉那危险与实际的忧闷，把注意力转向‘客观地’形成周围景色的种种风物”，你就会“从中尝到一种浓烈的痛楚与欢快混同起来的滋味”。这种看法上的差异，就是“由于距离从中作梗而造成的”，“在海雾中，距离所造成的变化。可以说，一开始就是由于使现象超脱了我们个人需要和目的牵涉而造成的——总之，正如人们常说，是由于‘客观地’看待现象而造成的”。[1]

从布洛的例子和论述可以看出，他所说的心理距离，实际上是审美心理与个人功利观念之间的距离，是审美态度对实际人生的超脱。布洛要求人们在审美时必须不计较现实得失，始终要以单纯的审美态度去进行欣赏和观照。注意到心理距离与时空距离的不同，强调心理距离是“一种对经验的特殊的心理态度和看法”，它属于审美心理范畴。这是布洛距离说的精髓。但是，由于他过分强调审美与人生的距离，割裂了艺术与人生现实的关系，把美从现实世界中孤立出来，并且宣称没有距离的间隔，美就不可能成立。这样，美就成为一种孤立绝缘的东西，完全脱离客观的社会条件，纯粹是美感——心理距离的产物。这就不可避免地陷入美感决定美的唯心主义泥坑。

---

[1] 《美学译文》第二辑，中国社会科学出版社，1982 年，第 92—107 页。

心理学研究证明：人的任何心理活动都是由客观外界的刺激而引起的，并且总是针对着一定对象进行的。人在同一时间内不能感知周围的一切对象，只能感知其中的少数对象。这就是心理活动的指向性和集中性，亦即心理学上所说的“注意”。根据负诱导规律，当一个人对某一事物发生注意时，他大脑两半球内的有关部位就会形成最优势的兴奋中心，周围其他神经部位必然受到抑制。当一个人注意到某些对象的时候，他便离开了其他对象。集中注意的对象是注意的中心，其余的对象有的处于注意的边缘，多数处于注意范围之外。这样，注意中心就与注意边缘或注意外围产生了距离，这就是所谓心理距离。当一个人对某种事物高度注意的时候，他往往会对周围其他事物“视而不见，听而不闻，食而不知其味”，这就是心理距离的作用。心理距离有时还表现在对同一物体不同方面特性的感知过程中。任何事物都具有多方面的特性。在感知事物的某一瞬间，首先引起注意的是该事物与人们当前兴趣关系最密切的某方面特性。这样，被注意到的事物特性就与未被注意到的特性在心理活动中产生了距离。这种一般心理活动的距离理论引入审美心理研究中，便有审美的心理距离说。

在审美的场合，审美对象在人们心理上引起的正是高度注意，它必然要产生负诱导，与审美无关的事实和心理活动就会处于注意的中心之外。这种审美心理距离的特点是，事物的审美特性处在心理活动中心，事物的实用性能、科学认识价值等方面的特性则被忽略，甚至弃置一旁。海雾中航行的例子就是这样。当你把注意力高度集中于周围景色时，你就会沉醉在这片朦胧缥缈的美景中，而那潜在的危险、生命的威胁全都被抛九霄云外。这种心理距离是随着美感的强度而扩大的，美感愈强，心理距离愈大。但是，并不是所有心理距离都能产生美感。假如你把注意力集中在航行的安全上，时刻担心前途和命运，即使周围是仙山琼阁，也无法引起你的美感。可见，审美心理距离和一般心理距离是有差别的，产生一般心理距离的注意中心不是事物的审美特性，而是事物的实用性或其他特性。牛顿（Sir Isaac Newton，1643—1727）全神贯注于科学研究工作时，竟忘记了自己是否已吃过饭，这就是一般心理距离。如果他是在从事艺术创作或欣赏，所产生的则是审美心理距离。

面对长河落日、大漠孤烟，或君临悬崖绝壁、万仞峰巅，你沉迷在惊心动魄的雄壮场面，慨叹大自然的奇迹，精神为之振奋，人格随之提升。在这勾魂摄魄的瞬间，你无暇回顾深渊巨谷吞噬万物的潜在危险，你惊赞大自然的顷刻，往往不会考虑水流湍急是修建水电站的好地方。你的注意力已全部被这景色摄住，它就处在你的优势兴奋中心。至于那实用的考虑、科学的价值，全都处于抑制状态，不在注意范围内。心理距离把你推到审美欣赏的极致，保证你尽情领略大自然的美。

自然美的欣赏要有距离，社会美的欣赏也要摆脱非审美因素的羁绊，把注意力集中在美的事物本身。当看见美人时，她那匀称的身段、优美的姿色、起伏的线条、得体的举止，一下子把你吸引住，你的目光全部倾注在美人身上，注意力也全部集中在她种种美的因素上。你惊叹大自然的造化，你为美的化身所折服。一旦你离开了这美的鉴赏，想入非非地欲占为己有，这美感便顿然消失殆尽。

在艺术美的欣赏中，更是处处可见距离的存在。中国传统戏剧的程式化，便是使欣赏者保持适当距离的最佳手段。它运用多种假定性，在欣赏者心中引起种种幻觉，使你恍然处身于矛盾交加的现实世界。“它把空无一物的舞台变成茂密的森林，把光秃秃的台板变成风浪滔天的湖水，把一个手持宝剑的人变成一师劲旅，把舞台上的白日的阳光变成黑夜，把一棵小小的苹果枝变成果园。”[1]它的布景、帘幕，念、唱、做、打，一招一式，又处处提醒你：这是演戏！于是，艺术的幻觉使你专注于舞台上的人生，而置实际人生于脑后。演戏意识又使你不至于混淆了舞台的人生与实际人生。这样，你就在艺术与人生之间拉开了距离，保持不即不离的关系。心理距离的作用使你步入艺术欣赏的胜境。根据大量的审美事实，我们可以断言：有审美，必有心理距离。心理距离是进行审美活动、获得美感享受的必要条件。

二

审美必有心理距离，但人们并不是对任何事物任何时候都可以随意拉开心理距离，进入审美欣赏的。审美心理距离的产生有一定条件。

（一）最为重要的，是使主客体的关系由对立转向统一，使之互相一致。人与客体的关系，首先是利害关系。对人类而言，大自然首先是作为能够向人类提供物质生活资料的对象而存在的。当人们尚处在自在阶段，未能充分掌握、利用大自然的规律时，面对客观对象，他首先考虑的就是利害关系的问题，求取生存的需要迫使他只能持实用功利的观点来看待事物，注意事物实用方面的特性，而无暇顾及事物的审美特性。所以，他无法在事物的审美特性与实用特性之

[1]《戏剧研究》1983年第5期，中国人民大学报刊复印资料。

间设置审美心理距离。人们只有在通过改造自然界，解决了衣食住行的问题之后，才有可能去寻求精神生活的满足，才可能有审美需要和审美活动。一旦主客体矛盾关系得到和解，人们看待事物的角度就能够得到转换，就有可能由实用观点转为全神贯注于对象的审美特性。

在茫茫雾海中航行，如果驾驶的是一艘不堪一击的旧船，又没有任何先进的导航设备，只凭一双肉眼和不太熟习的驾驶技术，任谁也不敢稍有懈怠。你时刻注意的只能是航行的安危、生命的存亡，这周围的景色再美，你也无法欣赏。但是，如果你驾驶的是最先进的现代化大轮船，有坚硬的外壳，不怕触礁，有完善的自动导航设备，不怕迷航，又有久经沧海的娴熟驾驶技术，任它茫茫雾海，雾海茫茫，你也满不在乎，尽可以优哉游哉地领略、欣赏大自然的美景。

这两种情况的差别，就在于能否使主客体关系由对立转向统一，使之互相一致。如果你已经取得驾驭大自然的能力，它不再有害于你，而是有利于你，你就同时也取得了审美自由，就能在物与物美之间设置审美心理距离，甚至是孤立绝缘地欣赏事物方面的审美特性。

（二）从审美主体方面看，要有一定的审美能力，有鉴赏的兴趣和心境。马克思说："对于不辨音律的耳朵说来，最美的音乐也毫无意义，音乐对它说来不是对象……因为对我说来任何一个对象的意义（它只是对那个与它相适应的感受说来才有意义）都以我的感觉所能感知的程度为限。"[1] 人的心理活动通常指向和集中于对他最

---

[1]　马克思：《1844年经济学—哲学手稿》，人民出版社，1979年，第79页。

有意义的事物。在客观世界众多事物中，人把注意目标指向和集中于某一对象的审美特性，这必须以他较高的审美能力为前提。自然中的秀丽山川，鸟语花香，生活中的豪情壮举，良辰美景，许多人无意审美欣赏，常常与之擦肩而过，失之交臂。只有感觉敏锐的画师、独具慧眼的作家才发现生活中的美，并用艺术手段把它们再现出来。在他们的笔下，人们才惊赞“这世界原来是如此的美”。罗丹（Auguste Rodin，1840—1917）说：“在艺术家看来，一切都是美的。”这是因为艺术家具有高度敏锐的审美感受力，最能设置审美的心理距离，把事物放在审美的角度来观察。

此外，心境对于审美注意力的指向有很大影响，它是能使人的种种体验和活动都感染上情绪色彩的、比较持久的情绪状态。“如果一个人当时具有某种特殊的情感，那么凡是和他的这种情感有关的各种事物，就很容易引起他的不随意的注意。”[1] 所以，审美活动要求主体有适宜的心境，不为物役。苏东坡诗“静故了群动，空故纳万境”，正好说明了心境对保持心理距离所起的作用。

（三）从审美客体方面看，要有能吸引审美主体注意力的特性，这包括对象新异突出、富于变化、含蓄不露等。心理学告诉我们：人的心理活动总是有选择地指向和集中于某一对象，而探究心理又总是使人把注意力集中于新异和富于变化的事物。一出平淡无奇、老生常谈的戏，很难引起观众的审美注意，而形式推陈出新、情节波澜起伏的戏，则容易收到先声夺人的效果。

综上分析，与实用观点拉开心理距离，对事物进行纯粹的审美观

---

[1] 杨清：《心理学概论》，吉林人民出版社，1981 年，第 522 页。

照，这并不是任何人都能随心所欲的，它受主客观条件的限制。布洛的距离说，忽略了主客体的利害关系由对立而转向统一这个产生心理距离的关键，从而陷入“无利害关系说”的窠臼。

三

审美心理距离在审美中的具体作用，可以归纳为如下几个方面。

（一）审美中的心理距离是使人与现实的审美关系区别于其他各种关系的一个要素。人与世界的关系，除了审美关系外，还有实用功利关系、科学认识关系、伦理道德关系等多种。审美关系建立在或超越于其他关系之上，人们能够越过实用阶段，跳出功利圈子，把目光专注于对象的审美特性，建立审美关系。有没有心理距离，是审美关系能否建立起来的标志。面对一幅世界名画，如果我们考虑的是它作为商品的价值，可以卖多少钱，就不是在审美。因为，这与实用的观念没有距离，或距离太近，无法与画建立起审美关系。

（二）审美心理距离使审美客体各方面审美特性得以充分显现，并扩展审美对象的范围。孔子闻韶乐，三月不知肉味，就因为韶乐在他的大脑中产生优势兴奋中心，抑制了味觉神经活动。当优势兴奋中心把审美对象孤立起来时，对象各方面的审美特性就得到最充分的显现，使审美主体得到最佳的审美享受。罗丹说：“美是到处都有的。对于我们的眼睛，不是缺少美，而是缺少发现。”[1]发现美，扩展审美对象的范围，不仅在于主体的实践力量，也在于心理距离的获得。山

[1] 罗丹：《艺术论》，人民美术出版社，1978年，第62页。

林河川，作为自然存在，原非作为人的审美对象而设置，尽管它客观是美的，但在地理学者眼中，它们是科学认识的对象，未能进入审美范围。在山水诗人看来，它是审美对象，审美心理距离使他们超越了自然的物质功用，从中发现美，它们也便进入了审美范围。

（三）审美心理距离使审美主体调动起各种心理功能，并达到高度兴奋，获得最大的审美满足。王国维在《人间词话》中说："诗人对自然人生，须入乎其内，又须出乎其外，入乎其内，故能写之。出乎其外，故能观之。"这里说的"出"就是设置心理距离。"出"就能对生活进行审美观照，并能获得最大的审美享受。因为，心理距离产生时，大脑两半球中相应部位出现的优势兴奋中心，把主体的感觉、知觉、回忆、想象、情感、思维等多种心理功能都充分调动起来，这些都是产生美感所必要的条件。艺术家在审美时的凝思默悟、全神贯注，就是为了形成最优势的兴奋中心，以期获得最大的美感。乘船从江上而过，如果你对神女峰只是匆匆一瞥，那不过是一堆石头，而一旦你把注意力全部集中在这上面，充分调动起你的各种心理功能，一幅充满神话色彩的图画便跃然眼前，你的美感即油然而生。

（四）审美心理距离促使主客体之间由物我对立到物我同一、互相交流的转化。审美心理距离产生时，被注意到的对象与未被注意的对象之间形成间隔。在产生美感的瞬间，主体完全沉浸在审美对象中，他只知道当前观照的审美世界，此外别无他物。在凝神观照中，他不知不觉地由物我对立而进入到物我同一的境界。美学上影响颇大的移情说就认为，在审美中，主体把整个自我移入到审美对象中去，而对象又包孕着主体的精神活动，"对象是我自己而且我的自我也就是对象……我自己和对象之间的对立消灭了”。[1] 人与物发生情感转移，这种转移一旦达到高潮，物我同一的境界就会产生。“感时花溅泪，恨别鸟惊心”是物我同一的典型。

最后必须指出，心理距离的有无，只能影响美感的存在和强度，而不能影响到美的存在。美是客观存在的，并不是通过审美才产生。因此，不能夸大心理距离的作用，尤其是不能把距离当作美和艺术的原则。我不同意布洛把距离说捧为美学原则的观点，只是想从心理学的角度，对距离说做出较为科学的说明，抹去多年以来蒙在这一理论之上的迷雾，使人认清心理距离的实质。

作者单位：中山大学

---

[1] 立普斯：《论移情作用、内摹仿和器官感觉》，《古典文艺理论译丛》第八辑，人民文学出版社，1964 年，第 3 页。

先秦美学的方法论意义

刘伟林

先秦美学是中国古典美学的基础。关于先秦美学的哲学前提和基本特性问题，我们已经载文论及。[1]在继续研讨过程中，我们还发现，中国古典美学的联系和思辨的特性，在先秦美学中已具雏形，而且先秦的美学方法论对以后的中国古典美学研究方法也有开创性意义。先秦美学的研究方法可以从社会学、心理学和审美学三方面来把握。

美是一种社会现象，是客观性和社会性的统一。先秦美学已经看到了美的社会性，初步运用了社会学方法去研究美，形成了我国古典美学研究方法的一大特色。春秋时期，还没有完整的美学概念，但是，当时晋国的郤缺对赵宣子所说的关于“九功之德”的一番话，是颇有美学内涵的。他认为，水、火、金、木、土、谷，谓之六府。正德、利用、厚生，谓之三事。晋国只有按照“六府”和“三事”这“九功之德”的道理办事，才能得到人民的歌颂（见《左传》文公七年）。这就把艺术和宇宙哲理及政治道理联系起来了。到公元前6世纪的季札观乐，伍举论美，美已作为一个美学范畴来使用。季札用了“美”这一概念来评价乐舞《夏》，并用以歌颂大禹的美德，说：“美

[1] 刘伟林：《试论先秦美学的逻辑起点》，《古代文学理论研究》第十二辑，上海古籍出版社，1987年。

哉！勤而不德，非禹其谁能修也。”（《左传》襄公二十九年）明确地将美和伦理道德及社会内容相结合。楚国的伍举则在中国美学史上最早确定了美的含义。伍举将美定义为：“夫美也者，上下、内外、小大、远近皆无害焉，故曰美。”（《国语·楚语》）实质是从美和善的关系来阐明其定义。这些论述，是中国美学最早地将美和社会生活联系在一起，并试图从社会学方法去了解美的奥秘的萌芽。

孔子是先秦美学社会学方法的奠基者。孔子的政治理想是赞美原始的人道精神的氏族社会，要恢复和保存原始氏族社会的爱人思想，从而形成了他的仁学儒家政治思想体系。孔子强调人相互依存的社会性，反对个体脱离社会，指出“鸟兽不可与同群”（《论语·微子》）。在这种政治和哲学思想指导下，孔子推论出美和艺术是一种社会现象，他所理解的美本质，是个体在同人类文明发展相称形式中的充分实现。因此，孔子从个体感性欲求同社会理性道德规范的统一中去找美，把美同现实日常生活联系起来，故“里仁为美”（《论语·里仁》）。

就自然美来说，他认为“智者乐水，仁者乐山”（《论语·雍也》），把自然美和人的精神品质联系起来，使自然美充满社会色彩。孔子的“兴、观、群、怨”说，其中所谓“观”，乃“观风俗之盛衰”，已经注意到审美和艺术所具有的社会意义。孟子也注重审美活动的社会性，指出“与众乐乐”不但比“独乐乐”好，而且比“与少乐乐”也要好（《孟子·梁惠王下》），他的“知人论世”（《孟子·告子上》）之说，突出了对艺术批评中的审美意识和社会学的考察。《周易》也是从人与现实生活出发，观察自然和社会的各种美的现象，认为自然万物之美，是天地阴阳两气相交而生，《姤·象》曰：“天地相遇，品物咸章也。”社会美在于人们符合社会进步要求的礼仪制度。《贲·象》曰:“刚柔交错，天文也。文明以上，人文也。”标榜“无为而无不为”的老庄学派，似乎是够“超凡脱俗”的了。但在美学上，仍然十分重视对其社会性的考察，注视力仍然在于人间世界的各种美现象。如庄子所说“天地与我并生，万物与我同一”(《庄子·齐物论》)，就认为美是存在于客观与主观，自然社会与人和谐统一的境界，说“天地有大美而不言”(《庄子·知北游》)，而人要使自己“备于天地之美”，就要“观于天地”，“原天地之美”，“判天地之美”，谋求自然美与社会美的统一。先秦美学的这种社会学美学观和方法论，使中国美学较早地摆脱了从宗教神学信仰出发去考察美和审美现象的弊病。

人是宇宙的精华，万物的灵长。先秦美学对美的社会性的重视，就必然导致对人的美的重视。对人的本质和人的美学的研究，成为先秦美学的基本出发点。孔子对人及人的价值十分重视，如说:“伤人乎？不问马。”(《论语·乡党》)“未能事人，焉能事鬼？”(《论语·先进》)孟子从“同类相似”(《孟子·告子上》)的民本主义哲学原则出发，提出了“圣人与我同类”，人性皆善的思想，说明他已看到了人的价值和地位。他提出的“充实之谓美”(《孟子·尽心下》)，包含了丰富的社会内容。荀子则看到了人是社会环境的产物，人的本质是“注错杂俗之所积”(《荀子·荣辱》)，强调了“积伪”(“伪”与“为”通)，即实践的作用。墨子也看到了人的本质，人与动物的根本区别在于人能劳动创造，“赖其力者生，不赖其力者不生”。(《墨子·非乐》)而道家的重生思想，又必然使其重视对人本质的认识和对人的美学研究。庄子认为，“彼民有常性，织而衣，耕而食，是谓同德”（《庄子·马蹄》），看到了人的自然本性就是共同劳动，获得温饱，人人同德。所以庄子认为礼乐之美并非真美，真美存在于人和自然本身。先秦诸子对人的美有大量论述，孔子认为人的美，应该知与行统一，个人与社会统一。庄子则论述了人的精神美与形体美的辩证关系，精神美高于人体美。

从社会学观点去考察，美的主要内涵是什么？先秦美学提出了伦理道德之美的问题。这一美内涵成了善的德行、伦理力量的别称。这种从善恶去区分美丑的方法，抓到了美的内容重点，具有方法论意义。孔子以前，古文献有关乐的评论已提出乐与德的关系，强调从社会学角度看待美。如晋郤缺提出乐用于歌德（《左传》文公七年），魏绛提出“乐以安德”（《左传》襄公十一年），吴公子札提出被叹为观止的乐，也因其“德至矣哉”（《左传》襄公二十九年）；伍举认为人所以能“有美名也，唯其施令德于远近，而小大安之也”（《国语·楚语》）。孔子更是道德美论者，他提出“里仁为美”，能行仁道就是善。在道德修养上“克己复礼”，在行为作风上温良恭俭让，在感情陶冶上则要温柔敦厚，“怨而不怒，哀而不伤”。孔子还认为，一个人要有“恭、宽、信、敏、惠”（《论语·阳货》）五种品德，即庄重、宽厚、诚实、勤敏、慈惠，这样就称得上是完美的人。他还从伦理道德观去看自然现象，如说“为政以德，譬如北辰，居其所而众星拱之”（《论语·为政》），“岁寒而后知松柏之后凋也”（《论语·子罕》）。把自然看作人的精神品质的表现和象征，这是中国较早的“自然人化”美学观点。《周易》论自然美，也从人的生活和道德观念出发，如《象》讲到《离》的美，认为日月之明、草木之茂，有利于放牧；或以物比拟人的品性，如《革·九五·象》曰：“大人虎变，其文炳也”;《革・上六・象》:“君子豹变，其文蔚也”。豹变、虎变都是用虎豹的勇猛及皮毛的斑斓来赞美君子的德行和变革事业，也是歌颂善的美。庄子的道德观念和对道德内容的理解与儒家不同，但他极力主张“德充”之美，颂扬人的精神美，肯定“原天地之美”(《庄子・知北游》)、“备于天地之美”(《庄子・天下》)的圣人，可见他也是道德美追求者。

对美的判断也是个方法论问题。先秦美学重视人的美和道德美，其审美标准也是功利主义的。《周易》对社会美的品评，就是从功利出发的。“观乎天文，以察时变，观乎人文，以化成天下”(《周易・贲・象》)是说观察人文的目的，是为了达到天下大治。“阴虽有美，含之以从王事，弗敢成也”(《周易・坤・文言》)是指人含有才德内美，去完成王事，即从功利角度把握人的美。孔子是典型的社会功利审美论者，他说:“人而不仁，如乐何？”(《论语・八佾》)美必须服从于善，行仁为乐是最高的审美境界。人如果不能行仁道，乐就毫无意义。他提出“兴于诗，立于礼，成于乐”，把诗乐艺术和礼教并列起来。他的诗可以“兴、观、群、怨”说，强调的仍是诗的社会作用。庄子主张美在于“无为”，人要“乘物以游心”(《庄子・人间世》)，似乎是审美的超功利主义者了。但他赞赏“德充”之美。对人美的判断，庄子注意到形态美和精神美的结合，指出“夫得是，至美至乐也”(《庄子・田子方》)，即得了道，就是不仅形体美，而且精神美的完美的人。但庄子更重视精神美，如《德充符》说，卫国的哀骀它虽然形体丑，但“德有所长”，所以也是美的。至于孟子的“充实之谓美”(《孟子・尽心下》)，他所谓“充实”也是善，善德充实者就是美的人。荀子以“不全不粹之不足以为美”(《荀子・劝学》)，“全”

是就“积伪（为）”的广度而言的，“粹”指积为深度而言。荀子称这样的人为“成人”，即具有性格美和品德美的人。他们都明显采用社会功利标准来判断人的美。

总之，先秦时代重视对美的社会学考察，并从人、伦理道德和社会功利方面去判断美。这种社会学审美理论和研究方法，还是相当系统的。这种理论和方法，是先秦美学以至中国古典美学的传统特色。先秦以后的许多美学家和文论家，如两汉的刘向、王充，南北朝的曹丕、刘昼，乃至隋唐的王通、韩愈，宋代的王安石、朱熹等，他们的文论和美学思想方法，都对之有所继承和发展。就世界范围来说，这种理论和方法也自有它的价值。与先秦大体同时的古希腊美学，包括亚里士多德和毕达哥拉斯学派，还多是从事物的对称、比例等形式和数理关系去探讨美；直到文艺复兴时期，才比较重视对人体美的研究。而我国的先秦美学，一开始便运用社会学方法，看到了美的社会性，其核心是人的美，其主要内容是善，其审美标准是社会功利，而对人的美，特别是人的心灵美的研究，比西方美学早了一千多年。

美学是研究人和现实的审美关系的科学，所以美学既有社会学特性，也有心理学特性。先秦还没有系统的审美心理学理论，但已经注意到从人的生理和心理方面去解释美学现象，初步运用了心理学方法。在春秋早期，美还没有被作为一个完整的范畴看待，但人们已经开始从人体美方面去表述美的内涵。如“冬，徐伐莒，莒人请盟，穆伯如莒莅盟，且为仲逆。及鄢陵，登城见之，美，自为娶之。”[1] 这种把美用来表现人的生理形态的做法，是从心理角度研究美

[1] 杨伯峻：《春秋左传注》第2册，中华书局，1981年，第562页。

的萌芽。因为，美感作为人对美的事物的审美心理反应，它首先应该有其生理机制做基础。及至后来孔子所说“在齐闻《韶》，三月不知肉味。曰：‘不图为乐至于斯也’”（《论语·述而》），孟子所说“理义之悦我心，犹刍豢之悦我口”（《孟子·告子上》），都把美与味联系起来，说明美的艺术、美的伦理道德，其中有精神上的审美愉快，也有感性愉快。将个体的感性欲求同社会的理性道德规范、同人的日常生活结合起来，正是先秦美学方法论的一个特点。至于孟子所说的“口之于味也，有同嗜焉，耳之于声也，有同听焉，目之于色也，有同美焉”（《孟子·告子上》），则从对日常审美经验的观察上，看到了美感具有普遍性和共同性。这种普遍性和共同性从何而来呢？孟子说：“凡同类者，举相似也，何独至于人而疑之？圣人与我同类者。”（《孟子·告子上》）他认为美感的共同性是因为人作为人即有生理和心理感官的共同性。从人的感官共同性去解释美感共同性，这是典型的心理学方法论。

先秦美学已经看到了生理和心理的必然联系，单穆公说：“夫耳目，心之枢机也。”还说到耳有的感受会影响人的心理和精神状态。本来“乐不过以听耳”，“美不过以观目”，如果“听乐而震，观美而眩”（《国语·周语下》），刺激人的感官，会引起生理上的不快，不能产生美的感受。在这里，单穆公将生理、心理和美感联系了起来，认为审美中有害的生理刺激会影响人对事物的审美感受，是颇有意义的见解。《吕氏春秋》进一步说：“耳之情欲声，心不乐，五音在前弗听。目之情欲色，心弗乐，五色在前弗视。”（《吕氏春秋·仲夏纪》）说明音乐不仅是生理需求，也是心理需求，而在审美活动中心理因素相对于生理因素来说起着决定性作用。为此，先秦美学提出乐音要

“适”。《吕氏春秋》说：“夫音亦有适……太巨、太小、太清、太浊，皆非适也。”（《吕氏春秋·仲夏纪》）所谓适，就是要各种和音相互调节，要“和与同异”，“相成即相济”，“济其不及，以泄其过”（《左传》昭公二十年）。单穆公又说：“听和而视正。听和则聪，视正则明。聪则言听，明则德昭。听言昭德，则能思虑纯固。”（《国语·周语下》）这素朴地意识到了乐音的和所引起的生理快感又能作用于精神，从而产生精神上的陶冶和愉快。伶州鸠还看到了这种“平和之声符合自然节律”，先秦美学也十分重视艺术特征、重视其愉悦具有重大的社会功能，认为乐之和是“物得其常”，是自然之和的表现，它可以“合神人，神是以宁，民是以听”（《国语·周语下》），使国家安宁，天下太平。在此基础上，孔子全面提出了中和之美，《乐记》说“大乐与天地同和”，“乐者，天地之和也”。可见，从生理感官的和进到心理、精神的和，然后再进到自然与社会的和，正是先秦美学关于中和之美的建构过程。它是以生理、心理要素为立论基础的。

先秦美学还有一种艺术创造理论，名为心物感应论，也颇有心理学美学特色。所谓心物感应，是说艺术审美活动的产生，是由作家的主观精神活动（包括思想意识、心理气质、艺术素养）和客观之物相互作用而产生美感。如《乐记·乐本篇》说：“凡音之起，由人心生也。人心之动，物使之然也。感于物而动，故形于声。”“乐者，音之所由生也，其本在人心之感于物也。”它还具体说到音乐舞蹈艺术给人们种种审美感情的陶冶，认为：“人生而静，天之性也，感于物而动，性之欲也。”强调了客观的物在艺术创作和审美欣赏中的作用，又强调了人有审美本能，艺术创作和欣赏是有生理、心理条件做基础的，这较早地接触到了艺术创作是主客观统一的思想。

勃兰兑斯（Georg Brandes，1842—1927）曾经断言："文学史，就其最深刻的意义来说，是一种心理学，研究人的灵魂，是灵魂的历史。"[1]我国古典美学中，陆机的"因物兴情"说、刘勰的"应物斯感"说、钟嵘的"摇荡性情"说、严羽的"妙悟"说，以及明清以后王士祯的神韵说、李贽的童心说、王夫之与叶燮的神理说，和梁启超的情感理论、王国维的意境理论等，都把握了审美心理活动的主要特征，是从心理学理论和方法去探讨美学与艺术问题的精辟之论。这些理论和方法都可以在先秦的心理学美学方法中找到渊源，是以先秦美学这方面的理论为其所本的。

先秦美学也十分重视艺术特征、重视其愉悦美感的作用，其中有关审美学的理论方法，也很值得总结。在先秦典籍中已有强调美的感官形态的记载，如《左传》恒公元年就载有宋华父督见孔父之妻于路，目逆而送之，曰"美而艳"一事。《左传》《国语》《荀子》等论述最初的所谓美，是专指味、声、色而言的，强调了艺术与味相联系的审美意义，这些可看作是我国最原始的审美学。

孔子认为美与善是统一的，力主艺术以教化为目的，他很重视艺术的审美意义，是中国第一个将美与善的概念区别开来的美学家。如说："子谓《韶》尽美矣，又尽善也。谓《武》尽美矣，未尽善也。"（《论语·八佾》）"未尽善"的艺术，可以"尽美"，这已看到了艺术的特殊性，看到了美具有区别于善的特征，即事物能给人以感性审美愉快和享受的形式特征，如声音的洪亮、和谐、节奏鲜明等。孔子将内容和形式、思想和艺术既联系又区别地对艺术加以批评的方法，正

[1] 格奥尔·勃兰兑斯：《十九世纪文学主潮》引言，人民文学出版社，1958年。

是审美学的方法。

孔子看到了艺术的愉悦作用，说“知之者不如好之者，好之者不如乐之者”（《论语·雍也》）。所以，他很重视艺术的形式美。在《论语》中，就有许多他对形式美的评述，如《八佾》《雍也》说到女性形体之美，《子路》《子张》说到居室、宗庙的建筑之美，《泰伯》《子罕》说到礼服和佩玉之美，等等。孔子对器乐美的欣赏，具有很高的理论水平。如说：“乐，其可知也。始作，翕如也！从之，纯如也！皦如也！绎如也！以成。”（《论语·八佾》）孔子晚年更逐渐趋向于承认艺术的情感特征。《礼记》的《乐记》《经解》《仲尼燕居》等，记载孔子说过：“夫乐者，象成者也。”他谈到周代大飨礼的乐舞艺术时说：“入门而金作，示情也；升歌（清庙），示德也；下而管《象》，示事也。”[1] 孔子提出乐以“象成”“示情”的美学思想，表明他在主张艺术是感性与理性的统一，又注重艺术的形象和情感特征。

庄子的审美美学则更具有方法论意义。道家的“道”，根本特征是自然无为，所以，美的本质也在于自然无为。如《庄子》说：“朴素而天下莫与之争美”（《庄子·天道》），“澹然无极而众美从之”（《庄子·刻意》）。在这里，庄子把朴素无为和澹然无极同美联系起来，也就是把美同超功利的生活境界联系了起来。庄子所描写的“神人、至人、真人”的生活境界，就是一种超脱人世得失的自由的生活境界，同时也是一种最美的境界。庄子在这里要求人们通过超功利态度去达到一种“不以物挫志”（《庄子·天地》），而“与物为春”的自得自适境界，这又是庄子对审美学的重大贡献，这种态度和境界正是

[1] 林同华：《中国美学史论集》，江苏人民出版社，1984年，第56页。

一种超脱功利的审美态度和境界。《达生》篇所说的梓庆削木为鐻的寓言，其中的“以天合天”正是艺术创作法则，指明了要主客观统一和超脱功利才能创造出优秀的作品。在这当中，他更加强调主观意识和艺术素养的作用，强调“任其性命之情”，“达于情而遂于命”，强调情感自由抒发，想象无拘无束，“乘物以游心”。

庄子这些关于艺术创作和审美特征的理论，对以后的审美理论有很深的影响，如陆机、刘勰、钟嵘的重情理论，以及上面说到的兴情、应感、妙悟、神理诸说，都不难在庄子的审美学理论中找到痕迹。

作者单位：华南师范大学

西方现代心理美学评价

彭立勋

不少西方美学家提出，现代美学理论应由哲学的美学和心理学的美学两部分组成的，可见心理学美学在现代西方美学中的显著地位。新时期我国美学研究的一大进展，就是加强了对审美主体、审美经验、文艺创造和欣赏的心理研究。各种西方现代心理学美学思潮和学说也相继被广泛介绍和吸纳，对我国当代美学发展产生了广泛影响，因而，对现代西方心理学美学做一个客观的全面评价，颇有必要。

一

西方对艺术和审美经验的心理学阐释和研究，在亚里士多德（Aristotélēs，前 384—前 322）对悲剧心理作用的分析中，在柏克（Edmund Burke，1729—1797）对美学和崇高两种经验区别的心理和生理基础的探讨中，都可以明显看到。然而，西方心理学美学作为一个美学流派，却是在心理学作为一门独立学科诞生之后形成的。德国心理学家费希纳（Gustav Theodor Fechner，1801—1887）将实验心理学应用于对艺术和审美感知的研究，是心理学美学的发轫。而他的《美学导论》（1876）则被看作是这门学科开始的标志。费希纳和他创立的实验美学，为20世纪以来西方现代心理学美学的发展奠定了基础。进入20世纪以来，在心理学美学的研究领域，除了“移情说”[里普斯（Theodor Lipps，1851—1914）、浮龙·李（Vernon Lee，1856—1936）]、“内模仿说”[谷鲁斯（Karl Gross，1861—1946）]、“心理距离说”（布洛，1880—1934）等早期心理学美学的代表思想继续得到发展之外，最值得注意的是试图把现代心理学的新发展和新成就运用到艺术和审美经验研究之中，从而形成的各种心理学美学的新理论新学说。托马斯·门罗（Thomas Munro，1897—1974）在罗列20世纪艺术心理学的研究进展时，把它们归纳为14个方面，可见这些新理论涉及面之广。最有影响的理论，当推精神分析学和分析心理学美学[弗洛伊德（Sigmund Freud，1856—1939）和荣格（Carl G. Jung，1875—1961）]、格式塔心理学美学[考夫卡（Kurt Koffka，1886—1941）和阿恩海姆（Rudolf Arnheim，1904—2007）]、生物心理学（或新行为主义）美学[伯莱因（Daniel Ellis Berlyne，1924—1976）]以及信息论美学[弗兰克（Helmar Gunter Frank）和迈耶（Richard Meier）]等。

心理学美学在20世纪的长足发展，在推动西方现代美学的发展和演变中发挥了哲学美学所不能取代的特殊作用。

首先，心理学美学将美学研究的主要对象从审美客体转向审美主体，转向对艺术和审美经验的内部过程和机制的探究，从而对西方现代美学走向产生了重大影响。传统美学主要是对美的性质做抽象的哲学探讨，当代美学的中心内容则是具体研究审美经验以及艺术问题。心理学美学对推动这种转变起了主要作用。正如托马斯·门罗所说，心理学美学感兴趣的是要弄清究竟是艺术家个性中的什么力量促使他们创造艺术作品；是要理解欣赏活动整个过程；是要理解这些创造和欣赏活动与艺术以外的其他人类经验的关系，以及它们与人类机体结构的关系。[1] 由于它集中探究审美主体经验的内部过程，因而给艺术研究带来新角度、新途径。它集中于创造和欣赏艺术的人身上，探究艺术家和欣赏者的经验和行为，以便揭示艺术创造和欣赏的内部过程和心理机制。它因探索审美的心理机制而与哲学美学截然不同。

其次，心理学美学推动了西方美学的研究方法从先验的向经验的转变。弗希纳曾经用“自上而下的美学”和“自下而上的美学”来区别传统的哲学美学和由他创立的“实验美学”，以说明美学研究中两种不同的方法。此后，各种心理学的美学将内省法、观察法和实验法应用于艺术和审美经验的研究，从而极大地促进了对经验的美学研究。克雷特勒（S. Kreitler）在《艺术心理学》中把心理学美学的主要特性归纳为两点。除了前面已论到的集中于艺术和审美经验的内部行为和过程外，另一个主要特性就是：“作为科学的学科，它是经验的”。[2] 经验的研究明确规定了心理学美学的方法论，从而使它和哲学美学相区别。它不是从某种哲学的构架和先验的假说出发，对审美和艺术的问题做经验的逻辑分析或理论思考，而是以经验的材料为基础，并把思想和见解看作是能被客观数据和有效事实测试和验证的假设。由于它强调研究需要以对审美现象所进行观察和实验为依据，将结论建立在直接经验的事实上，因而推动了西方现代美学走向科学的发展趋势。

最后，心理学美学的研究面向艺术创造和欣赏以及各种审美活动的实际问题，不仅扩大了美学的研究范围，而且也促进了美学的应用

[1] 参见托马斯·门罗：《走向科学的美学》，中国文联出版公司，1984 年，第 71 页。

[2] H. 克雷勒和 S. 克雷特勒：《艺术心理学》，杜克大学出版社，1972 年。

研究，增进了理论与实际的结合。在美的本质的抽象探讨和实际的审美活动之间，心理学美学起了一个中介作用。

二

对西方现代心理学美学的各种学派、思潮、学说，人们的评价可能不一致，但在艺术和审美经验研究方面所做贡献是得到公认的。

第一，心理学关于认识过程、情感过程及其相互关系的研究，关于各心理过程构成因素的研究，为心理学美学分析审美经验特殊心理过程提供了基本理论和概念；关于个性心理特征的研究，为心理学美学分析审美经验的多样性、差异性和不同类型提供了重要理论根据。心理学家和美学家在审美经验框架中对审美感知、审美注意、审美想象、审美情感等心理过程以及审美趣味和爱好的心理根据，进行了许多实验研究，提出了各种假说和理论，其中不乏富于启发性的学说和资料。如格式塔心理学家对审美知觉的整体性、表现性及审美知觉和情感相互关系的研究，为理解审美知觉心理过程及其特性，提出了新构想。阿恩海姆的研究表明，审美知觉是对于审美对象结构样式的完整知觉，知觉过程就是形成知觉概念的过程。知觉概念记录了个别具体对象，而且把握了对象的一般形式结构和完整特征。因此审美知觉中包含有理解、悟解能力[1]。这一极有价值的论断，有助于我们了解艺术和审美中知觉和理解的特殊联系，消除对于所谓“审美直觉性”的神秘感。此外阿恩海姆还对表现性这一重要知觉范畴及其形成的心

[1]　参见 R. 阿恩海姆：《艺术与视知觉》，中国社会科学出版社，1984 年，第 55 页。

理、生理机制做了透辟的分析，认为由对象的结构性质所传达的表现性“是被视觉直接把握的”，“表现性乃是知觉式样本身的一种固有性质”。[1] 这一创造性见解接触到艺术和审美经验中最富特征的现象，为理解艺术创造和欣赏中形式与情感意义间的关系开辟了新途径。

第二，在心理学美学发展中，不同学派的心理学家和美学家运用不同的心理学说，从不同的侧面、层次上来揭示审美经验的某些特点，探究审美经验产生的心理和生理机制。这不仅丰富了人们对审美经验的特点的认识，而且开辟了揭示审美心理奥秘的多种途径。例如精神分析学家提出了潜意识的概念，并着重阐述了它在艺术创造和审美经验中的地位和作用，使对艺术创造和审美经验的研究进入到人的精神中更深的一个层次。虽然对于潜意识理论本身的科学性至今仍有很大争议，但是，对心理学中这个新领域的探究，对于我们进一步探讨艺术创造和欣赏的某些特点和规律仍然是有帮助的。它除了吸引我们注意潜意识在艺术和审美中的作用外，也启示我们对幻想、梦幻、感情、愿望等心理因素在审美经验中的作用进行更加深入的思考。现在，不少美学家和心理学家都认为，艺术的创造过程既不是一种完全非理性的潜意识活动，也不是一种完全受理性支配的、有明确意念的意识活动。这种看法显然是吸收了精神分析理论研究中的合理成分而又排除了其片面性。又如新行为主义心理学家用生理唤醒学说来解释产生审美愉快的生理和心理机制，试图对引起审美愉快的客观刺激和主观反映给予具体解释。伯莱因认为，审美愉快的形成，从客观刺激方面看，“主要依赖于刺激图式的结构和刺激成分的互相关系”，它们

---

[1]　R. 阿恩海姆：《艺术与视知觉》，中国社会科学出版社，1984 年，第 56 页。

被包含在艺术作品中，统称为“对照刺激物变量”。从主观反应方面看，则与“唤醒中向上或向下变化”[1]相联系，由于艺术作品和审美对象中对照变量的刺激，在观赏者大脑中形成唤醒的提高或降低，形成倒U型曲线。据此，伯莱因提出了“审美图式通过唤醒的作用而形成愉快效应”的假设，并分析了通过“渐近式唤醒”（唤醒促进机制）和“亢奋性唤醒”（唤醒减弱机制）来达到审美愉快的两种心理和生理机制。尽管这种心理生物学观点的局限性十分明显，但它对我们探究审美经验中愉快的特点及其形成的心理和生理原因，打开了新思路。

第三，心理学美学对于审美经验的分析，多方面地结合着艺术创造和欣赏的实践经验，不断地扩大着自己的研究范围和领域，使过去许多没有涉及或没有系统研究的艺术和审美问题能够被提出来加以较系统的研究，这也有助于进一步充实艺术创造和鉴赏的理论。例如，对艺术创造和表现过程、艺术创造力及其发展的研究，对艺术欣赏过程、艺术创作、欣赏与个性关系的研究，对灵感、天才、艺术表现动机的探讨，对艺术的非写实、形式的成分和叙事、内容的成分所产生的不同审美心理效应的研究，对各门类艺术的审美反应特性及其互相比较的研究，对审美偏爱和审美标准、艺术审美经验与文化关系的研究，等等，从各个不同角度、不同层次提出和论述了审美中的复杂问题。这样广泛地研究审美经验，是以前的美学理论所不能比拟的。

三

西方心理学美学对艺术和审美经验的研究有其局限性。对于像精

[1] R. 阿恩海姆：《走向艺术心理学》，伦敦：1967年，第308—309页。

神分析学这样有明显缺陷的美学理论，有人不加分析地加以肯定，甚至把它当作解开艺术中难解之谜的灵丹，作为指导艺术创造和分析艺术作品的理论根据。这种认识当然有很大的盲目性。如果我们能以马克思主义观点，从艺术和审美实际出发，对各种心理学—美学的理论加以认真分析，它们的局限性和缺陷是不难发现的。

首先，心理学作为一门独立学科诞生，虽然已有一个多世纪的历史，但是，从总体上看，它还是一门尚未成熟的发展中的学科，许多心理现象并未在心理学研究中得到科学的解释，心理学本身的许多理论问题尚处在探索的阶段。如形象思维这种与审美经验和艺术研究有着密切关系的重大理论问题，在心理学中至今仍未得到充分的研究和阐明。心理教科书在论述思维过程时，仍然只讲抽象的逻辑思维的规律，不讲具体的形象思维规律，或把形象思维和创造性想象混为一谈，否认它是一种独立的思维形式，也有的把它和直觉思维（或称灵感思维）看成一回事。这都反映出心理学对形象思维这一重要的认识形式和心理现象还没有给予准确的把握和分析。此外，情感问题在心理学研究中也是一个较为薄弱的环节。甚至涉及情感心理过程的许多概念，在心理学中也缺乏准确理解和说明。例如，情绪（emotion）和情感（feeling）概念的区别就是如此。由于许多与审美和艺术密切相关的心理现象和心理过程在心理学并未得到充分阐明和科学的解释，所以，心理学美学对分析审美经验和艺术问题的作用和能力是有限的。

其次，心理学家研究和描述审美经验，往往是为已经形成的某种心理学说和观点寻求论据和例证，因而并不是从审美经验的全部实际和整体情况出发来分析它、把握它。不少学说和理论并不是建立在大量经验事实和科学分析的基础上的，而仍然带有浓厚的思辨色彩和主观臆想的性质。这种片面性和主观性在弗洛伊德的精神分析的艺术理论中表现得特别突出。弗洛伊德认为，艺术和审美是通过升华作用，使人被压抑在潜意识中的本能欲望在幻想中得到满足和补偿的一种方式。创作过程是受潜意识支配的。由于孤立、片面地强调潜意识的本能欲望在艺术创造和审美活动中的地位和作用，排斥意识和理性对艺术和审美的支配和影响，使弗洛伊德的精神分析美学理论带有强烈的反理性主义色彩。其理论支柱潜意识（即无意识）学说本身也是一种主观臆测的产物，其中许多论断尚缺乏科学根据。弗洛伊德把潜意识看作是人们的原始本能，主要是性本能，并以此来解释文艺创造和审美活动的动因，把审美愉快也看作是“性感领域的衍生物”[1]，这种泛性论只能使艺术和审美的研究走向生物学化，不可能对艺术和审美经验做出全面的、科学的分析和阐明。即使在格式塔心理学美学这样卓有建树的学派中，上述局限性也仍然难以避免。尽管阿恩海姆对知觉的表现性进行了创造性研究，但其理论支撑却是身心异质同构说。这种理论本身就带有浓厚的思辨色彩，缺乏科学试验支持。这就使得他的表现性基于力的结构的主要结论，也仍然带有很大程度的推论性质。如果说知觉的表现性仅基于力的结构，那么，为什么同一形式，同一力的结构，在不同时代、种族、个人的知觉中，却往往有不同的表现性呢？脱离人类社会实践，仅仅从身心同构或物理力与心理力的对应关系上去解释知觉的表现性，不仅不能说明审美中的许多复杂现象，也难以对知觉表现性形成的原因做出真正科学的分析。

---

[1] 《弗洛伊德论美文选》，知识出版社，1987 年，第 172 页。

再次，心理学对审美经验的研究，主要借助内省或实验的方法。从德国心理学家费希纳1876年出版《美学导论》并创立实验美学以来，已经有许多心理实验被运用于审美经验研究。其中，关于各种艺术的形式构成因素的审美反应测验，审美趣味和偏爱的测验，艺术创造和欣赏能力的测验等，这些实验资料和结论还不充分或有矛盾。虽然许多实验提供了客观、有效数据，但是从它引出的结论却不断受到质疑。

必须看到，对于审美和艺术知觉过程的实验研究较易取得满意的成果，而对于审美和创作的内心活动，如想象、理解和情感的实验研究，则较难进行，也难以得出令人信服的结论。人们对一些心理测验（如艺术创造和欣赏能力的测验）的信心越来越低，这不是没有根据的。甚至连主张美学应是一门科学的托马斯·门罗也不得不承认，“艺术和审美过程中的许多深层经验——例如音乐、绘画、诗歌给人们造成的某些特殊的情感和启示——则是相当复杂的和多变的，在目前还无法对其进行精确的测量”。[1] 我们虽然不能否认某些心理实验资料和结论对于描述审美经验的作用，但仅靠这些资料和结论是不能对审美经验和艺术中已提出的重要理论问题做出完整、系统回答的。

四

从西方现代心理学美学的发展看，心理学美学要沿着正确方向前进，仍然必须用正确的哲学思想做指导。心理学的一些根本问题，本

[1] 托马斯·门罗：《走向科学的美学》，中国文联出版公司，1984年，第135页。

来就同哲学的基本问题密切联系，何况美学本来就属于哲学领域。心理学美学研究只有在正确的哲学思想和理论原则指导下，才能取得真正科学的成果。它从经验或实验以及其他相关学科获取的大量资料，更需要进行哲学综合。没有哲学的帮助，要形成、解释、阐述心理学美学的概念、范畴、理论、假说并形成体系，将是不可能的。

20 世纪以来，西方各种心理学派林立。如何在对各派心理学美学理论进行科学分析的基础上，综合各派理论的科学结论和假设，博采众长而加以创新，以形成更合理地解释审美经验的过程及其心理机制的新理论，已经紧迫地提到日程上来。国内外美学界和心理学界一些有识之士，正在进行这项工作。我们应继续推进这一工作，以求建立一个较为完整、系统的心理学美学（或审美心理学）的科学体系。

作者单位：深圳市社会科学院

第二部分

审美学的形而上思考

论“多向型”审美意识

蔡列

新时期的大众审美意识已越来越朝着多向型发展，这是新时期审美意识更新的一个重要标志。多向型审美意识，是指人们在对审美对象的选择、评价、比较的过程中，主观意识与审美对象的原有关系发生分裂：原来的单向联系变为多向联系，并使原有的单向联系的性质发生一系列适应性变化。所谓单向联系，则是审美主体的主观意识与审美客体的某种属性的固有对应关系。如某人认为“大海是壮美的”。这是一种评价性对应关系。当这种对应关系受到其他因素的作用时，它就会发生动摇和分裂。如从“大海是壮美的”变为“大海是壮美的/大海是凶恶的/大海是迷茫的……”等。于是，原来的单向联系（主体—壮美—大海）就分裂为：主体—壮美/凶恶/迷茫……大海。这就是多向联系。在一组多向联系中，原有的单向联系有可能与新质的单向联系长期并存，也有可能改变性质或者消失。在审美意识的发展过程中，多向联系既是单向联系分裂的终点，又是产生进一步新质单向联系的起点。单向联系与多向联系循环交替的变化过程，构成审美意识发展模式的多向型审美意识。多向型审美意识有下列四大特征。

（一）群体性。在单向联系审美意识发展模式中，个体的作用非常重要。但在多向型审美意识的发展模式中，个体作用不占主导地位，因为单向联系在其自身裂变中具有排除个体性的特点，个体性越强，多向性就越弱；另外，个体没有能力承担需要高能量的裂变。个体的权威力量因而被大大削弱。多向型审美意识是一种社会群体意识，它要求群体参与和群体制约。近年报纸和杂志都喜欢开辟读者专栏，电台、电视台也有了听众点播节目，等等。这些做法，除了加强信息反馈外，还为广大群众参与更高层次的审美活动提供了机会，减少了受众在审美活动中的被动性。同时也使艺术家的创造活动与更广泛的受众审美需求结合起来，使单向联系的裂变具有群体性。广东实验话剧团创作的舞厅话剧《爱情迪斯科》，让观众参与创作。在演出中，观众时而回答剧中人的提问，时而与演员一同起舞，时而对剧情提出建议。演出者随时采纳观众意见，设计出剧中人物的不同格局，并分场演出给观众看。其中具体、明显、集中体现着多向型审美意识。

此外，随着通信、新闻和出版事业的发展，筛选个人意识和形成群体意识的条件大大改善了。一大批文摘性报刊的出现，反映了审美意识裂变的规模和成果，又使那些缺乏群体基础的新质单向联系及时淘汰。可见群体性既是裂变的条件，又是裂变的有效控制手段。

（二）系统性。多向型审美意识的系统性，表现在审美意识在各个领域内同时发生全面的互相联系的裂变。每一种单向联系的分裂都不是孤立进行的。在艺术生产中，出现了题材、风格、手法上的互相渗透同步变革的趋势。最早引进现代派手法的是文学，接着便影响到电影和舞蹈。出现了《海滩》一类的电影和象征性舞蹈。又如文学受到电影《城南旧事》的启发，掀起了1985年中篇小说文化热的创作潮流，出现了王安忆的《小鲍庄》、阿城的《孩子王》等作品。生活上的审美意识也发生了连锁反应，人们开始有条件同时把审美的眼光伸向生活的各方面：衣着、住房、环境、甚至食品包装。于是时装行业、美容行业、装饰行业迅速发展起来。这些变化，都不是简单地以B代替A，而是以B、C、D等同时代替A，只有这样才体现出裂变或多向联系的特点。另外，多向联系的出现是一组连着一组、相辅相成的，如武侠小说的出现连着武打电影，迪斯科舞的出现连着迪斯科音乐，等等。这表明了单向联系的分裂不是随意地进行而是与别的单向联系分裂有机地联系着的，是系统、全面、多领域同时进行的。

多向型审美意识的系统性，还体现在某些新质单向联系的多义性上，这是新质单向联系与旧质单向联系的主要区别。例如在由旧质单向联系“主体—革命—红色”分裂而成的多向联系“主体—革命/热烈/危险/温暖/食欲……—红色”当中，新质单向联系“主体—革命—红色”不但已经在社会意识中降低到适当的地位，而且具有多义性。即由“主体—革命（单义：纯粹的革命）—红色”，变为“主体—革命（多义：象征性的、非等同的、有特定适用场合的革命）—红色”。

（三）深刻性。多向型审美意识的深刻性表现在单向联系的裂变是高容量和多层次的。此时，多向联系中单向联系的数量惊人增长。例如服饰方面，过去的观念是“主体—整洁—朴素—衣服”。因而人们长期只局限在唐装和中山装的范围内。现在观念多向化了，如“主体—整洁/合适（包括款式）/活泼/严谨/风格风度和气质/多种美感（如刚美柔美）……—衣服”。因而就有了工装、柔姿装、蝙蝠装、迷你装等。文艺方面，才建社五年的花城出版社，就已经出版各类文艺书刊近千种，这种出书速度前所未有。这是高容量在审美客体方面的体现。在主体方面，高容量也同样有所体现。例如喜爱健身运动的人数正高倍增长，这说明人们对健美的追求更自觉，还说明每一种有意义的新质单向联系都拥有坚实的主体基础。多向型审美意识的深刻性，在其裂变的高容量单向联系中体现了数量上的优势。

从裂变的规模来看，可以分为一般裂变、裂变再造和综合裂变再造三个层次。一般裂变就是由一种单向联系分裂出另一种单向联系，如受台湾校园歌曲影响而产生的大陆校园歌曲，就是一般裂变的产物，这是一种较低层次的裂变；裂变再造就是两种由一般裂变产生的单向联系的结合，例如伴舞演唱，就是将舞蹈的音乐性和抒情性从舞蹈中分离出来，将演唱的运动感和时间性从演唱中分离出来，再将两者结合而形成的。综合裂变再造，是多个裂变再造的综合体，它可以是多个裂变再造的叠加，也可以是它们的一般结合。例如粤海实验剧社演出的现代组合戏剧《魔方》，就是将哑剧、舞蹈、形体造型等结合在一起。此剧得到青年的好评。而沈阳话剧团演出的话剧《搭错车》，则将电影剧情和流行曲《酒干倘卖无》进行再创造，伴以歌舞和钢化玻璃电动转台等表现手段，使这出音乐舞蹈故事剧获得成功。

（四）变动性。多向型审美意识的变动性可分为三个方面，一是流行性变动，一种平行变换。如流行曲、流行时装、流行色等。它们的特点是群体时效性强。来得快去得也快。如流行曲，近年流行的高峰期已缩至一年，流行色彩现在几乎是一年更换一种。这说明人们开始摆脱传统标准化审美意识的约束，敢于追求多种多样的美了。

二是观念性变动。多向型审美意识的探究心理胜于守旧心理，反映在观念上就是扬新抑旧。近年戏剧不景气的一个很重要原因在于戏剧观念的守旧成分大于求新成分。1985年全国戏曲观摩演出的11台戏中，有9台是传统题材剧目，戏曲观念更新速度太慢。相反，一首接一首的流行曲却吸引了绝大多数青年，同时一个接一个歌星很快被淘汰，这说明人们观念上的求新求异。这正是多向型审美意识的特征。

三是过渡性变动。多向型审美意识本身是属于过渡性审美意识。它是以单向联系简单替换为基础的旧审美意识刚刚解体，新的审美意识大规模产生、发展但尚未成熟时的过渡性审美意识。它所包含许多新质的单向联系仍属于尝试性质，即使取得成功也可能是阶段性的、过渡性的。例如轰动一时的小说《班主任》和戏剧《于无声处》等具有转折意义的作品，其价值不在艺术成就的高度而在于开创意义。

多向型审美意识的产生依赖于一定的社会基础。只有社会生活发生重大变化，才可能带动审美意识发生群体的、系统的、深刻的分裂和变动。例如“五四”时期随着新文化运动的开展，审美意识也发生了重大变化：现代白话文代替古文，现代戏剧冲击古典戏剧，西装和中山装同时取代长袍，等等。新时期多向型审美意识的产生的社会基础，我们概括为下面四点。1. 社会结构由闭关型变为开放型。我国实行对外开放后，分裂传统的或分裂外来的，然后再重新调整自身的结构，将传统审美意识的精华部分与外来审美意识的合理成分结合起来。2. 社会意识由保守型转变为改革型。我国不但实行经济改革、政治改革，也进行文化改革包括审美观念改革。这就促使审美意识实行全面的调整，于是出现了探索性电影和实验性话剧，这些改革不是抛弃传统，而是取其美的成分，是美的再创造。3. 社会生活由低信息量变为高信息量。美作为一种信息，也处于膨胀之中，于是，多向型审美意识便应运而生。4．经济发展促使消费水平提高，社会消费由低消费变为高消费。高消费的一个特点是商品流通和更换加速，尤其是美的产品种类变换加速，于是多向型审美意识以其变动性优势产生。

作者单位：中山大学

西方古典美学“理想”范畴的研究

王强东

从公元前6世纪古希腊古典主义美学思想开始，到18世纪末德国古典美学的终结，前后2400多年，习惯上统称西方古典美学。

理想，是西方古典美学中常见的重要范畴，不同的美学家对它有不同的理解、阐释和运用。进入当代，由于人们的生活实践、艺术实践以及科学实践日趋丰富和节奏增快，美学焦点、形态、方法，以及美学的话语亦随之不断转换和变化，从而使得古老的理想范畴几乎被当今美学家遗忘。但是，理想的价值终究不能抹杀或淹没。时代呼唤理想，重新审视西方古典美学理想范畴的内容、特性和演变，吸取其理论营养，对当代美学的发展无疑有积极意义。

一

车尔尼雪夫斯基（Nikolay Gavrilovich Chernyshevsky，1828—1889）曾指出，亚里士多德是第一个以独立体系阐明美学概念的人。“《诗学》是第一篇最重要的美学论文，也是迄今至前世纪末叶一切美学概念的根据。”[1]2000

[1] 车尔尼雪夫斯基：《美学论文选》，缪灵珠译，人民文学出版社，1959年，第129页。

多年前亚里士多德虽然没有对理想范畴进行专题论述，但是在其奠基性的美学名著《诗学》中，却以明确揭示艺术的理想化内容和创作的理想化规律开了理想的思想先河。他说："像画家和其他形象创造者一样，诗人既然是一种摹仿者，他就必然在三种方式中选择一种去摹仿事物，照事物本来的样子去摹仿，照事物为人们所说所想的样子去摹仿，或是照事物的应当有的样子去摹仿。"[1] 第三种即"照事物的应当有的样子去摹仿"的艺术创作方法就是理想化的方法，亚里士多德推崇并赞赏这种方法；用这种理想化方法创作的艺术形象就是理想形象。同时，他还说："诗人的职责不在于描述已发生的事，而在于描述可能发生的事，即按照可然律或必然律可能发生的事。"[2]"已发生的事"即事实或现实，"可能发生的事"即想象或理想。在这里，亚里士多德点明了艺术（诗）同历史的区别，指出了艺术可表现的理想性内容和艺术创作的理想化方法。他认为只有"描述理想"和"理想地描述"，才能"把人物原形的特点再现出来，一方面既逼真，一方面又比他原来更美"。[3]

意大利文艺复兴时期的伟大画家达·芬奇（Leonardo da Vinci，1452—1519）也天才地意识到了绘画艺术中理想化创作和创作理想的重要性，他说："画家应该研究普遍的自然，就眼睛所看到的东西多加思索，要运用组成每一事物的类型的那些优美的部分。"他还劝画家，"每逢到田野里去，须用心看各种事物，细心看完这一件再去看另一件，把比较有价值的东西选择出来，把这些不同的东西捆在一起"。[4] 在这里，多加思索、选择和"把这些不同的东西捆在一起"的

[1] 亚里士多德：《诗学》，罗念生译，人民文学出版社，1962 年，第 92 页。

[2] 亚里士多德：《诗学》，罗念生译，人民文学出版社，1962 年，第 28 页。

[3] 亚里士多德：《诗学》，罗念生译，人民文学出版社，1962 年，第 80 页。

[4] 达·芬奇：《绘画论》，《西方美学史》上卷，朱光潜译，人民文学出版社，1979 年，第 159 页。

方法就是理想化的构思和创作。

如果说亚里士多德和达·芬奇上述美学观点还仅仅是美学理想范畴的思想萌芽的话，那么，从鲍姆嘉通、狄德罗（Denis Diderot，1713—1784）和莱辛（Gotthold Ephraim Lessing，1729—1781）等开始的西方美学，则直接用“理想”一词来阐述美学的理想范畴了。

狄德罗的美学贡献主要表现在戏剧艺术、造型艺术和美学理论三方面；而其美学建树的标志则是“美在关系说”，还表现在对理想概念的表述中。他在论文《谈演员》中说，要想表演得美，就得“凭思索，凭对人性的钻研，凭经常摹仿一种理想的范本，凭想象和记忆”。[1] 在此，所谓理想的范本，就是理想模式或理想形象，这理想模式、理想形象或理想范本是通过演员的想象、记忆、思索和钻研而形成的，按照这个理想的范本来表演，表演才会给人美的享受；而最伟大的演员就是最善于把这些外在标志最完善地扮演出来的演员。在此，狄德罗已经把理想的主要美学性质点出来了：理想是属于审美主体的（譬如演员）；理想具有指导实践（譬如指导表演）的功能；理想是在想象和记忆、思索和人性的钻研等的基础上形成的；理想的范本的实现，标志着美的诞生。狄德罗还在该文及评论巴黎艺展的论文《沙龙》里提出了“理想美”和“现实美”的概念。[2] 其所谓理想美，就是指艺术家对现实材料有意识、有目的地选择和理想化而创造的艺术形象。从理想范本到理想美，狄德罗已有了理想美学的思想萌芽。

莱辛在《拉奥孔》的续编也论述了美学意义的理想：“身体美的

[1] 狄德罗：《谈演员》，《西方美学史》上卷，朱光潜译，人民文学出版社，1979 年，第 267—268 页。

[2] 参见狄德罗：《谈演员》，《西方美学史》上卷，朱光潜译，人民文学出版社，1979 年，第 269 页。

表现就是绘画的目的，所以身体的最高美就是艺术的最高目的。但是身体的最高美只有人才有，而人之所以有这种最高美是由于理想。这种理想只以较低级的形式存在于动物界。植物界或无生命的自然界都见不出这种理想。”[1] 理想是美或人的美所以成立的原因，莱辛这一思想同狄德罗“理想美”的提法一样，亦是理想美学思想的一种表述。

康德与狄德罗及莱辛同代，是德国古典哲学及美学，特别是形式派美学的开山祖。康德在《判断力批判》“美的分析”一章剖析了审美的四个契机，得出美只涉及形式而不涉及利害、欲念和概念的形式主义结论。这一章设专节“论美的理想”，这是以往美学专著中没有过的。康德说：“审美趣味的最高范本或原型只是一种观念或意象，要由每个人在他自己的意识里形成，他须根据它来估价一切审美对象，一切审美判断范例，乃至每个人的审美趣味。观念在本质上是一种理性概念，而理想则是把个别事物作为适合于表现某一观念的形象显现。因此，这种审美趣味的原型一方面既涉及关于一种最高度的不确定的理性概念；另一方面又不能用概念来表达，只能在个别形象里表达出来，它可以更恰当地叫作美的理想。我们虽然原来不曾有这种理想，却努力在自己心里把它形成。但是它只能是一种想象力方面的理想，因为它不基于概念而基于形象显现。”[2] 康德在此点明了美的理想的形成和本质特点，认为美的理想或“审美趣味的最高范本”或原理，从本质上说不是理性概念或观念，而是“表现观念的事物形象，是一种‘意识性形象’。这是由每个人在他自己的意识里形成的，人们审美时，就把它当作标准，根据它来估价一切审美对象，一

[1]　莱辛：《拉奥孔》，朱光潜译，人民文学出版社，1979年，第194页。

[2]　康德：《判断力批判》上卷，宗白华译，商务印书馆，1964年，第70—71页。

切审美判断”和“每个人的审美趣味”，鉴定其美丑。由其论述还可看出，康德的理想范畴具有一种对立统一的性质，即非观念和含有观念的对立统一，理性概念和感性形象的统一，而这种统一最终是统一在每个人的意识里。康德随后又谈到美的理想所包含观念和目的的性质。他说：“不论一个理想是在何种评判的根据里，必须有一个理性的观念依照着一定的概念做根据。这观念先验地规定着目的，而对象的内在的可能性就奠基在它上面。”“美，若果要给它找得到一个理想，就必须不是空洞的，而是被一个具有客观合目的性的概念固定下来的美。”[1] 由此可知，康德的美的理想所包含的观念就是事物本身具有的客观合目的性的概念。这种概念在物那里是由先验性的观念（犹如柏拉图的理式）规定的；而在人这里，则是由先验性的观念和人的自我意识合成的。所以人与物的理想概念是不同的。紧接着康德说：“美的花朵、美的家具，美的风景等的理想是不可想象的。”“只有人，他本身就具有他的生存目的，他凭借理性规定着自己的目的，所以只有人才独具有美的理想。”[2] 也就是说，物只有先天目的（即上帝造物的目的）；而人既有先天目的，又有后天目的（即人的自我意识）。因此，康德得出结论：“美的理想，由于上述的理由，我们只能期待于人的形体（形象）。在人的形体上理想是在表现道德，没有这个对象将不普遍地且又积极地令人愉快。”[3] 这种“理想是在表现道德”的特殊结论（“美的分析”一章中其他三个结论全是形式主义的），在后一章“崇高的分析”里得到了进一步明确和发挥，他认定美的最基本要

[1] 康德：《判断力批判》上卷，宗白华译，商务印书馆，1964 年，第 71 页。

[2] 康德：《判断力批判》上卷，宗白华译，商务印书馆，1964 年，第 70 页。

[3] 康德：《判断力批判》上卷，宗白华译，商务印书馆，1964 年，第 74 页。

素就是其人道和人性的内容。于是，他明确而又矛盾地再次得出了“美是道德精神的表现”和“美是道德的象征”[1]的结论。

二

黑格尔（Georg Wilhelm Friedrich Hegel，1770—1831）的理想范畴，有着比前人更精深、更系统和更辩证的阐发。他的《美学》第一卷是整个四卷的核心和基础，主要阐述美学的基本原理，其余三卷则是第一卷的具体展开。他的序论和第一卷用了很大篇幅，从哲学和艺术的角度论述了理想。

首先，黑格尔论述理想的本质，阐明了理想与理念和概念的关系。

理念说是黑格尔哲学体系的灵魂和基础。作为艺术哲学的美学，也由理念说来阐释理想范畴的本质，这是黑格尔美学的起点和基点。黑格尔写道，“理想就是和实在统一起来的理念”[2]，而“理想就是符合理念本质而体现为具体形象的现实，这种理念就是理想”。[3]联系到艺术，他说：“艺术的现实就是理想。”[4]要注意的是，黑格尔所谓的理念不是人们通常理解的精神现象（意识、思维等），而是一种思维与存在的统一体，即理念“就是概念，概念所代表的实在，以及这二者的统一”[5]。在黑格尔的美学著作里，概念和理念都不是单指精神，而是指概念和理念与其自我生发的实体这二者的辩证统一体，是

[1] 康德：《判断力批判》上卷，宗白华译，商务印书馆，1964年，第201页。
[2] 黑格尔：《美学》第一卷，朱光潜译，商务印书馆，1979年，第311页。
[3] 黑格尔：《美学》第一卷，朱光潜译，商务印书馆，1979年，第92页。
[4] 黑格尔：《美学》第一卷，朱光潜译，商务印书馆，1979年，第195页。
[5] 黑格尔：《美学》第一卷，朱光潜译，商务印书馆，1979年，第135页。

“正（精神）、反（精神生发的实在，即精神的对立面）、合（精神与实在的对立统一）”的三段式过程。因此，在黑格尔眼里，理想的本质就是理念，是概念与实在的统一。关于理想与美的关系，黑格尔指出，“我们已经把美称为美的理念，意思是说，美本身应该理解为理念，而且应该理解为一种确定形式的理念，即理想”[1]，而“理想，即美的充分体现”[2]。具体地讲，黑格尔认为美有两种，一是自然美，二是艺术美。但从严格的意义上讲，黑格尔又认为美只有一种，即艺术美，“美的领域就是艺术的领域”，“美学亦即艺术哲学”。[3]

也正因为如此，黑格尔认为，自然作为外在于人的存在，并非通常所理解的自然界，它指外在于个人主体的自然物质存在和社会存在这一总体外在世界。这种外在世界只是一种“自在”的存在，而不是“自为”的存在，是一种无思想无意识的存在，自然与人有意识创造的艺术美即理想（自在又自为的存在）是对立的。因此，黑格尔得出结论：自然美是非理想的美，非充分体现的美，有缺陷的美，“自然美只是属于心灵的那种美的反映，它所反映的是一种不完全、不完善的形态”。[4]“自然美只是为其他对象而美，这就是说，为我们，为审美的意识而美。”[5]黑格尔认为，与理想同自然美的间接和对立关系不同，理想与艺术美的关系是直接和统一的。“艺术美是作为理想来看的”[6]，而“就艺术美来说的理念并不是专就理念本身来说的理念，不

[1]　黑格尔：《美学》第一卷，朱光潜译，商务印书馆，1979 年，第 356 页。
[2]　黑格尔：《美学》第一卷，朱光潜译，商务印书馆，1979 年，第 3—4 页。
[3]　黑格尔：《美学》第一卷，朱光潜译，商务印书馆，1979 年，第 312 页。
[4]　黑格尔：《美学》第一卷，朱光潜译，商务印书馆，1979 年，第 5 页。
[5]　黑格尔：《美学》第一卷，朱光潜译，商务印书馆，1979 年，第 91 页。
[6]　黑格尔：《美学》第一卷，朱光潜译，商务印书馆，1979 年，第 171 页。

是在哲学逻辑里作为绝对来了解的那种理念，而是化为符合现实的具体形象，而且与现实结合成为直接的妥贴的统一体的那种理念”[1]，也就是说，艺术美和理想指的是一个东西，即“符合现实的具体形象且与现实结合成为直接的妥贴的统一体的理念”。称之为艺术美，是从美学角度而言，称之为理想，则是从形象而言。

对理想本身的内外特性，黑格尔也做了详尽的分析。首先，由于理想从本质上说是一种理念，所以，理想内在最基本的特性就在于表现意蕴，表现精神，表现心灵。“理想的本质就在于这样使外在的事物还原到具有心灵性的事物，因而使外在的现象符合心灵，成为心灵的表现。”[2] 这种表现从成分上可分三方面。1. 理想“首先要把神性的东西当作它的表现中心”。[3] 2.“神的心灵所凭附的凡人，例如圣徒，殉道者，以及一般信徒，也就成为理想艺术的适宜对象。”[4] 3. 由于理念可以外化为具体实在，神的东西亦可转化为尘世存在。所以，“人心里面的一切力量，每一种感觉，每一种热情，以至胸中每一种深沉的旨趣——这种具体的生活就形成了艺术的活生生的材料，而理想也就是这种生活的描绘和表现”。[5]

就外在形式特性而言，黑格尔认为，理想也有三方面表现。1. 它表现于“整体一律，平衡对称，和谐”等抽象的外在形式，以及颜色、音质、线条等“感性材料”的形式。2. 它表现于同外在环境（自然和社会）的协调性，与物质和精神（如宗教、道德）的协调性。

[1] 黑格尔：《美学》第一卷，朱光潜译，商务印书馆，1979 年，第 201 页。
[2] 黑格尔：《美学》第一卷，朱光潜译，商务印书馆，1979 年，第 224 页。
[3] 黑格尔：《美学》第一卷，朱光潜译，商务印书馆，1979 年，第 224—225 页。
[4] 黑格尔：《美学》第一卷，朱光潜译，商务印书馆，1979 年，第 225 页。
[5] 黑格尔：《美学》第一卷，朱光潜译，商务印书馆，1979 年，第 335 页。

3. 它表现于与受众即欣赏者的协调一致。对于后一点，黑格尔深刻地指出，理想的艺术作品"尽管自成一种协调的完整的世界，它作为现实的个别对象，却不是为它自己而是为我们而存在，为观照和欣赏它的听众而存在"。[1] 这个美学观点可谓现代接受美学的思想萌芽和根源。

从更深层的形式方面讲，理想的特性还要求心灵的表现。"艺术把它的每一个形象都化成千眼的阿顾斯，通过这千眼，内在的灵魂和心灵性在形象的每一点上都可以看得出。"[2] 这种"通体生气灌注"的特性就是理想的特性，"由于这个缘故，理想才真正是美的"。[3]

《美学》第一卷还着重论述了理想与生活，理想与人的实践，以及理想与社会环境的对立统一关系。黑格尔说："具体的生活就形成了艺术的活生生的材料，而理想也就是这种生活的描绘和表现。"[4] 也就是说，理想在于表现生活，而生活就是人与外在世界（自然和社会）的关系及在外在世界中的活动。若进一步追问，理想与生活，或人与生活的统一又表现在哪里呢？黑格尔指出，其统一在于人的实践。"人还通过实践的活动来达到为自己，因为人有一种冲动，要在直接呈现于他面前的外在事物之中实现他自己，而且就在这实践过程中认识他自己。"[5] 关于理想与社会环境的对立统一关系，黑格尔分析道，整个社会物质生活和文化生活的背景就是大环境，即"一般的世界情况"（或通常所称的社会时代背景），它是理想的、普泛的、一般的基础，这是一。第二，"一般的世界情况"的具体化就形成情境，

[1] 黑格尔：《美学》第一卷，朱光潜译，商务印书馆，1979 年，第 198 页。
[2] 黑格尔：《美学》第一卷，朱光潜译，商务印书馆，1979 年，第 202 页。
[3] 黑格尔：《美学》第一卷，朱光潜译，商务印书馆，1979 年，第 313 页。
[4] 黑格尔：《美学》第一卷，朱光潜译，商务印书馆，1979 年，第 39 页。
[5] 黑格尔：《美学》第一卷，朱光潜译，商务印书馆，1979 年，第 159 页。

即理想具体生成的环境，这是小环境。第三，大小环境是外在的，是理想存在的外环境；理想存在的内环境叫情致，即外部环境在人物内心内化成的思想情感状态。理想与这大、小、内环境的对立统一就是理想与整个社会环境的对立统一。理想就是在这样具体的社会历史环境中生成和发展的。其理想观已显然有了进步的社会观、历史观和实践观。

三

西方古典美学的理想范畴思想可以给当代美学研究以宝贵启示。

第一，理想观点和理想范畴的出现，反映了人们对艺术和美的认识的深化和进步。譬如，古希腊最早的美学观点是“美在物体形式”，美在审美对象整体与各部分的比例配合，由此派生了数的和谐、黄金分割、平衡、对称、整齐等形式美规则。这种对美的早期认识有客观原因，因为古希腊典型的艺术是建筑、雕刻、绘画等造型艺术，这些造型艺术自然给人以直观的形式感受。而从主观上讲，人们凭感官从这些造型艺术的形式得到感觉，并觉得这种感觉是不加思索的，所以就主观地认定美在物的形式，忽视了形式所凝聚和代表的内涵。

其实，一切现实（美的）事物都是内容和形式的统一体。所谓纯形式只不过是其形式表现内容的程度较弱，或人们还未意识到形式的意蕴罢了。对于这一点，后来休谟（David Hume，1711—1776）分析指出，即使是平衡对称等所谓的纯形式，其后面也蕴含着安全的内涵，因为不平衡对称就会倾倒。可见，美或艺术都是内容和形式的统一，而理想则是“具有意蕴的形象”。因此，理想范畴的出现反映了人们对美和艺术的认识有了从形式到内容或从形象到内蕴的这种由表及里的进步。

第二，理想观点和理想范畴的出现，还体现了美学思想由物（自然）及人的历史性转变和理论升华。由于理想是人的生活与心灵的结晶（神也是人，天上的人），所以，理想思想和理想范畴的诞生就给艺术和美带来了人的灵气、情感和活力，给“物的影像”注入了人的能动性、想象力和理智。因为自然是物性的，而理想是人性的，所以，亚里士多德的“理想化摹仿——照事物的应当有的样子去摹仿”的思想、达·芬奇“思索加选择”的理想化思想、狄德罗关于“理想的范本”的思想、康德和黑格尔关于理想范畴的论述等，从今天来看，虽不完全正确，却都体现了从物或自然到从人或人的生活来把握艺术和美这样一个重大的认识转变，体现了从以物为中心的美学到以人为中心的美学这样一个重要的认识升华。这是美学思想的质的飞跃。

第三，美学思想中理想范畴的诞生，还标志着社会观、历史观和实践观进入了美学大门，开拓了美学视野，提升了美学境界。这在康德和黑格尔对理想范畴的论述中尤为突出。譬如，康德论“理想是道德精神的表现、美是道德的象征”；黑格尔论理想与一般世界情况、情境及情致的对立统一关系，论理想与人的生活、实践的关系，等等。

第四，理想观点和理想范畴的提出，还体现了对立统一辩证法方法在美学的成功运用。在康德和黑格尔的论述中可以看到：首先，理想是内容和形式的统一，是个别形象和理性概念的统一（康德），是具体形象与理念的统一（黑格尔）；其次，理想是主观和客观的统一，是概念，概念所代表的实在，以及这二者的统一（黑格尔），是“人性目的”与“人的形体”的统一（康德）；再次，理想是感性与理性的统一，是感性形式与理性观念的统一（康德），是理念的感性显现

（黑格尔）。

西方古典美学关于理想范畴的思想是美学史中重要的理论发明之一。在马克思主义美学诞生之前，它较好地解决了美学的核心问题，即人在美的本质中的主导地位问题；较好地阐释了美学中的三大矛盾统一问题，即感性与理性的矛盾统一，内容与形式的矛盾统一，主观与客观的矛盾统一；较好地导入了关于美的三个基本观点，即社会观、历史观和实践观；较好地运用了对立统一的辩证法美学思维方法。然而，从马克思（Karl Heinrich Marx，1818—1883）的观点看，康德的理想是建立在人的意识上的，是意识产生理想，有主观唯心主义特征；黑格尔的理想则来自理念、绝对精神，是客观唯心主义立场。根据“存在决定意识”的马克思哲学原理，理想产生于人的生活，反过来指导人们创造理想的新生活，创造美的未来。这种生活—理想—理想新生活（美）的循环往复和螺旋上升，就是理想的美学历程 / 公式。[1] 理想范畴的根本美学意义也在此。

作者单位：广东省社会科学院

[1] 参见王强东：《论生活、理想与美》，《学术研究》1996 年增第 6 期。

关于中国当代美学发展中的两个问题

劳承万

一、展望中国当代美学新趋势的客观依据

对美学发展趋势的展望，要把握住两条线索及其汇聚点：一是美学历史发展的客观规律，一是现代自然科学、社会科学的多维渗透。前者为纵向轴，后者为横向轴，二者构成的坐标点，是为展望的焦点。

先从美学科学发展的一般规律说起。美学作为一门科学的真正开端，是19世纪德国古典哲学的德国美学，也可称作“美的形而上学”。而对“美的形而上学”的否定是19世纪末至20世纪的审美经验分析、美感经验分析。审美经验分析包括20世纪诸多美学流派，如移情说、距离说、心理分析美学、格式塔美学等，以审美经验为核心，多视角切入美的微观世界。审美经验分析作为对美的形而上学（肯定）的否定，这是历史的事实，也是历史的必然。从肯定（美的形而上学）到否定（审美经验分析），是一种前进，它不是那种简单的否定（是即是，非即非）。我们要分析（或预测）当代美学发展的新趋势（包括中国当代美学发展的新趋势），就必须对审美经验分析（否定）进行全面反思。只有在反思的基础上才能谈得上预测，也才能从否定进展到否定之否定（新趋势）的环节。这条简单的历史线索和辩证原理

即：审美经验分析作为辩证矛盾发展中的一个环节，有什么东西值得保存？又有什么东西需要抛弃？它的二重性表现在什么地方？

美的形而上学	→	审美经验分析	→	当代美学趋向（新美学）
肯　定	→	否　定	→	否定之否定

从美的形而上学（肯定）到审美经验分析（否定）的历史过程，我们通过前人的总结，能比较清楚地看到其间的肯定与否定要素，即扬弃的主要方面。美的形而上学作为特定的历史总体，具有自身的二重性：其保守方面是关于美本质的贫乏性抽象；其积极方面，是思考美本质的超现象、超感性的抽象思维方式，及其所揭示的美本质与人本质的内在联系。在审美经验分析环节中，则摈弃了美的形而上学的保守方面，保存了它的积极方面。审美经验分析作为特定的历史总体，它也有自身的二重性：其保守方面是陷于“现象网”的无限描述之中。作为经验现象，总是一种派生的、第二性的东西，如果不能从其中超拔出来，总有“一叶障目，不识泰山”之弊，其积极方面是，它作为一个历史总体，组构了三个有机层面，积淀了人类现代的感性文明。

这三个层面是：1. 从生理—心理方面，比较充分地揭示了人类审美机制，特别是深层机制；2. 以艺术现象为客观载体（审美对象），把艺术文明提高到前所未有的高度，同时，以艺术文明确证与反照了人类文明的超越与神秘；3. 从审美机制出发，过滤艺术现象，见出了人类审美心理结构的独立形式（抽象形式）——审美态度。这三个层面可简化为：生理—心理层面，或审美机制层面；艺术文明层面，或对象性层面；审美态度层面，或审美心理结构层面。作为辩证关系中的否定环节，审美态度层面较集中保存了肯定环节的积极方面（思考美本体的抽象思维形式），摈弃了肯定环节的保守方面。从哲学思辨关于“一”与“多”的关系看，如果说美的形而上学（肯定）是“一”，那么，审美经验分析（否定）则是“多”。这是关于本质—现象的逻辑分析。由此可推测，否定之否定环节应该对应于“一”，即由“多”复归于“一”。不过，这个“一”已不是肯定环节的“一”（“一$_1$”），而是增殖了的、扬弃了“多”的“一”即“一$_2$”。以图示之：

美的形而上学 ⟶	审美经验分析 ⟶	新的美学趋向
（肯　定）	（否定）	（否定之否定）
一$_1$	多	一$_2$

按照辩证法原理，后一环节应当是前一环节的保存与摈弃。那么，作为否定之否定环节——新的美学（或美学新趋向），则应该既融合第一环节（肯定）的合理性（即使已融合在第二环节中，成为有机部分），也应蕴含第二环节（否定）的合理性，此外，还要有它自身的合理性——自我创造要素，新要素。如果把新美学作为一个历史成果，其形式表层要素应是三重结构体，从本质生成看是二重结构体，因为在否定环节保存的肯定环节合理性，已转换生成另一整体了，如图所示：

	否　定　之　否　定		
新美学结构体$_1$	美的形而上学	审美经验分析	新要素
	一$_1$	多	一$_2$

探索美学新趋向，设计美学的未来，我以为就应该遵循贯穿于这

个结构体的两大原则。1. 新要素（新趋向）必须是对美的形而上学和审美经验分析的历史性、必然性的扬弃，由此构成否定之否定环节，才能纳入辩证矛盾的发展历程，否则就免不了是主观性随机猜想。2. 新要素（新趋向）必须是向肯定环节复归，即由“多”而“一”（扬弃了“多”的“一”，即增殖了的“一”），要求与“$一_2$”有等价的抽象思维形式，摆脱现象网的沉重纠缠，升华到新的领域。

只要遵循以上两个原则，就可以鉴别目前出现的种种观点、口号。例如，目前应用美学的普泛化，是不是美学新趋向？主体性美学、自由美学、艺术纯粹分析美学等，是不是新趋向？如果把中国当代美学发展的新趋向，不加分析、生搬硬套地塞入西方美学发展轨道的第三环节（否定之否定），当然为时过早，但也不妨以这一轨道作为参照系来讨论我们的方向。我以为，应用美学仍是辩证矛盾发展中的“多”而非“一”，不能纳入否定之否定环节规范。同理，主体性美学、自由美学等，属“一”的范畴，有许多合理成分，但离开美学史“肯定—否定—否定之否定”的路线规范、制约，即离开美的形而上学→审美经验分析→新美学的历史发展轨道，是舍弃了历史的主观躁动。

那么，结合到中国当代美学，新趋势应该是怎样的呢？这是异常复杂的问题。中国现当代美学，真正的起点也许始于20世纪50年代的美学大讨论。从当年讨论的美的本质论（美是主观的，客观的，还是主客观的统一？），到今天的审美心理分析、应用美学等，走完了西方人两百余年的美学历程。一方面，中国现当代美学的发展，不管怎样特殊，都离不开世界美学发展历程的总规律（普遍规律），另一方面，中国现当代的美学发展有点像跑龙套一样走过场。我们当年的“美的本质”讨论，是在批判、检讨的轰隆声中进行的，没有也不可能出现近似康德、黑格尔式的人物和《判断力批判》《美学讲演录》式的伟大著作。近几年审美心理研究成绩不少，但并不是真正科学性、实证性的研究，某种程度上是一种混合。当然，谁如果硬要强迫20世纪末的中国当代美学离开自己的实际，塞入那个历史旧框架中，又从康德起点开始，重复西方美学发展的历程，那也是空想。因此，我以为当务之急是：一要补课，补美的本质论和审美经验分析的课，二要创新。在补课中创新，在创新中补课，用比较短的时间走完西方的美学历程。没有走完西方美学历程，不要侈谈什么新趋势。最重要的是明确方向，找到突破口，要在重建哲学中开拓新的美学。

上面是未来新美学聚焦点的纵轴线，我们还必须抓住其横轴线——现代自然科学、社会科学的多学科影响、渗透，才能确定它的坐标。美学，尤其是现代美学，是一门多学科交叉、渗透的边缘学科，美学的任何进展，都离不开哲学、心理学、生理学及其他自然科学的成果。其所以如此，就在于美学不是物的美学，而是人的美学。近年来，多次世界哲学大会的中心议题都集中在人，这是哲学作为时代的神经对现时代历史走向的一种灵敏反应。作为人的自然科学，当然也应当反射出人的丰富性，并且通过美学的聚光镜放出更灿烂的光辉，这就是马克思当年在《1844年经济学—哲学手稿》中说的：“历史本身是自然史的一个现实的部分，是自然界生成为人这一过程的一个现实的部分。正像关于人的科学将包括自然科学一样，自然科学往后也将包括关于人的科学：这将是一门科学”[1]。既然现当代各门科学

---

[1]　马克思：《1844年经济学—哲学手稿》，刘玉坤译，人民出版社，1979年，第82页。

的聚焦点都是人，人的最新发现、人的成果，也应该包含在新美学的有机体中。

二、扬弃旧哲学，开拓新美学

一个时代的哲学产生一个时代的美学，具体到一个哲学家（例如康德、黑格尔）身上，也莫不如此，这是一条规律。我们所处的矛盾，即旧哲学与新美学之间的矛盾；哲学与美学的脱节，正是美学的真正危机。没有康德的哲学，哪有康德的美学？没有黑格尔哲学，哪来黑格尔美学？在一个庞大的哲学体系内部，它什么都不是，只是哲学，一切都从属于这个哲学体系。要是拆散开来，把它们叫作认识论、伦理学、美学等，那是第三者的授予，出于纵向学科的归属。只有从这个角度去看美学，才能把握住美学的生命及其有机性。多年来，我们的美学只是嫁接在非母胎的哲学上，所以一有风吹雨打就倒霉。

美学的嫁接性质应该彻底改变，使之变为再生性质。我们应该追求一种新哲学，像马克思当年那样，来一个综合性大批判。一切都为现实服务，一切都为初级阶段的人服务，在实践中创立我们的新哲学（以马克思哲学为灵魂）。这种新哲学应该是探索人的哲学，是使人的精神结构得到优化的哲学，而不是僵化的经典注释学。

哲学有两个功能：1. 使人聪明，2. 给人带来希望。哲学教授们有的说是加强主体自觉性，有的则说是建立世界观。这两点功能对于个体人来说，就是变更和塑造精神结构，并依历史之可能，使之优化。这是古今中外的哲学的目的和用途，哲学的原义就是爱智的学问。这种优化的精神结构，是人的身心得以平衡的根本力量，是人的存在的真正内涵。这种精神结构一旦失去平衡，就会产生精神危机。今天西方人的精神危机和当代中国人的精神危机，不是从不同的侧面说明了这个真理么？所谓优化的精神结构，用中国古话来说，就是既要入世又要出世，只有“入世—出世”相结合，才能成为一个现实的人，真正的人。缺失其一，则是残缺的人。用西方人的话或浮士德精神来说，就是既要有形而上（简称“形上”）的超越追求，又要有“形下”的现实享乐、现实态度。形上使人获得精神自由（上帝品格），形下使人得到物质解放（魔鬼习性），这是人的精神结构中两个不同层次（仙子与魔鬼），只有优化精神结构，才能教人聪明，使人充满希望。

我不大赞同时下的二极性价值观：有的人只求“入世—形下”的现实享受，做一个经济人；有的人只求“出世—形上”的超越，做一个思想人。前者太实，后者太虚。目前的主要倾向和主要危险是前者，而不是后者，所以大力提倡“形上—出世”的超脱精神（面向精神结构的最高层次），大有意义，因为它是人的精神结构优化的前导力量。但是，所谓“形上—出世”的精神品格，并不是极端的对偶像的忏悔，更不是假大空那一套，也不是追求陶渊明式的世外桃源。

就美学来说，这种精神结构二层次的关系，是怎样体现的？对应于哲学，美学也应有塑造人的精神结构的两个层次，即“形上—出世”的审美追求，和“形下—入世”的审美应用。两者相辅相成，在某个时期允许有所侧重，但终归要聚合后才能跃向另一高峰。由此看来，时下人们对美本体［重提柏拉图（Plato，前 427—前 347）的这个范畴概念很有必要］的追求过冷，而对美学应用（或称美学泛化）则过于火热。对于应用美学泛化，我们较容易领会其中秘密，有某种装饰作用或时髦色彩、经济价值，但对美本体的形上追求，其奥妙难以说清，而这正是问题的关键。

目前，我国哲学界在“贫困的哲学”和“哲学的贫困”的怨怒声中奋起，也开始大谈哲学改革了。有的人仍主张“哲学是关于世界……的学问”，哲学获得的是离开人的“物”的世界图景，要联系实际不能空想，归根到底，哲学要做解释工具或诱导手段。而另一些人则超脱得多，甚至提出了“哲学无定论”的解放思想。这是武汉大学陈修斋的观点，其实，1946年贺麟先生便提出过哲学“纷无定论”的观点。陈教授说：“无定论正是哲学的本性，只有无定论的问题才是真正的哲学问题，而真正的哲学问题总是无定论的。如果一旦有了定论，则它是科学问题，而原本并不是或不再是哲学问题了。”这类无定论问题，集中体现在康德哲学的二律背反问题中。[1] 对这种无定论问题的思考和追求，就是一种“形上—出世”的超脱。人的审美追求只有奠基于这种纷无定论的“形上—出世”追求和超脱中，才显示出它自身的永恒性。美学所追求的，除了对美学的形下应用之外，更重要的是进入审美的境界，这是真、善、美浑然一体的崇高境界。历史学家周谷城说：人生最高的境界是审美境界。审美境界类似于宗教信仰，但不等于宗教信仰。类似于宗教信仰，所以进入审美境界后，人们沉浸于美本体之中（这点柏拉图形象地描述过）；不等于宗教信仰，所以进入审美境界后，并不抛弃与失落人自身，得到的是美感，不是失落感。如何培养人进入审美境界，这是审美理论的重大历史课题。

[1] 《关于哲学本性问题的思考》，《武汉大学学报》1988年第2期。

当前我国美学发展的趋向与当前我国哲学发展的趋向，是大体一致的。哲学的经典注释性，以及充当假、大、空的论据，使其失去哲学自身的庄严，美学应用的过分泛化，以及充当装饰和赶时髦的论据，亦使美学失去其本色。我国理论界当前的任务，应当是促进改革的人们迅速获得优化的精神结构（“形上—出世”的审美追求与“形下—入世”的现实态度相结合），去迎接伟大的历史任务，用它去突破传统，也用它去迎接未来。在开拓新的哲学历程中，重建美学。

人们不禁会问，这样的美学发展趋势，有多少现实依据？优化人的精神结构是主观设想，还是现实需要？我们不妨简单回顾一下历史。近十多年来，中国当代美学的长足进步，不外得益于两方面：一是外国哲学和心理学广泛渗透，一是国人对精神解放的热烈追求。近年审美心理研究洞开了一条金光大道，广泛引起人们注目。现代哲学和现代心理学虽然是两门独立学科，但其联系十分密切。其实，心理学和美学原来都是哲学的一部分，现在人们把心理学归到自然科学，它们也是兄弟关系。当然，现代哲学的发展也得益于心理学、美学的发展，这在康德哲学体系中已有清晰显示，在皮亚杰那里，更是浑然一体的。哲学—心理学—美学的关系一旦沟通，人们就会看出，它们之间有一种互逆关系。近现代及当代中国美学的发展也有一个以哲学—心理学为背景的传统。如王国维美学就渗透了尼采（Friedrich Wilhelm Nietzsche，1844—1900）、叔本华（Arthur Schopenhauer，1788—1860）的哲学—美学精神，朱光潜美学就渗透了克罗齐（Benedetto Croce，1866—1952）哲学—美学（以及西方其他各派心理学）的观点，一代“解放牌”学者的美学，则和马克思主义哲学、车尔尼雪夫斯基的哲学—美学以及苏联心理学有千丝万缕的联系。只要发扬这个传统，我们必然追求“形上—出世”的审美境界，更新时下沉滞的精神结构；只有开拓新哲学，才能建构新美学。

中国当代美学欲完成优化人们的精神结构的神圣使命，就得以开拓新哲学为总前导，强化“形上—出世”的自觉意识，控制和摆脱美学应用的过分泛化。此外，我们必须明确：哲学、美学总是人的一种超前意识的凝聚，是现实意识的升华。把生命的欲求及其向前滚动的力整合起来，导向一个过去不曾有过的目标，从而使人获得一个优化的精神结构，将人提升一格。这也就是“美本体”的呼唤。

作者单位：广东湛江师范学院

20世纪中国审美主体研究纵论

彭立勋

一

20 世纪中国审美心理研究经历了巨大的起伏和波折，形成了两次研究热潮。第一次在 20—30 年代，第二次在 80—90 年代。这两次热潮各有特点，对中国现代美学的形成和发展产生了重大作用和影响。

20 世纪中国美学是在西方美学影响下起步和形成的。最初对中国美学思想发展影响最为显著的西方美学思想，一是以康德、叔本华、尼采等为代表的德国“哲学的美学”；一是克罗齐的直觉美学和以移情说、心理距离说等为代表的近代心理学美学。这两部分美学思想都极重视审美主体和审美心理的研究，有的是专门研究审美主体和审美心理的。这使得 20 世纪初至 20—30 年代的中国美学把审美主体和审美心理的研究作为重点，一些美学著作甚至把审美主体或审美心理的研究作为建构美学理论体系的核心。如 20 年代出版范寿康的《美学概论》和陈望道的《美学概论》，就是以立普斯的移情说作为理论出发点的。吕徵的《美学概论》和《美学浅说》不仅分别以里普斯的移情说和莫伊曼（Ernst Meumann）的“美的态度”说为蓝本，而且也以研究美感经验为核心。30 年代，朱光潜的《谈美》和《文艺心理学》陆续出版，标志着中国现代审美心理学已经形成。《文艺心理学》是我国第一部审美心理学专著，代表了当时我国审美心理研究的最高水平。它综合了康德、克罗齐形式派美学和布洛、立普斯、谷鲁斯（Karl Groos，1861—1946）等人的心理美学两大思潮，以此作为根本观点和根本方法，同时又融入中国传统美学思想和艺术审美实践经验，建立了我国第一个以美感经验分析为核心的完备的心理学美学体系，对中国现代美学的发展产生了重大影响。他还在国外出版了《悲剧心理学》，填补了审美心理学研究的一项空白。宗白华写于30年代和40年代初的一些美学论文，也涉及审美心理或美感的许多重要问题，特别是对审美静照、艺术空灵和意境创造等所做的深入研究和精当阐发，对中国现代审美心理研究也起到了开拓作用。

20—30年代在中国出现的审美心理研究热潮，是各种现代心理学美学思潮被引进的结果，也同中国现实需要和文化状况有密切关系。我们认真分析一下“五四”新文化运动后教育界对美育的倡导、文艺界对美化人生和生活艺术化的追求等思想文化现象，便可知对审美态度和美感经验的热切探究，反映出人们在黑暗现实中的精神追求。

20—30年代的审美心理研究成果对中国现代美学的开拓作用和主要贡献体现在两方面。1. 它追随世界美学发展新思潮、新趋势，引介西方现代心理学美学的新观念、新学说、新方法，扩大了中国美学的研究视野和领域，促进了中国美学理论结构和观念变化。2. 它试图把西方现代美学和心理学美学的观念和方法，与中国传统的美学观念及艺术实践经验相结合。不论是用中国传统美学思想和艺术实践经验去说明西方美学观念和学说，还是用西方美学观念和学说来阐释中国传统美学的观念、概念和范畴，对于中国美学包括审美心理研究迈上中西结合的道路都起了开创作用。但是，此期的审美心理研究毕竟还是起步阶段，它的局限性也是明显的。对西方现代美学思想的全盘吸收，以此作为根本的观点和方法来立论或建立体系，就明显表现出批判性、选择性和创造性不足。这同哲学方法论上的偏颇有密切关系。

二

20 世纪 80 年代在中国兴起的美学热中，对审美主体和审美心理的研究再次成为美学研究重点。审美心理学异军突起和突飞猛进，对审美经验和审美心理的全面探讨和深入开掘，构成了这一时期中国美学研究一大特色。除了大量翻译和评介西方当代心理学美学思潮和流派的代表著作外，还产生了大批研究成果，呈现出学术争鸣局面，新意迭出，表现出勇于探索的精神。陆续出版了一批努力开拓、各具特色、自成体系、影响较大的审美心理学或文艺心理学专著，代表性的有《审美谈》（王朝闻）、《文艺心理学论稿》（金开诚）、《创作心理研究》（鲁枢元）、《审美心理描述》（滕守尧）、《美感心理研究》（彭立勋）、《文艺心理学》（陆一帆）、《审美中介论》（劳承万）、《文艺心理学教程》（钱谷融、鲁枢元主编）、《审美经验论》（彭立勋）、《喜剧心理学》（潘智彪）等。90 年代，虽然美学热已过去，但审美心理研究仍方兴未艾，出版了一批有新意、深度和特色的审美心理学或文艺心理学专著，如《艺术创作与审美心理》（童庆炳）、《文艺欣赏心理学》（胡山林）、《走向创造的世界——艺术创造力的心理学探索》（周宪）、《审美心理学》（邱明正）、《现代心理美学》（童庆炳主编）、《新编文艺心理学》（周冠生主编）等。无论数量还是质量，新时期头 20 年出版的审美心理研究著作都超过了我国美学发展史上的任何时期。

审美心理研究这一时期形成如此繁荣昌盛的局面，其原因是多方面的。首先，70年代末开始对解放思想、实事求是思想路线的倡导，导致人文社科研究的思想大解放，关于人的研究和主体性研究重新得到重视，推动了审美心理研究。其次，直接受到西方当代美学研究重点向审美经验和审美主体转向的影响。西方美学研究重点的转移，在19世纪末至20世纪初已经开始，到20世纪中叶以后，随着各种心理学美学和经验美学流派的形成与发展，其主流趋势更明显。但是，由于我国50—60年代的美学讨论集中于美的哲学问题，美学研究主要受苏联影响，故而不仅忽视审美经验研究，甚至把审美心理学等同于唯心主义。随着对外开放和西方当代美学影响的扩大，必然会在美学研究重点上发生变化。复次，它也是我国美学研究发展的要求和必然趋势。在新时期解除了长期的思想桎梏后，美学理论呼唤新突破，而在美本质的哲学探讨难有进展、艺术理论研究不易形成新突破的情况下，审美经验的心理学研究便成了美学发展的突破口。而对审美主体、审美经验研究的长期忽视和理论停滞状态，又为探索者提供了创新机会。正是审美心理研究的突破，带动了一系列美学和艺术问题深入研究，促进了美学研究方法的变化，从而推动新时期美学研究向纵深发展。

80—90年代的审美心理研究热潮与20—30年代的审美心理研究热潮既有联系，又有区别。前者对于后者是继承中发展、吸收中创新，接续中跨越。80—90年代的审美心理研究表现出如下重要特点。

第一，研究范围广泛，视野开阔。美学家、文艺理论家和心理学家从不同角度、层面，对审美经验的性质和规律、审美心理的结构和过程、审美心理的各要素及其相互关系、艺术创作和审美欣赏的心理过程和特殊心理现象、艺术家个性心理特征以及中西审美心理学思想的基本理论和范畴等，都做了有益的探讨。理论禁区一一被冲破，几乎涉及所有与审美心理和审美经验有关的领域和问题。国外审美心理学的最新发展及思想成果，迅速在我国审美心理研究成果反映出来。几十年禁锢和封闭所导致的学术发展落差，似乎一下子都弥补了。

第二，研究不断深化，一些重大理论问题取得突破性进展。从80年代中期到90年代中期出版和发表的审美心理研究成果，涉及的问题越来越广泛，对问题的分析和阐释也越来越深化。在充分占有资料和进行创造性思维的基础上，一些重要理论问题的探索取得新进展，使我国的审美心理研究整体提高到一个新水平。如关于审美心理结构及美感形成的中介因素问题，有各种新说问世，大大深化了认识。关于审美心理形成的中介问题的探讨及各种学说的提出，对于揭示审美心理的内在机制和奥秘，是一个新贡献。尤其是自觉的表象运动说、审美表象说、审美意象说、形象观念说、情感逻辑说等的提出，使人们对审美心理发生的特殊机制问题，获得了许多新认识。此外，审美和艺术中情感的作用和特点问题，审美和艺术中认识活动的特性和形象思维问题，艺术创造中的直觉、灵感、非自觉性以及无意识活动问题，艺术家个性心理及创造力问题，等等，也都在理论上有了重要进展。其论述的深刻性和新颖性，都大大超过了以往的美学研究。

第三，广采博纳，兼收古今中外各种理论之长，形成自己的见解和体系。20—30年代出版的审美心理研究著作，主要是从西方美学某些/个理论观点来建构体系的，80—90年代的大批审美心理学著作摆脱了这种局限。许多著作虽然吸收当代西方心理学美学各流派的学说，但是立论不局限于某一流派、学说，而立足于审美和艺术的实践经验，借助观察和实验资料，兼收中西美学理论之长，融会贯通，形成自己的见解和构建体系。这是中国审美心理学建设走向成熟的表现。

第四，研究方法日趋多样化，跨学科研究进展迅速。在审美心理研究中，除了思辨的方法和逻辑的推理之外，各种经验方法和实证研究也受到重视。虽然人们对审美心理学和普通心理学的联系与区别有不同看法，但许多审美心理学著作仍引入心理学常用的各种方法，并把它们同作品分析、创作经验分析以及作家艺术家传记分析相结合。系统论、控制论、信息论的某些原则和方法被用于审美心理研究，取得了良好效果。多数研究者认为，审美心理研究应发展成跨学科研究，并进行了成功的实践。这一切都为审美心理学发展注入了新活力。

三

20 世纪中国美学是在西方美学和中国美学及艺术传统相结合、相交融中向前发展的。这在审美主体和审美经验的研究中表现得尤为突出。20—30 年代的审美心理研究热潮和 80—90 年代的审美心理研究热潮有许多不同，在这一主要特点上却一脉相承。从王国维、蔡元培，到朱光潜、宗白华等早期著名美学家，为这一特点的形成奠立了坚实基础。尤其是朱光潜和宗白华，把西方心理学美学和中国美学传统及艺术审美实践紧密结合起来，融会贯通，加以创造性发挥，为探索中西审美学相结合之路做了开拓工作。然而，朱光潜、宗白华并没有完全解决建立有中国特色的现代审美心理学的问题。朱光潜在把中国传统美学思想融入西方美学方面做了不少工作，但他建立的审美心理学，根本观念和方法仍是西方的，体系、框架基本上也是西方的。宗白华以中国传统文学范畴为基础，用西方美学观点加以创造性阐释，但并没有形成关于审美经验的完整理论形态和体系。到了80—90年代，研究者综合中西、古今，各自建构了一些审美心理学的理论体系，但从整个理论体系、理论形态看，仍然缺乏中国特色。对中国传统美学和艺术实践经验的吸收是局部、零散的，并未能体现在整个理论体系和理论形态上。因此，从总体看，如何使西方现代心理学美学的观念、理论与中国传统审美心理学思想及艺术审美实践经验相结合，真正建立起有中国特色的现代审美心理学，仍然是有待解决的问题。

如何建设有中国特色的现代美学，是中国美学在当代需要解决的根本课题。从历史和现实来看，解决这一课题的主要希望似乎不在美本质和哲学探讨，而是在审美和艺术经验的科学研究。中国传统美学的主要优势和特点，不是体现在对美本质做思辨、逻辑的推论，而是体现在对审美和艺术经验做直感、具体的描述。从王国维、朱光潜到宗白华等美学家，都把中国传统美学的意境作为美学研究核心范畴，力图把西方美学的新观念和科学方法注入这一传统美学范畴中，使过去该范畴包含的丰富却不够明确的思想内涵获得逻辑论证和创造性选择。这是适应中国传统美学特点，在审美和艺术经验领域对中西美学融合所做的成功探索。其成就和经验表明，使现代审美心理学有中国特色，对建设中国特色现代美学有着关键意义。

80年代以来，对中国古代审美心理学思想的研究也有初步成果，但对中国古代审美心理学思想进行清理和系统研究仍嫌不足，对中国特有的审美心理学范畴、概念和命题进行挖掘和阐发方面尤显欠缺。把中国传统审美心理学思想中某些特殊范畴与西方心理学美学的某些概念、范畴简单化类比，削足适履，将前者纳入后者框架和观念之中的情况，也影响着对中国传统审美心理学思想真谛和精髓的把握。针对现状，应着重从三方面加强对中国传统审美心理学思想的研究。

首先，要对中国传统审美心理学思想进行全面、系统的发掘和整理。中国传统审美心理学思想不仅包含在哲学家的著作和心理学思想文献中，而且大量包含在诗文理论、绘画理论、书法理论、音乐理论、戏剧理论以及园林建筑理论中，需要进一步做好全面发掘和系统整理的工作，对其观念、范畴和体系尤其要做深入、系统的分析和研究。

其次，要深入一步研究和揭示中国传统审美心理学思想的特点。中国传统审美心理学思想不仅有其独特的观念、命题和概念范畴，而且有其独特的理论体系和思维方式，它们同中国传统文化和艺术审美实践经验特点相联系。中西比较研究对于揭示中国审美心理学思想的特点不失为一种好方法，可以在比较中见出各自的优长和互补性。新时期以来这种比较研究有了较大进展，但要注意避免比较中生拉硬扯及主观臆断现象，使比较研究建立在科学分析和真知灼见的基础上。

再次，要从当代现实生活以及审美和艺术实践需要出发，从新时代的高度，对传统审美心理学思想进行新的审视和创造性阐释，使其与当代审美观念与艺术实践相结合，成为构建有中国特色的现代审美心理学的有机组成部分。近年来，美学界和文艺理论界讨论中国古典美学和文论的现代转型或转换问题，对于促进有中国特色现代美学和文艺学建设十分有益。我们所理解的现代转型和转换，是从新时代和历史高度，用当代眼光对传统美学和文艺理论中的命题、学说、概念、范畴进行新阐述和创造性发挥，以展示其在今天具有的价值和意义，使其与当代美学和文艺观念相交织、融合，共同构成有中国特色的现代美学和文艺学的新理论形态和体系。这是探索性和开拓性的工作，应当提倡探索多种研究途径、方法，创造多样理论形态和体系。

为了全面、系统地研究中国传统审美心理学思想，使其特点和丰富的内涵得到准确、深入揭示，需要把对中国传统审美心理学思想的研究和对中国传统艺术的民族审美特点的研究相互结合。这方面，宗白华的美学研究提供了一个典范。他对于中国各门传统艺术的审美特点，诸如诗词歌赋、绘画书法、音乐戏曲、园林建筑等，有精当入微的考察和分析，深刻揭示出我们民族的美感特殊性。这对于研究民族审美心理（创作、欣赏）的特殊规律，以及反映这种特殊规律的审美心理学思想，有极重要意义。美感的民族特点不是凝固不变的，它随着时代条件和社会生活的发展变化而发展变化。考察和研究我们民族美感或审美心理的特点，既要研究传统的艺术和审美实践经验，更要研究当代中国的艺术和审美实践经验，这样才能把握好民族审美心理在新时代、新现实、新生活中的发展变化。有中国特色现代审美心理学的形成，不能脱离中国传统艺术和审美的实践经验，也不能脱离中国当代艺术和审美的实践经验；要反映中国传统艺术所体现美感的民族特色，又要反映中国当代艺术所体现美感的时代特点，或民族美感特色在新时代的新发展。只有建立在民族传统艺术和当代艺术实践经验基础上的现代审美心理学，才能有鲜明的中国作风和中国气派。

20 世纪中国审美心理研究的发展历程还表明，要建立科学的现代心理学美学体系，必须使审美心理研究奠定在科学的方法论基础上。心理学中的一些根本问题，本来就同哲学的基本问题密切联系，心理学美学研究只有在科学的哲学方法论指导下，才能取得科学的成果。它从经验或实验以及其他相关学科中获取的大量资料，更需要进行哲学的综合。如果没有哲学的帮助，要形成、解释、阐述心理学美学的概念、范畴、理论、假说并形成体系，将是不可能的。建构有中国特色现代心理学美学体系所需要的哲学方法论，只能是辩证唯物主义。辩证唯物主义的能动的反映论，应当是一切科学的心理学方法论基础，当然也应当是一切科学的心理学美学的方法论基础。将作为哲学方法论的辩证唯物主义的能动的反映论等同于心理学中的认识论，或者将它与心理学对立起来，都是非常幼稚的看法。心理学美学还是一门不成熟的科学，它的具体的研究方法还处在发展和更新之中。这方面，我们应该放开眼界，更多地向西方先进的、科学的、实证的、实验的研究方法学习和借鉴，以弥补我们的不足。在科学的哲学方法论指导下，应提倡具体研究方法的多样化，以利创新。近20年来，我国不少美学家已在采用新的科学方法论上做了许多尝试。可以预料，从实际出发，在审美心理研究中成功地运用这些新方法，对于科学的现代心理学美学体系的构建必将起到良好的促进作用。

一般心理学研究方法的发展趋势将是越来越自然科学化，越来越强调定量分析的重要性，而审美心理研究由于其研究对象本身具有更为复杂的社会人文内涵，具有社会性精神现象的微妙难测的特点，因此，要达到自然科学化和定量分析，肯定是行不通的。这就使审美心理学的特殊研究方法问题成为审美心理学发展中不能不高度重视的一个问题。在这方面，我国不少研究者已有一些探索和尝试。例如，对中国古代传统审美心理研究中的注重经验性描述和整体性把握的思维方式和研究方法，在新的科学水平上，审视它对审美心理研究独特的意义，并力求将它与当代西方日益缜密和科学化心理学研究方法相结合，这对审美心理学研究的特殊方法的形成会产生良好作用。

世界美学发展的趋势表明，哲学的美学和科学的美学、思辩的美学和经验的美学、理论美学和应用美学将会并驾齐驱、互相补充，共同推动当代美学的变革和重建。在这个多元化、全方位的研究格局中，对审美主体、审美经验的研究将仍然会处于研究重点的位置。但是，这些研究将越来越趋向综合性和多学科性发展。

作者单位：深圳市社会科学院

主体间性与中国美学的拓进之维

程金海

中国现代美学在基本范畴、理论体系、思维方式上都打上了西方近现代主体性美学的烙印。西方近代美学是启蒙理性的产物，基于对理性的自信，西方近代美学注重主体理性在审美活动的重要作用；现代美学扭转了近代美学的理性优先性，感性得到重视，但它与近代美学在坚持主客对立的认知思维方式上无二致。主体性美学的对象性思维方式无法合理解决审美主体与审美客体关系问题。现代西方美学的主体间性转向，为我们摆脱美学理论发展的困境提供了重要思路。

一、从主体性美学到主体间性美学

启蒙运动对理性的重视塑造了西方近代美学的基本理论品格。在整个启蒙运动过程中，美学向英国经验主义和大陆理性主义两个方向发展，但无论是经验主义美学还是理性主义的美学在将感性和理性分裂开来、重视理性在审美活动中的绝对优先地位方面没有根本区别，主客对立的对象性思维方式是经验主义和理性主义美学基本的思维方式。培根认为美的认识就是运用归纳法从感性美的现象中得到的本质认识。笛卡尔认为审美不过是理性主体运用分析和演绎方法对对象中比例、协调等数学和逻辑规则的发现。二人确认主体理性在审美中的决定地位，西方近代其他美学家未能超越二人的思维取向。康德美学试图调和经验主义和理性主义的分歧以及感性与理性、主体与客体的分裂，但是根深蒂固的理性优先思想使他只能得出一系列二律背反的命题。总之，近代美学是理性主体性的美学。

现代西方美学中感性主体的地位得到彰显。叔本华唯意志论美学成为现代美学反抗近代理性主体性美学的真正开端。叔本华认为不是理性为审美活动的根源，而是非理性生命意志或人的盲目感性为审美的根源。此后，尼采更以决绝的态度彻底背离理性优先传统，指出非理性的日神精神和酒神精神才是艺术和美的根源。叔本华和尼采唯意志论美学的非理性思想标志着西方现代美学的理论品格转变，此后克罗齐—柯林伍德（Robin George Collingwood，1889—1943）的表现主义美学，桑塔耶纳（George Santayana，1863—1952）的自然主义美学以及柏格森（Henri Bergson，1859—1941）的生命直觉主义美学、弗洛伊德的精神分析美学都致力于从人的非理性的感性经验、直觉、本能等方面考察审美现象，主体的感性成为现代西方美学的重要命题，现代西方美学是感性主体性美学。

近代理性主体性美学对于把人从神的阴影下解脱出来、现代感性主体性美学为把人从理性的专横中解放出来都功不可没。然而，近现代美学都是以主客二元对立的对象性思维方式看待审美问题的，只不过近代美学将美归于理性方面，现代美学将美归于人的感性方面，二者的局限性在于：1. 将完整的人的主体性割裂为感性和理性方面，无法全面反映人的自由自觉的存在本质；2. 将审美主客体间的关系类同于物质实践领域的主体与客体间的对象性关系，忽视了审美对象作为另一主体精神活动产物从而也具有主体性特征；3. 主体性美学仅将目光放在审美主客体关系上，忽视了审美活动中主体与主体间的关系。

为了摆脱主体性美学的困境，当代现象学美学、存在主义美学、解释学美学等将目光转到主体与主体关系上来，形成了当代西方美学的审美主体间性思潮。主体间性美学不以主客对立的对象性思维方式看待审美主客体关系，而将审美客体当作另一主体或类主体与之平等对话；同时，不同审美主体间的关系也得到重视。主体间性美学把人的感性和理性统一于人的生存，把审美主体与类主体、审美主体之间的对话放到人的生存本体论意义来考察，杜夫海纳（Mikel Dufrenne，1910—1995）的现象学美学、海德格尔的存在主义美学、伽达默尔（Hans-Georg Gadamer，1900—2002）的解释学美学都把审美主体与审美对象之间的对话关系看作人与世界的基本生存关系。主体间性美学从主体与主体对话的角度触摸到了审美活动作为人自由自觉的精神活动的本质，比之以对象性思维为基础的主体性美学有较多合理性。

中国现代美学是在西方主体性美学的影响下成长起来的。高扬人的理性主体性的德国古典美学和高扬人的感性的叔本华、尼采美学早在20世纪初中国现代美学发轫之初已为学人熟知。中国现代美学也是一种主体性美学，它在特定时代为促进人的自由解放做出了贡献，但囿于主客对立的对象性思维方式而无法合理解释审美问题。其困境表现在两方面的争论：1. 20世纪50年代和80年代关于美的主观性和客观性的论争；2. 与美的主客观性问题相联系的关于马克思《巴黎手稿》中美的规律的主客观性的论争，论争延续到90年代仍余波未息，这正是由于论者坚持主客对立的对象性思维使然。80年代中期以来，一些学者抛弃对象性思维来考察审美问题，提出了美是和谐（周来祥）、美在意象（叶朗）、美是存在间的交往（叶秀山）、美是超主客体关系的生命存在（潘知常、杨春时）等命题，开拓了中国美学发展的新方向。

但是，中国美学从主体性美学走向主体间性美学，仍以西方理论资源为重要参照。这种缺乏民族美学传统的转向有可能与此前的主体性美学一样陷入两个困境；1. 西方主体间性美学并非绝对真理，其理论误区可能就是中国主体间性美学的误区；2. 这种脱离民族美学传统的美学思想可能使中国美学的说法名不符实，而只是西方美学的中国版。因此，有必要从中国传统美学中挖掘主体间性思想资源。

二、中国古典美学中的主体间性思想

主体与主体之间的交往是人的生存实际，中国古典美学早已注意到了这一现象，儒、道、释三家美学分别从不同方面体现了主体间性思想。儒家美学的主体间性特征体现于两个方面。1. 在艺术审美方面强调艺术审美方式是“游”、艺术的审美作用是“群”。2. 在自然审美方面有“比德说”。艺术审美在孔子的仁学中有重要地位，孔子说：“兴于诗，立于礼，成于乐。”（《论语·泰伯》）乐或艺术在人的成仁方面起着重要作用。但如何在艺术审美中成仁呢？孔子说：“志于道，据于德，依于仁，游于艺。”（《论语·述而》）“游于艺”的“游”有涉猎的意思，但主要指艺术审美中的自由感，故朱熹注：“游者，玩物适情之谓。”（《论语集注》）“游”的审美方式不是把审美客体当作支配和压抑的对象，而是把对象当作类似于人的主体与之相亲相知。仁不是个体性的，它必然要指向他人。因此，儒家对个体艺术审美的重视导向对艺术群体审美的重视。艺术在其中承担陶冶人的性情、促进人与人之间和谐交往的重要作用。从审美主体与对象的关系，或从审美主体与主体的关系来看，艺术审美在儒家美学中都是主体间性的。

在自然审美方面，儒家美学的主体间性特征主要体现于比德说。孔子说："智者乐水，仁者乐山。"（《论语·雍也》）"岁寒然后知松柏之后凋也。"（《论语·子罕》）比德说是从道德方面比拟，不是从对象性思维角度看待自然对象，而蕴含着儒家关于自然审美的思想。在儒家的人与自然的审美关系中，自然不是人支配的对象，而是具有人的精神品格的表现和象征，人与自然的审美关系更像主体间的关系，人在与自然往来似答的精神沟通中实现人格修养。

道家美学的重点在自然审美方面，而在摒弃对象性思维方面与儒家美学没什么区别。道家美学以道为出发点，而"道法自然"。这里的自然是指还没有主客对立的对象性思维时，人与他人、万物和谐共处的状态。在这种状态，人本身是物之一种，所以庄子要"齐万物"，人与万物的本源是平等关系，故《庄子》说"物物而不物于物"（《庄子·山木》），抛弃了主客对立的对象性"物—物"关系的核心是人与万物平等，这与主体之间的平等关系无别。庄子看待人与自然万物关系的观点体现于审美主体与自然审美对象上，强调"乘物以游心"（《庄子·人间世》）的审美方式，自然对象不再作为客体对象存在，而是与人平等存在。在审美过程中万物具有人的情感，"万物复情"（《庄子·天地》），人与万物相交通，人"与物为春"（《庄子·德充符》），"喜怒通四时，与万物有宜而莫知其极"（《庄子·大宗师》）。这样的审美境界就是"万物与我为一"的逍遥游自由境界。与孔子艺术审美中的游一样，庄子游于自然；"游乎万物之所始终"（《庄子·达生》)，“汝游心于淡，合气于漠，顺物自然而无容私焉”(《庄子·应帝王》)。从孔子和庄子对审美活动中“游”的强调来看，二人都对审美活动的对象性思维有所警觉。

中国禅宗美学也表现出强烈的主体间性特征。禅宗认为佛在天地万物，主张人在与天地自然的情感交流中悟道成佛，所谓“青青翠竹，尽是法身；郁郁黄华，无非般若”。自然万物都有佛性，它们自然不是在主客对立中作为主体要征服和控制的对象存在，而是与同样具有佛性的人平等存在。禅师云：“老僧三十年前未参禅时，见山是山，见水是水；及至后来，亲见知识，有个入处，见山不是山，见水不是水，而今得个休歇处，依前见山是山，见水是水。”(《五灯会元》卷第十七）未参禅时，局限于对象性思维，山水是主体征服的对象，参禅后明了山水并非仅仅是人征服的对象，而是与人一样是佛性的表征，所以“见山不是山，见水不是水”。因为破除了对象性思维，山水不再是被人征服的客体了，这恰恰凸现出山水与人共存的本质，还山水存在的本来面目，所以“依前见山是山，见水是水”。禅宗借山水自然悟禅与道家借山水自然体道以及儒家借山水自然修仁，有异曲同工之妙，三者的共同之处在于：都摒弃了对象性思维方式，自然山水是与人平等的存在，人与自然之间是类似于主体对主体的关系。这大概也是儒、道、释能在中国文化史上长期共存的一个原因吧。

三、中西美学主体间性比较对中国当代美学发展的启示

中国古典美学追求审美活动中人与自然、人与人的和谐与统一，

在审美活动中的人与自然、人与人的关系问题上，中国古典美学同样明显有主体间性特征，因而强调审美直觉。这样，审美直觉就构成中国传统美学与当代西方主体间性美学的交汇点，也正是在审美直觉问题上见出中西美学主体间性思想的差异。李泽厚《中国思想史论》指出：中国哲学“在思维模式和智力结构上，更重视整体性的模糊的直观的把握、领悟和体验，而不重分析型的知性逻辑的清晰”[1]。谢幼伟亦指出，“中国哲学是直觉的，是以直觉为其主要方法的”，“偏向艺术等等，都可说是由于直觉的重视和运用”[2]。由于中国美学与哲学的血缘联系，这里也足见审美直觉对于中国美学的重要性。

儒家的自然与人相类，所以人才能在自然山水中直觉到人仁的美德。孔子曰：“夫玉者，君子比德焉。温润而泽，仁也；栗而理，知也。”（《荀子·法行篇》）玉有“仁、知”品德，这是人将其主体化时直觉到的，不是对象性思维做理性分析的结果。庄子说：“天地有大美而不言，四时有明法而不议，万物有成理而不说。圣人者，原天地之美，而达万物之理。”（《庄子·知北游》）天地之美不是分析来的，是直觉到的，人们通过直觉天地之美而体会自然之道。禅宗的顿悟说是其中直觉的突出表现。禅宗的顿悟对中国美学影响深远，严羽《沧浪诗话》：“大抵禅道惟在妙悟，诗道亦在妙悟。”谢榛《四溟诗话》：“非悟无以入其妙”；胡应麟《诗薮》：“禅则一悟之后，万法皆空，棒喝怒斥，无非至理；诗则一悟之后，万象冥会，呻吟咳唾，动触天真”；王渔洋的神韵说中也能觅到顿悟说的直觉性的因子。

[1] 李泽厚：《中国思想史论》，人民出版社，1986年，第311页。

[2] 谢幼伟：《直觉与中国哲学》，项维新、刘福增编：《中国哲学思想论集·综论篇》，台北：牧童出版社，1997年，第151、136页。

在当代西方主体间性美学思想来源中，胡塞尔现象学方法最有影响。对主客二元的对象性思维的批判为现象学的逻辑起点，因此直观成为现象学“一切原则之原则”或第一方法原则。胡塞尔（Edmund Husserl，1859—1938）指出：“现象学的直观和（纯粹）艺术的审美直观是相近的。”[1] 当代西方主体间性美学的几个流派：现象学美学、存在主义美学、解释学美学等所受到现象学的影响程度不同，但都遵循胡塞尔从审美直觉的角度考察审美主客体关系的思维方式。杜夫海纳认为审美知觉将审美主体和审美对象联系起来，审美知觉摆脱想象力的诱惑、理解力的干扰，使审美对象在瞬间呈现于审美主体面前，这审美知觉实际上就是一种感性的审美直观。海德格尔认为审美活动中审美主体与艺术品之间的关系是“直接遭遇”。艺术不是对象性思维的实在物，但有物性，即它能展现与人共在的物的本原意义。审美主体与艺术作品“这种物的直接遭遇，既不需要我们去索求，也不需要我们去安排”。[2] 伽达默尔的解释学美学把审美活动看作审美主体与客体间的自由游戏，是摒弃了目的性概念的主体与客体之间的对话。[3] 游戏体现了审美直觉性特征。

中国古典美学中的主体间性思想与西方主体间性美学在直觉性思维上形成交汇与融通，这为中国当代美学突破认识论美学和反映论美学等主体性美学的消极影响，在中西对话与交融中建设新的、有民族性又有现代性的美学提供了重要契机。认识论美学和反映论美学确实曾加深了人们对某些审美问题的认识。但是，认识论美学和反映论美

---

[1] 胡塞尔：《胡塞尔选集》下卷，上海三联书店，1997 年，第 1203 页。

[2] 海德格尔：《海德格尔选集》上卷，上海三联书店，1996 年，第 246 页。

[3] 伽达默尔：《美的现实性》，三联书店，1991 年。

学以主客二元对立的思维方式研究审美问题，不能认识审美活动的本质。因为主客二元对立思维突出表现于人类物质实践领域，这种思维方式并不能很好地解释作为人类独有的精神活动的审美活动。美感产生的过程不是理智地认知和反映现实的过程，而是主体与对象交融统一的体验过程，是审美主体把审美对象当作精神交往对象的审美直觉过程。认识论美学侧重于理智的认知主体，反映论美学侧重于主体的理智认知对象，忽视审美活动本身，忽视审美活动的本质形态。

当然，人不能完全脱离主客二元对立的思维方式，否则人将如何生存？艺术作品当然总是能反映一定的历史时代的现实的，但是艺术作品对现实的反映不是主客二元对立关系中的认识和反映，而是在主体与对象交融的审美体验中不自觉的反映。认识论美学和反映论美学站在审美活动过程之外来研究审美问题，很容易把审美活动类同于其他认识活动，结果导致一种美学研究中的科学主义倾向。认识论美学和反映论美学的研究思路因为中国特有的历史文化传统和意识形态氛围，可能导致美学研究偏离美学研究本身的目的，关于美学学术问题的争论可能演化为意识形态问题的争论，这在中国现代美学发展史上十分明显。因此，从主体间性角度研究审美问题，重视主体与对象交融的审美体验过程，无疑是返回审美活动本身，对于饱受审美问题之外的因素影响的中国现代美学来说，这种返回的意义十分重大。

但是，主体间性思想毕竟产生于西方文化语境，中国古典美学和西方当代美学毕竟是产生在不同文化语境中的两种形态的美学，我们并不能因为中国古典美学体现了主体间性特征，就把它直接等同于西方当代的主体间性美学；中国古典美学的直觉性思维特征也并不完全等同于西方当代美学中的直觉性思维。严格说来，塑造中国人思维模式的不是主体性思想，而是“天人合一”的思想，中国古典美学中体现出的主体间性思想乃是中国古代“天人合一”观念的体现，它与西方在反思高度发达的主体性思想的基础上形成的主体间性美学不同，在中国哲学中主客二元对立思维从来没有像西方哲学那样发达。西方主体间性美学虽然反对主客二元的对象性思维，但主客对立的对象性思维、主体优先性思想在主体间性美学中仍留有很深的痕迹。如现象学美学家茵伽登（Roman Ingarden）、杜夫海纳都曾对审美对象和作为物的艺术作品做出区分；海德格尔也将具有物性的艺术作品与一般的物区分开来；伽达默尔把艺术作品称为“象征”。“象征”的本意是作为信物的陶片，但伽达默尔重视的是象征中的精神意义。这种区分意味着；审美对象不是物，而是区别于物并为主体所构造的精神性的东西。相比较而言，中国古典美学不做这种区分，中国式的审美往往是即心即目，心与物游的，因而较少西方主体间性美学的理智主义色彩。从此来看，中国古典美学的直观和西方主体间性美学的直观又有重要区别：中国美学的直观是感性、浑整的直观，一种诗性的直观，一切纳入审美视野的东西都在审美活动中往来似答；西方主体间性美学的直观则是经过理性分析的智性直观，如康德对审美问题的论述就是在智性直观范畴下展开的。智性直观的哲学含义之一是创造性直观或创造性的想象力。依康德：“一切感性直观皆从属于范畴，范畴乃感性直观之杂多所唯一由之而能统摄在一意识中之条件。”[1] 胡塞尔所谓的“本质直观”与康德的智性直观有先天的联系。[2] 当代西方主体

[1] 康德：《纯粹理性批判》，商务印书馆，1960 年，第 109 页。

[2] 参见王恒：《本质直观视域的感性与存在——胡塞尔的“直观”理论初论》，《南京大学学报》（哲学・人文科学・社会科学版）

间性美学深受胡塞尔现象学思想的影响，胡塞尔的本质直观理性主义色彩对当代西方主体间性美学产生了重要影响。由此观之，牟宗三说智性直观是中国哲学（应包括美学）的基本思维方式："智的直觉之所以可能，须依中国哲学的传统来建立"[1]，似有以西方概念生套中国思想的嫌疑。

审美活动本质上是感性和理性结合的，中国当代美学要从西方主体性美学中走出来，超越反映论和认识论美学，不能把目光只盯在西方当代主体间性美学上，只有回归传统，在中西美学比较对话中寻求发展的基点才有望实现真正的突破。

作者单位：上海理工大学

[1] 牟宗三：《智的直觉与中国哲学·序》，台湾商务印书馆，1971年。

西方近代美学思潮的主导精神和基本倾向

彭立勋

西方近代美学是在西方近代社会急剧变革中形成的。16 世纪西欧商业革命和价格革命，以及 16 世纪到 18 世纪不断开展的圈地运动等，有力推进了资本主义原始积累进程。17 世纪到 18 世纪，西欧资本主义迅速向前发展。这场发生在西方近代的经济革命，最终改变了全部上层建筑，使西方思想文化包括美学的发展进入崭新的历史阶段。

一、西方近代美学思潮及其特点

西方近代美学奠基者是西方近代哲学的始祖——培根（Francis Bacon，1561—1626）和笛卡尔（Rene Descartes，1596—1650）。从他们开始，西欧近代美学出现了不同的思潮、倾向和派别。各美学思潮、倾向和派别之间既彼此对立和区别，又相互影响和联系，从不同角度、以不同方式对美学的基本问题做了全面而深刻的探讨，还结合时代的实践和需要，提出和解决了一系列新的美学问题，阐明了许多新观点、概念和范畴，为形成西方美学完备的理论体系打下基础。

17 世纪在法国形成和发展起来的新古典主义文艺潮流代表了当时欧洲文艺的最高水平，对欧洲文艺发展产生了广泛而深远的影响。

随之形成的新古典主义美学也成为17世纪欧洲最瞩目的美学思潮之一。法国新古典主义文艺与当时的君主专制政治和笛卡尔理性主义哲学有密切关系。其作品宣扬个人利益服从封建国家的整体利益；宣扬理性至上，把理性作为文艺创作的最高标准；着重描写一般类型人物，强调各种文学体裁的界限，要求艺术形式完美。和新古典主义文艺实践一样，新古典主义美学思想也是在法国专制王权的影响下，在笛卡尔的唯理主义哲学的基础上形成和发展起来的。其主要代表是法国的新古典主义戏剧美学思想的创始人高乃依（Pierre Corneille，1606—1684）和新古典主义美学思想的集大成者布瓦洛（Nicolas Boileau-Despréaux，1636—1711）。高乃依着重论述了悲剧的社会功用和目的、悲剧题材和悲剧人物，对古代悲剧理论中的净化说和“三一律”等问题也做出了理论总结性的解释。布瓦洛的《诗的艺术》则被认为是新古典主义的法典，它以理性为出发点，对新古典主义文艺的衡量标准、创作原则、形式规则、体裁类别以及作家修养等做了全面论述和总结，涉及文艺与自然、美与真和善、理性与情感、典型与类型、内容与形式等重要美学问题。法国新古典主义美学反映着封建宫廷贵族的审美趣味和文艺理想，具有保守性；但也反映了时代对文艺的新要求，具有一定的进步意义。它有关现实主义的创作主张有利于推动文艺反映时代现实，但它将某些古典主义形式规则奉为文艺的金科玉律，则有碍文艺随时代而发展，所以后来受到启蒙运动美学家的反对和批判。

17—18世纪的英国作为欧洲先进国家，其哲学发展处于领先地位。由培根奠基的英国经验主义哲学是欧洲近代两大基本哲学派别之一。和经验主义哲学同时形成的经验主义美学，开辟了西方近代美学发展的一个新方向，成为西方美学从古代向近代转型中最早形成的美学思潮之一。英国经验主义美学的代表人物较多，包括培根、霍布斯（Thomas Hobbes，1588—1679）、洛克（John Locke，1632—1704）、艾迪生（Joseph Addison，1672—1719）、舍夫茨别利（The Earl of Shaftesbury，1671—1713）、哈奇生（Francis Hutcheson，1694—1746）、霍姆（Kames Henry Home，1696—1782）、荷加斯（William Hogarth，1697—1764）、雷诺兹（Joshua Reynolds，1723—1792）、休谟和柏克等。其中，舍夫茨别利和哈奇生受到剑桥柏拉图主义思想影响，而雷诺兹则受到新古典主义思想的影响。如果我们将培根、霍布斯和洛克看作是英国经验主义美学的奠基者，那么，休谟和柏克则是英国经验主义美学的集大成者和总结者。英国经验主义美学将美学研究重点由审美客体转向审美主体，将审美经验或美感问题的研究提到首要地位，并从感性经验出发，着重从心理学和生理学角度，对审美经验做了新阐释，提出了内在感官学说和趣味理论，对审美能力或趣味的性质和特点、趣味的心理构成因素、趣味的普遍标准与个别差异、趣味形成的先天因素和后天因素等进行了全面探讨，促进了西方美学研究对象和研究方法的转变。它在经验论哲学基础上，结合时代发展，对美、崇高、悲剧等重要美学范畴做了新探讨，对于诗与想象、艺术与摹仿、艺术与道德等艺术哲学问题也提出了许多新观点。这些新思想、新观点不仅显示出英国经验主义美学的启蒙性质，而且对法、德启蒙运动美学和稍后的德国古典美学都产生了直接、重要的影响。但经验主义美学片面强调审美的感性特点和情感作用，忽视理性作用，在心理和生理研究中脱离了人的社会实践，因而不乏局限性。

和英国经验主义哲学的形成差不多同一时期，欧洲大陆形成了理性主义哲学和理性主义美学。正如经验派和理性派是16—18世纪西欧哲学的两个基本派别，经验主义美学和理性主义美学也是这一时期西欧美学的两大基本倾向和思潮。理性主义哲学和美学的主要代表人物产生于法、荷、德等国。除了笛卡尔是理性主义哲学也是理性主义美学的创始人外，斯宾诺莎（Benedictus Spinoza，1632—1677）、莱布尼茨、沃尔夫（Christian Wolff，1679—1754）和鲍姆嘉通等也是理性主义美学的主要代表人物。布瓦洛的美学实际上也是理性主义美学。理性主义美学家主要从先验的理性原则出发研究美学问题，对美的本质和来源着重从其理性基础上寻求解答，试图用“前定和谐、圆满性、完善”等理性观念来解释美的存在。他们把人的审美能力看作先天的良知良能，或把审美活动看作不同于一般理性认识的特殊认识形式，力图将审美活动归入认识论范围，确立美学在认识论体系中的地位。他们较为忽视想象、情感等心理因素在审美和文艺活动的重要作用。理性主义美学和经验主义美学既互相对立，又互相促进，共同推动了西方近代美学的发展。但由于理性主义美学片面强调理性，注重理性演绎，也和经验主义美学一样陷入片面性。

18世纪在法、德两国兴起的启蒙运动，美学作为其中的重要组成部分发挥了重要作用。从整个发展来看，启蒙运动美学家几乎都是启蒙运动的重要思想家、哲学家，他们的美学思想是和启蒙运动整个思想倾向紧密结合的，因此，启蒙运动美学有反封建、反神学的鲜明倾向，充满启蒙理性精神。启蒙运动美学的主要代表人物，在法国是伏尔泰（Voltaire，1694—1778）、卢梭（Jean-Jacques Rousseau，1712—1778）和狄德罗，在德国是温克尔曼（Johann Joachim Winckelmann，1717—1768）、莱辛和赫尔德（Johann Gottfried Herder，1744—1803），其中尤以狄德罗和莱辛成就最卓越，影响最大。启蒙运动美学家基本上都是站在唯物主义哲学立场，有些直接受到英国唯物主义经验论的影响。他们从唯物主义观点来研究和阐明美学问题，对美的本质理论、艺术本质和创作理论、诗学、戏剧和绘画理论等，都做出了新的卓越贡献。狄德罗的美的关系说肯定了美的客观基础和根源，指出人的主观对美的认识作用，是以唯物主义观点解决美本质问题的新尝试，对批判唯心主义美学起了重要作用。狄德罗和莱辛把唯物主义运用于观察文艺问题，创造了符合时代要求的崭新的现实主义美学和艺术理论，对艺术和现实的关系、艺术的真实性和典型性、艺术想象和虚构以及艺术的倾向性和社会作用等问题做了精辟论述，使西方现实主义艺术理论提升到新水平。此外，狄德罗和莱辛建立的市民剧理论，莱辛通过诗画比较建立的新诗学理论，对于扫除古典主义文艺的羁绊，促进适应资产阶级要求的文艺的形成，也起了推动作用。由于启蒙思想家的唯物主义有机械的、形而上学的性质，并以普遍、抽象的人性来观察和分析社会历史问题，所以其美学思想含有与上述问题相关的弱点。

二、西方近代美学思潮的主导精神

17—18 世纪西欧产生的美学思潮是西方近代思想文化的一个组成部分。西方近代文化的核心价值观念与中世纪文化的根本区别，就在于它倡导理性精神。所谓理性，在西方文化中有多重意义。从哲学认识论来看，它是用以表示进行逻辑推理的认识的阶段和能力的范畴；从社会思想上看，它是指人人具有的普遍人性，合乎自然、合乎人性即为理性；从宗教神学看，理性是指有别于信仰的人类理智。康德在解答“什么是启蒙运动”时，认为启蒙运动就是人类脱离自己所加之于自己的不成熟状态。“要有勇气运用你自己的理智！这就是启蒙运动的口号。”[1] 恩格斯（Friedrich Engels，1820—1895）也指出，在启蒙运动中，“思维着的悟性成了衡量一切的唯一尺度”。[2] 这是对近代启蒙理性精神的最好注释。

这种理性精神既是对文艺复兴以来人文精神的继承和发展，也是随自然科学的兴起而出现的科学精神的体现。科学的发展和它带来的新概念不仅对近代哲学产生了深刻影响，而且广泛影响了近代思想的形成。英国哲学家罗素说：“科学的威信是近代大多数哲学家都承认的；由于它不是统治威信，而是理智上的威信，所以是一种和教会威信大不相同的东西……它在本质上求理性裁断，全凭这点致胜。”[3] 由此不难理解，人们为什么将欧洲这段历史称为“理性的时代”，也不难看到，科学战胜宗教，理性代替信仰，正是西方近代文化发展的主流。以启蒙精神为核心的西方近代文化，其主旨就是要在对神学批判的基础上，从根本上恢复理性的主导地位，弘扬理性精神，把理性精神变成人生存在的思想根基和行为准则。

这种理性精神深刻地渗透于近代欧洲哲学中。在17—18世纪的欧洲哲学中有唯物主义和唯心主义、经验论和唯理论等派别分野，但各派在提倡理性、限制信仰上有一致之处。这一时期哲学的发展有两个特点。一是新兴的资产阶级哲学反对经院哲学和传统宗教神学成为哲学发展的一个主要内容。这是政治上反对封建势力的需要，也是发展自然科

---

[1] 康德：《历史理性批判文集》，何兆武译，商务印书馆，1990年，第72页。

[2] 《马克思恩格斯选集》，第3卷，人民出版社，1972年，第56页。

[3] 罗素：《西方哲学史》下卷，马元德译，商务印书馆，1982年，第4页。

学的要求。二是认识论在哲学发展中占重要地位，哲学的注意力集中在认识主体与认识客体的关系方面。这也和自然科学的发展密切相关。自然科学的发展向哲学提出在认识论和方法论上加以指导的要求，使哲学家对科学认识方法和研究方法做出哲学概括有了可能。在认识论探讨中，形成了经验论和唯理论两派。两派虽有区别，但在强调人作为主体的认识能力——理性上是共同的。培根等人的经验论哲学以尊重和颂扬人所具有的认识能力，即与盲目信仰相对立的理性为前提。因此，威尔·杜兰（Will Durant，1885—1981）在《世界文明史》中称培根是“理性的司晨者”，并将其置于“理性时代的先驱地位”。[1] 笛卡尔认为理性是人生而有的良知，即辨别真假的能力。他运用其所制定的理性演绎法建立起理性主义哲学体系。18 世纪的法国唯物主义者和启蒙思想家对理性原则做了进一步发挥。他们把理性当作人的本质，认为理性就是人的自然性、合理性，凡是合乎自然、合乎人性的就是理性，并把是否符合理性当作衡量是非善恶甚至美丑的根本尺度。到了德国古典哲学，康德把人的认识能力分为感性、知性、理性三环节，认为理性是认识的最高阶段。黑格尔从唯心辩证法思想认为，理性是最完全的认识能力，也是思维和认识的最高阶段。他在批判包括康德在内的理性主义的矛盾的基础上，建立了一个无所不包的理性主义体系。

西方近代美学是在西方近代哲学的直接影响下形成和发展起来的。因而，主导近代哲学发展的理性精神也必然主导近代美学的发展。17—18 世纪和启蒙运动时期的欧洲美学尽管有法国新古典主义美学、英国经验主义美学、大陆理性主义美学、法国和德国启蒙运动美

---

[1] 威尔·杜兰：《世界文明史·理性开始时代》，幼狮文化公司译，东方出版社，1999 年，第 223、227 页。

学等美学思潮、派别的分野和更迭，但主导各种美学思潮和派别的人文精神就是理性精神。法国新古典主义美学的基本精神是理性至上，把理性作为文艺创作的基本原则，认为文艺创作只有从理性才能获得光芒和价值，理性是构成普遍人性的核心，文艺需摹仿自然，表现普遍人性。英国经验主义美学的基本原则充分肯定人的认识能力，重视人的感觉经验对美学研究的作用。和中世纪神学美学用思辨将美归结为来自彼岸的上帝完全相反，经验主义美学家通过感性经验的归纳，论证了美的现实存在，认为美与对象的某种性质和特性相关，又依赖于人心的特殊构造和功能，是人可以认识和把握的。经验主义美学高度肯定人作为审美主体的作用，把审美主体感受和鉴赏美的能力的研究放到突出地位，提出了培养和提高人的审美能力的途径和方法，并将审美、艺术与道德、教育紧密结合起来。大陆理性主义美学的基本出发点是先验的理性能力，把理性看作人类普遍具有的判别是非、善恶、美丑的良知良能。理性主义美学家在理性基础上构建美的本质，明确提出美学的目的是感性认识自身的完善，教导人们以美的方式去思维；审美属于感性范围，但具有类似理性的性质。法国和德国启蒙运动美学用理性为衡量一切的尺度，对不合时宜的新古典主义美学进行批判，将唯物主义运用于美学，认为文艺要真实地反映生活，作家要发挥想象、虚构、典型化的能动作用，使作品达到真、善、美的统一，对人起到教育和改造作用。这些美学主张，充分体现了以人本精神和科学精神为支柱的现代理性精神，显示了近代美学的时代特色。

三、西方近代美学思潮中的两种基本倾向

17—18 世纪西欧美学发展的一个显著特点是受到哲学认识论转向的影响，贯穿着经验主义与理性主义两种倾向的对立。由于在实验自然科学基础上对认识论和方法论问题的深入而具体的研究，此时的哲学家普遍地把理论建立在反省思维的基础上，使这一时期认识论占有显著和重要的地位，认识主体与认识客体的关系问题成为哲学探讨的主要问题。这标志着西方哲学的发展产生了被称为认识论转向的重要转折，哲学研究的重点从本体论转向认识论。这不仅推动了西方哲学的发展进入到一个新阶段，而且也使西方美学赖以建立的哲学基础产生了重要变化。围绕认识论，西方近代哲学形成了经验主义和理性主义两派的对立。两派之间及两派内部在关于认识对象、认识主体、认识的起源和途径以及认识的方法等问题上都存在分歧和争论。这两大哲学倾向和派别的对立和争论也渗透到美学研究中，直接影响到近代美学的发展，使 17—18 世纪西欧美学发展沿着经验主义和理性主义对立的基本线索展开。不仅英国经验主义美学和大陆理性主义美学直接反映了两派思想、观点的对立，而且法国新古典主义美学和法国、德国启蒙运动美学，也无不受到两派思想、观点的影响。

从认识论来看，经验主义和理性主义的对立和争论首先集中在认识的起源和途径上。经验主义认为一切知识都起源于感觉经验，人心原本是一块白板，认识必须先从感觉经验开始，然后才由感觉经验引申出理性知识，因此，理性知识必须以感觉经验为基础。理性主义则认为感觉经验没有普遍必然性，具有普遍必然性的理性知识不能来自

感觉经验而只能来自理性本身固有的某种“天赋原则”或“天赋观念”。他们承认人的日常知识也大都来自感觉经验，但却否认理性知识须以感觉经验为基础。经验派肯定了认识必须起源于感觉经验，在认识方法上必然重视经验归纳法；理性派却肯定理性知识不能起源于感觉经验而只能起源于理性本身，在认识方法上强调理性的演绎法。

近代美学发展中经验主义和理性主义的对立奠基于两者在认识论的基本主张、原则上的分歧。经验主义美学家或受经验主义影响的美学家，其基本特点是强调从感性经验出发研究和解决各种美学问题，在方法上重视经验的归纳；理性主义美学家的基本特点，是强调从先验的理性原则出发研究和解决各种美学问题，在方法上重视理性的演绎。在美的本质问题上，经验主义者重视美的感性特点，强调从审美对象的感性性质和形式因素以及审美主体的愉快情感体验中来解释美。如英国经验主义美学家亨利·霍姆和荷加斯提出了形成美的对象的各种形式要素；休谟认为美的本质是对象的某种性质适合于主体的心灵结构而引起愉快情感，美即愉快；伯克认为美是指物体中能引起爱或类似情感的某些性质，这些性质是单凭感官去接受对象的感性品质，等等。与此不同，理性主义者重视美的理性基础，强调从先验理性原则去寻求美的普遍内容和形而上的意义。如莱布尼茨认为美在于世界的秩序、和谐，它来自上帝的理性和对世界的预先安排——“前定和谐”。斯宾诺莎认为美与圆满性是统一的，事物的圆满与否，决定于事物的本性，与人的愉快感觉无关。沃尔夫和鲍姆嘉通都把美定义为“完善”，所谓完善就是指事物符合它按本质所规定的内在目的，也就是对象所体现的目的和意义。虽然这种完善是指感性认识的完善，它表现于感性形象，但它必须具有理性基础。

在美感和审美主体问题的认识上，经验主义和理性主义也存在明显分歧。由于西方近代哲学发生的认识论转向，认识主体问题是17—18世纪哲学的一个中心问题。伴随着哲学研究重点的转变，西方近代美学的研究重点也由对客体的美本质的探讨转向对主体的审美意识、审美经验的分析。这在经验主义美学思潮中表现尤为突出，使对美感活动进行心理学和生理学的分析成为经验派美学的一个基本特点。审美趣味或鉴赏力成为18世纪美学的一个核心概念，以至于有的美学史家将18世纪称为“趣味的世纪”。[1]围绕着对审美主体的意识活动的分析，经验派和理性派各自从不同的出发点提出不同的看法。经验派认为美学属情感研究领域，不同于一般认识论，所以着重应用心理学和生理学的观点分析美感经验，强调美感中感觉、联想、想象、情感和本能等因素的作用。如艾迪生认为美感来自视觉对象的“想象的快感”，它来源于伟大、新奇和美的事物，具有直觉特点。休谟认为趣味和理性具有不同的功能，理性传达关于真与假的知识，趣味则产生关于美与丑的情感，前者具有客观性，后者则具有主观性、创造性。伯克认为审美趣味是由感官的初级快感、想象力的次级快感以及推理官能的经验三部分组成的，但他强调感官和感觉是一切美感的来源，想象力和情感是美感中最活跃的因素。还有的经验派美学家指出，内在感官是美感的特殊主体来源，它是一种既不同于外在感官又不同于理性思考的审辨美丑的直觉能力。理性派美学家虽然也不否认美感与情感的联系以及审美趣味和理解力的区别，但他们主要是在认识论的框架内考察美感活动，即主要是分析美的认识活动的特点。如

[1]　乔治·迪基：《趣味的世纪：18世纪趣味的哲学漫游》，牛津英文版，1996年。

莱布尼茨认为审美趣味不同于理解力，是一些混乱的知觉，是一种“既是明白的又是混乱的”观念。鲍姆嘉通认为美学是低级认识论，是研究感性认识的科学；美是感性认识的完善，所以审美活动自然是感性认识的活动。理性派美学家中也有人认为审美属于理性活动，如笛卡尔就主张分辨美丑的能力来自先天理性，审美和文艺离不开想象和感性，但本质上是理性活动。上述不论哪种看法，都把美感当作一种认识。

在文艺观点和主张上，受经验主义影响的美学家同受理性主义影响的美学家之间存在更多分歧，涉及文艺标准和创作原则、文艺中理性与情感的关系、普遍性与个别性的关系以及内容与形式的关系等问题。如在理性主义哲学影响下形成的法国新古典主义美学代表人物布瓦洛，主张将理性作为文艺的最高标准和创作的基本原则，强调文艺的真和美都必须依靠、符合理性，文艺应摹仿由理性统辖的、和真理一致的自然，即自然的普遍性、规律性，尤其是普遍的人性；主张作品塑造类型化人物和性格，忽视个性特点；轻视内容而过分重视形式技巧，把一些形式技巧凝固化、刻板化当作永恒不变的尺度和规范。而受唯物主义经验论影响的法国启蒙运动美学代表人物狄德罗，则与新古典主义美学原则针锋相对，主张把真实、自然作为对艺术创作的基本要求和衡量艺术作品的基本标准，把反映现实作为艺术的首要任务，认为艺术美与艺术真实性是统一的。艺术的摹仿对象不是新古典主义者要求的理性统辖的自然，而是原始、粗犷、动荡的自然。作品中的人物应当既有某类人物普遍特点，又有个性差异。艺术真实不同于哲学真实，应重视想象、虚构和情感的作用。艺术形式、体裁、技巧等应随时代变化、创新，不应固守凝固化的形式、体裁和法则。

总之，在 17—18 世纪各种美学思潮和美学理论学说中，经验主义和理性主义两种倾向的影响和对立，使美学中形式与内容、感性与理性、特殊与普遍、主体与客体这一系列对立面的矛盾十分尖锐地暴露出来，而寻求这些对立面的辩证统一也就成为近代美学进一步发展的必然要求和面临的主要课题，因此，将两种倾向和潮流汇合起来，将对立面统一起来，便是后继的德国古典美学要做的主要工作。

康德是承担这一历史任务的第一人。通过康德美学，我们可以看到西方近代美学提出的复杂矛盾问题，得到丰富和深刻的思想启发。

作者单位：深圳市社会科学院

关于普列汉诺夫的“美感矛盾二重性”

何梓焜

所谓美感，是指人们的审美感受，是审美意识的核心；这种社会意识，是社会存在的反映。从认识论角度看，它包含感性认识和理性认识的复杂精神活动；从心理学角度看，它包括感觉、知觉、想象、情感、思维等心理因素。美感的矛盾二重性，则是审美过程中个人主观的非功利性与社会客观功利性的辩证统一，是审美过程中直接性与间接性的辩证统一。对于这个问题，普列汉诺夫（Georgi Valentinovich Plekhanov，1856—1918）做过精辟论述，但长期以来，学者对此有不同看法。20世纪50年代我国学术界就有人提出：“美感的矛盾二重性，简单说来，就是美感的个人心理的主观直觉性质和社会生活的客观功利性质，即主观直觉性和客观功利性。美感的这两种特性是互相对立矛盾着的，但它们又相互依存不可分割地形成为美感的统一体。”[1] 有人对此提出异议，争论一直没有结果。到80年代，有人重新提起这个问题，例如计永佑在《论普列汉诺夫的美学思想》一文中认为：“这种所谓‘美感矛盾的二重性’是根本不存在的。这个理论的来源，是把普列汉诺夫美学思想中受康德影响的那一部分加

[1] 李泽厚：《论美感、美和艺术》，《美学问题讨论集》，第2集，第206、218页。

以吹胀的结果。”普列汉诺夫对康德的态度“是以批判开始，又以妥协告终”。[1] 看来，这个问题涉及对普氏美学思想的理解和评价问题。我认为继续讨论并求得科学解决是有现实意义的。

普列汉诺夫十分强调审美功利性，认为功利是审美享受的基础[2]。他用大量艺术史资料来论证审美与功利的关系，证明以功利观点来看待事物往往先于以审美观点来看待事物。“那些为原始民族用来做装饰品的东西，最初被认为是有用的，或者是一种表明这些装饰品的所有者拥有一些对于部落有益的品质的标记，而只是后来才开始显得美丽的。使用价值先于审美价值的。”[3] 原始人最初用黏土、油脂或植物汁涂抹身体，也是因为这有益，后来开始为审美快感而涂抹身体。

康德认为，“美是没有任何利害关系而喜爱的东西”。[4] 普列汉诺夫不同意，认为艺术是社会现象，是时代精神的反映，是阶级利益和情绪的表现。他强调艺术为政治服务的思想内容。他说：“没有思想内容的艺术作品是不可能有的。甚至连那些只重视形式而不关心内容的作家作品，也还是运用这种或那种方式来表达某种思想的。”他批判了“为艺术而艺术”的倾向，引车尔尼雪夫斯基的话说：“艺术也应该为某种重大的利益服务，而不是为无聊的消遣服务。”[5]

然而，普氏认为审美的功利性是对社会、阶级、阶层而言的，对于个人的审美感受则是非功利的。康德说，享受决定兴趣的判断，不受任何利害关系约束。普氏认为，“这应用到个别人的身上是十分正

---

[1] 《美学论丛》（一），中国社会科学出版社，1979 年，第 288、226 页。
[2] 《普列汉诺夫美学论文集》，人民出版社，1983 年，第 497 页。
[3] 《普列汉诺夫美学论文集》，人民出版社，1983 年，第 427 页。
[4] 康德：《判断力批判》，商务印书馆，1964 年，第 48 页。
[5] 《普列汉诺夫美学论文集》，人民出版社，1983 年，第 886、816 页。

确的”。[1] 审美是一种精神享受，不是使生理欲望满足。如果看到画上的苹果就引起食欲，只是因为把它出售有利可图，就会使审美享受遭到破坏。马克思说：“贩卖矿物的商人只看到矿物的商业价值，而看不到矿物的美的特性。”[2] 在普氏看来，审美就是个人主观上的非功利性与社会客观上的功利性的统一。这是美感矛盾二重性的表现。

有人认为承认审美的社会功利性，就不能肯定个人审美的非功利性，否则就是把个人利益与阶级、社会的利益分开对立起来了。[3] 计永佑《论普列汉诺夫的美学思想》也持此论。其实，普氏说的个人审美非功利性是指鉴赏判断要排除自私的考虑。他不是和康德一样反对任何审美的功利性，而只是反对从狭隘个人利益来鉴赏艺术。“自私心与美学没有任何共通之处，因为趣味的判断总是以不考虑个人利益为前提的。但是个人利益是一回事，而社会利益又是另一回事”。这样说是否把个人利益与社会利益对立起来呢？不是。社会、阶级利益已包含个人利益，鉴赏艺术不应从社会、阶级利益以外寻找个人利益。听音乐，看舞蹈，不能要求它给观众带来什么直接利益，“但是，个人可以完全无私地欣赏那些对氏族（社会）十分有益的东西”。[4]

个人审美的无私态度并不否定个人利益，个人利益已包含在社会利益中，但个人在欣赏艺术时不是凭直观体会到的，要经过思考。因此，同审美的个人主观非功利性与社会客观功利性的关系问题密切联系在一起的，就是审美过程的直接性与间接性关系问题。普氏说：“一件艺术品，不论使用的手段是形象或声音，总是对我们的直观能

[1] 《普列汉诺夫美学论文集》，人民出版社，1983 年，第 497 页。

[2] 马克思：《1844 年经济学—哲学手稿》，人民出版社，1979 年，第 80 页。

[3] 福米娜：《普列汉诺夫的哲学观点》，三联书店，1957 年，第 845 页。

[4] 《普列汉诺夫美学论文集》，人民出版社，1983 年，第 409 页。

力发生作用，而不是对我们的逻辑能力发生作用，因此，当我们看见一件艺术品，我们身上只产生了是否有益于社会的考虑，这样的作品就不会有审美的快感……然而，实际上我们的快感是由形象引起的思想所造成的，因此，我们的快感的根源是在于我们的逻辑能力的作用，而不是在于我们的直观能力的作用。真正的艺术家总是求助于直观能力，而有倾向的创作总是尽力在我们身上引起对普遍利益的考虑，就是说，归根到底是要对我们的逻辑能力发生作用。”“功利是凭借理智来认识的，美是凭借直觉能力来认识的。……属于直觉能力的领域要比理智的领域广阔得不知多少：在享受他们觉得美的对象的时候，社会的人们几乎从来没有认识清楚那同他们关于这个对象的观念联系在一起的功利。在绝大多数场合下，这种功利只有科学的分析才能够发现出来。审美的享受的主要特点是它的直接性。但是功利毕竟是存在的，它毕竟是审美的享受的基础（我们要提醒一下，这里所说的不是个别的人，而是社会的人）；如果没有它，对象看起来就不会是美的。”[1] 这两段话完整表达了普氏关于美感矛盾二重性思想，是他运用唯物辩证法分析美感问题的集中表现。有些同志只引述其中一两句，把普氏的完整思想分割开来，这样引文是不严肃的。

审美的主要特点是它的直观性，这是艺术特征的形象性决定的。艺术形象作用于感觉器官，引起感觉，唤起人的感情，离开形象和直观，审美就不可能产生。所以说“艺术开始于一个人在自己的心里重新唤起他在周围现实的影响下所体验过的感情和思想，并且给予它们以一定的形象的表现”[2]。人们从审美对象的形象体验审美快感，不必

[1] 《普列汉诺夫美学论文集》，人民出版社，1983 年，第 410、497 页。

[2] 《普列汉诺夫美学论文集》，人民出版社，1983 年，第 308 页。

进行逻辑推理，也不计较个人的利害关系。鉴赏艺术品时，如果思考其功效，就不会有审美快感。体验快感的能力是动物都有的本能，但人的社会属性决定了它和动物本能根本不同，是社会本能。所以从美感的直接性来看，它是非功利的，不借助逻辑推理，是本能的。普氏认为属于直觉能力的领域比理智领域广得多。我们不必因唯心主义者用过直觉、本能等术语而不敢探讨这个问题。

然而美感不同于生物快感，不局限于感觉，有直接性，还有间接性。作用于感觉器官的审美对象使人感到美，是因为这些对象曾是有用或有益的东西，人们体会到美感是由于在长期社会实践中进行逻辑思考和功利活动积累起来的因素起作用。所以在个人美感的非功利性中包含社会功利性，美感的间接性寓于直接性中，美感是功利性与非功利性的统一，直接性与间接性的统一。所以普氏说，“实际上我们的快感是由形象引起的思想所造成的，因此，我们的快感的根源在于我们的逻辑能力的作用，而不是在于我们的直观能力的作用。真正的艺术家总是求助于直观能力，而有倾向的创作总是尽力在我们身上引起对普遍利益的考虑，就是说，归根到底是要对我们的逻辑能力发生作用”。从认识论角度看，美感是感性的，又是理性的，是感性和理性的统一。普氏不善于把辩证法应用于认识论，是重大缺陷，但他巧妙地把辩证法应用于社会历史和美学研究，这是长处。

有些唯心主义美学家，例如克罗齐把直觉与理智绝对对立起来，赋予直觉以神秘主义色彩，把审美直观歪曲成与理智不相容、与社会功利毫无关系。普氏所说审美直观不是此意。他认为审美享受的主要特点是其直接性，强调审美过程中直觉能力的作用，这种直觉能力发生作用以客体和主体的交互作用为前提，它不是审美快感的根源。审美快感是由形象引起的思想造成的，审美直接性不排除间接性和功利性。克罗齐对直觉做主观唯心主义解释，普氏则做历史唯物主义解释。如果片面强调美感直接性，不承认美感间接性，否认美感的社会功利性，必然陷入主观唯心主义。而只承认美感间接性和社会功利性，看不到美感直接性特点，否认个人美感的非功利性，则会陷入另一极端。用使用价值代替审美价值，用逻辑思维代替形象思维，这正是普氏《艺术与社会生活》批评过的错误倾向。他说："艺术家用形象来表现自己的思想，而政论家则借助逻辑推论来证明自己的思想。"[1]

计永佑认为，美感是理性的，应该从理性认识中去研究美感，这是一条正路，普列汉诺夫没有走这条正路或偏离了这条正路。[2]上面我们说，美感同人类其他认识活动、心理活动一样，都以感觉为基础。如果没有客体引起主体的感觉，美感不可能产生。只有在感性认识基础上，才能上升到理性认识，只有在对审美对象直接感觉的基础上，才能产生知觉、想象、情感、思维等较为复杂的心理活动。从认识论角度看，感觉、知觉、表象属感性认识。当然，美感不停留和局限于感觉，美感的能动性在于它是感性认识和理性认识的结合，把美感归结为理性而只从理性认识去研究美学也绝非正路。普氏的历史功绩之一在于：他第一次用辩证唯物主义观点探讨了美感的矛盾二重性。

为了否定普列汉诺夫关于美感直觉性的论述，计永佑还对他的艺术定义提出批评，硬把普氏的艺术定义与他在认识论上的象形文字论

---

[1] 《普列汉诺夫美学论文集》，人民出版社，1983 年，第 836 页。

[2] 《美学论丛》（一），中国社会科学出版社，1979 年，第 216 页。

拉到一起，认为“普列权诺夫是以符号论为认识论原则去说明艺术现象的”[1]。因此，在这里也得解释一下，以正是非。普氏在《没有地址的信》中不同意托尔斯泰的艺术只表现感情的说法，认为艺术既表现人的感情，也表现人的思想，但并非抽象地表现，是用生动的形象来表现。因此他指出：“艺术开始于个人在自己心里重新唤起他在周围现实的影响下所体验过的感情和思想，并给予它们以一定的形象的表现。……艺术是一种社会现象。”[2] 这就是说，艺术作为社会意识形态是社会存在的反映，是通过生动具体感人的艺术形象来反映现实生活。这样的艺术定义无论从历史唯物主义的角度，还是从认识论或心理学角度来看，都无可指责。至于普氏说的象形文字，是在批判认识论的唯心论和不可知论时使用过的术语。他说：“我们的感觉是把现实界发生的事情告诉我们的特种象形文字。象形文字不同于它们所传达的那些事件。但是，它们能够完全正确地传达事件本身以及它们之间的关系（而且后者是主要的）。”[3] 他既强调感觉能正确反映现实，肯定感觉对象的客观性和可知性，又指出了感觉与被感觉的对象是不等同的。他的整段话都是批判唯心论和不可知论的；至于他把感觉比喻为特种形象文字是不确切的，后来他更正了，放弃了这个不确切的术语。因此，不能把普氏的象形文字的说法同马赫（Ernst Mach，1838—1916）或赫尔姆霍茨（Herman von Helmholtz，1821—1894）的符号论相提并论。普列汉诺夫后来放弃了象形文字的提法，却一直坚持自己的艺术定义，我认为这个定义至今还是正确的。

---

[1] 《美学论丛》（一），中国社会科学出版社，1979 年，第 230—231 页。

[2] 《普列汉诺夫美学论文集》，人民出版社，1983 年，第 308 页。

[3] 《普列汉诺夫哲学著作选集》，第 1 卷，三联书店，1961 年，第 560 页。

计永佑还说："所谓美感矛盾的二重性是根本不存在的。这个理论的来源，是把普列汉诺夫美学思想中受康德影响的那一部分加以吹胀的结果。""他对待康德的态度，是以批判开始，又以妥协告终。"在康德先验唯心主义哲学体系中含有许多辩证法因素，其美学思想也如此，如康德认为美是纯粹的，又是依存的。纯粹美是美的形式，依存美指美的道德内容，纯粹美不以对象的概念为前提，依存美则附属于概念。在论证纯粹美的过程中，又从乐、善、美分析快感，把美的研究引向心理学。他提出了"快感在先还是审美判断在先"的问题，天才地猜到了美感二重性。他认为美感是直觉的又不是直觉的，是无功利性的又是有合目的性的，是感性的又是理性的。普氏在论述美感直觉能力与逻辑能力的关系、功利性与非功利性的关系时，批判地吸取了康德美学思想的合理因素。把批判继承康德美学思想说成"是以批判康德始，又以与康德合流、妥协或让步终"。此说不能令人信服。

普氏的美学思想并非十全十美，但他关于美感矛盾二重性的思想应当肯定。鲁迅说过，普氏的美学著作"不愧称为建立马克思主义艺术理论、社会学底美学的古典底文献"。[1]

作者单位：中山大学

[1]　《艺术论》，"译者序"，三联书店，1964年。

反思美学中的实体论思维

陈海静

近年来，随着人们对传统实践论美学[1]的反思不断深入，美学界对于其中的不足之处也有了新认识。但是从其目前涉及的问题来看，人们对传统实践论美学的深层思维方式，尤其是存在于其中的实体论思维方式的反思，仍缺乏足够的自觉，这已经影响到当前美学研究的进一步推进。实有清理之必要。

一、何为实体论思维

所谓“实体论思维”，是西方哲学传统中带有普遍性的一种思维方式。实体，就是一种仅依赖自身而不依赖他物而存在的东西。实体最早由亚里士多德提出，他认为世界是一个有无限多实体组成的世界，这些实体作为不同属性的载体彼此独立存在。笛卡尔也提出了自己的实体说，他认为世界万物的本原是两个，即心灵和物体。心灵是精神实体，物体是物质实体，这两者彼此独立互不依赖；人的肉体和精神也是互相分离的，肉体必须附着于“理智性实体”才能存在。斯

[1] 所谓传统实践论美学，主要指李泽厚美学体系和以此为基础建构的美学理论。

宾诺莎对实体也有过论述。他反对笛卡尔二元论，认为实体只有一个，即独立存在的唯一的自然界；实体是万物的始基，它独立存在，非他物所产生，宇宙间除了实体及其特殊状态以外不能有别的东西。

当然，实体论主要是指一种思维方式，并不仅限于提出过实体范畴的理论。早在柏拉图那里，实体论思维就已经形成了。柏拉图虽然没有明确提出过实体这一范畴，但是他提出了理念论，认为理念就是事物的最终原因。柏拉图所说的理念在他的逻辑体系中就是一个独立自足的实体性思维抽象物。这也是一种实体论。

实体论在西方近代以前的思想家那里，实体仅仅是一种外在于人的存在，往往带有自然物质观或神学色彩。到了近代，随着主体意识觉醒，实体的内涵开始从外在的自然抽象物或神学抽象物演变为主体性抽象物。黑格尔明确提出应该把实体理解为主体，这是早期的实体概念与近代主体概念的结合。由于黑格尔同时也把实体理解为理念的自身运动，所以他的主体也成了理性意义上的主体。黑格尔之后，随着现代人本主义崛起，这种理性实体论渐被非理性实体论代替。如叔本华认为世界的本体是意志。这意志就是实体化的非理性存在物。

实体论的产生和发展开辟了传统哲学的新方向，但也造成了许多思维误区。首先，实体在逻辑上是一种自为自足的抽象存在，所以实体论思维往往是主客二分的。因为在实体论思维中，主体往往被视为一种实体，客体也被视为一种实体，主客之间的统一性关联必然因此被割裂开来。近代哲学的二元论倾向正与此思维方式密切相关。人们对自然与人的关系的认识因此常陷于无法调和的矛盾：过于强调自然的独立性，容易导致机械决定论，遮蔽主观能动性；而过于强调主体独立性，则容易使主体地位无限拔高，导致主体意识扩张性危机。

其次，实体论思维在理论上往往是形式化的。随着思维对象被作为实体性存在物，它便产生了与之互相匹配的形式逻辑方式。形式逻辑也是一种实体性逻辑。比如矛盾律、排中律，它们反映实体性对象或概念之间知性的、直观的联系。由于形式逻辑在前提中默认了概念、命题与实在现象之间的对应关系，所以，它在自然科学往往有效，但在哲学思维中却有效用限度。因为在哲学理论中，许多概念的所指并不是实在对象，而是一个思维的抽象，比如像规律、至善、意志等，并不像桌子、石头等实指性概念那样在现实中可以有独立的对象。当人们把这样一些虚指性的概念范畴直接运用于形式逻辑时，就容易不自觉地割裂了概念与现实的关系，使概念与概念的连接成为空洞的实体性形式，使得判断与命题不能反映现实事物之间的感性关联。

再次，实体论思维往往是认识论的。由于实体论思维惯于把要研究的事物作为一个独立对象来考察，这样它就在思维的前提中先行把自我（人）独立出来，把要研究的事物作为已然独立的存在物（实体）来认识。由此它也就陷入主客二分的认识论框架中去了。理论反思中的对象并不等同于客观实在，更不等同于自然科学的认识对象，如果不能自觉意识到这一区别，就会限于主客二分的自然主义思维而割断了二者最为原始的统一性。此外，理论思维中的形式逻辑也加强了这种认识论倾向。由于形式逻辑在大多数情况下表达的是概念与概念的直接联系，命题、推理和判断构成了它的主要形式，也就相应地形成了一种知识性结论，它指的就是概念间的知识性关系。但是，知识性研究并不能完全穷尽理论思维本身的目的。因为思想理论在更多的时候不是去认识客体获取知识，而是从人与世界原初性的生存关联中澄明生存的价值和意义。由实体论思维的以上几个特点可见，实体论思维具有自己的逻辑边界，在理论研究中忽视这一边界，很容易会造成认识的失误。中国当代美学的西学渊源决定了它的许多问题和误区也正是由此造成的。这一点在传统实践论美学中表现尤为突出。

二、实体论思维在传统实践论美学中的表现形式

（一）理论的实体化

实体论思维在形式上首先表现为理论的实体化，它包括范畴实体化、命题实体化。正如有的学者指出的，“美”是主客之间的关系性范畴，而不是实体性范畴；美学研究也应当从关注实体范畴转向关系范畴研究。但是从美学界研究现状来看，这种反思还远远不够。在传统实践论美学中，合目的性与合规律性是两个使用频率很高的范畴，人们常用它们来解释审美现象的内在机制。在许多理论表述中，好像规律在客体对象这一边，目的在主体人这一边，两者的统一就是双方结合。这种理解显然把目的与规律看作两个独立的实体性存在了。虽然人们也言说两者的统一，其实却把它们在更为原始意义上的统一性割裂了。事实上，人的审美心理结构本身就表现为具有规律性的形式，因此，规律性就已内蕴于由这一心理结构所形成的目的中，两者并不仅仅是一主一客的关系，也不存在明显的分而又合的情况。

当多个这样被实体化的范畴结合在一起时，必然会导致某些理论命题甚至整个理论体系实体化。比如，传统实践论美学用“自然的人化”、“人的本质力量的对象化”等理论命题来规定美本质，但在规定

之后，却没能力对此深入说明。由此我们不能不说，传统实践论美学在某些方面已达到它的逻辑边界，在这一边界内，它无力对人和自然之间的感性的、历史的联系做详细考察。“自然的人化”、“人的本质力量的对象化”等命题已被当成可以随意填充的实体性框架，它们可以用来解释任何审美现象，因此，这些命题也就在某种程度上被形式化了。从发生学的意义上讲，美感的形成是实践中的受动感被心理调节机制协调后的结果。这一点在上述几个理论命题中是很难解读出来的。我们看到，对美的认识在此并没有被还原到真实的具体，反而愈加坠入抽象。当所有审美现象都被塞进这一实体性框架时，自然与人之间丰富的感性关联也就在某种程度上被简化了。

这里的问题并不在于我们的理论是否用了马克思的“自然人化”等哲学术语，而在于如何理解这些术语才能保证它们最原始的意义。人与世界的原初关联并不是概念的、逻辑的，而是前概念和前逻辑的。人与世界之间的关系从根本上来说并不是理论的、认识的，而是实践的、生存的。一旦某种概念和命题被当成可以到处套用的实体性框架，概念和命题的这种原始性前提便极有可能被遮蔽。传统实践论美学的许多基本命题正是在没有进行彻底清理内涵的条件下保留下来的。

（二）实践的实体化

马克思创立的实践唯物主义摆正了逻辑思维与实践的关系，颠覆了传统实体论思维方式。然而，实践范畴长期没有得到完整的理解。许多美学工作者对实践的理解并没有完全摆脱实体论思维的痕迹。

关于传统实践论美学对实践的规定，可以追溯到李泽厚的阐释。

在他看来，实践也就是自然的人化，它是一种“物质性的客观现实活动”。在这一活动中，人类“依照客观世界本身的规律，来改造客观世界，以满足主观的需要”[1]。在此，李泽厚对实践的认识存在两点误区。1. 由于他对实践仅仅从物质性来规定，人的感性的、非理性活动在实践中的重要意义并没有充分彰显出来。当然，人的实践也就是一种客观性的物质活动，但是，这种物质性绝不是自然实体意义上的物质性，而是内含人的感性活动的物质性。所以，实践，就其存在而言，虽然是客观性的物质活动，但并非实体性的物质性活动，而是包含着人的情感和意志等非理性因素的整体性生存活动。因此，仅就本体论意义而言，与实践连为一体的人的情感和意志等因素，往往处于更为始基的层面上。人的实践活动更多由情感和意志为先导所促成。这一点，传统实践论美学显然忽视了。尽管李泽厚也强调感性，但由于实践在此更多地成了单一的物质性活动，实践也就被不同程度实体化了，感性的本体论内涵也由此并没被突显出来。2. 李泽厚在表述规律的客观性时认为，规律是属于客观对象本身[2]的，人的实践活动只不过是将其发现出来并按照它来改造世界。在这一认识前提中，李泽厚已经预设了一个外在于人的“纯粹客观”规律。严格说来，这种纯粹的客观性已经成了一种被实体化了的抽象性。

如果从实践的感性活动来思考自然，那么，除了原始意义上的自然物及其规律外，人化自然并不是完全外在于人的纯客观的东西，它只能存在于主客统一的实践过程中，而且是不断生成着的。所以，从实践论意义来说，在人类社会内部并不存在一个脱离了人的目的的、

[1]　李泽厚：《美学三书》，安徽文艺出版社，1999 年，第 478、479 页。

[2]　李泽厚：《美学三书》，安徽文艺出版社，1999 年，第 478 页。

纯粹客观世界，相对于人化自然而言，也并不存在一个纯粹客观的规律在等着人去认识。规律本是内在于主客统一的生成性过程中的，它并不是仅仅属于客观对象本身的实体性存在物。人的需要和目的也是内在于这一规律中的。当李泽厚认为客观世界本身存在着一个客观的规律，而人只不过把它发现出来并按照它去行动的时候，他只是从认识论意义上把规律不自觉地当成认识对象，一种外在于人的实体性存在物，这样，人与客观世界的原初性关联也就被潜在的认识论思维切断了，实践的本体论意义也由于认识论视角的限制而无法彰显出来。由此，传统实践论美学向旧实体论思维方式退回是不可避免的。

（三）人的实体化

在传统实践论美学中，随着客观世界与客观规律被当成两种实体性存在物，自然的人被实体化是不可避免的。因为，传统实践论美学在用自然人化说来解释美的成因时，将视线转向了人对自然的能动的对象性，对于人的受动性却视而不见，把人仅仅看作只具有能动性而不包含受动性的实体性存在。比如，李泽厚认为："要真正由现实事物来考察美、把握美的本质，就必须从现实（现实事物）与实践（生活）的不可分割的关系中，由实践（生活斗争）对现实的能动作用中来考察和把握，才能发现美（包括自然美）的存在的秘密。"[1] 他在此就把美完全看成了人的能动性表现。从思想渊源来看，这种只强调能动性的主体观是和近代的实体论主体观一脉相承的。西方近代哲学的肇始者笛卡尔就曾把主体"我"看作实体，这种实体性主体有完全

---

[1]　李泽厚：《美学论集》，上海文艺出版社，1980年，第144页。

自足的独立性，它必然具有自足的能动性。一切只有经过“我思”的绝对能动性才能取得认识上的合法性。黑格尔也提出“实体就是主体”这一命题，并将主体理解为外化自身又返回自身的活动。这种外化在黑格尔那里正是以一种无所不在的能动性表现出来的。而这种能动性就是实体在传统形而上学中固有的特征。也正是因为这一点，费尔巴哈才在批判黑格尔的基础上补充道：“自我是有形体的，这只是等于说：自我不仅是某种能动的东西，而且也是受动的东西。”[1]费尔巴哈的主体观局限于一种表面直观，所以没有为主体概念奠定存在论基础。真正把这一基础建立起来的是马克思。《1844年经济学哲学手稿》指出：“说一个东西是感性的即现实的，这是说，它是感觉的对象，是感性的对象，从而在自身之外有感性的对象，有自己的感性对象。说一个东西是感性的，是说它是受动的。”[2]这里说的对象化不只是能动性对象化，还是受动性对象化。人的“这些器官同对象的关系，是人的现实的实现（因此，正像人的本质规定和活动是多种多样的一样，人的现实也是多种多样的），是人的能动和人的受动，因为按人的方式来理解的受动，是人的一种享受”[3]。脱离了受动性，人的感觉，感觉的人性只能被实体化为抽象物，因而真正的感性也就不能生成。

马克思的对象化理论是对传统实体性主体观的彻底瓦解。但是，受传统实践论美学中的实体论思维方式的影响，我国美学界至今仍有不少人误读了马克思的对象化思想，以至于把美完全当成了人类证实

[1] 费尔巴哈：《费尔巴哈哲学著作选集》，商务印书馆，1984年，第91页。

[2] 马克思：《1844年经济学哲学手稿》，人民出版社，2000年，第107页。

[3] 马克思：《1844年经济学哲学手稿》，人民出版社，2000年，第85页。

自己能动性的象征。许多人在无意识中就把“自然的人化”当成了仅具有能动性的人化。此种缺少了受动性的人化实际上是把人看成了一个仅仅向外无限扩张的实体。这种实体对于外部自然必然是封闭的，由此，人与自然之间双向回环的进化过程完全被阻断了，人已经被贬低为缺乏生命的实体之物。海德格尔指出：“人之本质的高贵并不在于：人是实存者的实体而成为存在者的主体，以便作为存在的统治者让存在者之存在状态（Seiendsein）消融在那种被过于聒噪地赞扬了的‘客体性’中。”[1] 所以，只有打破那个能动性的、单一的实体性主体，将其与受动性联系起来，我们才可能更加完整地破解审美之谜。

（四）历史的实体化

感性受动性的存在是人的历史性的一个重要前提。一个实体性的东西由于它抽象的独立自足性是不具有历史性的。一旦传统实践论美学把人理解为一个只有能动性的实体性主体，它也就把人的历史性也拔除了。受实体论思维方式的影响，传统实践论美学在考察历史时，还往往把历史当作一个已然的对象来认识，而对历史与人的原初性生存论关联却疏于前提性的澄清，由此也造成了人与历史的疏离。历史永远是人与对象世界相互作用的历史，就在人的生存活动中展开，人在任何时候本身就寓于历史中了。如果把历史仅仅当作实体性对象来看，也就等于把历史置于与自然科学研究对象一样的地位了，历史与人在生存论意义上的原初性关联也就跟着丧失殆尽了。

由于上述原因，在传统实践论美学中，历史与人之间的生存论关

---

[1] 海德格尔：《路标》，商务印书馆，2000年，第388页。

联一直被对象性的实体性关联所笼罩着。在这里，衡量历史的尺度不是人的整体的生存境遇，而是某种外在生产力，一般实践活动。比如，李泽厚就认为："因为人类的社会实践活动越来越广阔、深入，使社会实践活动过程和产品成果不断发展扩大，在不同的时代，形成不同的社会美的标准、尺度和面貌。农夫欣赏自己在后园里种的蔬菜（朱光潜《文艺心理学》的例子），今天我们欣赏规模巨大的工程。"[1]但是，我们这里要问的是，农夫欣赏蔬菜与我们欣赏巨大工程这两种审美之间的不同，是否仅仅就在于两个时代的实践活动和产品成果不同呢？这种不同又该如何定性？显然，仅仅笼统指出不同时代实践活动的差异性，不仅不足以彰显审美的历史性，反而还会使之模糊不清。

在马克思那里，评价历史的标准并不单单在于外在生产力或一般实践活动，它是和人的感性生存始终联系一起的。这种感性关联的历史性变化不是量的延续，而伴随着质的飞跃。但是，传统实践论美学在对美的历史尺度进行阐释的过程中，不仅很少对农业文明下的审美现象和工业文明下的审美现象做出本质的分别，而且也很少对工业下的审美现象与私有制的关系做出必要的考察。这就在一定程度上抹杀了美学的历史性品格。也由于这一历史性的缺失，美在传统实践论美学中也往往被当成了一种自足的实体性价值。在这里，"美和审美"被看作"一切异化的对立物"[2]。然而，审美与异化在历史中并不仅具有对立性，它们是既对立又统一的一对矛盾。历史地来看，这种异化对于美（或审美）的形成又是必要的。关于这一点，马克思做过相关

---

[1]　李泽厚：《美学三书》，安徽文艺出版社，1999年，第487页。

[2]　李泽厚：《美学三书》，安徽文艺出版社，1999年，第516页。

的说明："通过工业……尽管以异化的形式……形成的自然界，是真正的、人本学的自然界。"[1] 马克思之所以在批判资本主义的同时还强调了它对于人类历史的进步作用，原因之一就在于他并没有简单地将异化作为一个单纯否定性现象而加以拒斥，而是看到了人的进化正是从这一异化的状态中展开来的。由此可见，在一定历史时期，人的一部分审美能力也是在异化的状态中发展起来的。不经过否定性的异化，人的审美感性也就无法达到更高层次的丰富性。以历史、辩证的眼光来看，在这种异化关系中也往往潜存着某种更新的审美意识的萌芽。在这种异化状态中潜存着人性发展的可能，尽管现阶段它仍然以否定形态存在。这为我们对审美现象的反思和批判提供了潜在的可能性。有了这种可能性，我们才能更充分认识审美对象与人的历史联系。

作者单位：复旦大学

[1]　马克思：《1844年经济学哲学手稿》，人民出版社，2000年，第88页。

论朱光潜的物甲物乙说与李泽厚积淀说的互补性

於贤德

一

物甲物乙说是朱光潜在第一次美学大讨论中提出的理论观点。他认为审美活动主要是人对“物的形象”而不是直接对物的观照，物的形象是物在人的主观条件（如意识形态、情趣等）影响下反映于人的意识的结果，所以只是一种知识形式。在这个反映关系上，物是第一性的，物的形象是第二性的。但是这物的形象在形成中就成了认识对象，就其为对象来说，这个“物”（物乙）不同于原来产生形象那个“物”（物甲）。物甲是自然物，物乙是自然物的客观条件加上人的主观条件影响而产生的，不纯是自然物，而是夹杂着主观成分的物，已是社会的物了。美感的对象不是自然物，而是作为物的形象的社会的物。[1]

美感的对象不是物甲而是物乙。同一物甲在不同的人的主观条件下可以产生不同形式的物乙，这说明不同的人的美感能力可以影响物乙的形成，使物甲的客观条件有的起作用，有的不起作用，某

[1] 朱光潜：《美学怎样才能既是唯物主义的又是辩证的》，《朱光潜美学文集》（三），上海文艺出版社，1983 年，第 34—35 页。

些起 80% 的作用，某些起 20% 的作用。美是对物乙的评价，是物乙的属性。[1]

朱光潜对美感对象的分析，深刻揭示了审美感受跟认识活动的本质区别，阐述了审美观照的直接对象是物的客观条件中的特定因素，跟审美主体的感受、情趣、想象、理解等心理内容融合而成物的形象。这个观点包含着深邃的理论内涵，本来可以对当时的美本质、美感特征讨论产生促进作用的。但是，人们把复杂的哲学思想简单划分唯物、唯心两个阵营，受庸俗政治社会学严重干扰，其学术价值和理论意义未能充分展示就被机械唯物主义的讨伐声所淹没。当时很多人都认为，客观性、第一性的物只要有主观意识参与，就背离了唯物主义，致使这种观点被推入了唯心主义泥淖。对此，我们今天坚持实事求是的学术态度，抹去历史的封尘，仍可发现其真知灼见和启迪意义。

首先，物甲物乙说在理论上的重要贡献在于它明确否定了审美对象是单一存在的物质性的东西，运用分析方法揭示了物的形象（物乙）对于美感的决定性作用，指出了审美活动与认识活动的本质差异，这是对美本质内涵的重要发现。在美学大讨论中，不少学者把是否承认美的客观存在，看作唯物主义美学与唯心主义美学的根本分野。因此，他们反复强调美是客观的，坚持认为美与人无关。李泽厚同样从唯物主义的基本立场，力图对美的客观性做更为合理的阐释。他通过对事物的社会性本质特征的分析去探讨美的客观性，认为蔡仪肯定美的客观性是正确的，但蔡仪只注意到自然的客观性，否定了美

---

[1] 朱光潜：《美学怎样才能既是唯物主义的又是辩证的》，《朱光潜美学文集》（三），上海文艺出版社，1983 年，第 38—39 页。

与社会客观性的内在联系，所以这样的思路还有问题。李泽厚认为，“美是社会的，又是客观的，它们是统一的存在。否认其中任何一方面，都是错误的”。[1]从社会客观性去探讨美的客观性，明确否定把美等同于客观事物甚至自然事物本身的简单化观点，深化了人们对美的客观性问题的认识，使人们在审视美的客观性时能够跳出事物直观的存在，把对美的客观性认识引向社会生活的深层次，由此开了实践美学理论创新的先河，这是值得充分肯定的。由于时代的局限，虽然对美的客观性认识拓展到了社会实践层面，但是，对于以对象化方式表现的人的本质力量就是美的本质属性的观点，却缺乏更具说服力的阐释。相比之下，朱光潜能够在当时特定政治、学术环境中提出具有独创性的学术观点，明确指出真正的审美对象不是客观事物本身，“而是夹杂着人的主观成分的物”，这充分体现了朱先生对学术研究的执着与勇气，尽管曲高和寡，却给当时笼罩在教条主义氛围中的学术界吹来一阵独立思考的清风。这一观点的提出，引发了人们对美本质和审美根源等美学理论重大问题认真思索，具有启蒙作用，为当时美学讨论和后来一系列美学研究的深入开展，打下了方法论和学风上的良好基础。

其次，朱光潜提出了“物乙”这个全新概念，把人们在日常生活中直观到的物的形象，用一分为二的辩证思辨方法进行了深度的理论阐释，明确指出物的形象并非铁板一块，物乙概念的内涵就是物的客观条件和人的心理内容的统一，体现了一个学者努力运用马克思主义的基本原理和思想方法解释实际问题的良苦用心。很多人由于未能理

---

[1]　李泽厚：《美学论集》，上海文艺出版社，1980年，第63页。

解其观点，就简单地把它批评为唯心主义，这种简单化做法本身违背了马克思主义具体问题具体分析的基本精神。

再次，朱光潜对审美主体的心理内容在美感形成过程中的重要作用加以明确肯定，这种对人文精神的坚定信念，在美学讨论中难能可贵。美学研究不能搞得见物不见人，这是朱光潜在美学研究中贯彻始终的基本理念，是对以人为本的人文精神的一贯追求，也是其美学思想的重要特色之一。对物甲物乙说，劳承万在《朱光潜美学论纲》评价道："当物甲物乙说登上论坛之后，机械唯物论美学的内在危机便明显地呈现出来了。物乙的出现，造成了人与物之间一个巨大的突破口，铁板一块的混沌的'物'，与铁板一块混沌的'人'，都难以立足了。物甲 / 物乙说的出现，从外在方面来说，是中国美学界理论触角伸向新的领域的起点，这是新的起跑线；从内在方面来说，是思维方式变革的伟大成果，是方法论的新收获。"[1] 在赞同劳承万对此说充分肯定的前提下，笔者认为，这一学说在阐释实践与审美的内在联系过程中仍有不足之处，即朱光潜及后来认同这一学说的美学家，存在着对社会实践在人的心理内容建构中的决定性作用重视不够的缺点，这是这一学说受到误解的一个不可忽视的原因。

当时，朱光潜为了说明他提出的"美是主客观统一"的观点，在分析物乙即物的形象时，再三强调它是"自然物的客观条件加上人的主观条件的影响而产生的"。这个说法从审美直观的角度说来，本身没有什么错，而且是这个理论的一个亮点。但是，朱光潜和其他一些学者都没有再深入讨论下去。人的感受、意识、情趣、评价等思想意

[1] 劳承万：《朱光潜美学论纲》，安徽教育出版社，1998 年，第 262 页。

识内容是从哪里来的？审美主体包括世界观、人生观、审美观在内的思想观念，包括个体的感受、体验、想象、联想、表现等心理过程及由此形成的审美能力，跟人类社会实践究竟具有什么样的内在联系？由于物甲物乙说没有在这方面进行深入分析，没能紧紧抓住人的主观意识与社会实践之间的必然联系及其复杂的表现形式，没能把它的理论内涵充分展开，而是把这个重要问题悬置起来，这就导致人们把构成物乙的人的主观条件和美感能力完全看成是主观意识，并且会因此造成这样的误解：作为人的主观条件的美感能力是一种缺乏生活客观基础和社会历史感的思想意识，而意识无限自由的特点也必然使美的本质表现为一种相对主义的不确定性。正是由于对主观意识与社会实践内在联系的忽视，使得物甲物乙说在理论上的彻底性有先天不足的软肋。这是我们今天重新评价物甲物乙说时必须指出的重要问题。

二

其实，如果我们把人的思想意识跟社会实践结合起来思考，从两者之间的矛盾运动中去探寻它们的内在联系，是能够找到两者相互转换的中介的。人的思想意识来自社会实践，源于意识对社会存在的能动反映和积极改造的实践活动。任何个体的精神世界不可能脱离社会、历史而孤立存在，个体思想意识总是不同程度表现着群体的需求、愿望、热爱、赞美乃至反感、厌恶、愤怒、痛苦等集体意识，生活在特定时代的人必然会打上这个时代的烙印，民族的、世界的历史总体发展的成果必然会在个体身上表现出来。因此，这些表面上属于主观的东西，其实也受到社会客观性制约。主观形式包含着客观内容，心理感受反映了社会实践。这就能够更深入准确地揭示构成物乙的主观因素的客观性本质，从而说明社会实践对于审美活动的决定性作用不是直接、简单的，而是经多个环节的中介作用才能完成的复杂过程。

但是，朱光潜在论述物的形象的主观因素时，没有从本质层面说明问题，而是为了证明美是主客观统一的基本观点，就在一个还需要深入挖掘的地方停止了分析，未能对主观意识的客观本质进行深刻阐述。另外，朱先生在坚持美感能够影响美这一论点时，也只是从审美鉴赏过程来讨论问题，把审美主体的心理内容看作美感，认为个体的这些意识方面对美的存在会产生特定作用。这一说法也值得进一步讨论。个体不同的修养、智慧、想象、情感等精神层面的东西，确实能够直接影响物形象的具体表现，但他没指出对个体精神世界起决定作用的还是社会存在和社会实践。从根本上说，是特定的社会存在和具体社会实践影响了美，也影响了个体在美感享受中的具体内容。审美主体的修养、情趣、想象等主观心理能力不是美感本身，美不是物的直接存在，也不是主观意识的直接外化。更合理的解释应该是：当物的直接存在形式物甲跟人的主观精神相融合时，构成物的形象物乙，才是美感的直接对象，也是美感产生的根源。人的主观精神内容不是思想意识的直观表现，它要经过社会实践作用，只不过这种作用的实现需要多个环节的中介和复杂的转化过程。主观意识对美的更深层次作用，表现在审美创造活动中，是人对客观世界的认识水平、改造能力和审视眼光的历史内容及其现实发展，这决定着现实社会这个人造世界的基本面貌，制约着人对世界的鉴赏能力和美感收获。美感能力影响物形象的形成途径，包括直观鉴赏和实际改造两个层面。

对于社会实践与主观意识的关系问题，李泽厚的积淀说具有重要的理论价值，为我们深入把握美本质与审美根源问题提供了很好的思路。第一次美学讨论时，李泽厚就指出："认识美的社会性，这绝不是一件简单的事，这是一个长期的人类历史过程。在这个过程中，人类创造了客体、对象，使自然具有了社会性，同时也创造了主体、自身，使人自己具有了欣赏自然美的能力。"[1]1979年他出版的《批判哲学的批判》一书指出，正是由于长期积淀，才能形成这样一种局面："感性之中渗透了理性，个体之中具有了历史，自然之中充满了社会；在感性而不只是感性，在形式（自然）而不只是形式，这就是自然的人化作为美的基础的深刻含义，即总体、社会、理性最终落实在个体、自然、感性之上。""在这里，人类（历史总体）的积淀为个体的，理性的积淀为感性的，社会的积淀为自然的。"[2]而"'积淀'这个词，就是指社会的、理性的、历史的东西累积沉淀了一种个体的、感性的、直观的东西，它是通过'自然的人化'的过程来实现的"[3]。

从李泽厚这一系列的论述可以看出，他提出积淀说的根本目的，就是为了解决审美活动中个体直观的形式与深刻的社会历史内容之间的矛盾，是为了进一步厘清人类社会实践的具体过程如何转化为个体思想意识，审美活动所表现出来浓厚的感性直观的色彩如何承载着社会客观性的深刻内涵的。积淀说，对于审美过程中感性与理性、个体与社会、当下与历史、主观与客观等多方面的矛盾转化，提出了较有深度的阐释，这种建立在人类社会实践基础上的辩证法，对于更好地

---

[1] 李泽厚：《美学论集》，上海文艺出版社，1980年，第28页。

[2] 李泽厚：《批判哲学的批判》，人民出版社，1979年，第413、435页。

[3] 李泽厚：《美学四讲》，三联书店，1989年，第132页。

把握美的本质和审美根源等基本问题，有重要的启迪意义。尤其是积淀说所包含的辩证法思想，对于当年思想解放运动产生了有力的推动作用。更有意义的是，这一学说也为物甲物乙说的深入展开提供了更为坚实的理论支撑。如果朱光潜晚年对物甲物乙说能做进一步的深化，完全有可能从李泽厚的积淀说中找到连接社会实践与个体意识之间的桥梁，并且使物甲物乙说获得更科学的阐发。

可能由于学术兴趣的转移，李泽厚对积淀说的深层内涵没有在后来的学术研究中深入展开，因此，对积淀的具体过程及其在人类审美活动中的作用，都未进一步阐述。但是，其理论建树已经引领我们走上探索美本质问题的哲学通道，我们用人类学、心理学、思维学等相关学科的知识从不同角度切入，便能够在新高度全面把握积淀说。

人类实践活动积淀为文化心理结构的过程，虽然还不能加以准确证明，但是，它的基本途径却是可以通过理论演绎加以推测和描述的。从社会层面来说，社会实践活动积淀成为文化心理内容的基本途径，不外乎内化和外化这两种方式。所谓内化，主要是指人类在改造自然、社会的实践活动中，创造出了从简单的筷子到精密的电子计算机、航天飞机这样灿烂的文化，使世界成为名副其实的人造世界。正是通过这样的自由自觉的创造性劳动，人类的心理机能也得到了巨大发展。那些在实践过程中反复经历的活动内容以及由此形成的自觉意识，必然会随时间的推移从意识表层向深层心理转移。多种多样的自然规律的结构与形式，通过实践活动保存并积累在人的深层心理中，使人类具有了动物不能具有的时间主体性。在一般情况下，那些已经转移到深层次的心理内容，个体不会再把它纳入意识范畴，也不需要经常有意识地自觉到它的存在。这类本来活跃在大脑皮层中的自觉意识，也就变成了一种个体无法自觉到的无意识。这类无意识跟弗洛伊德所说的由于人类的动物性本能受到压抑所形成的无意识有着本质区别，因此也被称为“文化无意识”。李述一曾指出：“意识可能以间接的方式来支配人的行为。所谓间接的方式，即指意识向无意识的转化。这种由意识转化而来的无意识，归根到底也是物质的反映，因而也可以说是某种文化活动的结果，具有‘后天的’特质。”[1]这种内化的成果在积累的过程中还使大脑皮层的特定区域产生生物—化学变化，最终作用于个体的生理遗传密码，并随生命繁衍遗传给后代。

实践活动的具体内容积淀为文化心理结构的另一种方式是外化。所谓外化，是人类在社会实践中获得经验，经过感性认识向理性认识飞跃，理性认识向社会实践再一次飞跃，在思想认识与实践活动无数次循环往复的过程中最终被提炼成为系统的知识，并经过特定的符号体系编码，保存在特殊媒介之中。人类童年时代行吟诗人歌唱的民族史诗，就是以口口相传的方式保留下来的集体经验和智慧；刻画在龟甲、牛骨上的文字，是文明传播方式取得巨大进步的表现，纸张和印刷术的发明，使人类经验和历史智慧的保存工作如虎添翼；进入信息社会后，集体智慧和历史经验的存储进入了崭新阶段。这些是人类创造性活动的经验结晶，也是人类文化心理结构的物化形式。实践活动保存积累下来的心理内容转化为语言、符号和各种文化信息系统，形成动态、扩展性、物态化的文化成果，这就是积淀过程的外化。

如果说内化在遗传密码中的文化心理内容是通过生命延续传播给后人，那么，积淀在符号的物化形式中的间接经验，则是通过社会教

---

[1]　李述一：《文化无意识——一种新的精神领域的研究报告》，《哲学研究》1988年第2期。

化向个体传递的。通过教育掌握各种符号的使用与创造的能力，全面接受前人留下来的间接经验，使人类的实践活动能够不断获得新起点，这就有助于自由自觉的创造性活动不断深化。人都是以生理遗传形成的潜能为基础，以社会教化作为潜能开发与实现的主要途径，去接受人类历史积淀下来的精神财富和思维能力，在新的社会实践过程中承担起继续积淀的任务，在生生不息的继承与创新的转换中积淀新经验。这就是实践活动内容转化为文化心理结构的基本模式和路径。

三

沿着这个思路，我们可以发现朱光潜的物甲物乙说和李泽厚的积淀说存在着明显的互补性，这主要表现在以下几个方面。

首先，积淀说的理论揭示了外射到客观对象上的审美主体的情趣爱好、胸襟怀抱、想象联想乃至层次境界，这些表面上似乎属于个体主观心理的东西，实际上都是社会实践的产物。个体的精神世界都要受到它所生活的生存环境、文化程度、人生经历的影响，从生理遗传所获得的发展潜能和社会教化所赋予的后天条件，都是人类社会实践的历史成果对个体生命间接作用的结晶，而个人在改造自然、改造社会的现实活动中对客观世界的感受、认识、体验和理解，则是实践活动对人的思想意识和个体能力直接作用的结果。即使像个人想象这类最自由的表现形式和超越品格，最能体现主体精神自主创新的心理活动方式，它的具体内容也是在人类社会实践的历史成就与个体实际生命经历相互融合的基础上形成的。因此，朱光潜指出的审美活动中和物的客观存在（物甲）一起合成的物的形象（物乙）的主观条件，同样是人类社会实践的产物，也有着特定的客观性。这种客观性不是社会存在的机械直观表现，而是经过复杂积淀过程转化才形成的。但形成过程的间接性与复杂性不能改变社会实践对主观意识的决定性。因此，积淀说深刻阐明了实践活动对于思想意识的根本意义，使物乙概念有更坚实的理论依据，从而有助于提高物甲物乙说的说服力。

其次，物甲物乙说从心理学角度深化了实践美学内涵，拓展了人的本质力量对象化命题。人类在创造性活动中获得的合规律性与合目的性统一的劳动成果，是物的感性形式与人的心理内容的有机融合，但是，由于物质生产劳动要受到技术水平制约和经济要求的限定，主体心理内容的对象化不可能得到全面、深刻的实现。因此，直接用人的本质力量对象化理论去阐释美的本质，还是很难说明人的本质力量的丰富性跟劳动成果的现实性之间的矛盾。物质生产的成果作为审美对象，还不能像艺术作品甚至自然风光那样给人以无限生动、无限丰富的美感享受，这说明用本质力量对象化的理论来解释美本质，还有许多值得进一步探讨的环节，这是实践美学的一个理论软肋。物甲物乙说指出了审美对象自身结构的多层次性，这是美学研究在认识审美对象重要命题上的重要成果。物甲物乙说指出了审美活动并不是简单地对于外物的直观感受，而是对于物的感性形式与人的心理内容的合成物的鉴赏，这就把认识问题与审美感受问题区别开来，为美学研究逼近美的本质创造了更为有利的条件。

再次，物甲物乙说与积淀说，在方法论上有重要的互补性。朱光潜在思想认识和科学研究实践上十分重视用心理学方法研究美学问题。他说过：从事美学研究还要懂心理学，“人道主义、人性论，都牵涉到哲学、心理学。特别是艺术欣赏、艺术创造、美感、审美态度中的心理过程究竟怎样，都要借助自然科学中的心理学来研究”。[1] 他对于心理学在美学研究中的重要地位的认识，贯穿其学术生涯。我们从其《文艺心理学》《变态心理学》《悲剧心理学》等专著和《谈美》《谈美书简》等随笔的研究对象和理论成就，能清楚看到他对心理学的高度重视。他在审美对象研究上能提出物甲物乙说这样有独创意义的学说，跟他系统掌握心理学知识和自觉运用心理学方法分不开。

李泽厚在研究上更重视哲学分析方法，尤其对唯物辩证法高度重视和自觉运用。他对于马克思《1844年经济学哲学手稿》中提出的“自然的人化、美的规律、异化劳动”问题、自然主义与人道主义的历史之谜等重要理论观点的深刻阐发，充分说明他在这方面的努力与取得的重要成就。他对德国古典哲学和中国古代哲学思想，保持强烈的学术兴趣。深厚的哲学功底，使其美学学说有很强的逻辑思辨性和理论深刻性。他在艺术审美经验方面钻研的深度，在中国美学史中的开拓性贡献，都与此有内在联系。这是其美学研究的重要特点。

将朱光潜倡导和坚持的心理学方法和李泽厚在研究中贯穿始终的唯物辩证法结合起来，通过两种方法的互补来优化美学研究方法，必将对今后研究产生重要的现实意义和深远的历史影响。

作者单位：广东外语外贸大学

[1] 朱光潜：《怎样学美学》，《美学讲演集》，北京师范大学出版社，1981年。

论梁宗岱的审美批判个性：慎思明辨与诗性体悟

张仁香

梁宗岱（1903—1983）留下的诗文译作，不以量论，而以质胜。他的评论文章以“文情并茂，逻辑严明，见解独到”在20世纪30年代批评界有不容忽视的地位。其代表作《诗与真》《诗与真二集》共收12篇批评文章，其中有三篇瓦雷里（Paul Valéry，1871—1945）的译作，有两篇回忆瓦雷里的罗曼·罗兰（Romain Rolland，1866—1944）的散文，此外收入《梁宗岱文集》（香港天汉图书公司）第二集的有《屈原》《非复古与科学精神》和《集外》收入的七篇文章。在评论中，梁宗岱结合创作经验来讨论诗学范畴，对其推崇的中西经典做出评价，关注当代新诗的出路，建构诗应该如何的审美批评。

20—30年代中国的主流批评方法是走外线，即批评不从作家的作品着眼，而是专注于他的种族、环境和时代，法国19世纪的批评家泰纳的实证主义批评传入我国，也差不多让我国文坛和学术这种考证所垄断，批评的结果往往把手段看作目的，把初步理解当作批评的终点。梁宗岱则挑选了走内线，直指作家的作品，因为他认为，一个作家之为作家，不在生平事迹，而完全在于他的作品。作品是作者的心灵和个性的完全写照，从作品中可以认识作者的人格、态度和信仰。

因此，梁宗岱的审美批评重在考察诗学的艺术价值，在传统向现代转型、中西方文学创作方法交融汇通中，确立诗学的审美批评支点。

目前，学界对梁宗岱的研究更多停留在他的象征主义诗学、纯诗理论的阐发上，对他的审美批评方法与批评个性的研究还需加强。

一、慎思明辨

梁宗岱好辩，这在学界闻名。“辩论简直是练武术，手、腿、头、眼、身一起参加。若一面走路一面辩论，他这种姿势尤为显著：跟上他的脚步和跟上他的谈话速度一样不容易，辩论得越激烈，他走得越快，他尖声喊叫，他打手势，他踢腿。若在室内，也完全照样。”[1] 梁宗岱有的辩文，在今天看来似乎有些不近人情，比如 1937 年在南开大学写的《从滥用名词说起》，主要针对朱光潜、李健吾等人文章的个别细节引例不当或论理不严密展开批评，在文坛引起很大反响。他的言辞有些过激，但无私的客观批评态度，尤显得难能可贵。

梁宗岱与很多学人辩论过：梁实秋、林徽因、徐志摩、朱光潜、李健吾、罗念生等，辩论最多的是与朱光潜。两人为“名词、象征、崇高、直觉与表现”等争论不休。这里从《论崇高》感受其批评个性和诗美主张。与梁宗岱一样，朱光潜也是中西文化浸染的学者，不过性情差异很大。朱光潜的经历不如梁宗岱有传奇色彩，就个性言，梁宗岱颇具自我意识，朱光潜较调和折中。就学问看，梁宗岱有过比较：

“朱先生是我的畏友，可是我们底意见永远是分歧的。五六年前在欧洲的时候，我们差不多没有一次见面不吵架。去年在北平同寓，

[1] 温源宁：《梁宗岱先生》，《宗岱的世界 · 评说》，广东人民出版社，2003 年。

吵架的机会更多了：为字句、为文体、为象征主义，为‘直觉即表现’……大抵光潜是专门的学者，无论哲学、文学、心理学、美学，都做过一番系统的研究；我却只是野狐禅，事事都爱涉猎，东鳞西爪，无一深造。光潜的对象是理论，是学问，因求理论的证实而研究文艺品；我底对象是创作，是文艺品，为要引证我对于创作和文艺品的理解而间或涉及理论。因此，我们在追求底途中虽然常有碰头的机会，而不同的态度和出发点，尤其是不同的基本个性，往往便引我们达到不同的结论。”[1]

朱光潜收在《文艺心理学》中的论文《刚性美与柔性美》，对中西审美现象形态分类讨论，以期“在殊相中见出共相”，从共相中揭示美学理论依据，并阐释其引起的心理、生理反应。梁宗岱针对文中西洋名词 Sublime 的翻译来阐发见解，同时也对作为理论家的朱光潜审美现象的分类及运用提出质疑，写下了《论崇高》一文。这篇文章从审美范畴术语的翻译、应用以及重新阐释这三个方面提出质疑。

1. 范畴术语的翻译问题。朱光潜在文中引用中国古诗“骏马秋风冀北，杏花春雨江南”，以此象征一切美，“你遇到任何事物，都可以拿它们作标准来分类”。这两种美的共相，在中国便是刚柔或阴阳，在西洋便是 Sublime 与 Grace。朱光潜主要依据康德学说将 Sublime 与 Grace 译成“雄伟”与“秀美”。梁宗岱所质疑的主要是两点。一是名词的翻译，该依据字源还是采纳一家观点？梁宗岱认为：词先于词的解释者而存在，谁最早运用或解释这一词仅能说明他是第一个解

[1] 梁宗岱：《梁宗岱文集 · 评论卷》，中央编译局出版社，2003 年，第 108 页。

释者罢了，他也仅仅是就一个方面、一个角度解释了该词。即便该词的学说发源于康德，无非因为他是第一个从心理学观点解释这名词，或这名词代表的感觉与境界罢了。况且康德的学说仅仅陈述自己对美的现象的感觉与印象，所以只列举事实为证。他的主张断不能作为定论，他的理论正有待于后人修正与补充。梁宗岱认为，读康德的书常常感到例证赶不上理论，或许他的思想力强于美感罢。因此，Sublime 一词译成"雄伟"并不确切。二是 Sublime 与 Grace 可否比附于阳刚美与阴柔美？要回答这个问题并不那么简单，需要先看他的进一步论辩。

2. 审美范畴对作品的应用。这里梁宗岱阐释了两个问题。一是用柔性美形容达·芬奇的作品是不确切的。朱光潜为说明两种美的类型，引述了几个例证：意大利米开朗琪罗的《摩西》《大卫》，达·芬奇的《蒙娜·丽莎》与《最后的晚餐》以及贝多芬的《月光曲》与《第六交响曲》等等。朱光潜拿二者间的对照来说明他提出的美的范型，认为米开朗琪罗在性格上艺术上都是刚性美的代表，而达·芬奇则与之形成反衬。《蒙娜·丽莎》是女性美、柔性美的代表，《最后的晚餐》中的耶稣也正像"抚慰病儿的慈母"。梁宗岱则认为，用妩媚与秀美来形容《蒙娜·丽莎》与《最后的晚餐》不亚于用"乖巧"形容瀑布那样不合宜。因为刚性美令人震撼，而柔性美宁静平和。梁先生这样描述凝视这两部作品的感受："我们将发现，啊！异迹！这里（异于米开朗琪罗）没有夸张，没有矜奇或恣肆，没有肌肉底拘挛与筋骨底凸露，它底神奇只在描画底逼真，渲染底得宜，他底力量只是构思底深密，章法底谨严，笔笔都仿佛是依照几何学计算过的，却笔笔都蓬勃着生气——这时候我应该用什么来形容我们的感觉呢？……

唯一适当的字眼，恐怕只有 Divine（神妙）或 Sublime（崇高）罢。”[1]可见，这里朱光潜对两部作品的阐释，的确是为他的理论作注解，而囿于对象本身的表征形态。梁宗岱则从创作者的角度对艺术家精工制作的技巧之高反复玩味，因此所得审美感受不是宁静平和的优美，而是动人心弦的崇高之美。二是梁宗岱阐释了柔性美与崇高并不是不相容的。朱光潜将刚性美与柔性美的特征视为动与静，又以此将尼采的狄阿尼苏斯的醉的艺术视为刚性的，阿波罗的梦的艺术视为柔性的。梁宗岱认为这样引用不恰当，因为刚与柔不仅存在于不同作品中，而且在同一作品的不同部分同时存在。梁宗岱以贝多芬《第三交响乐》为例，认为这首乐曲固然有朱先生所说的“狂风暴雨，极沉雄悲壮之致”（这只是第三、四节的印象），而该曲的第二节《葬礼进行曲》是全曲最精彩的部分，感人至深。这节乐曲的旋律与音调舒缓低沉、断断续续、点点滴滴，“像长叹，像啜泣，像送殡者底沉重而凄迟的步伐，不，简直像无底深洞底古壁上的水漏一样，一滴一滴地滴到你心坎深处，引起一种悲凉而又带神圣的恐怖的心情，正属于姚姬传之所谓‘阴’的艺术的；然而 Sublime 呀！究竟不失其为 Sublime 的艺术呀！”[2]

3. 审美范畴的重新阐释。梁宗岱指出，形容上述作品都应该用 Sublime 一词，可是如果译成“雄伟（雄浑）”则三处都不适用。所谓刚柔纯粹指美的性质而言，Sublime 与 Grace 却偏于品格方面。性质与品格常常有密切关系，但品格并不就是性质。他举了一个例子，就像一个绝世丽姝，如果她的美足以引动我们的心，使我们有闲情逸致

[1] 梁宗岱：《梁宗岱文集·评论卷》，中央编译局出版社，2003 年，第 121 页。

[2] 梁宗岱：《梁宗岱文集·评论卷》，中央编译局出版社，2003 年，114 页。

去仔细认辨和赏玩她，我们只称她美丽；当她的美达到顶点，使我们骤睹之下震惊失色，心往神驰，她便是 Sublime（崇高）了。

在两人的文章中始终存在一个重要问题没有解决，那就是中西审美范畴的差异。朱光潜在论述中还将两种美的范型做了中西对比，但在分析作品时，又将两者混淆起来。梁宗岱在反驳朱光潜的观点中，也指出了中西审美类型的简单比附不妥当，但没有进一步将这种不妥的原因深论下去。这从一个方面说明，两人的争辩并非一定要寻求出科学的客观答案，而是为阐释各自的诗美学主张作铺垫。梁宗岱主要阐明了 Sublime 一词译成“崇高”比“雄伟”更切近字源，因为根据拉丁文 Sublime，从动词 Sublimare 变出来，有高举的意思。其实朱光潜翻译时也提到，这一词在中文里没有恰当译名，雄浑、劲健、伟大、崇高、庄严诸词都只能得其片面的意义”。就“崇高”与“雄伟”的词义来说，前者更带有主体精神的意味，富有某种道德律令，而后者则仅仅是事物外在形态上的宏阔，相比于前者缺少一种内在含蕴。因此，当朱光潜解释屠格涅夫笔下一只老麻雀受爱的驱动奋不顾身要从猎犬口中救出它的雏麻雀时，用了“雄伟”一词，试图说明“雄伟”与“乖巧”并不是并行不悖的。而梁宗岱认为此处用“雄伟”不恰切，应该是“崇高”。因为，老麻雀的行为引起人内心的敬畏，唤起人的道德感。在梁宗岱看来，“雄伟”仅仅是指其外在的、形态上的，而“崇高”更侧重内在的、技巧的。梁宗岱又从创作家的角度对“崇高”予以新阐释，认为真正的崇高应是一种美的绝境，相当于我国文艺批评所用的“神”或“绝”，而这“绝”字与其说是对象本身的限制，不如说是我们内心所起的感觉。“高山仰止，景行行止。虽不能至，心向往之”。为此，崇高的一个特征与其说是不可测量或未经测量的，不如说不能与不可企及的。在梁宗岱看来，大海的波动汹涌就不如其宁静莫测更能引起人的崇高感。前者之高是以其态势让人畏惧，而后者之高则是以其神秘震慑灵魂。梁宗岱在《论崇高》一文谈到了形成崇高感受的力：体力，德行之力。他认为，躯体高大、肌肉丰满之人未必有过人的气力，躯体之弱小却有过人的气力更能唤起我们内心的“高”的感受；德行之力，发自高贵和真挚的情感行为的力更与体力无关。在体力和德行之力外还有一种力，“它底中心在智慧深处的。它的元素是观察底深入，理解底透澈，分析底精微和论理底谨严；它底目的是接受者底领会，了悟，和领会与了悟后的诚心悦服。要感受这种力底崇高便不能单靠我们底感官，单靠我们底直觉；我们要运用我们底心灵，一步步循着思想底步骤，智慧的途径，仰之弥高，钻之弥深”。[1] 智慧之力深不可测，蕴藏在心灵深处。梁宗岱认为，达·芬奇也许是这种力的化身。智慧之力运用在艺术创作上：“不是题材之宏大，线条之活跃，色彩之强烈及章法之横肆；而在于一种内在的自由与选择，已达到表现之均衡与集中。何谓自由？从细草幽花至崇山峻岭都可以毫无隔阂，挥洒自如地在笔下活现出来。何谓选择？把繁的削成简的，复杂的削成至要的，使物的本色更为坚固，观者的精神更为集中。一件艺术品应该是想做与能做，能做与应做间一种深切的契合。譬如唱歌，放声的未必动听，拉破嗓子的不一定能动人，而在于抑扬高低皆得其宜——岂止，到该沉默的时候就不能不沉默。只有这样才算是力，只有这样才算是力的实现。”[2]

梁先生这种“力”便是高超的技巧了，不是一般人所能学得了的。

---

[1] 梁宗岱：《梁宗岱文集·评论卷》，中央编译局出版社，2003 年，118 页。

[2] 梁宗岱：《梁宗岱文集·评论卷》，中央编译局出版社，2003 年，119 页。

在上述梁宗岱与朱光潜的争辩中，固然朱光潜的目的是探讨美学类型的共相（寻求共相本身会以牺牲殊相为代价），并力图寻求其存在的生理及心理的依据。理论家的“例证赶不上理论、思想力强于美感”也是一种实情。作为创作家、诗人的梁宗岱对朱光潜的理论阐释提出的质疑，有如下值得思考的方面。1. 对一种审美范畴的理解，没有拘于经典理论家给出的现成结论，这是很需要求真的勇气与求实的学术风范的。2. 在用概念、范畴分析作品时，他更相信自己作为诗人的美感直觉，针对理论家的“例证赶不上理论、思想力强于美感”，尽力做到例证与理论吻合，美感与直觉融一。3. 善于透过事物的外在发现事物的内里，注重事物在人的内心所起的感觉，而非对外物的直观，并注意到审美感受中的辩证因素。比如梁宗岱对贝多芬音乐的分析，认为柔美与崇高并非不相容。4. 梁宗岱的批评追求客观，但在阐释概念、范畴时，也融进了相当的主观臆断，在寻求融会中西文学的审美语境下传统向现代、西方向东方或者东方向西方转型的一种批评实践的可贵尝试。这正如有学者指出的：“梁宗岱在力主理论批评的同时又在其中注入了传统艺术化批评的感悟成分，保护了作品的审美内核与读者阅读经验相契合的潜在‘机心’，这种‘中和’方式，不能说不是对西方诗学中理论‘暴政’进行纠正润滑的可行之径。”[1]

二、诗性体悟

梁宗岱之审美批评并无意去建构一种科学的、客观的概念体系

[1] 姜涛：《论梁宗岱的诗学建构及批评方式》，《宗岱的世界·评说》，广东人民出版社，2003年，第120页。

的诠释，其目的是针对当时诗坛的创作风气：浮浅、空泛、低俗、滥情、学人的惰性与颓唐学风等，要为新诗的发展树立标尺。

梁宗岱在《新诗底纷歧路口》对新诗面临的处境，表现了一个批评家的忧虑，指出旧诗与新诗相比，文字是极精炼纯熟的，但由于陈陈相因已流为腐烂与空洞，失掉新鲜与活力，而新诗极富于新鲜与活力，但它贫乏和粗糙，不宜于表达精微委婉的诗思，不亚于前者的腐烂和空洞。“我们的诗坛仍然充塞着浅薄的内容配上紊乱的形体（或者简直无形体）的自由诗：我们的意志和毅力是那么容易被我们天性中的懒惰与柔懦征服的。”[1] 因此，梁宗岱倡导用诗人的全人格浸润与陶冶，创造一种有生命的诗形式。在该文“论平淡”一节，他引用了胡适一首自称平淡的诗：刚忘了昨儿的梦，又分明看见梦里一笑。胡适先生说：“我受的训练只许我说这平淡的话。朴素有两种：一种是原始的，来自窘乏；另一种却生于过度，从滥用觉悟过来。”[2] 梁宗岱指出：这诗是朴素抑窘乏，简易抑浅陋，平淡抑庸俗？明眼人一看便知。梁宗岱认为：“真正的‘平淡’并非贫血和生命力底缺乏，而是精力弥满到极端，‘返虚入浑’，正如琴弦底匀整微妙的振荡到了顶点时显得寂然不动一样。一个诗人能否达到真正平淡的境界，不仅是年龄和训练问题，还得看他底本质或禀赋：只有丰饶的禀赋才能够有平淡的艺术。枯瘠的沙漠既谈不到浓郁，更谈不到平淡。”[3] 梁宗岱在给诗人徐志摩的信《谈诗》谈到了《诗刊》中一首孙大雨的《决绝》，尽管作者把简约的文字造成绵延不绝的十四行诗，其内容是决绝后的

---

[1] 梁宗岱：《新诗的十字路口》，《宗岱的世界·诗文》，广东人民出版社，2003 年，第 200 页。

[2] 梁宗岱：《论诗》，《宗岱的世界 · 诗文》，广东人民出版社，2003 年，第 207 页。

[3] 梁宗岱：《新诗的十字路口》，《宗岱的世界·诗文》，广东人民出版社，2003 年，第 208 页。

天地变色，山川改容，但读后“我们的心弦连最微弱的震动都没有！我们只看见作者卖气力去描写一个绝望的人心目中的天地，而感不着最纤细的绝望的血脉在诗句里流动！更不消说做到那每个字同时是声是色是义，而这声这色这义同时启示一个境界”。[1] 这正如梁宗岱在《论崇高》中讲到的崇高之表现并非题材之宏大，线条之活跃色彩之强烈，章法之横肆，而是生命与外物间的契合。因此，题材之大小与艺术的价值并非成正比。王维的《辋川集》引领我们进到一个宁静超诣的禅境，陈子昂的《登幽州台歌》令我们真切感到宇宙精神，歌德的《流浪者之夜歌》给我们的心灵震荡不减于贝多芬的交响乐。梁宗岱在《文坛往哪里去——用“什么话”的问题》一文还谈到当时文坛的语言转换，文言虽精思，但也不免晦涩与空洞，白话虽新鲜而又有活力，但浮泛与粗陋。要想真正实现传统工具向现代转换，必须认识到语言与思想相生相长。因为思想的深邃可以精思与慎用语言，反之，语言的精思表达同样也可以有助于头脑思想。因此，梁宗岱认为文艺不单是文字工具与形式的问题，还关系到思想和艺术素养。梁宗岱提出，当前文艺与其降低工具去迁就民众，不如改善工具以提高他们的鉴赏程度。由此可见梁宗岱的精英化审美鉴赏的趣味取向。

梁宗岱推崇崇高，与保罗·瓦雷里、罗曼·罗兰、歌德等人的影响有关，是大师的深沉内敛人格熏染了他的性情，是他用生命去体验大师的神圣作品，无保留的敬，痴迷的爱，直接从他们身上获得深刻的感悟。梁宗岱一生最爱的一首诗是德国作家歌德《流浪者之夜歌》中的《一切的峰顶》：“沉静 / 一切的树尖 / 全不见 / 丝儿风影 / 小鸟们

[1] 梁宗岱：《论诗》，《宗岱的世界 · 诗文》，广东人民出版社，2003 年，第 108 页。

在林间无声。/等着吧：俄顷/你也要安静。”透过梁宗岱翻译的这首诗，我们能感觉到译者灵魂所经受的洗礼。他回忆道：

“我那时住在一个意大利式的旧堡。堡顶照例有一个四面洞辟的阁，原是空着的，居停因为我常常夜里不辞艰苦的攀上去，便索性辟作我底卧室。于是每至夜深人静，我便灭了烛，自己俨然是脚下的群松与众峰的主人翁似的，在上廊上凭栏独立：或细认头上灿烂的星斗，或谛听谷底的松风，瀑布，与天上流云的合奏。每当冥想出神，风声水声流云声皆恍如隔世的时候，这雍穆沉着的歌声便带着一缕光明的凄意在我的心头起伏回荡了。”[1]

正是有了这样身临其境的体验，它才有可能再现大诗人原诗的意境与神韵。梁宗岱对西方审美范畴崇高的诠释，带有相当浓的宗教色彩，这可能与梁宗岱小时候在教会学校读书有关系，因为与金刚怒目、纵横捭阖相比，他更推崇和平静穆以及庄严、肃穆、和谐、恬静之美，因为这种美更能勾人心魄，使人神思飞越，唤起人的崇高感。

梁宗岱还受中国传统艺术的影响。与西方追求绝高的人格不同，中国艺术追求之绝境是靠内心的沉潜来达到与自然为一的和谐、宁静。与朱光潜一样，梁宗岱也特别喜欢陶渊明的诗，梁宗岱是把陶诗译成西方文字的第一人。因此，梁宗岱对西方的崇高审美范畴的阐释偏重于主体的内心体验，而非客观物体形态。中国道家思想对他也有深刻影响。在《象征主义》文中，他超越了人们对象征作为表现手法的理解（如朱光潜对象征下的定义），将之应用于作品整体。他推崇陶渊明、屈原，推崇波德莱尔（Charles Pierre Baudelaire，1821—

[1] 梁宗岱：《谈诗》，《宗岱的世界·诗文》，广东人民出版社，2003年，第166页。

1867）、歌德（Johann Wolfgang von Goethe，1749—1832）、但丁（Dante Alighieri，1265—1321），在这些最上乘的诗作面前，认为“一种超越了灵与肉，梦与醒，生与死，过去与未来的同情的韵律在中间充沛流动着。我们内在的真与外界底真协调了，混合了。我们消失了，但是与万化冥合了。”[1] 这颇得柏拉图讲的美的极境。

20 世纪 90 年代以来，研究梁宗岱学术思想的文章大都集中在他的“象征主义诗论”上，对梁宗岱的审美批评方式、方法以及诗美学较少涉及。清华大学的姜涛从梁宗岱的理论批评实践出发，通过对其文《象征主义》批评策略的辨析，指出梁宗岱是在中西诗学汇通的基础上对象征的误读（正如李长之所说梁宗岱对象征的理解，不是在解读一种文学的手法，而是一种人生观）来建构自我的诗美学理想。夏中义的《梁宗岱：诗论、诗艺及诗性》通过对梁宗岱的诗性人生，追求诗艺化的表达以实现其精神层面的审美期待对梁宗岱的诗性批评作了概括。这些文章都是对梁宗岱的审美批评范式研究的力作。

作为作家兼理论批评家的梁宗岱，他的慎思明辨是建立在诗性体悟上的，力图在西方的客观逻辑论证与中国古代的诗性体悟之间寻找到汇通的途径，他不是刻意、理性的，而是把诗学范畴当作人生价值视野赋予其一种精神期待。他能做到倾其生命地投入，坚定自信。

作者单位：肇庆学院

[1] 梁宗岱：《象征主义》，《宗岱的世界 · 诗文》，广东人民出版社，2003 年第 147 页。

康德"美是道德的象征"在先验体系中的构架性意义

——兼论美学学科的道德形上形态

劳承万

鉴于中国现当代美学发展中出现种种难题与混乱局面，笔者近年着力从美学史的发展线索以及重要经典论著中进行反思，得出两点基本看法。1. 美学学科的基本理论形态只有两种：哲学美学形态（真善美哲学体系中的美学形态），诗性智慧形态（感性—艺术形态）。在这里严肃指出：学科理论形态与应用美学是两个上下不同的层次。2. 哲学美学形态是西方美学形态，其传统形态是认识论美学，即主客体关系美学，但在《判断力批判》中，康德依据道德律之无条件立法（包括对感性世界之立法）提出了"美是道德的象征"的美学新定义与新形态，这扭转了西方美学的传统，开拓了一个全新方向，这是架接中国心性哲学并能从中梳理、建构中国道德形上美学的桥梁。中国原生形态的美学只有诗性智慧型美学，缺少哲学形态的美学。中国现当代美学的基本形态是移植西方的认识论美学。如果"美是道德的象征"是这门学科的新形态，其根基应是体系构架性的，而非分类意识。

一、“美是道德的象征”定义厘析

康德在《判断力批判》（简称第三批判）上卷第二部分“审美判断力的辩证论”第59节，以“论美作为道德性的象征”为标题，庄重地提出了“美是道德的象征”[1]的问题。道德的含义，在康德先验哲学中分两个层次，一是狭义的道德，即一般道德律令，区别于习俗性道德箴言；二是广义的、先验体系中有构架作用的道德。广义道德，是康德的“道德形而上学”或道德神学，是先验哲学体系的皇冠与顶峰。

“美是道德的象征”，在第三批判中由两条线索显现，一是明线：“艺术—崇高—美的理想（道德）”；一是暗线：“形式的合目的性（主观合目的性）”，对接“人是这个世界的最后目的”（道德目的论／道德神学）。明线是艺术美的发展，必然进展至无形式（理念突破形式），这便是崇高。但崇高如果没有主体心意的充实，则是恐怖的自然现象。主体心意的最高层次是人格、道德追求，即美的理想。故“艺术—崇高—理想（道德）”三联式，是“美是道德的象征”的主要线索。暗线却含有异常曲折的妙理，至今是把握先验哲学体系及其美论的难题。

康德说：“建立鉴赏（美学）的真正入门是道义的诸观念的演进（牟宗三译为‘道德规范理念之开发’[2]）和道德情感的培养；只有在感性和道德情感达到一致的场合，真正的鉴赏才能采取一个确定不变的形式。”[3]这段话很少为研究者注意，其实是康德美学的画龙点睛之笔。

---

[1]　康德：《判断力批判》，宗白华译，商务印书馆，1983年，第210页。

[2]　康德：《判断力之批判》，牟宗三译，台湾学生书局，1992年，第428页。

[3]　康德：《判断力批判》，宗白华译，商务印书馆，1983年，第205页。

要义是：1. 提出康德美学的真正入门与其“确定不变的形式”，这是从头贯到尾的形式规定与进路；2. 道德理念开发（A）和道德情感培养（B）相互促进，使感性和道德情感交融一致。其中 A 点是人类历史发展中无穷尽的长河；人之道德理念随着“人是目的”形上境界指向人类自由意志之未来，它没有边界，是“自然向人生成”的历史标志与具体内容。B 点是伴随 A 点而来的必然产物，故康德哲学认识机能的“真—美—善”同构地对应于心意机能的“知—情—意”。情感之地位于中可见。然而这种情感又非生活中的一般情感，而是由“道德理念之开发”，由历史长河中“人是目的”的伟大目标召唤来的情感。但美学、艺术不是理念抽象式，而是直观的感性（康德哲学的真理观），这种感性与道德情感结合为一体，达到一致，才是真正的康德美学。

要判断道德在康德先验理性中地位，要先了解他指称的“人存在的目的因素”。其中有三种原基能力：1. 个体人的属于动物天性的能力；2. 从人性上讲，他是活的个体，又是理性个体；3. 从人格上讲，他是有理性的个体、责任个体，有能力承担罪责。[1] 所言第一点，人是动物个体；第二点，人是理性个体；第三点，人是道德个体。“第一种能力在支配人的行为时，是不需理由的；第二种能力以理由为基础，它是现实的，它仍处在其他一些动机支配之下；第三种能力在支配人的行为时，以理性作为它的根基，它自身是现实的，即具有无条件的立法权。人身上的所有这些能力不仅是（消极或否定的）善（不违反道德法则），而且具有向善的能力（促进对善的服从）。它们是原初的，因为它们属于人本性的潜能。”[2] 这是康德在《宗教哲学》第一

[1]　郑保华主编：《康德文集》，改革出版社，1997 年，第 389 页。

[2]　郑保华主编：《康德文集》，改革出版社，1997 年，第 391—392 页。

部分中所说的话。他把个体的人格结构三分，为下图所示。

这比心理学家马斯洛（Abraham Harold Maslow，1908—1970）的人格五层次结构简明而深刻。康德把道德视作人之最高存在，而理性仅是其根基环节。西方哲人论人，也只有两个定义：“人之所以为人”（人是理性的动物），这是亚里士多德的经典性定义；“人之所以为应当的人”（人是道德的存在物），这是康德的定义。黑格尔说，康德哲学都是“应当”的哲学（见《哲学史讲演录》第四卷论康德部分）。应当，就伦理上说，是人的一种理想；就理论哲学上说，是一种尽理尺度。康德哲学永远是引导人走向最后、最高目标的哲学。在实践理性中，康德把这最后、最高的目标称“圆善”（即德/福一致）。黑格尔说，康德的理论理性没有独立作用，只有实践理性有独立作用。划清这种界限，对理解第三批判乃至整个先验体系，都至关重要。

美学的植根不在表层主客体关系中（认识论之美学），而在于主体人的最高存在——道德存在——之深远意蕴（道德形而上学之美学）。前者康德称作“自在美”（自由美），后者称作“依存美”（附庸美）。

“有两种美，即自由美和附庸美。第一种不以对象的概念为前提，说该对象应该是什么。第二种却以这样的一个概念并以按照这种概念的对象底完满性为前提。第一种唤做此物或彼物（为自身而存在）的美；第二种是作为附属于一个概念的（有条件的美），而归于那些隶属一个特殊目的的概念之下的对象。”[1]

从前者走向后者的总契机是引入概念，并与人的目的系统相联系。引入概念作为前提，并与特殊目的（道德理想）相联系，这是依存美得以形成的根本原因，也是“美是道德的象征”的原因与内在动力。

二、对“美学—目的论”二重结构体系的多种探索路向

在第三批判中，目的论与美学（或道德理念与美学）如何联系，这给哲人带来巨大疑惑。有的说目的论是附录，不重要，只有审美判断力最重要；有的说目的论与美学各不相关；另有人说，道德目的论、道德神学是一切的制高点。

（一）古留加《康德传》的观点

“康德暂且把第二个即中心的组成部分称作目的论——关于目的论的学说。后来目的论让位给美学——关于审美的学说”。“‘主观的合目的性’是审美原则，而不是目的论的原则”。[2] 审美与目的论各不相关。古留加（Арсений Гулыга）的说法出现最早，影响最大。他不从第三批判出发，而是依据 1787 年康德给莱因霍尔德（K.L. Reinhold，1758—1823）的信做出猜想。此说法影响了中国几代美学研究者。他们形成了一种偏见：只读第三批判上卷，下卷谈目的论，是附录，与美学无关，故不必细读。由于无关论的流行堵塞了几代人

[1]　康德：《判断力批判》，商务印书馆，1983 年，第 67 页。

[2]　古留加：《康德传》，商务印书馆，1992 年，第 183、188 页。

的美学视野，把康德美学的真面貌也模糊了，致使“美是道德的象征”的学科新形态被放逐。不过，古留加毕竟是研究康德的权威，他有精深之见。如：“康德的目的论——这并不是神学（沃尔夫式的神学——引者），而且也不是自然科学……他考察的中心仍然是人。只有人才能给自己提出自己的目的，结果便产生了文化世界。康德的目的论发展成为文化说。”[1]文化说仅是目的论（人是这个世界的最后目的）的中途，并未进展至世界终极目的（人之道德存在）。文化说的自然形式包括两大类：一是主体人改造自然物之熟练技巧（实用），二是“自然向人生成”之科学与艺术成就，这是一种自由形式。古留加没有追踪到客观目的论的科学/艺术层面，疏忽了此间的“自由—形式”层次，其实这正是对接“形式的合目的性”（审美）的另一线索之深层原型“原始存在物”。古留加中途停步，失之交臂矣！

另外，古留加还有卓见：康德的愉快不是肉欲愉快，是道德愉快，一种价值感。“康德提出审美问题不是出于对艺术本性的考察，而是出自使自己的哲学体系达到完备的意图。”[2]如能把以上卓见串联起来，深入一步考察：“道德愉快—价值感—目的论—哲学体系的完备意图”，其间蛛丝马迹可使目的论与审美对接起来，但他没做到这点。

（二）阿斯穆斯的观点

阿斯穆斯（В.Ф. Асмус）是苏联康德研究权威。他认为康德目的论和美学之间的关系很难看得出来，“从迄今所说的任何东西中决看不出在康德的目的论和美学（即关于美、崇高和艺术的学说）之间有

[1] 古留加：《康德传》，商务印书馆，1992年，第187页。

[2] 古留加：《康德传》，商务印书馆，1992年，第188、189页。

什么关系，是什么想法使康德把美学的研究包括在研究自然的合目的性判断书中呢？”[1] 看来，目的论与美学之间的联系，绝不是直线式关系，也不包含在传统思想中；如果它们之间存在联系，也必然是一种深沉而曲折的奇妙关系。阿斯穆斯对康德哲学的研究有许多高见。1. 第三批判的中心不是审美判断力，而是目的论，这是阿氏根据康德给莱因霍尔德的信所作结论，认为“康德注意的中心不是审美判断力，而是合目的性的判断力”[2]，这与古留加的观点相反。2. 美学与目的论是如何达到一致的，这是研究中一大难题。“‘关于鉴赏力判断’和‘目的论’一致的思想是怎样和通过什么途径贯穿到康德的意识中去的，这很难说，因为缺乏足够的资料。康德本人也对他的研究引起的结果感到惊奇。他一旦掌握了这个思想，就立即探讨美学并把它包括在批判哲学的体系中。”[3] 阿斯穆斯客观上充分肯定目的论与美学的隐蔽关系，体会到了康德写作中的惊奇感。3.“美是道德的象征”的重要内涵、特征，是超感性的。“康德根据世界和我们能力的起源是超感性的这一思想断言，与感性相关的美的现象，同时是道德、善的标志（即超感性）。后者同样起源于理性的理念。在康德看来，当心灵感受到作为道德上善的标志的美时，就意识到自身中的‘某种凝练和提示，它是高于对感官印象的快乐的感受性之上的’。”[4] 阿斯穆斯在深入研究中觉察到“美—道德、善—超感性”的内在脉动，然而没有在超感性的目的系统做出向后的回溯与反省，即未能与“审美—道德”接连起来。这是一大遗憾。然而，阿斯穆斯说到康德“美是道

[1] 阿斯穆斯：《康德》，北京大学出版社，1987 年，第 329 页。
[2] 阿斯穆斯：《康德》，北京大学出版社，1987 年，第 324 页。
[3] 阿斯穆斯：《康德》，北京大学出版社，1987 年，第 324 页。
[4] 阿斯穆斯：《康德》，北京大学出版社，1987 年，第 344 页。

德的象征”问题时，闪烁出启示性卓见：“在康德美学中，最高水平和最高的作用划给了超感性世界。而令人奇怪的是，康德美学理论中的超感性者的这种作用，在专门文献中（关于康德哲学美学研究的专著——引者）却远远没有弄清楚。”[1]“康德美学理论中的超感性者的这种作用”才是把握康德美学的关键，它与传统美学的感性纠缠大异其趣。

由上可见，阿斯穆斯的康德哲学美学研究相当细致深入，但疑难、问题与解答混合一起，第三批判过于繁奥，他有嗅觉而不见猎物。

（三）牟宗三的观点

牟宗三是研究康德哲学与中国心性哲学相会通的大师，他在第三批判研究中，把“美学—目的论”二重关联结构打得粉碎，以其真善美分别说和合一说取代康德美学，由此殃及第三批判存在的合理性。

牟先生近80岁高龄开始翻译第三批判，历时七年完成，感叹道，“全部批判哲学之义理之最后的谐和统一太深奥”[2]啦。牟氏直言：“试看，‘这枝花是美的’这一美学判断。在这一‘自然之美’之对象中，有什么‘合目的性’存于其中呢？这一审美判断表象有什么‘合目的性’呢？人人见美的花皆有一愉快之感，这愉快之感与康德所说的‘合目的性’有什么关系呢？我百思不得其解……我每看到康德关于美学判断处说合目的性原则时辄感困惑，我找不到它的切义究竟在哪里。我甚至怀疑它在这里根本没有切义。那只是‘上帝存在之物

[1] 阿斯穆斯：《康德》，北京大学出版社，1987年，第343页。

[2] 康德：《判断力之批判》，牟宗三译，台湾学生书局，1992，第5页。

理神学的证明’之滑转与混漫。”[1] 牟先生置超感性与感性的关联问题于不顾，忽略了“美学—目的论”的双线进行、曲折回环的关系。他对“美是道德的象征”也持彻底否定看法。“康德所说的合目的性的原则以及环绕此原则所涉及的一切，以及其最后的目的‘视美为道德的象征’，皆是不相应的‘外离’（内切之反面——引者）之论。”“说‘美’是善之象征，这也只是这么一说而已，并无严格一定性。”[2] 这是全部问题的关键，即康德隐蔽了应该论证的东西。牟先生说得很准确，但画龙之关键仅在点睛而已，康德之妙也在“这么一说”。

由上看来，在康德第三批判中，“美学—目的论”是各不相关的两个极端。此结论出自一代大师的深刻思考，很难令人理解。但是，牟氏有时也显出研究之精深见解。1. 三大批判在《判断力批判》中“会通而归于一”。“判断力是知性与理性之间的一种能力。把美学判断与目的论的判断将摄于判断力中来处理，当然有其全系统中（全部认知机能之完整系统中）的一种深刻入微的洞见或识见。这是一般人很难想到或见到的。但是从判断力处来处理美学判断与目的论的判断是从判断力之什么分际上来作此处理呢？康德的着眼点是在自然之千变万化的种种形态以及此中之种种特殊法则之可以会通而归于一这个分际上……来作处理的。”[3] 从第三批判中抓住“美学—目的论”的二相性结构，看出其会通而归于一之奥妙与趋势，这比以上专家都更有妙悟和卓见。可惜牟氏不耐心去寻求那个会通而归于一的“一”。不过，其结论即在化解这个“一”之中，这对后来人来说，是水到渠成

[1] 康德：《判断力之批判》，牟宗三译，台湾学生书局，1992，第 17 页。

[2] 康德：《判断力之批判》，牟宗三译，台湾学生书局，1992，第 67—70、33 页。

[3] 康德：《判断力之批判》，牟宗三译，台湾学生书局，1992，第 1 页。

之事了！ 2. 康德欲成就一个“人之最后目的——道德神学”的尽理境界。“要想成立一个真正的神学，必须进至道德的目的论，此不能从‘自然’层以立论，必须从‘自由’处立论。道德的目的论完成道德的神学，即完成上帝存在之道德的证明（‘上帝’即先验理性之全知、全能、遍在之绝对性、无条件性，而非鬼神类之上帝——引者）。关于此部，很显明，我们可以儒家‘道德的形上学’衡量之或会通之。中国儒家传统无神学，但有一‘践仁知天’或‘尽心知性知天’之道德的形上学。康德的‘道德的目的论’中之所说，儒家皆可赞同之。关于终极目的（最高目的即最高善或圆善）之所说，儒家尤其赞同。因此，康德依据西方传统，他以道德目的论完成道德的神学，而我们则依据中国传统，以道德的目的论来完成道德的形上学……康德明说只有‘道德的神学’并无‘神学的道德学’”。[1] 上面这段话有三点卓识。一是指明康德“反思判断力”所要追踪的最高、最后境界，是再也无法突破、推进一步的境界，这就是理性形式的尽理境界[2]——即理性绝对境界，又可称为道德神学境界。二是这个道德神学境界由“人是目的”（人是这个世界的最后目的）的推演而来，最后归宿于人之道德存在（人之最高目的、最高存在是道德存在/自由存在），这种最高而尽理的道德存在又称道德神学（而非神学道德）。牟氏披见了“目的论（最高境界）—尽理—道德神学”的三联一体，尤其是把“人是目的”之大智慧归结为“人是道德”，把康德先验哲学最后之和谐统一的牛鼻子抓住了。这离把握康德哲学之会通而归于一不到半步之遥。如果牟先生能在超感性与感性之间寻求那个原始

[1]　康德：《判断力之批判》，牟宗三译，台湾学生书局，1992 年，第 2—3 页。
[2]　牟氏在其《历史哲学》中，把西方人最高而不可穷尽的思维阈限称为尽理境界。

统一，也许会带来一通百通之理。三是牟氏极为推崇康德这个超凡脱俗的道德神学，并以中国儒家的道德形上学比之，成为闪烁在天际间的双星座，其所异者仅是传统不同，其本质则完全一致——“践仁知天”、“尽心知性知天”，与道德神学是一回事。这为康德哲学与中国心性哲学在道德形上学之会通上开拓了通途。这是中西哲学在巅峰上的架接与交汇。

（四）德国现代研究者奥特弗里德·赫费的观点

这位现代德国哲学教授在《康德生平著作与影响》一书谈了康德研究中存在的实际困难和问题，其核心仍是“美学—目的论”二重结构问题，但在他看来，此类问题似已时过境迁了：

“《判断力批判》是一部很难的著作，所以在现代康德讨论中长期被搁置一旁。但是第三批判之所以较少被注意，也是因为它的专业课题（美学——引者）已经失去了意义。美学的研究在哲学中已经变得很稀罕了，目的论的思维在自然科学中几乎已消失殆尽”，“内在的困难处于始于著作的多层次结构。它既有体系性的任务（即三大批判最后融成一体——引者），又有专业性任务（即美学——引者），这两个任务互相交织在一起”。[1]

第三批判二分为“审美判断力判断与目的论判断”，二者之间内在联系的大难题，考验并淘汰了不少研究者。客观地说，第三批判是三大批判中最艰深的著作，其难在何处？从基本原理设计上说，康德设计了两套相互套合的大系统（原理）：1. 构成性（组织性）原理与

[1] 奥特弗里德·赫费：《康德生平著作与影响》，人民出版社，2007年，第241—242页。

范导性（调节性/制约性，牟宗三又译为“轨约性”）原理，第一批判的自下而上程序由构成性原理统辖，自上而下程序由范导原理统辖，第二批判自上而下程序则由构成性原理统辖[1]；2.“规定的判断力与反省的判断力”二大原理的设计。前者给定了普遍，只寻求特殊；后者给定了特殊（自然界的千姿百态），只寻求那会通而归于一的普遍。在康德看来，用“规定的判断力”则可统辖一、二批判，这是简易明了的。从视野上看，它是有向而又有限的，因为它们的普遍已经给定了，只能在上限笼罩下的范围内（有限）转动；而第三批判的“反省判断力”则恰好相反，给定的是自然界千姿百态的特殊，其归一之原理是引向不稳定的无限之中，正如小孩子遥看那天边一样漫无边际……康德在这天边处给出一个目的论来（实体性存在是道德神学），而且又要从超感性中反折回来，面向感性和“形式的合目的性”（审美）接轨。这一着把许多人都弄糊涂了：超感性与感性为何能构成原始的统一？图式与象征为何构成一个感性直观的整体？总之，自然与自由如何架接为一体？等等，这才是康德哲学的最大难题。

在此问题上顺便说说李泽厚的同类观点。他在《批判哲学的批判》中说，“关于前两个《批判》的论著有如汗牛充栋，对比之下，关于第三个《批判》的研究，从理论探索到考证注释都远远不够。其实，这个《批判》对康德哲学体系来说，还是关键所在”。[2] 李泽厚在这里指出此第三批判正是先验体系之关键所在，这亦属卓见。其中必然牵涉到对第三批判中“美学—目的论”结构的真正把握。李泽厚是注重目的论的，但他没有深入去沟通美学与目的论的关系。

---

[1]　黑格尔：《哲学史讲演录》，第四卷，商务印书馆，1983年，第213页。

[2]　李泽厚：《批判哲学的批判》，安徽文艺出版社，1994年，第384页。

赫费（Otfried Höffe，1943—）又说："第三批判不仅完成了通过自然和道德的结合和统一，圆满结束理性批判的体系作用，它还为两个如此相矛盾的领域即以美和崇高、艺术和天才的世界为一方（即统辖于'美学'内），以有机体世界和一切自然的体系统一体为另一方（即统辖于'目的论'中），这两个领域（'美学—目的论'——引者）奠定了先验的基础。"[1] 在这里，赫费是充分肯定在第三批判中"美学—目的论"、"自然—自由"是完满统一的，但他没有追述如何统一，只摆事实，不讲道理。赫费还说道："在合目的性判断中，感性的事实，即自然（A）和自发的设定即自由（即超感性）（B），构成一个原始的统一。"[2] 在合目的判断中，A（自然）+B（自由）构成"原始的统一"，这也是感性与超感性的原始统一。赫费没有深入分析，仅是一个猜测式的结论。如果真能把握住 AB 两个对立面的原始统一，我以为比牟宗三的"会通而归于一"更进一步，可惜赫费的结论仅是一种描述。

以上各家所言，大多围绕"美学—目的论"结构，以及由此结构而连及的"道德目的论—道德神学"、"感性—超感性"等重大问题发表各自的见解，而这些重大问题正是最贴近"美是道德的象征"问题的理论背景的。由于康德第三批判涉及的问题太复杂、难度太大，最后还应听听其同时代哲性诗人歌德的声音，以增强我们研究的信心，明确研究思路。歌德《新哲学的影响》一文说：

"后来我得到一本《判断力批判》，我一生最愉快的时刻都应归功于它。在这本书里我找到了我那些井然有序的极其多种多样的兴趣：

---

[1] 奥特弗里德·赫费：《康德生平著作与影响》，人民出版社，2007 年，第 247 页。

[2] 奥特弗里德·赫费：《康德生平著作与影响》，人民出版社，2007 年，第 243 页。

对艺术作品和自然界作品的解释是按同一方式进行的，审美的和目的论的判断力是相互得到阐明的。”[1]

歌德是诗性哲人和哲性诗人，一身二任，有审美的感性器官，又有透视目的论的超感性器官，所以第三批判的“美学—目的论”二重结构，正好满足了歌德感性与超感性、诗性与哲性的张力需要，让他得到一生最大的愉快。由此足证第三批判中的“美学—目的论”结构是一个丰富而客观的、有机生命的整体。把握康德哲学，不但要靠理性思辨，还要靠情感体验。这是康德研究者的普遍缺失。在歌德的愉快声中，研究者的歧异、争论可销声匿迹了。本文之立足点就在这里：“感性—超感性”、“诗性—哲学”、“美学—目的论”，原来是有机生命的一个整体。

三、“美是道德的象征”在先验哲学体系中的构架性地位和作用

（一）康德在三大批判中设立的两套宏观原理之深义

先验哲学的核心是“先天综合判断”，这是综合经验论与理性论的新平台，它独具先验哲学的超越性，康德由此在第一、二批判中完成了“知识如何可能”（理论理性）与“自由如何可能”（实践理性）两大任务。在这两大批判中，康德的“复调”哲学呈现出来了，除微观的“知识—自由”之具体操作原理外，还从宏观上推出两大原理：构成性原理、范导性原理。在第一批判中，感性—知性形成知识，这

[1]　古留加：《康德传》，商务印书馆，1992年，第206页。

统辖于构成性原理，而理性统辖知识形成（感性—知性），并使之系统化、整体化，这叫范导性原理。在第二批判中，由“道德律令—自由—圆善”三联式构成理性的实践过程，这属于构成性原理（见黑格尔《哲学史讲演录》第四卷论述康德部分）。

在第三批判中，康德的宏观视野又推进一步，在知性—理性之间拈出一个充满心理学色彩的判断力，它与想象力不可分割，并从中区分为决定的判断力（从给定的普遍到特殊，演绎方式之先验化理念化）与反省的判断力（从给定的特殊去寻求能涵盖这类特殊的普遍，归纳方式之生命化与道德神学化）。决定的判断力统辖第一、二批判，反省的判断力留给自身（第三批判）。反省判断力亦可归属范导性原理，层次更高，推向了尽理境界。构成性原理、范导性原理，以及决定的判断力，都属于有向、局限性的原理，而反省的判断力则全异于以上三者，它是无向、无限性的原理（“有向”、“无向”借用牟宗三术语）。三大批判可用无向来统辖有向（兼统辖“构成”、“范导”），使之成为最高原理之统一体。在先验哲学中，这两套居高临下的大律/原理一出台，便宣告三大批判作为一个庞大体系的骨架建构已完成。

反省判断力分为美学判断力和目的论判断力。第三批判的核心是目的论。康德所言三部分哲学，也是“理论哲学—目的论—实践哲学”。[1] 他从未以美学取代过目的论。黑格尔定了调子：“它（判断力的理念）的对象，一方面为美，一方面为有机的生命，而后者是特别的重要”[2]，后来研究者之失落，责任全在自己。康德所设目的论，如上述诸家尤其牟宗三，即认为“目的论—人是目的”为最高境界。故

[1] 康德：《书信百封》，上海人民出版社，1992年，第110页。

[2] 黑格尔：《哲学史讲演录》，第四卷，商务印书馆，1983年，第294页。

"美是道德的象征"的历程，于此有两个方向：1. 自下而上的来源（正向），是目的论；2. 自上而下的投射（反向），是美学（形式合目的）。如图一：

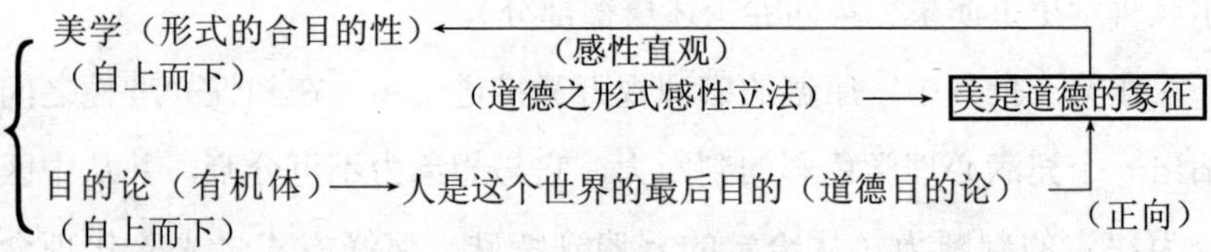

这便是黑格尔说的："于是反思的判断力的这个原则本身，就具有双重的合目的性：形式的合目的性和质料的合目的性。前者是主观的合目的性，后者是客观的、逻辑的合目的性。"[1] 这分明说清楚了：两者的同一性是目的论；所异者是：或主观或客观。在黑格尔看来，合目的性是可以沟通"美学—目的论"的。具体地说，后者只有进展至道德目的论，行使道德之普遍立法权，从而推演出"美是道德的象征"之后，前后两系列才能衔接起来。"美学—目的论"的转折与衔接全在学理中，即在道德论之形上原理中，而不在语言表述层。

批判哲学如果仅止于"目的论—人是目的（道德目的论）"，在行使其普遍立法特权中，置形式感性于不顾，而失落"美是道德的象征"（先验的道德情感）转折环节（与合目的性对接美学），将难以包容特殊中的大千世界千姿百态，而道德也将陷于一个绝对抽象物。黑格尔说，康德哲学就理性伸展来说，是应该的哲学。一旦进展到应该（顶点），它就必须展开自身的普遍立法，以自由统摄自然，以超感性融合感性，以灵明本体彰显感性形式现象，返回直观（康德哲学以直观作

[1]　黑格尔：《哲学史讲演录》，第四卷，商务印书馆，1983年，第298页。

为检验真理的标准)。从道德层面说,达到圆善(德 / 福一致)后,必须落实到人之具体行为(道德之结果),这便是超感性(应该 / 圆善)与感性(具体行为)的原始统一。故道德目的论(超感性)通过"美是道德的象征"(先验道德情感)的转折,反向遥契感性的"形式的合目的性"(美学 / 直观),完成一圆环。由以上分析看,先验哲学体系的最后统一和谐,与美学专业课题的完满完成,二者的结合只能完成于最高视点、最大原理之范导性引线中,舍此没有任何方法。

(二)"审美—目的论"的曲折接合

以上是从两套大律出发的推演。这里将从第三批判中较具体的论述出发,做出同一方向的结论。在第三批判中,康德是分"审美判断力批判"(上卷)和"目的论判断力批判"(下卷)来完成"反省判断力批判"的大任的,是依照同一个大方向而分二路出发的。由审美判断力方向出发,其线索的主要环节是"艺术—崇高—美的理想('美是道德的象征')"。这是一条明线(依"概念—目的"的不断伸延),人人都可理解、把握。康德的思路是由美之分类而突然显豁起来:

有两种美,即自由美和附庸美。第一种不以对象的概念为前提,说该对象应该是什么。第二种却以这样的一个概念并以按照这概念的对象底完满性为前提。第一种叫作此物或彼物(为自在而存在的)美;第二种是作为附属于一个个概念的(有条件的美),而归于那些隶属一个特殊目的的概念之下的对象。[1]

从此段话可以充分看出康德的美学分类意识:1. 自由美(自在美)

[1]　黑格尔:《哲学史讲演录》,第四卷,商务印书馆,1983 年,第 67 页。

即某物之美，无概念渗入；2. 附庸美（依存美）是有条件的美。其“有条件”总括为一（即概念），细分则为二：概念与目的（特殊目的/人是目的）。分类意识建立起来，便有序地进入他的三环节论（艺术—崇高—美之理想：美是道德的象征）。何谓艺术？物之美（自然作品）是此物自身；艺术作品是此物在人之中的表象，天才为艺术制订法则。艺术品皆是有形式的美，崇高却是无形式的美（形式无限扩散，感官难以把握），大自然的崇高若无主体人的心意加入，那仅是一种恐怖，是纯自然现象。主体人的心意，其最高境界（最高存在）是道德，它融合崇高的框架，彰显概念/理念的生命历程而成为美的理想，故曰“美是道德的象征”。这点睛之笔完成，审美判断力的最后目的便终结于此（上卷论述结束）。这条明线是紧依概念（应该是什么）进行的，而按下了特殊目的的伏线。下卷“目的论判断批判”从目的论（自然目的论/有机生命目的论）开始，其主要环节为“目的论—人是目的（人是世界的最后目的）—道德神学”。第三批判反复强调：只有人才有目的，自然界不可能有什么目的，也永远不可能作为世界的最后目的。

康德说：“这个概念（即目的论原理——引者）实在是把理性导致事物的一个体系，完全不同于自然的单纯机械作用这个体系的……在自然产物的可能性的基础上须有一个观念，但是这种观念乃是表象的绝对统一性，而物质的东西是事物的多样性，这个多样性靠它自己是不可能提供组成的一定的统一性的。”[1]

目的论是一种远程观念与体系设计，它克服自然事物的杂多性，导致“表象的绝对统一性”。在三大批判体系中，这个绝对统一性

[1]　康德：《判断力批判》下卷，韦卓民译，商务印书馆，1985年，第26页。

（目的论 / 道德神学）有至高无上的伟大意义，是不可超越的绝对。自然界是没有目的的，“人就是现世上创造的最终目的，因为人乃是世界上唯一无二的存在者，能够形成目的的观念，能够从一大堆有目的形成的东西，借助于他的理性，而构成目的的一个体系的”[1]，“人是创造的最后目的，因为没有人，一连串的、一个从属一个的目的，就没有其完全的根据，而且只有在人里面，只有作为道德律所适用的个体存在者这个人里面，我们才碰见关于目的的无条件立法，所以唯有这种无条件的立法行为是使人有资格来做整个自然在目的论上所从属的最后目的”[2]。这便是牟宗三所称誉康德的道德目的论。这比前面的“人是目的”环节，又向前推进了一步，而最后完善于“道德神学”（理性神学即康德所常言之全知、全能、遍在）。依上所言，目的论线索展开中的主要环节则是“目的论—人是目的—道德目的论—道德神学”。在此线索中，“美是道德的象征”的思想由最后两个环节引出，康德论述这个问题的难以理解处在下卷道德神学的终结论述中，不再照应上卷提出来的“美是道德的象征”。其原因也许是：1. 道德神学已经完全满足了依存美（道德美）的完满性和“应该是什么”，即道德神学完成了美的理想的一切意图和要求，不用再加赘语；2. 由道德神学直接过渡到宗教，而宗教与艺术（审美）的思想方式和发生根源，从类比上说完全一致。康德没有补足以上两点，使人难以领会。专业课题（美学任务）的进一步完成，已让位于三大批判体系的最后和谐与统一：目的论与道德神学。前者作为部件已在后者的整体中。形式的合目的性（美学）已凝聚于道德目的论。下卷终结于“上帝—

[1] 康德：《判断力批判》下卷，韦卓民译，商务印书馆，1985 年，第 89 页。

[2] 康德：《判断力批判》下卷，韦卓民译，商务印书馆，1985 年，第 100 页。

灵魂不朽—自由”的综括性论述，从总体上强化了人是目的和道德神学。这是先验哲学体系的巅峰视野，体系的最后和谐统一。专业课题（美学），则潜伏其中而不再显示，成为毋庸置言之理。把以上明线与伏线（从美学判断力来说是伏线，从目的论判断力来说是明线）摆在一起如图二：

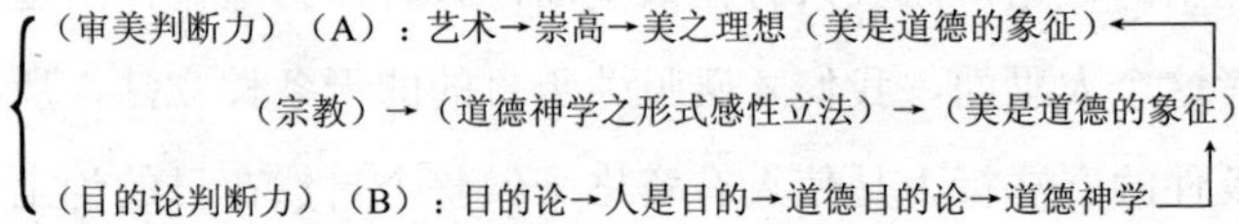

为了深入把握康德的曲折之妙，这里补充图二（B）系列中的一个环节，即古留加看重的“康德的目的论发展成为文化论”。这个文化论环节在图二（B）的位置，从原著第95—98页可以看出，是紧接“人是目的”环节之后。文化论是对峙于幸福论（质料自然）的，故文化论又可对应称为“形式自然”，此中又二分为熟练技巧（实用）与科学／艺术（自由）。于是图一、图二的目的论系列环节，又可以置换为如下图三的模式：

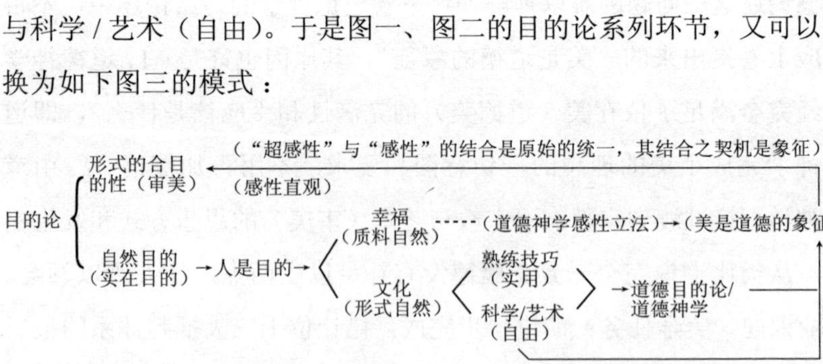

从图三中可以看出，“形式的合目的性”（美学），既可以由图二的A列发生，也可以由图二的B列形成［艺术人（自由）环节形成］。其奥秘全在“超感性—感性”二重结构体的不断融合、互动与共生。

在这里顺便说相关的两个问题。1. 康德第三批判中的“目的论判断力”（下卷），是否是引发于审美四契机中的第三契机（形式的合目的性），如果此论成立，那么下卷的出现则带有偶然性，这是不符合康德实际意图的。2. 康德先验哲学体系中，目的论是否是一贯的思想？我们还是先看看赫费的论述：“在目的概念中的思维也是先验理性批判（第一批判）的一个对整体不可缺少的组成部分。”[1] 康德一贯强调目的论判断的单纯主观性；这种判断在所有的主要著作中都存在。在《判断力批判》中，调节性理念论（即范导性理念）就是受一种绝对完备认识的理性目的约束的。《实践理性批判》的公设论以应得幸福与感到幸福相统一的目的论理念为基础。在法哲学和历史哲学中，康德把永久和平视为历史的最终目的（意义）。然而，康德是在《判断力批判》中才达到他的目的论思想的制高点的。[2] 在这里，赫费强调了两点：1. 目的论观念（理念）是康德的一贯思想，贯穿于他的主要著作中；2. 目的论观念 / 理念在第三批判中才达到思想的制高点。笔者以为这是符合康德实际的。只有明确这个基本思想，才能牢固地把握住“美是道德的象征”在康德哲学中的构架性内涵。据此，“美学—目的论”在第三批判中的沟通线索，大体上是从三个方面进行的：1. 以目的论（人是目的）统辖“主观的（形式的）合目的性（美学）与客观合目的性”；2. 以道德神学的无条件立法与自由立法，把超感性与感性统一起来，展示审美的感性世界；3. 以宗教类比于艺术（审美）。

歌德对第三批判的体验、认识即所谓“对艺术作品和自然界作品

[1] 康德：《纯粹理性批判》（韦卓民译）第 683 页，“先验方法论”中第三章便谈到目的论问题，“我所谓的体系，是指许许多多的知识种类在一个理念之下的统一性……理性的科学概念包含那种全体的目的以及形式”。

[2] 奥特弗里德 · 赫费：《康德生平著作与影响》，人民出版社，2007 年，第 241 页。

的解释，是按同一方式进行的，审美的和目的论的判断力是相互得到阐明的”。这里的“艺术作品—审美的”与“自然界作品—目的论的”两大系列，正对应于图一、图二两大系列。这是诗性与哲性相互阐发与交融，是超感性与感性的原始统一，是先验哲学真理观之大律。“美是道德的象征”的重要含义，除了“道德目的论—道德神学”的境界蕴含外，康德对象征之义也作了相应阐明：“一切的表现作为感性化是在二种场合：或是图式的，知性所把握的概念有着和他照应的先验的直观；或是象征的，那是一个概念，只是理性能思索它，而无任何感性直观和它相应。”[1] 康德在这里突出象征概念的两个相反相成方面，1. 象征和图式同属感性化；2. 象征之感性化是一种“反省上的形式”，不同于图式先验直观（图式统属于知性，象征统辖于理念）。因此，美是“道德目的论—道德神学”超感性的感性化反省上的形式。

席勒（Johann Christoph Friedrich von Schiller，1759—1805）遵循康德“美是道德的象征”法则，提倡“美是自由”，仿佛自由比康德之道德更为超越一层，其实这是席勒的误解，相反，却是对康德美学的倒退。我们国内也有人提“美是自由”（或美是自由的象征），这都是倒退之论。在康德哲学中，“自主和自由”与先验道德情感都包含在道德至善之中。“美是道德的象征”无疑是美学学科的新形态。它区别于西方传统的认识论美学形态，而遥契于中国哲学之美学，它有待于大力开拓，才能呈现出“道德形上学”之美学的真面貌来。

作者单位：湛江师范学院

---

[1]　康德：《判断力批判》，宗白华译，商务印书馆，1983 年，第 199 页。

第三部分

文艺美学的拓展

论风格构成的美学规律

贾益民

歌德说："风格：这是艺术所能企及的最高境界。"[1]

创作过程一结束，所有风格创造的审美定性便全部凝铸进客观实在的艺术作品之中，这样，艺术风格一方面依附于外在的审美感性形态，一方面潜在反映着风格本质的美学要素。这两个方面的相互联系就形成了作品艺术风格构成的美学规律。因此，有必要对艺术风格的外在审美形态和内在美学要素做一番深入的定性考察和静态分析。

一、艺术风格的审美形态

由于风格创造的复杂多因性和独创性特点，使艺术风格的审美感性表现千姿百态、丰富多样。曹丕《典论·论文》根据不同文体的特点将风格审美形态分为雅、理、实、丽四类。陆机《文赋》更进一步，将不同文体的风格形态分为十体，稍后于陆机的挚虞《文章流别论》、李充《翰林论》都按文体分类来考察作品风格的审美形态[2]。刘

---

[1] 歌德：《自然的单纯模仿·作风·风格》，《文学风格论》，王元化译，上海译文出版社，1982年，第3页。

[2] 挚虞《文章流别论》、李充《翰林论》，均已失传，现只存一些断简残篇。

勰《文心雕龙》上编文体论部分，对各种作品的风格形态作了具体探讨和阐述，下编《定势》篇又作了简要概括，将各种体裁作品归为六类，并仿照《典论·论文》体例，对每一大类风格形态，都用两字加以概括，而《体性》篇摆脱了以前按文体划分风格形态的理论束缚，站在新的美学高度把文章风格的审美形态总括为八体："一曰典雅，二曰远奥，三曰精约，四曰显附，五曰繁褥，六曰壮丽，七曰新奇，八曰轻靡。"自然，这种分类仍无法穷尽所有作品风格的审美形态。至唐代，仅仅对诗歌这一语言艺术风格形态划分就有多种：李峤《评诗格》分为形似、质气、情理、直置、雕藻、影带、宛转、飞动、情切、精华等十体；皎然《诗式》则分为高、逸、贞、忠、节、志、气、情、思、德、诫、闲、达、悲、怨、意、力、静、远十九体；司空图《诗品二十四则》将风格归为二十四品，即：雄浑、冲淡、纤秾、沉着、高古、典雅、洗炼、劲健、绮丽、自然、含蓄、豪放、精神、缜密、疏野、清奇、委曲、实境、悲慨、形容、超诣、飘逸、旷达、流动。至宋人严羽《沧浪诗话·诗辨》又归为九类；至清代有：顾翰《补诗品》二十四则，袁枚《续诗品》三十二首，郭麟《词品》十二则，杨夔生《续词品》十二则，黄钺《二十四画品》，许奉思《文品》，魏谦升《二十四赋品》……所有这些分类，不无烦冗、叠床架屋，但从中可以看出人们对艺术风格审美形态的理论探讨与种类区分日益深入、具体和精细，反映了中国文学艺术史上的繁荣局面，也反映了艺术风格审美形态的丰富多样性特点。随着文学艺术史不断发展，即使继续探讨、辨认和区分下去，也无法穷尽有史以来丰富多样的风格审美形态。

另一方面，艺术风格的审美感性形态有具象性特点。具有鲜明风格的艺术作品无不体现着人对现实的审美关系，反映着一定的美的观念和形态，作用于人的审美心理而引起美感效应。“黄河之水天上来，奔流到海不复回”，这夸张的形象描写体现出李白诗作风格飘逸豪放的审美形态。艺术作品具体可感的形象性特点决定了艺术风格审美形态的具象性，这一特点区分了不同作家的风格面貌。因此，前人对风格形态多赋予形象性描述，以把握不同风格形态的审美特征。“观花匪禁，吞吐大荒。由道返气，虚得以狂。天风浪浪，海山苍苍。真力弥满，万象在旁。前招三辰，后引凤凰。晓策六鳌，濯足扶桑。”[1]这是司空图对豪放风格审美特征的具象性概括。姚鼐对阳刚与阴柔两种风格形态审美特征的具象性表述也是这样：“其得于阳与刚之美者，则其文如霆如电，如长风之出谷，如崇山峻崖，如决大川，如奔骐骥……其得于阴与柔之美者，则其文如升初日，如清风，如云，如霞，如烟，如幽林曲涧，如沦，如漾，如珠玉之辉，如鸿鹄之鸣而入寥廓……”[2]这充分说明，艺术风格的审美形态都是形象具体的。当你尚未探寻到作品风格的奥秘时，也许会一时茫然，一旦深入到艺术殿堂，作品风格形态的审美特征就会形象地浮现在你的眼前；有时甚至只可意会而不能言传，但你对风格美的感受却是形象具体的。这往往会随着你对作品认识的加深、美感的强化而逐渐明晰，趋向具象。

二、艺术风格的美学要素及其审美表现

那么，艺术风格丰富多样、具体可感的审美形态又反映着怎样的

---

[1]　司空图：《诗品二十四则》，中华书局，1985年。

[2]　姚鼐：《惜抱轩文集》卷6，《四部丛刊初编》，上海书店，1989年。

美学内核呢？风格形态的美感源泉又是什么？要回答这些问题，就要探讨艺术风格美学要素的各种规定。

严迪昌《文学风格漫说》认为风格美的要素是“音容气度、情思韵致、风姿神采、节奏律动”。[1] 映白《风格论》也指出风格的四大美学要素：“风貌、情致、神采、格调。”[2] 而王之望在《论风格的构成》一文中又总结出风格五个方面的美学要素：情趣、识度、格调、气势、色泽。[3] 这种种规定大同小异，只是风格美学要素的外在感性表现形式，并没有真正把握住概括风格审美本质的美学要素本身。

所谓风格的美学要素，必须在艺术本质上反映出人对现实的审美关系，揭示掌握世界的艺术方式的美学本质。离开这一美学要求就不会找到风格的美学要素。人对现实的审美关系，规定着艺术的美学本质，也规定着艺术风格的美学要素。因此，把握艺术风格的美学要素及其表现，必须从人对现实的审美关系出发，结合艺术创造过程中的创作主客体关系进行深入研究。风格论范畴内的艺术主体指的是作家艺术家的审美个性，艺术客体则有两个方面指向：一是艺术表现对象的审美特征，二是构成作品客观因素的美学特点。风格创造过程中的审美主客体关系有两个方面的有机统一，即艺术主体审美个性与艺术表现对象审美特征的互化统一、艺术主体创作个性与构成作品客观因素美学特征的互化统一。风格的美学要素就形成于这些统一之中。

从艺术主体审美个性与艺术表现对象审美特点的关系来看，反映在风格创造上，就相应提出两方面的美学要求：一是主体个性的客体

---

[1] 严迪昌：《文学风格漫说》，江苏人民出版社，1983 年，第 12 页。

[2] 映白：《风格论》，《新文学论丛》1981 年第 3 期。

[3] 参见王之望：《论风格的构成》，《天津社会科学》1984 年第 2 期。

化要求艺术主体审美个性必须符合艺术表现对象的审美特征，人对现实的这种审美关系便形成艺术风格美学意义上的真；二是客体对象的主体个性化要求艺术表现对象的审美特征必须得到艺术主体审美个性能动的情感反应。这种审美关系规定了艺术风格美学意义上的善。从艺术主体审美个性与构成作品客观因素美学特征相互统一的辩证过程来看，表现在风格创造上，也相应提出两方面的美学要求：一是要求从内容到形式上的艺术美，这种艺术美的要求同时也规定了艺术风格美学意义上的美；二是要求作品构成因素从内容到形式、从形象到技巧诸方面的艺术独创性。这种艺术独创性就形成了艺术风格美学意义上的新。这样，真、善、美、新在艺术作品的整体结构中水乳交融地融为一体，共同规定着作品风格的审美定性，制约着艺术作品的风格力量，形成作品审美功能的源泉，成为作品艺术魅力的基因。所以，它们才是艺术风格真正的美学要素。它们反映出人对现实的审美关系，反映着这一关系（人类掌握世界的艺术方式）的美学特点。

作为艺术风格的美学要素，真、善、美、新的审美表现怎样？我认为，风格的真，表现为审美意趣，反映着作品的审美识度和美学力度，标志着作品的审美认识功能；风格的美，表现为审美情趣，反映着作品的审美情致、格调和情感意蕴，体现着作品的审美情感功能；风格的美，表现为艺术美趣，反映着作品的审美境界、气势、节奏、色调和语言的美，标志着作品的美感功能；风格的新，表现为审美异趣，反映着作品独到的艺术特色，体现着艺术的审美心理功能。

先说风格的真。艺术真实含有两方面的意思：一是要求艺术内容的历史真实性，艺术内容要符合客观生活的历史发展规律；二是要求艺术表现的心理真实性，艺术表现要符合主观的审美心理规律。前者是生活本质的真实，是作品蕴含的生活真理性，它可以帮助鉴赏者从中审视、了解和认识历史或现实生活，因此赋予作品审美识度。艺术内容历史真实性的大小、强弱、深浅和广狭也就决定了作品识度的大小、强弱、深浅和广狭。后者是指艺术联想、想象和幻觉的心理真实，是生活真实在鉴赏者心灵中唤起的艺术逼真感，它以独特的艺术力量敲击着鉴赏者的心扉，是艺术内容历史真实性在鉴赏者心理上诱发出来的情感真实，因此赋予作品审美力度。艺术表现的心理真实性程度也就决定了作品审美力度的大小与强弱。审美识度和审美力度的聚合、融贯，形成艺术作品特有的审美意趣，作用于鉴赏者的审美理智，发挥着作品的审美认识功能。以对现实关系具有深刻理解而著称的巴尔扎克（Honoré de Balzac，1799—1850）在《人间喜剧》中汇集了法国社会，特别是巴黎上流社会的历史。通过这幅广阔生动、淋漓尽致的社会图画，使我们看到了正在上升时期的资产阶级对封建贵族社会日甚一日的猛烈冲击，以及金钱关系的丑陋罪恶。恩格斯从这里所学到的东西，“比从当时所有职业的历史学家、经济学家和统计学家那里学到的全部东西还要多”。因此恩格斯称他是“比过去、现在和未来的一切左拉都要伟大得多的现实主义大师”，取得了“现实主义的最伟大胜利”。[1] 雨果（Victor-Marie Hugo，1802—1885）也认为巴尔扎克的《人间喜剧》不仅有大量的真实、亲切、家常、琐碎、粗鄙，而且撕开现实的帷幕，就“立刻露出最阴沉和最悲壮的理想”，因而称它是一部“高大而又坚固的作品，金岗岩层的雄伟的堆积、纪念碑”。[2] 这种丰富伟大、雄阔宏深的历史风格就充分显示了艺术真实所

---

[1] 《马克思恩格斯选集》，第4卷，人民出版社，1972年，第462—463页。

[2] 雨果：《巴尔扎克葬词》，《文艺理论译丛》，第2册，人民文学出版社，1957年，第42—44页。

唤起的巨大审美识度和审美力度。正是在这个意义上，艺术真实才成为艺术风格必不可少的美学要素之一。被称为中国封建社会百科全书的《红楼梦》，被列宁誉为“俄国革命的一面镜子”的托尔斯泰的伟作乃至以光怪陆离、奇特神妙著称的《西游记》《聊斋志异》等作品，如非直接或间接地深刻反映社会生活的真实或不具有艺术内容的历史真实性和艺术表现的心理真实性，那它们就不会产生诱人的审美意趣，产生巨大的审美识度和审美力度，也就失去了风格美。因此，艺术真实是风格审美构成的最重要的美学要素，艺术家决不可忽视。

次说风格的善。艺术的善是艺术创作所追求的情感原则，既是客观现实作用于人的审美心理所产生的情感状态，也是人的审美心理作用于客观现实的情感反映的产物。这样艺术创作的情感方式与客观现实本身的情感特点是否契合统一，就决定着艺术善的本质，制约着作品的审美情趣、格调和情感意蕴，因而艺术的善也就成为风格构成的美学要素之一，标示着作品的审美情感功能。艺术善的美学要求不仅表现在作家艺术家以独特的情感态度选取题材，评判生活，取舍和表现生活的全过程，而且同时反映着作家艺术家的创作个性乃至人品人格等审美个性因素。当创作主体的审美个性契合于客观现实的事件或景物的审美特征，心境与物境相符，心情与物情交融，就会产生出具有一定的风格、艺术意蕴和审美情趣，作品便表现出独特的风格形态。清乾隆年间寒士孙髯题昆明大观楼的长联，上联的“五百里滇池，奔来眼底。披襟岸帻，喜茫茫空阔无边”，以开阔的胸襟和传神之笔把滇池水波浩荡的图景描绘得极其生动壮观，准确细致地表现了作者内心的喜悦，感情的激荡。“莫辜负四围香稻，万倾晴沙，九夏芙蓉，三春杨柳。”这四时美景，有香有色，诗情画意，令人心旷神怡，流连忘返。在这幅雄浑壮丽、气势磅礴的图景中分明渗透着诗人对边疆锦绣河山的无限热爱，对祖国、家乡、生活的深厚感情，并且蕴含着作者崇高的民族自豪感。下联“数千年往事，注到心头。把酒凌虚，叹滚滚英雄谁在？……”由描写滇池景物转到评述历史，由广袤的空间写到历史长河，思接千古，感慨万端，深沉浓烈，表现了作者雄视上苍，蔑视帝王的叛逆思想：历史上的“滚滚英雄”，为剥削阶级奔波一世，所得到的除珠帘画栋、断碣残碑之外，“只赢得几杵疏钟，半江渔火，两行秋雁，一阵清霜”。这凄风冷雨的气氛描写，形象地表现了作者悲壮的历史意识和意味含蓄的内心感慨。上联意气豪迈、气势雄伟的审美格调和下联格调沉郁、苍劲凄凉的审美氛围形成鲜明的艺术对比，使全联产生一种隽永深长的审美情趣。在这里，景生情，情入景，情景交融，物我化一，产生出独特的审美情趣和艺术格调，实现了艺术善的美学要求，达到艺术所要企及的最高境界——风格美。正是在此意义上，艺术的善才成为艺术风格必不可少的美学要素之一。自然，风格善的内涵十分广阔。有的作品，如雨果的《巴黎圣母院》和《悲惨世界》，着力于善恶对比，在善与恶的矛盾斗争中肯定善的美、揭露恶的丑，从中显示独特的审美情趣；有的作品，如鲁迅的《祝福》《药》等，则致力于把人生有价值的东西撕破给人看，表现善的理想的扭曲、变形与破灭，显示出悲慨的风格美；有的作品如果戈理（Nikolai Vasilievich Gogol，1809—1852）的《钦差大臣》，我国当代讽刺喜剧《白卷先生》《枫叶红了的时候》等，却将善掩藏起来，以审美方式全力展示恶的丑面目，让世人鞭挞笞钺，这种对恶一览无余的展现也是善的一种烛照。因此，作品风格的构成也具有艺术善的美学要素。有鉴于此，作家艺术家就应倡导高尚的审美格调，以善美挞伐邪恶，创造具有高度审美价值的风格情趣，陶冶和铸造世人之魂灵。

再说风格的美。艺术美是以真和善为基础的。如果说艺术的真和善决定风格审美定性的内容，那么，风格的美就是指真和善相统一所形成的艺术内在美与外在美的融合。这种融合一般表现为艺术作品的境界美、气势美、节奏美、色调美和语言美，形成独特的艺术美趣，诱发鉴赏者审美心理的美感效应。王国维《人间词话》写道："词以境界为最上。有境界则自成高格，自有名句。"这种境界有"有我之境"，有"无我之境"，但只要境界"必合乎自然"，"亦必邻于理想"，即合乎真，邻于善，就能独标一格。所以无论是虚构之境，还是写实之境，"其材料必取之于自然，而其构造亦必从自然之法则"，"写真景物真感情者"，就会获得艺术境界，洋溢着艺术美趣。从古典诗词的创作实践看，凡风格大家也无不于境界、气势、节奏、色调、语言技巧等方面下功夫，所以古往千百年，高格佳作，如海如林；其言情绪，沁人心脾；写景者，豁人耳目；既有"大江流日夜""长河落日圆"的壮观景象，又有"杨柳岸，晓风残月""杜鹃声里斜阳暮"的脉脉悠情；"红杏枝头春意闹""云破月来花弄影""春风又绿江南岸"，一"闹"、一"弄"、一"绿"而境界全出，美味无穷。像艺术创作中的曲径通幽，烘云托月，象外之意，弦外之音，韵外之致，神余言外，欲擒故纵，节奏律动，以少总多，收万于一，取一孕万等艺术手法都具有娱人耳目的审美趣味，都是风格创造的艺术手段。艺术家调动各种各样的艺术手段，创造审美境界，就显出其风格美的特点。

此外，风格的美作为艺术家独特的审美趣味和艺术手段的物化形态，以我观物，物无不着我之色彩，无不反映着一定阶段、时代的生活气息、节奏和色调。就我国新时期的文学来看，最初的伤痕文学多反映十年“动乱”的不幸，因而感情压抑，色调灰暗，节奏缓慢，所以作品风格大都悲凉沉郁；继之而起的反思文学，多是对不幸历史的理性思考，以及对人类生存方式的审美探讨，因而作品大都具有冷峻深沉的理性风采；随着变革时代的发展，改革文学呼啸而出，大刀阔斧、轰轰烈烈的变革生活反映在文学中，形成了明快的主导色调、昂扬豪迈的气势和铿锵雄越的节奏，鼓舞人民奋发进取的开拓精神。这种种风格的美就反映了不同历史条件下作家不同的精神世界和美学要求。同时也说明，作品境界、气势、节奏、色调、语言技巧等审美趣味的聚合融贯，制约着作品风格的审美定性，在这里，艺术的美也就成了风格必不可少的美学要素。

最后说风格的新。艺术的真、善、美作为风格的美学要素，是风格审美定性的基础。但仅有真、善、美还不能构成艺术风格完整的审美定性。真善美只有统一于艺术的新，才能展示作品风格的全貌，即艺术的真善美必具有新的规定性，才能见出独特的风格。艺术创造是独创性精神劳动。艺术生命贵在创新。正如南朝梁人萧子显所云：“若无新变，不能代雄。”[1]这早被古今中外艺术创作与理论的实践历史所证明。凡大家之作，莫不独具其新。古人多倡“文不按古，匠心独妙”[2]，“文章必自名一家，然后可以传不朽”[3]，“意匠如神变化生，笔端有力任纵横。须教自我胸中去，切忌随人脚后行”[4]。由于作者皆不落窠臼，时出新意，自成一家，故名篇佳作，经久千古，其文犹新。

[1]　袁枚：《随园诗话》卷 7，人民文学出版社，1960 年。

[2]　王士源：《孟浩然集序》，《孟浩然集》，商务印书馆，1933 年。

[3]　魏庆之：《诗人玉屑》卷 5，上海古籍出版社，1978 年。

[4]　戴复古：《石屏诗集》卷 7，《四部丛刊续编》，商务印书馆，1922 年。

这都充分说明艺术的新是风格美学要素中起决定性作用的要素。

具体说来，风格的新表现为艺术形象或审美意境的独特性和丰富性，情节结构发展和情感表现方式的奇异性和多变性，题材和主题的新颖性和奇特性，表现手法的独创性和语言运用的新巧性，即表现为艺术意趣、艺术情趣、艺术美趣以及三种审美趣味融汇化一的独异性。这种艺术独异性就构成风格美学要素新，在作品中形成新奇的审美异趣，满足人们本能的好奇心，诱导鉴赏者对作品艺术本质的审美把握，实现艺术的美学目的。英人艾迪生就这样说过："凡是新的不平常的东西都能在想象中引起一种乐趣，因为这种东西使心灵感到一种愉快的惊奇，满足它的好奇心，使它得到原来不曾有过的一种观念。……这就是这个因素使一个怪物也显得有迷人的魔力，使自然的缺陷也能引起我们的快感。也就是这个因素要求事物应变化多采。"[1]故风格创造，必刻意求新，方能自成一体，雄持文坛一隅。这要求艺术家不仅"落笔无古人"，而且不要拘己一文章，应在自成一家风格基础上，"天工人巧日争新"，力求个人创作风格的娴熟、丰富和发展。

由此可见，艺术的真、善、美、新是作品风格四个最基本、也是最重要的美学要素。它们的有机综合、辩证统一成为风格美学本质的内在根据和创造基因。对风格四要素及其审美表现的定性分析，只是在理论范畴内才有可能给予相对的抽象处理，在具体的艺术作品中，它们是水乳交融不可分离的。如舍其一，就会引起作品风格的自身质变，损害作品的审美特性，破坏其美学力量。所以，对风格美学要素的定性分析和抽象考察，决不可做形而上的理解。

---

[1] 艾迪生：《论洛克的巧智的定义》，《西方美学家论美和美感》，商务印书馆，1980年，第97页。

以上我们从艺术作品的美学分析中考察了作品风格构成的美学规律，从而进一步把握艺术风格的审美形态特点及美学要素对艺术风格审美价值和美学力度的规定，认识凝铸于作品的风格定性及其作用于审美实践的美学契机和艺术诱因。但是，还应该指出，作品风格的审美形态与美学要素之间存在着不可分割的美学关系：作为艺术风格美学要素的真、善、美、新，必须存在于一定的审美形态之中，即只有通过一定的审美形态才能表现其内在的风格力量，而一定的审美形态也必须依附于一定的美学要素，表现艺术作品风格力量的美学内核。总之，艺术风格的审美形态与美学内核有一个辩证统一关系。这是探讨作品风格的构成规律应该注意的一个美学论题。

作者单位：暨南大学

风格演变与艺术史的心理学思考

陶东风

风格作为艺术作品的总体特征，用格式塔心理学的术语说是整体的格式塔质，综合内容与形式诸种因素，因此从风格入手比从思想情感、体裁类型、语言特色、技巧演变等因素入手更能准确地把握艺术史的发展脉络。近代以来，西方出现了许多从心理学角度研究风格演变的艺术史杰作，如沃林格（Wilhelm Worringer，1881—1965）《抽象与移情》、沃尔夫林（Heinrich Wolfflin，1864—1945）《艺术史原理》、冈布里奇（Ernst Hans Josef Gombrich，1909—2001）《艺术与幻觉》等，总结这些尝试，并建立一种风格研究心理学方法，对于推进文学史、艺术史的研究将是极有意义的。

一、风格与心理类型

风格（style）一词常常带有表达思想的模式（mode）、类型（type）的含义。[1] 当某人或某部作品的风格特征很突出，也就变成了一种特殊类型。如果说文学艺术是人类审美心理的符号表达，那么

[1] 参见 *Webster's Third New International Dictionary*, Merriam-Webster INC., 1986。

风格与心理类型的关系是非常密切的。但这里的心理类型不是一个十分严格的心理学概念，更没有巴甫洛夫（Иван Петрович Павлов，1849—1936）学说那种生理学色彩，而带有模糊性和描述性。曹丕在《典论·论文》说的“文以气为主，气之清浊有体，不可力强而致”，虽涉及刘勰《文心雕龙·体性》说的作家个性气质特征往往表现为文学风格，所以有“贾生俊发，故文洁而体清，长卿傲诞，故理多而辞溢”等，所谓“气之清浊”、“俊发”、“傲诞”都是界定不明的。不过从科学意义上说的“含糊、界定不明”，从艺术的角度看可能倒是更为准确的。如果把作家硬往几个抽象的心理类型框框里塞，就糟蹋了我们的研究对象，把最复杂的东西简单化了。

如果把心理类型研究扩展到艺术史，我们不但要确定艺术家的心理类型，而且要描述各时代艺术所表现该时代的审美心理类型，否则就很难称之为艺术史研究。这时，我们所谈论的就是时代心理类型了，它是一个时代感受方式、情绪类型、个性特征等的高度综合。阅读古代文学作品，我们感到《诗经》的时代表现了一种明朗、活泼、单纯的感受方式和情绪个性类型，犹如情窦初开的少女，天真烂漫；而汉魏乐府所代表的则是深浑、雄壮、悲愁的感受类型和情绪类型，犹如饱尝人生艰辛和无常的成年男子，豪迈而慷慨。这类对于一个时代心理特征的感受和描述，尽管不免笼统，但这种宏观把握，作为微观研究的基础，还是很有必要的，此处也归入我说的心理类型研究。

把心理类型运用于艺术史的研究，还应当把它与对人性的哲学分析结合起来，使之获得一种更高的制高点。事实上，如果着眼于心理类型与各时代人类艺术创造的关系，那么仅靠心理学上对于心理类型的界定是绝对不够的，心理类型不过是历史地变化着的人类心理特征的总结，而人类心理的演变总是折射出人性的演变，具有深刻的哲学意味，因而哲学研究的参与也是必需的。席勒和尼采就是从人性的角度考察心理类型及其与艺术史的关系的。在《审美教育书简》中，席勒区别了古希腊时代的人和近代人在心理类型、思维类型上的差别，认为：前者"把想象的青春性与理性的成年性结合在一种完美的人格里"[1]，他们的感觉和思维是和谐的，而近代人却因近代文明而产生了感性与理性的分裂、知解力和想象力的分级，人成了不完整的人。由于古代人"感觉和理智，接受的能力和主动的能力"[2]还没有分离，因此古代的诗人满足于素朴的自然和感觉，从而产生了以摹仿自然为特征的艺术以及现实主义的创作方法。相反，现代人因为失去了感觉和理智及人与自然的和谐，因而他们的诗只能在主观上向往人与自然的统一，从而产生了以表现理想为特征的诗和浪漫主义的创作方法。浪漫主义与现实主义既是创作方法，又是风格，都是历史的范畴。

重要的是席勒从心理结构的差异入手对古代和现代人心理类型的分析既是心理学的，更是美学的，因为他从人的感性与理性的关系着眼来观察心理学与艺术史问题，并且以自己的人性理想表达了人如何达到感受性与理性和谐统一的完美境界的人类学课题，这种方法是很值得我们借鉴的。我们在研究文学史、艺术史时，着眼于哲学分析、社会学分析，则显得空泛；而着眼于心理学分析又嫌琐屑，关键的一点就是没有掌握好哲学方法与心理学方法结合的问题。

席勒后的尼采也是用心理类型分析法来研究艺术的历史风格的。

---

[1] 席勒：《审美教育书简》，冯至等译，北京大学出版社，1985 年。

[2] 席勒：《论素朴的诗与感伤的诗》，《古典文艺理论译丛》第二辑，人民文学出版社，1961 年。

他提出了酒神精神与日神精神两个范畴来区别两种艺术精神和艺术风格。日神精神是一种梦一般的心理状态，是美的外观幻象；酒神精神则是情绪的极度放纵，是醉的心理状态，是喜怒交织的癫狂。尼采认为，日神与酒神的二元性以及它的发展是艺术风格演变（即艺术史）的内在要素。据此他划分了希腊艺术的四个阶段：A. 在日神和酒神的彼此衔接的不断新生中相互提高的艺术；B. 从青铜时代开始，日神精神占支配地位，产生了日神精神的典型代表——荷马史诗；C. 酒神精神压倒日神精神；D. 日神精神的重新胜利——多立克艺术。[1]

除了宽泛地运用心理类型概念来把握艺术史的风格演变，我把心理类型分析法与哲学、人类学分析法加以综合之外，当然也可以运用较严格心理学意义上的心理类型理论。这方面的先行者是心理学大师荣格。荣格的心理类型理论（内倾型、外倾型等）是他整个心理学的重要内容，由此出发，他对席勒和尼采的观点做了新解释。他认为：素朴的诗人是外倾型的，倾向于与物体（对象）的一致，从心理功能上说，这类诗人感觉占优势；而感伤的诗人则是内倾型的，倾向于主观世界，直觉占优势。感觉紧扣对象，与对象合一，直觉则脱离对象，以主观直觉和无意识支配并重造对象。这也就是说，艺术史上现实主义诗人及风格从心理类型上说是外倾型的，而浪漫主义诗人及风格是内倾型的。这样，荣格就将席勒的艺术史和风格理论进一步向心理学的严格形态靠拢了。他还考察了艺术史家沃林格的抽象与移情理论，认为情感的移入是外倾型的态度；而抽象则是内倾型的态度。

荣格还把内倾外倾理论用于分析文学艺术史上的大诗人、大艺术

[1] 参见尼采：《悲剧的诞生》，周国平译，三联书店，1986年。

家及其风格特征，他认为席勒是冲突型的心理类型。诗人席勒是内倾型的，但作为哲学家是思维型的，综合起来则是内倾—思维型。作为内倾作家，他的心理常处于类型冲突（typical conflict）中。荣格所提供分析作家心理类型的方法，是从作家对所描写原型之关系来判断其心理类型的。他将歌德与斯宾特勒（Spitteler）均以普罗米修斯为原型的文学创作进行比较，指出歌德笔下的普罗米修斯忠实于神话原型，把他写成忠实于心灵的内倾型人物，而斯宾特勒对普罗米修斯原型进行了极大改造。由此，荣格提出了划分判定作家心理类型的依据：忠实于对象原型的是外倾型作家，倾向于对原型的模仿；而改造原型强调主观情感真实的则是内倾型作家。[1] 从以上介绍可见：荣格深受席勒等的影响，他所说内倾型外倾型非常接近于艺术史上的浪漫主义、现实主义风格，就像是为这两种风格找的心理学依据。我以为在接受荣格遗产时，应注意把心理学概念灵活、变通应用于艺术风格研究。其中一个要点就是要丰富心理类型的复杂性。按荣格的心理类型理论，除内倾、外倾以外还有各种交错、重合、嫁接等复杂情况。比如一般认为："在外倾态势中，心灵能（力比多）被输导纳入有关客观外部世界的种种象征之中，而且，心灵能将自身投入有关对象、人、动物以及其它环境事件的种种知觉、思想和情感之中。在内倾态势中，力比多流向种种主观的心灵结构及机能。外倾态势是客观的态势；而内倾态势则是主观的态势。"但"一种态势比另一种占据优势是一个程度问题。一个人或多或少地是外倾型人或者是内倾型人，他并非完全是外倾型人，或者完全是内倾型人"。[2] 荣格对席勒的类型冲

[1] 参见荣格：《心理类型学》，英文版，伦敦，1933 年。

[2] 参见霍尔著：《荣格心理学纲要》，黄河文艺出版社，1987 年，第 100—101 页。

突分析，就注意到了这个问题。实际上，伟大的艺术家都是十分复杂的人，不可能正好符合某个类型。比如李白既有大量内倾型的、以情感抒发为风格的诗作，也有不少外倾型的、细致描写客观世界的作品。

二、艺术史·审美心理结构·感觉方式

《韦氏辞典》在解释“风格”时，有一条释为：“文学作品的外形，它关系到与内容不同的关于表达的模式或形式。”这就是说，风格属于形式范畴，一部作品的风格特征不是取决于它所表现的内容，而是取决于将人的经验加以审美地塑造和表达的形式结构。但作品的符号结构形式是外形式，它还有一个存在于艺术家心里的内形式，或者叫艺术家审美心理结构（这个提法有些笼统，详下）。这种结构相对于具体的艺术作品而言是先在的，它的外化形成作品的外形式；但相对于人类活动、人类的社会文化环境而言，它又是历史地形成、变化的。因此，在这种内形式与历史上的艺术风格之间，有一种相当密切的内在联系，是许多杰出的艺术史家所努力揭示的艺术规律。

艺术史家沃林格可谓开风气之先。在著名的《抽象与移情》一书，他认为：艺术史研究必须揭示时代艺术风格样式的特征，从此追溯主宰这种风格样式的艺术意志，以及主宰这种艺术意志的世界感。介于风格与世界感之间的“艺术意志”是一个核心概念，甚至“艺术史就是艺术意志的发展史”。沃林格说，所谓艺术意志是“一种潜在的内心要求”，也即是“形式意志”、“形式冲动”。而形式冲动就是使

内心的情感、经验适合某形式生成的心理需要，因此它与我们所说的“内形式、审美的心理结构”是本质上相通的。在此基础上，他把形式意志分为抽象冲动与移情冲动。“移情冲动是以人与外在世界的那种圆满的、具有泛神论色彩的关系为条件的，而抽象冲动则是人由外在世界引起的巨大内心不安的产物。”这两种形式冲动在艺术史中就体现为抽象风格与移情风格的二极运动，古希腊艺术是移情风格的代表，古代东方艺术和晚期罗马艺术则是抽象风格的楷模。[1]

按沃林格艺术史研究的心理学思想和方法，世界感（即一般的人类生存状态、精神状态）决定艺术意志和形式冲动，而艺术意志（形式冲动）则决定艺术风格。这是与我们所说历史地形成的人类社会文化环境决定人类审美心理结构或内形式，而这种心理结构和内形式又决定各时代艺术风格这一观点是基本一致的。这样研究艺术风格和艺术史的一个最明显优点是可以避免艺术史的他律论与自律论的片面性。他律论的文学艺术史观认为：社会、经济、政治等外在因素直接、不经中介地决定文学艺术的本质及其发展，忽视了文学艺术内形式与外形式的中介作用。事实上，艺术反映外在世界，外在世界作用于艺术，都必须先经过艺术家的审美心理结构的整合、范铸才会成为艺术作品的风格特征。忽视这一点，就必然导致机械的反映论和决定论，当代中国文学史研究基本上都不免此病。与他律论对立的自律论以结构主义为代表，则走另一个极端，认为文学史就是“新形式辩证地自生”的历史。他们的所谓形式是指文学作品的可见形式，如叙事模式之类，而不是艺术家的审美心理结构。这样把社会、文化、人类

[1]　参见沃林格：《抽象与移情》，辽宁人民出版社，1987年。

心理都排除出去的形式的“辩证自生”是不可思议的。

内形式或审美心理结构的提法似乎还应进一步具体化，用更加切近艺术创作和艺术形式心理的词来替代“心理结构”。在沃尔夫林看来，这个更恰当的词就是“观察方式”。沃尔夫林《艺术史原理》（又译为“艺术风格学”）这部研究风格问题的专著认为，不同时代的艺术风格是不同时代观察方式的产物。这种观察方式是“一种充满生气的理解力”，它有自身内在的历史，并经历了许多阶段，相应地产生艺术史上各种变化着的风格，它们可划分为五对基本的对应风格：线描的和图绘的；平面的和纵深的；封闭的与开放的；多样性的统一性与同一性的形式；清晰性与模糊性。这五对风格分别是两种基本观察方式——文艺复兴方式与巴洛克方式的产物。例如，文艺复兴时期绘画的风格是线描的，因为那时观看通过线条进行，而印象主义、伦勃朗、威尼斯画派以及巴洛克、洛可可艺术则是图绘的，因为此类艺术观看方式是块面的、触觉的。但是，观察方式（又称观看方式、视觉方式）对于文学、音乐等艺术门类不适用。沃尔夫林（还有艺术史家冈布里奇）之所以独标观看方式、视觉图式，因为他们所说的艺术史特指绘画史。我们把审美心理结构具体化，不是照搬观看方式，而是根据各门艺术自身的特征（尤其是它和心理的关系）来确定。

观察方式还可用以解决种族风格、时代风格、个体风格及其相互间的关系。沃尔夫林认为：在各民族艺术历史中，有着从线描发展到图绘的大致相同的历程，但由于不同民族的“视觉态度、想象力类型图式”不同，会显出同中之异。如日耳曼民族虽同样经历了从抽象、线描的到图绘、具体、写实的历程，但它一开始就比南方民族更强烈地对图绘的刺激做出反应并更快发展到图绘阶段。因此，“建立一个民族的想象力类型的图式”，这不失为一种十分有效的、避免简单化的艺术史研究方法。至于民族风格、时代风格与个体风格的关系，“个人风格必须加上流派、地区、种族的风格”，同民族的共同感觉基础，是使个体风格差异显示出民族、时代共同性的养分力量，而艺术史正是要“系统地研究形式的民族心理”[1]。我以为，从心理学角度看，民族风格是以一个民族的审美心理、感觉方式为基础的。它的历史积淀性决定了它既是历史的又是超历史的，民族风格的稳定性是相对的，它的历史变化性则是绝对的，各个时代的特殊风格总是在一定程度上改变着民族风格并给予它以新血液。个体风格也如此，它的特殊性总是反映了民族和时代共同性，而又不消融于这种共同性之中。

在我国，强调艺术的感觉方式具有极大的革命意义。它是对于新中国成立后只强调文学的主题、题材、反映内容而不重视艺术发展的真正要素——感觉方式的一个反叛，也是对于近几年出现的“审美心理结构”这一模糊、笼统概念的精确化，使之更接近于艺术思维的本质。因为审美心理结构往往会使人想起意志、情感、理性、知觉等各种心理因素，而忽视艺术思维中的关键因素——融合了情感的感知觉。我以为，感觉方式的发展是艺术史的真正轨迹。真正新时代的文学是提供了新的艺术感受方式而不是仅仅反映了新生活、描写了新人物、表现了新主题的文学。李商隐比杜荀鹤、皮日休更早，但他的风格却更接近于新的时代——宋，因为他已经用新的感受方式——宋词的感受方式在创作（尽管还是用诗的形式）。北岛、舒婷的诗，尽

[1] 参见沃尔夫林：《艺术史原理》，辽宁人民出版社，1987年。

管写于粉碎“四人帮”之前，不属于政治意义上的新时期，但它们却属于艺术的新时期，因为它们提供了一种全新的艺术感觉方式。在小说中，新的感觉方式出现得较晚，我以为是以《你别无选择》《无主题变奏》等一批作品为标志。这是不同于流行的文学史、艺术史分期标准的。

作者单位：北京师范大学

从破体为文看古人审美的价值取向

吴承学

中国古代的文体相当繁多。大体而言，有诗、文、骚、赋、乐府、骈文、词、曲、小说等。对于众多的文体，古人并非平等对待，在他们的观念中，文体有正变、雅俗、高下之分。例如关于文体的正变，明代吴讷在《文章辨体·凡例》中说得很清楚："四六为古文之变，律赋为古赋之变，律诗杂体为古诗之变，词曲为古乐府之变。"而《文章辨体》内集收正体、外集收变体，内外有别。吕祖谦《文章关键》、真德秀《文章正宗》凡变体诗文，皆摈于集外。姚铉的《唐文粹》："赋惟取古体而四六之文不录，诗歌亦惟取古体而五七言近体不录。"（《四库提要·总集》）这反映出选家们颇为普遍的心态。

就以几种常见的文体而论，诗、文与词、曲相较，诗文品位较高，词曲则被视为旁门变体。胡应麟《诗薮·内篇》云："四言不得不变而五言，古风不得不变而近体，势也，亦时也。然诗至于格，已属俳优，况小词艳曲乎？"《四库全书总目·集部五十一词典类》云："词曲二体在文章、技艺之间，厥品颇卑，作者弗贵，特才华之士以绮语相高耳。"一方面，词曲与诗文相较，"厥品颇卑"；另一方面，诗歌内部各种诗体也有雅俗正变高下之分。这种观念由来已久。魏晋六朝就有四言五言优劣之分：

“雅音之韵，四言为正，其余虽备曲折之体，而非音之正也。”“五言者……于俳谐倡乐多用之。”（挚虞《文章流别论》）

“若夫四言正体，则雅润为本，五言流调，则清丽居宗。”（《文心雕龙·明诗》）

事实上六朝人普遍喜爱五言诗，而四言已是“世罕习焉”（《诗品序》）但在正统的文学观念中，四言诗源于《诗经》，从宗经的观念出发，自然是正体，而五言诗则是汉代以后才形成的诗体，不如四言古雅，只能称为“流调”。七言更是等而下之。到唐代李白还说：“兴寄深微，五言不如四言，七言又其靡也。”（孟棨《本事诗》引）

唐代律诗形成后，便有古体与近体优劣之分。皎然十分重视声律，但已说“律家之流，拘而多忌，失于自然，吾常所病也。”（《文镜秘府论·南卷》引）元稹说：“律体卑痹，格力不扬。”（《上令狐相公启》）古人这种文体正变高下观念，我们的文学批评史研究者往往对此做出简单否定的结论。我以为对古人首先需要的是理解而后才是评判。文体正变高下观念，反映了中国传统文化所积淀的审美理想，这就是推崇正宗的、古典的、高雅的、朴素的、自然的艺术形式，相对轻视时俗、流变、繁复、华丽、拘忌过多的艺术形式。对于这种传统审美理想，这里不准备漫加褒贬，本文的目的是研究这种审美理想对于文学创作和文学批评的制约和影响的奇特现象。

传统的文学创作与批评十分重视辨体。各种文体经过长期历史发展，已形成自己相对独立和稳定的艺术特征和总体风貌，古人称“体”、“体制”、“体格”等。《文镜秘府论·论体》：“词人之作也，先看文之大体。”张戒说：“论诗当以文体为先，警策为后。”（《岁寒堂诗话》）先体制而后工拙是传统文学批评的一条普遍原则。然而宋以后，破体为文成为一种风气：以文为赋，以文为四六，以文为诗，以诗为词，以古为律等在在可见。于是出现了一条破体为文的原则——尽管没有人公然标举。这一原则和文体正变高下观念大有关系：在创作近体时可参借古体，而古体却不宜借用近体；比较华丽的文体可借用古朴文体，古朴文体不宜融入华丽文体；骈体可兼散体，散体文不可带骈气。更具体地说，以文为诗胜于以诗为文，以诗为词胜于以词为诗，以古为律胜于以律为古……了解了这个原则，对我们了解宋以后诗文创作和批评很有益处。下面结合几种破体为文的实例加以阐述。

一、“以诗为词”与“以词为诗”

在文学批评中，对以诗为词评价不一，有褒有贬；然而对以词为诗却一致否定，评价较低。这种微妙的差异显示两者不同的地位。

在宋代，苏轼和秦观分别被视为以诗为词和以词为诗的代表，《王直方诗话》：“东坡曾以所作小词示无咎文潜曰：‘何如少游？’二人皆对云：‘少游诗如小词，先生小词似诗。’”当着老师面称其小词似诗，以情理按之，不大可能是贬词，起码在师徒间观念里是如此。秦观的词是本色派代表，《后山诗话》谓“退之以文为诗，子瞻以诗为词，如教坊雷大使之舞，虽极天下之工，要非本色。今代词手，惟秦七、黄九耳，唐诸人不迨也”。夏敬观《淮海词跋》：“少游则纯乎词人之词也。”其词妍丽俊逸，境界凄婉，情辞俱佳。而其诗风颇类词风。《后山诗话》引《世语》云“秦少游诗如词”，可见当时公论。

以词为诗的特点是妩媚而婉弱。宋人敖陶孙《臞翁诗评》谓“秦少游如时女步春，终伤婉弱”。苏轼说秦观诗可入“小石调”。（宋汤衡《张紫微雅词序》）据燕南芝庵《唱论》：“小石唱旖旎妩媚。”黄彻《巩溪诗话》卷三评秦观诗“儿女情多，风云气少”。而元好问把他与韩愈相比，干脆称之为“女郎诗”。（《论诗绝句》）这当然不是个好名称。以其《游鉴湖》诗为例：

“画舫珠帘出缭墙，天风吹到芰荷乡。水光入座杯盘莹，花气侵人笑语香。翡翠侧身窥绿酒，蜻蜓偷眼避红妆。葡萄力缓单衣怯，始信湖中五月凉。”

妍丽香软，伤于婉弱，评为风云气少，并不过分。可见秦观以词为诗在艺术上并不成功。自秦观以后，似乎没有其他诗人尝试以词为诗的方法，这也反映出在古人的观念中以词为诗，此路不通。

黄庭坚《小山词序》称赞晏几道“独戏弄于乐府之余，而寓以诗人之句法，清壮顿挫，能动摇人心”，“可谓狭邪之大雅、豪士之鼓吹，其合者《高唐》《洛神》之流，其下者岂减《桃叶》《团扇》者！”晏几道写词，“寓以诗人之句法”，使词雅化。当然这还不能称之以诗为词，因为晏几道只是在极有限的形式中渗透诗的句法，与苏东坡的以诗为词自是不同。而以唐诗入词，宋人贺铸、周邦彦都乐于此道。叶梦得《贺铸传》记贺铸自“常言：吾笔端驱使李商隐、温庭筠，常奔命不暇”。王铚《默记》卷下亦云：“贺方回遍读唐人遗集，取其意以为诗词。”陈振孙《直斋书录解题》卷二十一云：《清真词》“多用唐人诗隐括入律，浑然天成”。刘克庄《题刘叔安感秋八词》：“美成颇偷古句，温、李诸人，困于挦撦。”他们融化唐诗，使字面典雅，和东坡的以诗为词本质不同。

苏轼以诗为词虽受到一些批评，视为非本色，但却是以词为诗所不能相比的。苏词突破了词为艳科的传统，把言志和抒情结合起来。

刘辰翁说："词至东坡，倾荡磊落，如诗如文，如天地奇观。"（《辛稼轩词序》）提高了词的品位、格调和地位，开拓了词的表现范围，扩大了词境，凡是诗文可以表现的，都可以在词中表现。刘熙载《艺概》卷四说："东坡词颇似老杜诗，以其无意不可入，无事不可言也。"尽管不少人批评苏轼以诗为词，但一个事实不容忽视：苏轼之后，有许多人继承其传统，形成阵营颇壮的流派。这与秦观以词为诗的命运显然不同。而诗人在后代的命运，是由人们普遍的审美趣味决定的。

其实不仅豪放派以诗为词，就是格律派的代表如姜夔也有以诗入词的倾向。苏轼以诗为词，扩大了词的题材，使它走出花间樽前，从而提高词的意格。而姜夔以诗法为词，以江西诗派的瘦硬爽健风格和表现手法融入于词，改造晚唐以来温、韦、柳、周靡曼软媚之词风，从而形成飘逸清空骚雅的词境。《乐府指迷》说："姜白石清劲知音，亦未免有生硬处。"冯煦《宋六十家词选例言》："读姜词者，必欲求下手处，则自俗处能雅，滑处能涩始。"所谓清劲、生硬、雅、涩等美学特征正是江西派的精神。夏承焘《论姜白石词》说白石词"意境格局都和北宋词人不同，其生硬刻至之笔，分明出于江西诗法"。姜白石的创作也是以诗入词成功的例子。但批评家对白石以诗为词比对东坡要宽容得多。这大概因为姜词注重音律，词的本色较多之故。

为什么文学史上除秦观之外，几乎没有人运用以词为诗的方法，而秦观又是一个失败的例子呢？为什么以诗为词能蔚然成风，并得到许多批评家的赞同呢？这就是文体正变高下的传统观念在起作用。诗壮词媚，诗正词变，故诗体高于词体。以词入诗，诗变软媚；以诗为词，词转刚劲。田同之《西圃词说》：

魏塘曹学士云："词之为体如美人，而诗则壮士也；如春华，而诗则秋实也，如夭桃繁杏，而诗则劲松贞柏也。"罕譬最为明快。然词中亦有壮士，苏辛也；亦有秋实，黄陆也；亦有劲松贞柏，岳鹏举、文文山也。选词者，兼收并采，斯为大观，若专尚柔媚，岂劲松贞柏反不如夭桃繁杏乎？（《词话丛编》）

"词之为体如美人，而诗则壮士也。"苏辛以诗入词，是"词中壮士"，而秦观以词入诗，则为"女郎诗"。以女郎诗与壮士词相比，同样非本色，人们宁愿要后者。这与中国传统美学理想重阳刚之气大概也有关系。清代查礼说："词不同乎诗而后佳，词不离乎诗方能雅。"（《铜鼓书堂词话》）更明确把词的诗化作为提高词格调的一种原则。

二、以古入律和以律入古

古诗是相对于律诗而言的，泛指乐府、歌行和古体诗。以古入律就是在律诗中用古诗句法，打破格律对偶的规范，使之有古意；而以律入古就是在古诗运用合乎格律的律句或体制。两者相较，古人明确提出以古入律的审美价值高于以律入古。李东阳《怀麓堂诗话》云："古诗与律诗不同体，必各用其体，乃为合格，然律犹可间出古意，古不可涉律。古涉律调如谢灵运'池塘生春草'，'红药当阶翻'，虽一时传诵，固已移于流俗而不自觉。若孟浩然'一杯还一曲，不觉夕阳沉'，杜子美'独树花发自分明'，'春渚日落梦相牵'，李太白'鹦鹉西飞陇山去，芳洲之树何青青'，崔颢'黄鹤一去不复返，白云千载空悠悠'。乃律中间古，要自不厌也。"

胡震亨《唐音癸签》卷三引王弇州语："古乐府、选体、歌行，有可入律者，有不可入律者，句法字法皆然。唯近体必不可入古耳。”为什么古可入律而律不可入古？李东阳、胡震亨语焉不详。王世懋则稍做解释：“以古诗为律诗，其律自高”，“以律诗为古诗，其格易卑”。古诗品位高，故提高律诗的格调；律诗品位低于古诗，故降低了古诗的格调。其道理颇似高度酒与低度酒互相调配。沈德潜也解释：

乐府中不宜杂古诗体，恐散朴也。作古诗正须得乐府意。古诗中不宜杂律诗体，恐凝滞也。作律诗正须得古风格。与写篆、八分不得入楷法，写楷书宜入篆、八分同意。（《说诗晬语》卷下）

王寿昌与沈德潜一样，以书法作比，说明作诗“可以古体入律诗，不可以律诗入古体”（《小清华园诗谈》卷二）。因为律诗在音律、字句等方面有严格规定，拘忌较多，古诗更富于曲折顿挫奔放排奡，表达更为自由。因此沈德潜认为以律入古之弊在凝滞，即束缚了古诗，失去质朴自然之趣。以古入律反能提高律诗的意格风骨，开拓其气度章法，增加其浑然古朴之美。

古涉律调就失去浑然古朴之气，所以传统文学批评对此几乎全是贬词。如贺贻孙《诗筏》提出，“夫古诗可截作律诗，非古诗之至者也”，并举王昌龄《别刘谞》一诗为例，说中间四十字“是一首绝好五言律”，但作为古诗，“便减价数倍”。又如许学夷《诗源辨体》批评“初唐七言古，句皆入律，此承六朝余弊，钱、刘七言古诗亦多入律，此是风气渐漓也”（卷二十），又说“乐天五言古，语既率易，中复用律句，是厥体中所短……学乐天者最宜慎之”（卷二十八）。

再看以古为律。崔颢《黄鹤楼诗》是律中间古的典型诗例。许印芳说：“此篇乃变体律诗，前半是古体诗，以古笔为律诗，盛唐人有此格。”（《瀛奎律髓汇评》卷一引）诗前四句：“昔人已乘黄鹤去，此地空余黄鹤楼。黄鹤一去不复返，白云千载空悠悠。”“黄鹤”二字重复三次，在标准律诗是不允许的；颔联不顾平仄，也不成对。然而此诗历来颇受青睐。严羽甚至说：“唐人七言律，当以《黄鹤楼》为第一。”（《沧浪诗话》）因为此诗以古入律，有高远飘逸之美。

唐人的律诗创作，颇有以古入律的，如盛唐高适、岑参的五言律，杜甫的七言律。杜甫更有意识地创制拗体，运用古诗句法气势入律，打破原来律句的固定形式，历来对高适、岑参、杜甫以古入律之作评价较高。许学夷评说：“盛唐高、岑五言，子美七言，以古入律，虽是变风，然气象风格自胜。”（《诗源辨体》卷二十）刘熙载《艺概·诗概》：“少陵以前，律诗枝枝节节为文，气断意促，前后或不相管摄，实由古体未深耳。少陵深于古体，运古于律，所以开阖变化，施无不宜。”后代不少诗家有意以古入律，以求奇气。宋人写诗往往故意不对，或故意对得不工，因为他们认为对偶太工则失于巧。宋人是主张宁拙勿巧的。明人写律诗也喜欢以古入律，如徐祯卿就喜欢摹拟孟浩然通首不对偶的律诗，以追求高古之气格。这种风气颇能说明问题。

三、“以文为诗”与“以诗为文”

以文为诗、以诗为文的情况和以上所述稍有不同。诗与文两者并无正变高下之分。但相较而言，文实用性较强，适于叙述、说理、议论，范围较广，诗则偏重抒情。所谓文以载道，诗以抒情。在形式上文更为自由、流畅、平易，而诗因受句式、押韵的限制，诗体重含蓄、凝练、典雅。宋人把韩愈与杜甫分别当作以文为诗和以诗为文的代表：

“诗文各有体，韩以文为诗，杜以诗为文，故不工尔。”（《后山诗话》引黄庭坚语）

“韩以文为诗，杜以诗为文，世传以为戏。”（《扪虱新话》上集卷一）

可见，在宋代这种说法几同熟语，从传统的文体风格学眼光看，杜诗韩文是诗体文体的典型，杜文韩诗却不本色，不值得推崇。然而在大多数批评家眼里，韩诗与杜文不能等量齐观，实质上也透露出以文为诗高于以诗为文的内在标准。刘辰翁《须溪集》卷六《赵仲仁诗序》：

“文人兼诗，诗不兼文。杜虽诗翁，散语可见，唯韩苏倾竭变化，如雷霆河汉，可惊可快，必无复可憾者，盖以其文人之诗也。”

韩苏之诗胜于杜甫之文，文人之诗高于诗人之文。文人可兼做诗人，诗人不得兼做文人，这也涉及以文为诗和以诗为文的优劣问题。

所谓“以文为诗”，就是以古文的章法、句法入诗，以议论入诗，扩展了诗的表现手法和表现范围，提高了诗的格调。如以文为诗，杜甫已有此倾向。刘熙载《艺概》说：“杜陵五古叙事，节次波澜，离合断续，从《史记》得来，而苍莽雄直之气，亦逼近之。”这是从其表现手法而言的。宋人称杜甫诗为诗史，则是从其表现内容着眼的。以史为诗，也是以文为诗的一种。韩愈的七言古诗，以文为诗的倾向最明显。《昭昧詹言》卷十一论七古诗：“观韩、欧、苏三家，章法剪裁，纯以古文之法行之，所以独有千古。”其七言古诗的成就来自于以文为诗。唐初的七言古诗受声律影响，宛转流丽，但风骨不高，韩愈以其擅长和推崇的散体古文的气格、章法、字句融入古诗，使其风骨端翔，气韵高古，与唐初七言古相较，别具一种风味。如《山石》诗，就把写游记的古文体用来写诗，故方东树谓此诗："只是一篇游记，而叙写简妙，犹是古文手笔。"（《昭昧詹言》）又如《琴操》十首，朱彝尊评曰："果非《诗》《骚》，微近乐府，大抵稍涉散文气。昌黎以文为诗，是用独绝。"（《韩昌黎诗系年集释》卷十一引）也把以文为诗作为韩愈的独创性与成就。可见韩愈所代表以文为诗的表现方法，固然受到批评，但也有颇为赞赏者。宋代以后，以文为诗蔚然成风。像严羽所批评的宋人以文字为诗，以议论为诗，以才学为诗，便是如此。历来对宋诗褒贬不一，与对以文为诗的不同评价大有关系。新中国成立以后，我们对宋诗的整体研究流于肤浅与简单化，后来干脆下了宋人"不懂形象思维"的断语，更使人望宋诗而却步。以文为诗对宋人的影响是多方面的，宋诗之所以有自己的风神面目，不沿袭唐人的格调气象，究其主要原因，不能不提到以文为诗。以文为诗故重理致、尚深刻、求平淡、崇学力。唐宋诗的风采各异。如果说唐诗就像唐人最喜爱的牡丹一样高华壮丽，宋诗则如宋人最推崇的梅花一样脱弃凡俗格高韵远。黄庭坚教人"作诗使《史》《汉》间全语，为有气骨"（《王直方诗话》）。这是主张以文入诗。而黄庭坚的诗还往往融入古文的气势章法。如其七律《登快阁》：

"痴儿了却公家事，快阁东西倚晚晴。落木千山天远大，澄江一道月分明。朱弦已为佳人绝，青眼聊因美酒横。万里归船弄长笛，此心吾与白鸥盟。"

方东树评这首律诗："此所谓寓单行之气于排偶之中者。"后世批评家常以此为山谷的律诗代表作。唐人律诗以风华壮丽音调和谐为美，而黄庭坚把古文的气势风骨摄入律诗中，一首短诗，如长河般气势磅礴，又有顿挫起伏，曲折盘旋，气格高古。中间的对句毫无骈偶之气，细看却颇为工整，是以古文入律诗的成功例子。

陈后山谓杜甫“以诗为文”，历来未见任何阐发。杜文不如杜诗，可成定论。杜文的特点是生拙艰涩，像古诗。在宋代，欧苏掀起第二次古文运动，古文崇尚平易流畅，文从字顺。杜文古拙艰涩，自然评品不高，也许在这意义上宋人才谓杜甫以诗为文吧。杜甫的以诗为文与韩愈以文为诗相比，在文学批评上的地位要低得多。诗歌选本少不了韩诗，而向来的文选尚不见有杜文在其中，这似能说明问题。

古人的散文和现代的文学性散文不一致，它主要是实用性文体，以记叙议论说理载道为主。其中有些文体如游记等，也颇有写得充满诗意的，却不能形成以诗为文的创作风尚和方法，理论上尚无人提倡以诗为文。晚明小品独抒性灵，清新工巧，富有诗情画意，似乎可称以诗为文的作品，但在正统文学批评看来，晚明小品过于小巧，只能算旁门而非正宗散文。这也反映出以诗为文在人们心目中的地位。

作者单位：复旦大学

接受美学与中国古代文论研究

樊宝英

20世纪60年代由德国学者尧斯（Hans Robert Jauss，1920—）和伊瑟尔（Wolfgang Iser，1926—2007）创立的接受美学，主张从读者的视野来研究文学，给西方文学研究带来了新的生机，在不到20年时间里，东进西渐，迅速成为一种世界性的美学大潮。从历史的流变过程来看，以接受美学为参照系对中国古代文论有关接受过程的研究，大体经历了三个阶段：

1. 移植阶段。其时间大致为20世纪80年代初到80年代中期，广泛而深入地介绍和翻译西方接受美学的各种流派及理论。1983年12月张黎在《文学评论》上发表了《关于“接受美学”的笔记》，1984年9月又在《百科知识》撰写了《接受美学——一种新兴的文学研究方法》，二文较早系统地介绍了西德、东德和苏联接受美学产生、发展的状况及有关理论主张。1984年3月《读书》也刊载了张隆溪《仁者见仁，智者见智——关于阐释学与接受美学·现代西方文论略览》，介绍了阐释派的发展、尧斯和伊瑟尔的理论以及费希（Stanley Fish）的读者反映批评，粗线条地勾勒出现代西方文论重视读者的理论倾向。1985年7月章国锋在《光明日报》撰写了《国外一种新兴的文艺理论——接受美学》，该文着重介绍了西德尧斯和伊瑟尔的接受美学理论。与这种主观性阐释的同时，一些学者对西方接受美学进行了理论文本的翻译。1983 年 6 月冯汉津在《国外社会科学著作提要》中翻译了意大利梅雷加利（Franco Meregalli）《论文学接受》；1985 年 1 月孙津在《江苏美学通讯》译出佛克马（D.W. Fokkema）和蚁布思（E. Kunne-Ibsch）合写的《对文学的接受：接受美学的理论与实践》。1985 年 1 月《文艺理论研究》刊载了罗弟伦译介的西德格林（Max von der Grün）的《接受美学简介》。1987 年辽宁人民出版社出版了尧斯和霍拉勃《接受美学与接受理论》，该书展示了接受美学产生、发展、影响的过程，探讨了接受美学的基本理论和基本方法，其论述全面精辟，使我们对接受美学获得了总体的认识。后来，中国人民大学又出版了伊瑟尔《审美过程》一书，三联书店出版了刘小枫选编《接受美学译文集》，四川文艺出版社出版了张廷琛主编的《接受美学》。至此，接受美学的翻译工作得以全面展开。西方接受美学在中国的评述和译介为中国古代文论研究者提供了一个理论基础，设置了新的理论视角。

2. 尝试阶段。大致为 20 世纪 80 年代中期到 90 年代初期。随着西方接受美学在中国的不断移入，当代文论的研究者们也初步以西方接受美学来对古代文论做尝试性的审视与研究。1986 年第五期《四川师范大学学报》刊发了董运庭《中国古典美学的“玩味”说与西方接受美学》，作者从作品存在、作者认识与读者作用三个方面探讨了玩味说所涵容的接受美学意蕴，颇有启迪意义。张小元则在 1988 年第一期《文艺研究》上撰写了《从接受的视角看意境》，认为文学作品中的意境并不是一种自在的稳固的存在，只有当它成为接受者艺术意识的对象时，它才真正存在着。据此，他把意境分为两部分：文本中的意境即意境结构、读者的意境即意境状态。前者具有多层次性、暗示性，是具有召唤结构等待读者积极参与的潜意境；后者是读者由意境结构而创造的，是读者审美心灵中的境界。二者只有通过读者的妙悟直觉才能真正成为审美意境。他把读者机制引入意境，并视为意境的一个重要组成部分，深入了意境理论的研究。1986年12月至1988年6月，加拿大籍华人叶嘉莹在《光明日报》发表了《从现象学到境界说》《张惠言与王国维对美学客体之两种不同类型的诠释》《"比兴"之说与"诗可以兴"》《三种境界与接受美学》《文本之依据与感发之本质》等系列论文。后来由岳麓书社在1992年结集为《中国词学的现代观》。作者主要用西方阐释学和接受美学的理论来反观中国传统词学理论，发现二者之间有某些暗合之处，认为接受美学主张一切作品均有待于读者完成，否则便毫无生趣。王国维以"众芳芜秽美人迟暮之感"来说李璟的《山花子》词，又以"三种境界"来说晏欧诸人小词，透过读者感发，给作品赋予新鲜的生趣。这是与接受美学理论暗合之处。由于中西文化历史背景不同，如何接受和反应，以及如何对之做出诠释等方面，也有极大差别。叶嘉莹把它概括为西方重有心的设计与安排，侧重理性的成分，中国重自然的感动和兴发，侧重感性的成分。叶嘉莹借用西方文论来探讨、反思中国传统文论，试图借此为中国传统文论在世界文化的大坐标中找到合适的位置，其努力是显而易见的。1989年4月巴蜀书社出版了张思齐《中国接受美学导论》。该书在挖掘中国古代文献的基础上，试图运用比较文学的方式寻找中国古代文论与西方接受美学相通的东西。虽然在论述中对接受理论的理解未必正确，比较中西理论似乎有些牵强，但他以接受理论来审视中国古代文论，其探索精神是可贵的。1989年8月上海人民出版社出版了朱立元《接受美学》，作者意在吸收、综合接受美学各派的合理因素和独创成果，结合中国文学、美学现状，从读者接受切入，对相关重要问题做出与传统美学不同的思考和回答，初步建立了一个有内在逻辑联系的、相对独立和完整的接受美学理论框架。其中将中国古代文论的空白理论与西方接受美学进行了比较，并应用到接受美学体系建构中。这一尝试是成功的。邓新华在1990年第一期《江汉论坛》撰写《“品味”论与接受美学的异同观》，则把品味作为中国特有的鉴赏理论和接受方式，集中探讨了品味在作者、作品、读者所隐含的接受美学意蕴，从文化学角度说明了中西接受美学思想的不同。程地宇先后在《探索》1990年第六期和1991年第四期发表《空纳万境，白多余韵》和《文之本体与道之本相》，较系统论述了艺术作品的空白性特征，认为追求空白是中国古典艺术一种特质，具有格式塔完形审美心理效应，颇类于伊瑟尔的召唤结构。作者进而探讨了中国古代美学空白论与接受美学空白论的哲学基础，显示了其文化意蕴的差异。

3. 系统探讨阶段。20世纪90年代以后，随着接受美学在中国的不断深入发展，人们以接受美学为参照系对中国古代文论的研究，视野更加开阔，更趋向整体化、系统化。笔者与殷杰在1992年第三期《华中师范大学学报》合写的《中国诗论的接受意蕴》，从作品审美特性、读者接受过程、读者审美期待视野的培育三个方面，系统论述了中国古代诗学的接受美学特色。1992年第六期《文学遗产》和1993年第一期《学术研究》分别刊载孙立《“诗无达诂”论》和《“诗无达诂”与中国古代学术史的关系》两篇文章，实则亦是讨论读者的接受思想。前篇从逻辑角度，认为“诗无达诂”作为中国阅读活动的普遍命题，其产生的原因在于文学作品具有“片言可以明百意”的开放性结构，在于读者见仁见智的积极参与和创造。后篇则从历史角度，通过“诗无达诂”与中国古代学术史的关系，展示了读者意识的流变史。1993年2月龙协涛在《文学评论》上发表了《中西读解理论的历史嬗变与特点》。同年8月由台湾时报文化出版企业有限公司结集为《文学读解与美的创造》一书。作者通过对西方文学批评方法嬗变的分析，认为文学读解理论经历了作者中心论、作品中心论和读者中心论三个阶段。在这一视野下，该书从作品的虚灵性、读者的地位与作用、创作论与接受论合流三个方面审视了中国古代文论的读解思想，认为中国传统的审美理论虽然没有“接受美学”这一字眼，但是体现接受美学基本精神的思想材料却十分丰富，并且有着自己的特色。

之后，1994年第一期《北京大学学报》发表了紫地《中国古代的文学鉴赏接受论》，该文从“兴、逆志、入情、味、悟、各以情遇”等接受命题入手，阐述了中国古代鉴赏接受理论的历史流变，总结出中国古代文学鉴赏重整体感受轻逻辑分析、创作论与接受论合流、强调读者参与创造的特征。唐德胜在1994年第二期《广东社会科学》上撰文《中国古代文论与接受美学》，亦从接受美学的角度分析了中国古代文论的接受思想特征，并从文化学角度阐述了古代文论重视读者接受的深层原因。1994年第二期《文艺理论研究》发表普慧《试论中国古代文学批评中的解释学思想》，文章从文献解释学的兴起、主体参与的意图解释、解释者与文本的时空距离、文本的随机性与解释的再创造性等方面，论述了古代文学批评中读者意识的强烈萌动。

从共时横向展开来看，以接受美学视野审视中国古代文论，体现在三方面：

1. 从作品的角度而言，中国古代诗文的空白性、虚灵性在客观上决定了读者积极介入。针对中国古代诗文的这些特点，董运庭把它视为“味外味”，叶嘉莹把它视为“幽深要眇”，程地宇把它称为“空纳万境，白多余韵”。中国古代文学艺术特别讲究以小见大，以少总多，以简驭繁，以无胜有，追求若有若无、空灵淡远的审美风格。这种空白和简化的特性作为文学作品的内在结构，可谓幽深绵缈，难以穷尽，具有多层性、未定性的特征。它为读者进行再创造提供了“卧以游之”的审美空间，诱发读者思之有余，久而更新。这与西方接受美学所提出的召唤结构有相通性。金元浦在1995年《东方丛刊》上撰写《空白与未定性：中国诗学的内在精蕴》，认为古代艺术中的意义空白与未定性，作为中国诗文化的内在精蕴，具有中国文学精神的全息性，关涉作品文本论，又关涉读者接受论。就文本看，是言与意、虚与实、显与隐、形与神的矛盾对立运动，是感兴的起端、虚实的转换、含蓄的寓意、曲致的妙着。就读者接受而言，是对兴会的引导，对体味的召唤，对顿悟的企待和对兴象的营造。由于中西文化背景、思想基础、审美视角不同，中国传统审美经验的空白论和西方接受美学的空白论又不尽相同。程地宇和张道葵分别在《文之本体与道之本相》和《空白与接受》，给予了精细的阐说。他们认为，西方接受美学的空白论是关于艺术本体论的一种现象学—阐释学的理论，而中国古代艺术的空白论则是一种宇宙本体论，是关于世界本质之道的艺术引申。所以，空白被抽象到哲理高度，它是氤氲邈远、生息流动、变化无端、蕴意无穷的宇宙意识。西方接受美学的空白论所引发的具体化只是阐释性活动，透过阐释达到对作品意义的把握；中国古代艺术的空白论则诱发审美态度，它不像西方接受美学那样靠形式推理、理性认知来把握世界，而是以直接感悟的方式去认识宇宙之精神，从而达到物我两忘的境界。西方接受美学中的空白并不能构成审美对象，不具有稳定的审美价值，而中国艺术的空白因与一定的意境相联系，本身就构成审美对象，并获得某种价值。所以，空是心灵的自由境界，它能吐纳万象，破有限为无限，形成圆融意象。

2. 从作者角度而言，中国古代文论是一种泛接受美学，其中作者、作品、读者三位一体。中国古代文论家通常不脱离作者和读者的关系来孤立地考察作品。西方接受美学因把着重点转移到读者的审美接受活动，矫枉过正，把对文学作品的生成忽略了。中国古代文论的接受思想在注重作品审美接受时，还探讨诗作生成与审美接受的关系，关注读者接受对作家及创作过程的反馈，显示了中国古代文化的特色。笔者在1996年第四期《华中师范大学学报》上发表《论中国古代诗人的读者意识》，认为中国古代作家特别重视读者、渴求知音，空白意识、创新意识和真实意识共同构成了中国古代文论的接受美学特色。张思齐《中国接受美学导论》也认为整个文学接受过程是作者—作品—读者相互影响、相互联系的过程。作者企盼读者，有一种“作者难，知音尤难”的知音意识。在这方面，中国古代文论强调重其人，逆其志，邓新华《“品味”论与接受美学的异同观》对此做了精辟论述。

3. 从读者角度而言，中国古代文论也像西方接受美学那样，非常重视读者的地位和作用，强调读者在文学接受过程中的参与意识和创造意识。“音为知者珍，书为识者传”，“书亦国华，玩绎方美”。中国古代文论家认为文学作品的审美效有赖于读者去生成，文学作品的良莠也必待读者去品鉴。这与接受美学所畅言的“作品的意义只有在阅读过程中才能产生”异曲同工。叶嘉莹《中国词学的现代观》反复论述了王国维以三种境界说解晏欧诸人之小词，其意在证明读者对文本的接受是通过想象而形成的创造性背离。紫地和龙协涛分别在《中国古代的文学鉴赏接受论》和《中西读解理论的历史嬗变与特色》中，就中国古代文论的诸多命题，如“兴”、“悟”、“味”、“自得”以及“作者不必然，读者何必不然”等给予新阐释，旨在表明审美接受是读者通过想象，积极与作者共同参与创造的活动，要求读者按照自己的审美视野来重构文学作品的内涵。1996年第五期笔者在《文史哲》上撰写了《中国诗论“入出”说的审美接受意蕴》，认为入出说是中国诗论对审美接受活动的独特概括。所谓“入”就是读者设身处地地进入诗作中，再现其境，体验其情，深观其意，其审美机制在于求同。具体表现为：“瞻言见貌”、“披文入情”、“得意忘言”。所谓“出”就是读者在体验诗作的基础上，还应保持自己的思维活动，通过想象和审美期待视野，对诗作做出自己独特的理解。具体表现为熟读玩味、想象自得。邓新华《“品味”论与接受美学的异同观》认为，西方接受美学因受现代反传统、求创新文化的影响，过分抬高了读者的地位与作用，不免滑向偏激的泥坑。中国古代文论在对作者、作品和读者关系的认识上更富有辩证意味，可以弥补西方接受美学的不足。

作者单位：山东鄄城师院

有无之辨与自然雕饰之争
——魏晋南北朝两种审美情趣的玄学根源

袁济喜

一

《南史·颜延之传》记载，延之尝问鲍照己与（谢）灵运优劣。照曰："谢五言如初发芙蓉，自然可爱。君诗若铺锦刺绣，亦雕缋满眼。"钟嵘《诗品》引汤惠休语："谢诗如芙蓉出水，颜如错采镂金。"这些记载其实反映了贯穿于整个魏晋南北朝的两种审美情趣：从魏晋之际的阮籍、嵇康到南朝的陶渊明、谢灵运，以及标"自然之道"论文的刘勰、倡"自然英旨"品诗的钟嵘，都推崇自然天真、芙蓉出水的审美情趣，从西晋的陆机、潘岳诸人到南朝的颜延之、萧纲、沈约等人，则追求雕饰藻绘。魏晋南北朝这两大美学风潮的形成原因，除受先秦以来文学创作的影响之外，与玄学中的"有无之辨"密切相关。魏晋南北朝时期，由于特殊的时代原因，玄学成为整个社会的学术文化思潮，甚至影响到人们的立身行事。审美创作也受到玄学思潮的冲击，嵇康、阮籍、陶渊明、谢灵运等六朝大诗人和大文学家的文学创作，无不浸染了玄学成分，陆机、刘勰等美学家，在构筑理论大厦时，更自觉运用了玄学方法论。[1]

---

[1] 参见《〈文心雕龙〉与魏晋玄学》，《文心雕龙学刊》第三辑，齐鲁书社，1996年。

所以，六朝美学与先秦两汉及后世相比，与哲学思潮联系更紧。王弼、何晏代表的贵无学说，渗入到自然派审美观念中；向秀、郭象代表的崇有论，则为雕饰派理论提供了哲学依据。两种思想和审美情趣又互相融汇，这到南朝后期越发明显。

魏晋南北朝有无之辨，可以追溯到先秦儒道两家之争。圣人贵名教，老庄明自然，儒家推崇有为造制，老庄则倡言自然无为，“天下万物生于有，有生于无”，“无”即自然之道，“道法自然”，[1]自然是精神实体“道”的最高法则。老庄以自然之道来摈弃儒家的仁义礼乐和鬼神天命之说，要求人以自然真心来叩合大道，与道合一。魏晋时期，儒学衰微，玄学兴起。王弼、何晏“祖述老庄，立论以为天地万物皆以无为为本。无也者，开物成务，无往而不存者也”[2]。他们把“无”作为宗率万物的精神实体，无与有，道与物都是本末体用的关系，将老庄哲学演变为贵无的玄学本体论。而“无”又以自然为其存在方式和变化法则，审美上便倡导以自然为本，返璞归真，摈绝华丽雕饰，当时的阮籍、嵇康便是把任从自然、反对礼法作为人生理想来追求，大声疾呼：“越名教而任自然！”[3]西晋年间，随着士族统治的确立，儒学又有所抬头，《晋书·裴頠传》载，裴頠“深患时俗放荡，不遵儒术，……乃著崇有之论，以释其蔽”。他的这种观点被向秀和郭象发挥了。向郭的哲学代表了世族贪竞用世的心理。针对何晏、王弼以无为本的思想，向秀、郭象提出无不能生有：“夫老庄所以屡称无者何哉？明生物者无物，而物自生耳！”[4]他们认为万物

[1]《老子》四十章、二十五章。

[2]《晋书·王衍传》，中华书局，1982年。

[3] 嵇康：《释和论》，《嵇康集》，人民文学出版社，1973年。

[4]《庄子·在宥》注，中华书局，1988年。

自生自灭，不存在有无本末之分。如果说，王弼把自然作为“无”的体现，郭象、向秀则把自然看作任物之性，提出“夫仁义自是人之情性，但当任之耳”[1]，竭力调和名教与自然的矛盾。向、郭所谓自然，离老庄、王弼的原义相去甚远，它成了有为造制的属性，带有儒学色彩。从哲学史看，有无之辨是魏晋玄学的最高论题，它探讨世界的统一性问题，玄学其他范畴、命题都统率于它，自然与有为也是从其衍化出来的命题，当时人们对自然与雕饰美学问题的看法，就与有无之辨有直接联系。

二

首先，贵无论与崇有论在人生哲学上的差异，直接启迪、引发了自然派与雕饰派的美学观。在贵无论看来，天地万物以自然之道为最高范畴，人应该以自然纯朴之心来冥合大道，达到与道周始、逍遥遨游的大美境界。庄子讴歌：“夫虚静恬淡寂寞无为者，万物之本也。……静而圣，动而王，无为也而尊，素朴而天下莫与之争美。”[2]王弼提出：“抱朴无为，不以物累其真，不以欲害其神。”[3]崇尚自然的文学家则大抵鄙弃声色和荣利，体道自然，而嗜爱山水清音。他们认为，山水自然是道的最好体现，“夫山静而谷深者，自然之道也”。[4]嵇康喜好“其高情远趣，率然玄远”[5]的山水，谢灵运沉溺“虑澹物

[1] 《庄子·骈拇》注，中华书局，1988 年。

[2] 《庄子·天道》，中华书局，1988 年。

[3] 《老子》三十二章注，成都古籍书店，1989 年。

[4] 阮籍：《达庄论》，陈伯君：《阮籍集校注》，中华书局，1987 年。

[5] 《晋书·嵇康传》，中华书局，1974 年。

自轻，意惬理无违”[1]的心境，陶渊明流连于“此中有真意，欲辨已忘言”[2]的田园风光，都是这种审美情趣的表现。南朝宗炳“好山水，爱远游”，他撰《画山水序》，极言山水自然启人神思的审美作用，提出：“峰岫峣嶷，云林森眇，圣贤暎于绝代，万趣融其神思，余复何为哉？畅神而已！”南朝宋画家王微《叙画》说：“望秋云神飞扬，临春风思浩荡，虽有金石之乐，圭璋之琛，岂能仿佛之哉！”认为领略山水之美的情趣是欣赏音乐和摩玩玉器所不可比拟的。可见，审美主体的素朴与喜爱山水清音、体道会玄的情趣有内在联系。

崇有派则充分肯定人的情欲和感官享受。他们认为：“人之生也，形虽七尺，而五常必具，故虽区区之身，乃举天地以奉之。故天地万物，凡所有者，不可一日而相无也。一物不具，则生者无由得生；一理不至，则天年无缘得终。”[3]一切事物都有其存在、发展的理由。情欲为人之天禀，应该充分加以肯定和纵任。向秀驳嵇康《养生论》：“且生之为乐，以恩爱相接，天理人伦，燕婉娱心，荣华悦志，服享滋味，以宜五情，纳御声色，以达性气。此天理自然，人之所宜，三王所不易也。”[4]这种纵欲的快乐主义为东晋伪造的《列子》充分阐扬：“晏平仲问养生于管夷吾。……夷吾曰：‘恣耳之所欲听，恣目之所欲视，恣鼻之所欲向，恣口之所欲言，恣体之所欲安，恣意之所欲行。……’”[5]齐梁之际，世族愈益腐朽堕落，及时行乐的纵欲思想发展为社会时尚。梁代官僚鱼弘直言：“大丈夫生世，如轻尘栖弱草，

[1] 谢灵运：《石壁精舍还湖中作》，《谢灵运集校注》，中州古籍出版社，1987年。
[2] 陶渊明：《饮酒》，《陶渊明集》，人民文学出版社，1983年。
[3] 《庄子·大宗师》，中华书局，1988年。
[4] 向秀：《难养生论》，见《嵇康集译注》，黑龙江人民出版社，1989年。
[5] 《列子·杨朱篇》，《列子集释》，中华书局，1979年。

白驹之过隙，人生欢乐富贵几何时？”“于是恣意酣赏，侍妾百余人，不胜金翠，服玩车马，皆尽一时之绝。”[1] 生活在贵族官僚生活圈子中的一些文化修养较高的人把这种感官欲望追求导向文学创作，色情内容不可避免地浸染到文学创作领域。梁简文帝宣称：“立身之道与文章异，立身先须谨重，文章且须放荡。”[2] 就是要求把立身谨慎时不敢放纵的情欲宣泄在文章中。从极度追求感官刺激的审美情趣出发，他们自然不满于山水清音。在他们看来，浓烈情欲必须配上刺眼的雕饰方能厌人口味，所以，宫体诗的色情内容和它的讲究声律、词采是不可分的。梁元帝《金楼子·立言篇》提出文章的审美标准是：“绮縠纷披，宫徵靡曼，唇吻遒会，情灵摇荡。”前三者是形式，后者则是所要表达的艳情内容，这四者合在一起就构成齐梁时讲究雕绘藻饰之美的主要特征。

自然派的山水清音往往意境玄远空泛，形式质朴无文，给人不食人间烟火之感，晋宋时玄言诗人的山水诗，更是“淡乎寡味”。所以时间一长，人们自然对其感到乏味。雕饰派充分肯定情欲，赞美世俗生活，注重对自己周围生活的细腻感受和描写，将山林皋壤、风花雪月、灯烛镜台，都摄入诗境，大大扩展了题材范围。如齐梁体代表作家徐陵集中有《咏雪》《咏柑子》《紫骝马》《斗鸡》《咏舞》《咏织妇》，庾信集中有《灯赋》《对烛赋》《镜赋》《小园赋》《竹杖赋》《枯树赋》等。这些抒情诗赋融入了作者沉痛悲凄之情，描写细腻新奇，在南北朝文学占有重要地位。徐陵编的诗歌总集《玉台新咏》，收入许多不为传统文学所重的民间作品。这些作品或诉宫怨闺思，或叙爱

[1] 《梁书·鱼弦传》，中华书局，1973 年。

[2] 萧纲：《诫当阳公书大心书》，《汉魏六朝百三家集》，人民文学出版社，1960 年。

情悲剧，其中虽不乏色情之作，但相对于自然派放逸山水的审美情趣，更近于世俗人情，使人一唱三叹之余，其乐也融融。

三

贵无派和崇有派在辩论自然与雕饰时，不仅涉及人和自然的关系，而且还把眼光放到包括人类在内的天地万物的生存、运动规律上加以考察。“论太始之原以明自然之性，演幽冥之极以定惑罔之迷”[1]，王弼论《老子》方法论的这两句话，可以用来说明魏晋玄学注重探讨事物本体和发展演变规律的理性精神。

贵无派以无为本，认为万物的运动、变化只是现象，而本体、规律寂然不动，因此，素朴之性是华美雕饰的本原和归宿。王弼云：“凡有起于虚，动起于静，故万物虽并动作，卒复归于虚静，是物之极笃也。”[2]这种动静观和方法论影响到自然派。嵇康在《声无哀乐论》中反对儒家的有声之乐，认为声音的自然和谐至妙：“声音和比，感人之最深者。”他力证远古时人们崇尚“无声之乐”，后来圣人制礼作乐，乃是泄导人情，虽不可废，但已不是最好的乐了，企图用合乎天籁的无声之乐来反对后世染上神学色彩的有声之乐，这同他在政治上反对名教对人的钳制，要求恢复人的素朴本性的思想一致。阮籍也认为：“形之可见，非色之美，音之可闻，非声之善……是以微妙无形，寂寞无听，然后乃可以睹窈窕而淑清。”[3]在《大人先生传》中，

---

[1] 王弼：《老子指略》，《新唐书·经籍志》，中华书局，1975年。

[2] 《老子》十六章注，成都古籍书店，1989年。

[3] 阮籍：《思清赋》，《阮籍集校注》，中华书局，1987年。

他斥责礼德之士“造音以乱声，作色以诡形”。他通过对逍遥遨游的大人先生的描绘，反映了渴慕返朴归真的伦理观和审美理想。陶渊明把嵇、阮的主张付之审美实践，“不解音律，而蓄无弦琴一张，每酒适，辄抚弄以寄其意”。刘勰也反对绮艳文风，倡导自然之道的审美情趣。他论文以儒家思想为宗，但也吸取了王弼返朴归真的动静发展观。《文心雕龙·原道篇》提出在天地两仪之间，“唯人参之，性灵所钟，是谓三才，为五行之秀，实天地之心。心生而言立，言立而文明，自然之道也”。天地万物皆有文，人之有文亦属自然。而“人文之元，肇自太极”，是精神本体的外化和显现。圣人“原道心以敷章，研神理而设教”，其文章内容形式都是自然之道的最好体现，创作必须以这些圣典为楷模和摹本，返本归初。《情采篇》进一步把儒家文质观和老庄素朴说结合起来：提出“衣锦絅衣，恶文太章，贲象穷白，贵乎反本”。贵无派的动静观为反对齐梁绮艳文风提供了理论方法。

崇有派的动静发展观则基于万物各有自性，非有本末之分的理论之上。他们认为事物是不断发展着的，不存在周而复始、正末归本的规律。郭象、向秀注《庄子·知北游》云：“出入者，变化之谓耳，言天下未有不变也。”既然如此就应该适时应变：“时移世异，礼亦宜变，故因物而无所系焉，斯不劳而有功也。”[1]雕饰派吸取了这种通变的思想，认为文章愈演愈华乃是必然趋势。东晋葛洪说：“且夫古者事事醇素，今则莫不雕饰，时移世改，理自然也。”[2]萧子显《南齐书·文学传论》也说：“在乎文章，弥患凡旧，若无新变，不能代雄。”他在分析建安以后文学发展演变时提出“朱蓝共妍，不相祖

[1]　《庄子·天运》注，中华书局，1988年。

[2]　葛洪：《抱朴子·钧世篇》，上海书店影印本，1986年。

述”，与刘勰“正本归末，还宗经诰”相反对。返璞归真发展观难免迂曲保守，就连不那么爱好华艳的萧统也反对此说法。他在《文选序》指出：“盖踵其事而增华，变其本而加厉，物既有之，文亦宜然，随时变改，难可详悉。”他编《文选》时，把圣人经典和诸子文章请了出去，偏重于收“事出于沉思，义归乎翰藻”的文章，这在当时是一个大胆的创新。为了追求新变，齐梁作家竞相雕琢。《南齐书·庾肩吾传》说：“齐永明中，王融、谢朓、沈约，文章始用四声以为新变。至是转拘声韵，弥为丽靡，复逾于往时。”《陈书·徐陵传》载：“徐陵为一代文宗，……其文颇变新体，缉裁巧密，多有新意，每一文出手，好事者已传写成诵。”趋求新变，必然离不开别出心裁，雕饰巧为，其思想来源，盖出于向秀、郭象。

四

贵无论与崇有论在宇宙本体论和发展变化观上存在的分歧，也反映到它们对社会人事的看法上，前者主张顺物自然，后者主张有为造制，这两种实践观也影响到当时人们对审美创作问题的探讨。

“万物以自然为性，故可因而不可为也，可通而不可执也”[1]，故自然派认为文须顺物之性，自然而发。刘勰论文，针对当时追求讹、滥、淫的倾向，大力提倡自然之道。所谓“因情立体，即体成势”，“如机矢直，涧曲湍回，自然之趣（趋）也”，“雕削取巧，虽美非秀矣，故自然会妙，譬卉木之耀英华”。钟嵘对齐梁文坛追求用事、声

[1]《老子》三十八章注，成都古籍书店，1989年。

律的雕琢之风十分不满，指出“拘孪补衲，蠹文已甚，但自然英旨，罕值其人”，激烈抨击过分讲究声律、“伤其真美”的审美情趣。可以说，越是到文风大艳的齐梁时期，自然之道的美学观也就越发显出冲激浓艳华靡情趣的清新之气。

雕饰派的理论根据是郭象的“天下之物，未必皆自成也。自然之理，亦有须冶锻而为器者耳”[1]的思想。郭象反对王弼素朴为万物美之本原的看法，认为素与不素只能在“亏”与“不亏”的相对意义上去加以理解，不存在一个固定的尺度：“苟以不亏为素，则虽百行同举，万变参备，乃至纯也。苟以不杂为素，则虽龙章凤姿，倩乎有非常之观，乃至素也。”[2]也就是说，只要搭配合谐，不杂外物，再雕饰艳丽也可称为纯素。这就为雕饰论者披上了一层合乎自然的外衣。与郭象差不多同时的陆机在《文赋》中便力言雕饰有为的重要性：“其为物也多姿，其为体也屡迁。其会意也尚巧，其遣言也贵妍，暨音声之迭代，若五色之相宜。”从词采、声律到立意，他都力主雕饰。沈约倡导的声律论，也体现了这种精神。本来，在古代诗歌创作中早就有自然声律，沈约也承认：“自古辞人，岂不知宫羽之殊，商徵之别？”但他认为自然声律不能完美地体现诗歌的形式美，必须加以人为规范和制作。他和周颙等人创立了“永明声律论”，对推进中国古代诗歌韵律美的发展自有其贡献意义，但过于拘执讲求，就不免要致使“文多拘忌，伤其真美”。萧绎的文笔说，也反映了雕饰派美学观点。在萧绎之前，范晔、颜延之和刘勰论述“文笔之辨”时，已经开始把文与笔从有韵还是无韵上加以区分。萧绎《金楼子·立言篇》把“吟咏

[1] 《庄子·大宗师》注，中华书局，1988年。

[2] 《庄子·刻意》注，中华书局，1988年。

风谣，流连哀思”的抒情文学叫作“文”、“善为章奏”的实用文体叫作“笔”。这样，文笔之分就比有韵无韵进了一步。萧绎进而提出，“至如文者，唯须绮縠纷披，宫徵靡曼，唇吻遒会，情灵摇荡”，将雕琢文采、锤炼声律和抒发性灵作为文学有别于应用文的主要特征。

自然与雕饰这两种审美情趣虽然长期对峙，但也并非水火不相容，在一定条件下可以融合。从总体上来说，有无之辨，属于玄学内部之争，具有互相发明、取长补短的反馈意义。王弼以无为本，但又申明：“夫无不可以无明，必因于有。”[1]他提出“崇本息末”，又主张“守母以存其子，崇本以举其末”[2]。这种调和名教与自然矛盾的思想在向郭那里一跃而变为名教与自然合为一体的理论。物极必反，崇有论正是对贵无论的补充与修正。同样，在审美领域，一味吟咏山林皋壤，总会使人感到厌倦，萧子显就说谢灵运之体“酷不入情”[3]。实际上，谢灵运以山水诗取代“淡乎寡味”的玄言诗时，已经开始追求辞藻，有意识地克服玄言诗平淡无味的风格特征。就文论家来说，刘勰标举自然之道，但他最推崇的圣典是“志足而言文，情信而辞巧”，“圣文之雅丽，固衔华而佩实者也”。[4]钟嵘《诗品序》提出“诗之至”须“干之以风力，润之以丹彩”。同样，雕饰派在论雕饰有为时，也汲取了某些任乎自然的思想。沈约论音律时提出，“天机启则律吕自调，六情滞则音律顿舛也”。[5]《颜氏家训·文章篇》载“沈隐侯（沈约）曰：‘文章当以三易，易见事，一也；易识字，二也；易诵读，三

[1]　韩康伯：《周易·系辞注》引，《周易王韩注》，岳麓书社，1993年。

[2]　《老子》三十八章注，成都古籍书店，1989年。

[3]　《南齐书·文学传论》，中华书局，1972年。

[4]　刘勰：《文心雕龙·征圣》，刘永济《文心雕龙校释》，中华书局，1962年。

[5]　沈约：《答陆厥书》，《汉魏六朝百三家集》，人民文学出版社，1960年。

也’。邢子才尝曰：‘沈侯文章，用事不使人觉，若胸臆语也。’深以此服之”。这些都说明，质朴自然与华丽雕饰是可以互相融汇的。

这两种审美情趣在魏晋南北朝时期各具姿态，交相辉映，雕饰不能为自然之清真，自然也不能为雕饰之华美，我们不赞同韩愈那种“齐梁及陈隋，众作等蝉噪”的简单评语；自然也好，雕饰也好，它们作为一种审美风潮出现在当时，有着深远的思想渊源，是人们不同的审美心理情趣的反映，并不是几个齐梁文人“蝉噪”的产物。

作者单位：中国人民大学

宋诗“平淡”美的理论和实践

程杰

一

宋人平淡诗观是与梅尧臣紧密联系的，梅尧臣“作诗无古今，唯造平淡难”[1]的诗句是宋人平淡诗观的经典表述。关于梅尧臣平淡诗风的主张和实践，应从其与西昆体为代表的宋初诗风的比较中去把握。宋人有一段关于梅尧臣诗歌地位的精辟之论：“去浮靡之习，超然于昆体极弊之际，存古淡之道，卓然于诸大家未起之先。”[2]这古淡是梅尧臣自己的主张，欧阳修有诗载“子（梅尧臣）言古淡有真味，大羹岂须调以齑”[3]。古淡也是其他诗人一致推尊的境界。如欧阳修认为“辞严意正质非俚，古味虽淡醇不薄”[4]，苏舜钦称“会将趋古淡，先可去浮嚣”[5]。所谓古淡，是指为了反对晚唐五代以来时体之情思浮靡、形式雕绘而提出的一种审美主张，它是宋初以来追还三代之风的复古主义思潮在审美理想上的反映，要求诗人摈弃晚唐浮艳雕绘的作风，

[1] 梅尧臣：《读邵不疑学士诗卷杜挺之忽来因出示之且伏高》，《宛陵先生集》，四部丛刊本。

[2] 梅尧臣：《宛陵先生集》附录，四部丛刊本。

[3] 欧阳修：《再和圣俞见答》，《欧阳修全集》，中国书店，1986年。

[4] 欧阳修：《读张李二生文赠石先生》，《欧阳修全集》，中国书店，1986年。

[5] 苏舜钦：《诗僧则晖求诗》，《苏舜钦集》，上海古籍出版社，1981年。

追踪唐之中盛尤其是韩孟等人的诗风。因此，所谓古淡意在复古，并无诗风上的统一定义。苏舜钦自称“笔下驱古风，直趋圣所存”[1]是一种；欧阳修学李白横放展宕也是一种，而当时真正古而能淡者以梅尧臣最典型。梅诗笔尚朴拙，意象清雅，立意平实，又多用五言，尤长于五古，相对于西昆体之七律秾丽密致，相对于苏舜钦之七古宏壮豪健，都显示出十足的平淡气质。他的这一实践使平淡理论的探索具有了初步明确的方向。欧阳修对于梅尧臣，生而序之，死而铭之，对其诗歌造诣深心推阐。晚年，欧阳修《六一诗话》指出“子美笔力豪隽，以超迈横绝为奇；圣俞覃思精微，以深远闲淡为意”。在《梅圣俞墓志铭》中，欧阳修进一步总结道：梅尧臣“其初喜为清丽闲肆平淡，久则涵演深远，间亦琢刻以出怪巧，然气完力余，益老以劲”。他是认定平淡为梅诗基本风格的。这种风格融合了多种艺术风格因素，如中晚唐五律诗的清丽婉细和郊、岛等人的怪巧。因此，它是一种外示平淡与内含艰巧表里殊致的特殊构型。反映为审美感受，便是“如食橄榄”，津意见于咀嚼的风味。

欧阳修对梅诗之平淡深心推阐，是因为梅诗艺术成就的客观魅力，也与欧阳修本人的整个艺术主张相吻合。欧言平易自然，这是他从艺术角度推阐平淡之义的原因。他的古文艺术论也不乏艺术上“进其业，修其辞”[2]而至于平淡的主张，指出平淡是艺术精进的结果。这与梅尧臣所言“作诗无古今，唯造平淡难”一致。

然而，平淡不只是个艺术问题，更是情感问题。梅诗平淡有味的

[1] 苏舜钦：《夏热昼寝感咏》，《苏舜钦集编年校注》，傅平骧、胡问陶校注，巴蜀书社，1991年。

[2] 欧阳修：《与郭秀才书》，《欧阳修全集》，中国书店，1986年。

情感基础，可以用谢景初称赞梅诗“苦语有淡工”[1]来概括。所谓“苦语”是指梅尧臣诗歌以贫贱之士的身世之感为主，正如欧阳修所说，梅诗之工是穷的结果。庆历六年（1046），梅尧臣与当时显达闲适之士晏殊围绕平淡问题有过思想交流。[2]梅尧臣虽尊重晏殊关于闲雅平淡的见解，实践上却表现出明显不惯。梅在诗歌中写道：“微生守贫贱，文学出肝胆。……因吟适情性，稍欲到平淡。苦辞未圆熟，刺口剧菱芡。”[3]心虽属之，然意实难造。“相公（指晏殊）贵且事翰墨，我辈岂得专游嬉。”[4]既然游嬉闲适不起，适情平淡之诗便无缘任真。

随着改革急流的退潮，尤其是诗人心意的“老大”，梅尧臣逐渐领略到了陶渊明诗歌具有的高古野逸意趣，同时对隐逸诗人的风格表现出欣赏的态度。宋初在“白体”、“昆体”缙绅诗人之外，本来就有僧侣隐士组成的在野诗人群体，继踪晚唐五代栖隐苦吟之流的疏淡清远诗风，后人称为晚唐体。逸民在野的风气于宋初政权建设不利，因此“宋兴，岩穴弓旌之招，叠见于史”[5]。但随着政权巩固，隐士形象便由政权建设的消极因素转变为道德风教的积极因素。种放被召，不久又求归，宋真宗认为：“能守分恳让，益寸嘉。”[6]范仲淹作《严先生祠堂记》称严子陵“归江湖，得圣人之清”，“能使贪夫廉，懦夫立，则是有功于名教”。[7]这些都见出复古思潮中儒家政教思想对传统静退野逸情趣的融摄。隐者之诗以山水优游为主，相对于红尘浮嚣，台阁

[1]　谢景初：《冬夕会饮联句》，《全宋诗》，北京大学出版社，1991年。
[2]　《梅尧臣集编年校注》卷16，上海古籍出版社，1980年。
[3]　梅尧臣：《依韵和晏相公》，《宛陵先生集》，四部丛刊本。
[4]　《梅尧臣集编年校注》卷16，上海古籍出版社，1980年。
[5]　《宋史》卷457，中华书局，1977年。
[6]　《宋史》卷457，中华书局，1977年。
[7]　范仲淹：《与邵谏先生书》，《范文正公集》，四部丛刊本。

富贵之语，以“格调清卓，辞意平淡”[1]为胜境。梅尧臣晚年对这种平淡也有了一定的理解，他称林逋“顺物玩情为之诗，则平淡邃美，读之令人忘百事也。其辞主于静正，不主乎刺讥，然后知趣尚博远，寄适于诗尔”。[2]可见梅尧臣对这种早年无缘的境界已深心知赏了。梅尧臣这一变化，预示了平淡诗观开始有了审美情感方面的规定。

对于欧、梅等人来说，晚年的情感平淡则属于心意的老大和淡泊。欧阳修说：“狂来有意与春争，老去心情渐不能。世味唯存诗淡泊。”[3]这种淡泊包含了社会时事、自然生命和心理规律等多方面的体认。王安石晚年亦不似少壮时“以意气自许”，而“深婉不迫”。[4]这种“少小、老大”的迥然异格，包含了更多艺术上博观约取、深思渐进和诗家工夫。因此，王安石对闲淡中的不淡有深切体验：“看似寻常最奇崛，成如容易却艰辛。”这是平淡诗论中抉发此义最精辟的措语。

二

继欧、梅、王之后，苏轼和黄庭坚把平淡诗美的探索推进到高度自觉阶段，其理论和实践代表了平淡诗美的最高成就。然而，两个人的视野有别。苏轼侧重从审美情感把握平淡韵味和风神，特别强调平淡中的至味、奇趣，高度评价司空图关于韵味之致的观念和实践：

---

[1] 释智圆：《联句照湖诗序》，《闲居编》，见《续藏经》。

[2] 梅尧臣：《林和靖先生诗集序》，《梅尧臣集编年校注》，上海古籍出版社，1980年。

[3] 欧阳修：《病告中怀子华原文》，《欧阳修全集》卷13，中国书店，1986年。

[4] 叶梦得：《石林诗话》，人民文学出版社，2011年。

“司空表圣自论其诗，以为得味于味外。‘绿树连村暗，黄花入麦稀’，此句最善。又云‘棋声花院静，蟠景石坛高’，吾尝游五老峰入白鹤院，松荫满庭，不见一人，唯闻棋声，然后知此句之工也。”[1]可见苏轼所谓至味、奇趣，是一种萧散野逸之趣。他的平淡诗观更明确与陶渊明相联系，还吸收了与陶相近的韦、柳等人的风格因素，把他们作为平淡美的典型，发明其简古、散缓、枯淡中的至味、奇趣、腴美。[2]

苏轼大量赞陶、和陶，提倡平淡，是在出贬黄州后，与生命历程挫折密切相关，因而包含着人生态度随境况转变的深刻内涵。苏轼分析自己贬窜之际的生活：“仆行年五十，知作活大要是悭尔，而文以美名，谓之俭素。然吾辈为之，则不类俗人，真可谓淡而有味者。”[3]这种面对困境冷静乐观、任真自适的态度，赋予平淡以特殊的人格品位和哲理深意。苏轼自称“渊明形神似我”[4]，正是品格妙识上的高度吻合，使苏诗多“与渊明诗意，不谋而合”[5]，其学陶和陶也最会意得真。把平淡诗风与陶渊明紧密相连，标志其平淡诗观的成熟。

黄庭坚侧重于从诗歌艺术的角度把握造于平淡的艰难历程，把平淡视作含纳“大巧”而又纯熟无迹的艺术极地。黄庭坚的这一立足点是由江西诗家的诗学精神决定的。黄庭坚“喜作诗而得名”[6]，因奉杜甫为鹄的，追慕其命意曲折句法精深。但是，江西之学杜攀古，又别存心裁，并非学杜全体，而是重在老杜夔州以后诗。他说：“但熟观

[1]　苏轼：《书司空图诗》，《苏东坡全集》，中国书店，1986年。
[2]　参见苏轼：《评韩柳诗》《书黄子思诗集后》《书唐氏六家书后》。
[3]　苏轼：《与李公择书》，《苏东坡全集》，中国书店，1986年。
[4]　苏轼：《王直方诗话》引，《苏东坡全集》，中国书店，1986年。
[5]　苏轼：《录陶渊明诗》，《苏东坡全集》，中国书店，1986年。
[6]　魏泰：《临汉隐居诗话》，何文焕《历代诗话》，中华书局，2004年。

杜子美到夔州后古律诗，便得句法简易，而大巧出焉。平淡而山高水深，似欲不可企及。”[1] 黄庭坚所属意的正是这种艺术上的渐老渐熟，乃造平淡的老至之境，所以强调简易中的大巧，平淡中的山高水深。

为了说明造于平淡后的“奔轶绝尘”义，黄庭坚把陶渊明引进描述系统，说“宁律不谐不使句弱，宁字不工不使句俗，此庾开府之所长也，然有意于为诗也。至于渊明，则所谓不烦绳削而自合者”。[2] 同样的意思，用陶诗来形容比杜诗更醒豁，因为“渊明直寄焉耳”。[3] 黄庭坚用“遗句中有眼”与“彭泽意无弦”[4] 代表诗家由法度至于自由的两个不同阶段，以表达“绚烂至极，归于平淡”的完整过程，可见其平淡诗论侧重于把握艺术创作中自由与法则之间的辩证关系。

三

从梅尧臣、欧阳修到苏轼、黄庭坚，平淡诗美理论和实践构成了一条清晰的发展线索，代表了平淡诗美理论和实践探索的主流与最高成就。但在宋代，平淡之作为最高诗美理想不只是成就于少数诗人的天才发现和创造之中，而且有着普遍的社会心理和创作实践基础。

宋初有一个“白体”流行的现象。白居易诗歌实践丰富，自中唐以来，白体的概念已歧义纷纭，但就宋初诗坛的实际情况看，是以浅近的语言从事闲适的吟唱，尤其是文士中的显贵之流如李昉、李至等

[1] 黄庭坚：《与王观复书》，《豫章黄先生文集》，四部丛刊本。

[2] 黄庭坚：《题意可诗后》，《豫章黄先生文集》，四部丛刊本。

[3] 黄庭坚：《论诗》，《豫章黄先生文集》，四部丛刊本。

[4] 黄庭坚：《赠高子勉四首》之四，《豫章黄先生文集》，四部丛刊本。

人更是如此。至真宗朝，“民风豫而泰，操笔之士，率以藻丽为胜”[1]。但是，雕绘满目，反见膏腴害骨，浮薄乏理，至真宗这种风气便受到一定裁阻。景德四年（1007），“枢密直学士刘综出镇并门，两制馆阁，皆以诗宠其行，因进呈。真宗深究诗雅，时方务竞西昆体，磔裂雕篆，亲以御笔选其平淡者，止得八联”。[2] 此平淡是相对于昆体诗雕绘涂饰、襞积密塞的诗风而言的。真宗所选如晁迥“夙驾都门晓，微凉苑树秋”，刘筠“极目关山高倚汉，顺风雕鹗远凌秋”，都气象清远，语言淡雅。真宗朝后期，盛度、晏殊倡学韦应物，正是这一平淡意向的发展。晏殊喜好韦诗“全没些脂腻气”，又“集梁《文选》以后迄于唐别为《集选》五卷”，“凡格调猥俗而脂腻者皆不载”。[3] 晏殊的诗虽以富贵宴游为主要内容，但对人生宠遇采取了超越优雅的把握方式，诗中“不言金玉锦绣而唯说气象”，[4] 因而在昆体之外自得其“闲雅而有情思”韵致。庆历新政后，边鄙安绥，朝政一时难于作为，大批志士闲置，富弼、韩琦、宋祁、文彦博、司马光、韩维等纷纷“人安闲淡内”[5]，以洛阳为中心，形成了山水优游诗酒闲适的风气。这种风习与白居易“本之于省分知足，济之以家给身闲，文之以觞咏弦歌，饰之以山水风月”[6] 的闲适诗，其精神实质上是一致的。

在这相沿的闲适诗风传统中，孕育了“邵康节体”这一理学诗派。邵康节体的精神实质正是闲适。朱熹指出“他诗篇只管说乐，次

---

[1] 苏舜钦（一作石介）：《〈石曼卿诗集〉序》，《苏学士集》，四库全书本。

[2] 文莹：《玉壶清话》卷 1，中华书局，1984 年。

[3] 《青箱杂记》卷 5，《青箱杂记春渚纪闻》，上海古籍出版社，2012 年。

[4] 参见方孝岳：《中国文学批评》三十六，三联书店，2007 年。

[5] 韩维：《自静教院晚步溟上》，《南阳集》，四库全书本。

[6] 白居易：《序洛诗》，《白居易集笺校》，上海古籍出版社，1988 年。

第乐得未厌了”[1]。这乐即“乐天四时好，乐地百物备”[2]；“满目云山俱是乐，一毫荣辱不须惊”[3]；“忽忽闲拈笔，时时乐性灵”[4]。总之安时处顺，随缘适性。邵雍把诗酒雅吟，岁月优游闲适之意发挥到淋漓尽致的地步，难怪当时党争中人羡他急流中“安然取十年快乐”。[5]

宋诗闲适情调之普遍性有着深厚的社会生活基础。宋开国之初便确定优待士大夫的政策，鼓励士大夫“多蓄歌儿舞女”，以弥息觊觎之志，倡导清虚淡泊的品格气质。其后更从各类制度上保证厚禄与法权。宋人退休，例有祠禄，即便获罪远窜置闲，也能粗了伏腊。在这样的情况下，进退无虞，富贵闲人的心志便易养成。这种人格理想因其逸愉保和、循默无为的消极因素，在天圣至庆历年间的变革思潮中受到一定的批判。然而，改革急流退落之后，高明虚淡、恬退闲雅的人格追求更为坚定、明确，理学便以融佛老入儒的理论形式体现了这种人格追求的思想水平。作为理学花草的理学之诗，因而也实现了真正的平淡之境。其平淡由于根基于理学思想的成就，闲适的情调中流溢着儒者宽仁、以理自律的“忠厚和平”气象。理学家作诗，反对各种雕饰奇巧之笔，语言平易浅切，甚至不避俚俗。清人指出“邵子之诗，其源亦出白居易”，[6]正是有感于这种平易浅俗与白体闲适诗有许多相近的因素。理学诗可谓实现了从情感到形式的真正平淡。

[1] 《朱子语类》卷100，中华书局，1986年。

[2] 邵雍：《乐乐吟》，《邵雍集》，中华书局，2012年。

[3] 邵雍：《龙门道中作》，《邵雍集》卷5，中华书局，2012年。

[4] 邵雍：《闲适》，《邵雍集》卷4，中华书局，2012年。

[5] 朱熹编：《河南程氏外书》卷11。

[6] 《四库全书总目》卷153，《击壤集提要》。

由宋初以来的闲适诗经过理学思想洗礼，致平淡美理论的成熟，是一条清晰线索。在这走向成熟的过程中。吟咏性情的创作态度，尤其是理学家无意为诗的文学价值观，起了实质性作用。平淡不可以风格求之，它首先是诗学价值观，一种对待诗的准虚无态度。这种无为的诗学态度，至南宋因理学昌炽而显示了大势普及的倾向。元代袁桷指出，北宋诗以苏、黄为宗，至南宋“乾淳间，诸老以道德性命为宗，其发为声诗，不过若释氏辈条达明朗，而眉山、江西之宗也绝”（《清容居士集·书汤西楼诗后》）。诗人田雯批评道，南渡后“竟趋道家，遂以村究语入四声，去风人之旨实远”（《古欢堂集·杂著》卷一）。这些意见都从反面道出了理学平淡之诗的特征和在南宋流行情况。

四

从上述可见，宋人平淡美理论和实践有着多维的展开，通向平淡的理想心路和实践取径因人因时而异，却是宋代诗人普遍确认的诗美理想，共同的社会背景和统一的文化基础决定其包含统一的规定性。

（一）平淡美的情感规定性

平淡的概念不同于自然，它包含了明确的情感要求。平淡美对情感的要求是平静淡泊。这一要求与宋代整个士人精神建设的整体方向相吻合。早在宋初，针对五代干戈、文儒荡然的局面，广开科举，宽养以待，以期唤起广大士人奋身当世的热情。然士气振作的同时也带来了文人奔竞浮躁之弊，“躁进者多，知止者少”（《续资治通鉴》卷二十·宋纪十）。于是为了倡导一种恬退寡求、清虚淡泊的士人品格，

“人性贵乎平淡”[1]，便成了当时士人之间、官僚之间评品鉴量的标准。宋人援佛入儒反求于内，种种淡泊明志、虚静求理的学说便应运而生。“诗本道性情，不须大阙声”[2]，这种情感上的平淡要求，是与宋代整个士人精神建设的整体方向相吻合的。平淡之上升为最高的诗美理想，带有更多以理遣情，以理制情的理性主义性质。然而，大多数情况下，通向平淡的路径却是不平淡的。在实际的创作中，情感的平淡多见于历经磨难后的生命逆转或越过鼎盛期的投老赋闲。王安石、苏轼、黄庭坚、陆游等伟大诗人几乎都经历过早期的豪健清雄，在其生命后期归于清旷闲远、自然平淡。真正的平淡之诗属于人生的老境。这种老境，反映了老之将至听命自然规律的意兴萧瑟，而在“老去唯存诗淡泊”中又未尝不积淀着厚重的人生经验，包含了对世事更为通达、冷静的态度。因而，它又是人生修养功夫老到，“随心所欲不逾矩”的产物。晁补之说：“鲁直治心养气，能为人所不为。故用于读书，为文字，致思高远，亦似其为人，陶渊明之自然，故其语言多物外意。而世之学渊明者，外喧为淡，例作一种不工无味之辞，曰吾似渊明，其质非也。”[3]平淡终究不是一个风格问题，更不是诗法问题，而是人格境界问题，只有人格上圆成淡泊渊如的境界，才有诗意的平淡。

（二）平淡美的形式规定

无论是黄庭坚等人的“出则奔轶绝尘”，还是理学家的无意为诗，都表现出对诗歌形式的超越和否定，虽然其立足点大相径庭。任何否

[1]　王洙：《王氏谈录》，商务印书馆，2013 年。

[2]　梅尧臣：《答中道小疾见寄》，《梅尧臣集编年校注》，上海古籍出版社，1980 年。

[3]　晁补之：《书鲁直题高求父杨清亭诗后》，《鸡肋集》，四库全书本。

定最终都要落实为某种肯定，宋人在建构平淡诗美时把目光投向晋宋以前的古诗时代。与唐人力求恢复汉魏古诗风骨及中唐以来主张效法《诗经》、汉乐府之风雅比兴不同，宋人之重古诗在于其“意象简朴足镇浮”[1]的平淡效果。吕本中：“大概学诗，须以三百篇、楚辞及汉魏间人诗为主，方见古人好处，自无齐梁间绮靡气味也。”[2]理学家张栻说：“古诗皆是道当时之实事，今人做诗都爱装点造语言，只要斗好，却不思一语不实便是欺。”主张像古诗那样直道其事，别无所求，这代表了理学家否定艺术独立价值的极端派观点。苏轼则从诗歌艺术形式发展看到了古诗“高风绝尘”的风神。苏轼说：“苏、李之天成，曹、刘之自得，陶、谢之超然，盖亦至矣。而李太白、杜子美以英玮绝世之姿，凌跨百代，古今诗人尽废，然魏晋以来高风绝尘亦少衰矣。”[3]所谓高风绝尘指诗艺声色未开，各类诗格未立之前，诗歌形式无拘无束，古雅自由的风采。朱熹也认为“至律诗出，而后诗之与法皆大变，以至今日，益巧密而无复古人之风矣”。[4]其意大致相同。他们都认为下逮陶渊明的古诗与陶之后追跟其风的韦、柳等人，其形式简古朴素，“不如是，无以发萧散冲澹之趣”。[5]所以宋人多推崇魏晋古诗的古雅简妙，平淡之诗也多以五言古诗为常式。

（三）平淡美的美感形态规定

苏轼说：“佛云‘如人食蜜，中边皆甜。’人食五味，知其甘苦者

[1] 陆游：《闰二月二十日游西湖》，《剑南诗稿》，四库全书本。
[2] 何汶：《竹庄诗话》卷 2，四库全书本。
[3] 苏轼：《书黄子思诗集后》，《苏东坡全集》，中国书店，1986 年。
[4] 朱熹：《答巩仲至》，《朱子全书》，华东师范大学出版社，2010 年。
[5] 罗大经：《鹤林玉露》甲编卷 6，王瑞来校正，中华书局，1983 年。

皆是，能分别其中边者，百无一二也。”[1] 宋人之于平淡美的抉发，最显著贡献就是分别出“中边”或“内外”。欧阳修最能把握梅尧臣的平淡诗：“欧阳最我知，初时且尚窒。比以为橄榄，回甘始称述。”[2] 王安石也在寻常、容易中找到了奇崛、艰辛。这种由表及里的鉴赏，并非只强调不停留于意象之表做细致品味，而是要超越外部，深入体认其与表象不一致甚或迥异的内蕴。范温曾提出一个具有宋代特色的韵味理论。他说“有余意之谓韵”，为文众善“一不备焉，不足以为韵。众善皆备而自韬晦，行于简易闲淡之中，而有深远无穷之味，……测之而益深，究之而益来，是之谓矣。其余一长有余，亦足以为韵。故巧丽者发之乎平淡，奇伟有余者行于简易，如此之类是也”。[3] 有韵就是有余而能自我韬晦，奇伟而行之简易。这是艺术观点，更是人生态度。平淡美正是以外在枯槁而中存腴美，“平淡而山高水深”的内敛结构成了淡泊韬晦的人生态度和内敛沉潜的文化人格的艺术载体。

作者单位：南京师范大学

---

[1]　苏轼：《评韩柳诗》，《苏东坡全集》，中国书店，1986 年。
[2]　梅尧臣：《答宣阓司理》，《梅尧臣集编年校注》，上海古籍出版社，1980 年。
[3]　范温：《潜溪诗眼》，郭绍虞辑《宋诗话辑佚》，华正书局，1981 年。

重新审视小说评点的审美阅读意义

高小康

一、多重化的文体阅读

明代文学活动的一个重要现象是评点式文学批评的兴起和发展。中国古代小说（以及其他叙事文学）的评点在小说理论史上的意义，如今已得到许多学者肯定，但这种特殊的批评方式是否具有特殊的美学性质和生命力？如果我们相信亚里士多德的观念，认为必须把作品看成一个完整的有机体，那么这种拆解式的阅读还能把握得住那种有机整体性吗？照此看来，否定小说评点的观点是有道理的。但金圣叹早就对这种一气呵成的阅读方式有疑问。他为《水浒传》写的《读第五才子书法》说："吾最恨人家子弟，凡遇读书，都不理会文字，只记得若干事迹，便算读过一部书了。"[1] 他主张将文本拆解开来细细分析和品味。他用"极微"这个概念来解释拆解阅读的欣赏方式：

"今者止借菩萨'极微'之一言，以观行文之人之心。……草木之花，于跗萼中，展而成瓣。苟以闲心谛视其瓣，则自根至末，光色不定。此又天下之至妙也。灯火之焰，自下达上，其近穗也，乃作淡

---

[1] 金圣叹：《读第五才子书法》，陈曦钟、侯忠义、鲁玉川辑校：《水浒传会评本》第二版，北京大学出版社，1987 年，第 20 页。

碧色。稍上，作淡白色。又上，作淡赤色。又上，作干红色。复乃作墨烟，喷若细沫，此又天下之至妙也。今世人之心，竖高横阔，不记道里，浩浩荡荡，不辨牛马。设复有人语以此事，则且开胸大笑，以为人生一世，贵是衣食丰盈，其何暇费尔许心计哉！”[1]

在金圣叹看来，“今世人之心，竖高横阔，不记道里，浩浩荡荡，不辨牛马”，看故事而不会细读，只知道衣食丰盈之类功利之事，缺少能够审视事物之美的眼光。真正的欣赏应当以“极微”观察的态度细细审视作品。这种观点在他之前胡应麟在《庄岳委谈》中也提出过：

“此书中间用意非仓卒可窥，世但知其形容曲尽而已。至其排比一百八人，分量重轻纤毫不爽，而中间抑扬映带、回护咏叹之工，真有超出语言之外者。余每惜斯人以如是心用于至下之技，然自是其偏长，政使读书执笔未必成章也。”[2]

胡应麟虽然站在传统高雅艺术立场上，鄙称《水浒传》这类通俗创作是至下之技，但他看到其中独到的艺术价值，“非仓卒可窥”其“超出语言之外”的“抑扬映带、回护咏叹之工”。他认为《水浒传》这样的小说，真正妙处不是杀人越货的故事，而是渗透在叙述中的游词余韵、神情寄寓处。他批评了当时书商发行一种“止录事实”而将游词余韵一概刊落的简本，认为这将使《水浒传》变得不堪覆瓿，成为废书。这种看法意味着小说欣赏应有一种和看热闹不同的阅读方式。

金圣叹的极微式阅读观念，意味着对作品整体拆解，而结果是使

[1] 金圣叹：《贯华堂第六才子书西厢记》卷4“酬韵”回前总评，甘肃人民出版社，1985年。
[2] 转引自胡应麟：《清凉布褐批评〈儒林外史〉》卷41，新世界出版社，2002年，第437页。

欣赏活动不再被对象的整体性所限制和牵引，变成了欣赏者主动深入对象内部的阅读探险活动。小说评点能成为中国叙事文学批评的一种经典样式，就在于它提供了一种更积极、深入理解和欣赏文学的方法。

二、由审美直观到话语交流

金圣叹谈到他评点的《西厢记》时称："圣叹批《西厢记》是圣叹文字，不是《西厢记》文字。"[1] 这里涉及一个重要问题，即插入评点的文本对于阅读已不同于原始文本，引起完全不同的阅读经验。

金圣叹所做的评点，内容不只是单纯的文学批评。有的是画龙点睛式的批赞，有的是随意生发的议论，有的是借题发挥的奇想，也有故意制造的笑料。形式也复杂多样：有长达好几百字、内容完整的论述，有三言两语概括的隽语妙言，也有一个字一个字穿插点缀在语句中的指示性字词。人们往往把小说文本中夹入的批语看成文章中的赘疣，似乎与文本欣赏活动无关。这种态度对那些放在每回前面或末尾的独立论述而言是成立的，但对大多数批语就讲不通了。比如《水浒传》武松上山打虎的整个情节叙述过程，武松第一次露面时手里绰一根哨棒，金圣叹在"哨棒"后面夹批了两个字"哨棒"，此后每当原文本叙述中出现"哨棒"时，金圣叹就依次夹批"哨棒一""哨棒二"，等等。这种插入的单字实际上渗入了故事叙述过程，形成特殊的节奏感，就像戏曲唱段中有节奏地响起的梆子或班鼓声一样；而这

[1] 金圣叹：《读第六才子书西厢记法》，《贯华堂第六才子书西厢记》卷 2，甘肃人民出版社，1985 年。

样有意识地点明，使得哨棒作为武松形象的一部分也突出了；结果是遇到老虎刚一开打哨棒就被打折，如此造成的情境突变效果更加强烈了。

可见，插入评点的结果是在原始叙事文本基础上形成了新的文学文本。这种多重化文本提供的阅读可能性也是多重化了的，不再是经典文学文本那样仅仅作为审美直观的对象，还制造出与先前的读者/批评者进行交流共享的特殊阅读经验，将被动的阅读接受与主动的谈论、探讨与思考结合在一起，文学欣赏因此由审美直观转变为话语交流活动。由于评点文字的插入，文本所指涉对象也产生了变化。传统上人们认为，文学文本中的话语是内指性的，言语所指涉对象存在于作品虚构的世界中，所以人们习惯于说一件作品就是一个独立的艺术世界。插入评点后，文本的意义变得复杂化了。评点内容不限于作品本身，通常还会借题发挥，由作品论及社会历史、文物掌故、人物褒贬、时事讥评等方方面面。精彩的评点不会让人觉得迂腐生硬，而是与作品叙述融为一体，让人感到海阔天空挥洒自如的阅读乐趣。

从胡应麟到金圣叹，都已注意到一个阅读经验的问题：单纯直观的阅读欣赏对于通俗小说究竟意味着什么？按照他们的共识，过分专注于叙述所虚构的情境中，被故事本身的情节发展过程所吸引，这种阅读看似投入，实际上是一种寻求幻觉刺激的非艺术态度。

这是一个需要探讨的问题。在欣赏一首王维的绝句或李清照的小令时，可能最需要的是专注于文本的阅读态度，一种全身心投入文本叙述、使自己的感受和想象力翱翔其中的全神贯注态度。这就是我们通常理解的审美态度。然而在阅读通俗小说时，这种专注于叙述的态度却不一定是审美的。经典诗词作品中的意象辐辏于作者想要表达的审美意蕴，或者这种意蕴的外化形式。因此，感受意象就是在追寻和把握其审美意蕴；更由于意象简洁和叙述语言精练，而使专注的感受成为把握作品所必需的精神状态。通俗小说就不同了。这类作品的叙述展开的情节性意象主要通过事件制造吸引读者注意力的悬念；悬念造成的紧张和紧张释放后的快感，这就是小说叙述制造的基本直观效果。专注于小说的叙述通常就意味着专注于这种情节性意象。这是一种轻松的、浅层次的心理快乐，与经典艺术审美通过主动追寻和深层次体验所获得的审美快乐不同。这正是许多文人（包括胡应麟）轻视小说的原因。但是，小说叙述的发展却在简单悬念之外发展出更高层次的艺术蕴涵，这是元代以来出现的《三国演义》《水浒传》等伟大作品的特点。过去专注于情节意象的小说接受方式却使这些更高层次艺术价值难以实现，这就是胡应麟批评的简本和金圣叹批评的贩夫皂隶的阅读态度带来的问题。小说阅读要从贩夫皂隶的读法转变为经典艺术的审美接受方式，就需要从紧张的情节悬念造成直观的幻觉状态解脱出来。评点的插入造成了阅读延宕，通过文本的多重化造成想象力与理解力活跃，有助于欣赏心理向主动、积极和深层次发展。

小说评点这种批评和阅读方式虽然在近代没有多大发展，但评点所代表的文本多重化趋势在今天却以特有的方式发展了起来。法国学者克里斯蒂娃（Julia Kristeva，1941—）提出的“互文性”概念就表明文本与文本、文本与语境之间的关系问题引起了当代人注意。研究者已经注意到文学文本与文本之外的其他话语活动之间的关系，注意到阅读不仅是面对作品的行为，也是在与其他文本进行着交流。越是走向当代，文学作品的阅读接受就越受到其他各种文本和文化因素的影响；到了网络文学兴起，文本的互相链接、作品与批评议论的链接形成了更为复杂多样的多重化文本，使得阅读活动越来越脱离了传统美学面对孤立作品的审美直观，而变成了阅读、记忆、评论、参与叙述等多种行为的复合，使接受活动变成了多重文本交互作用和再生的过程。

三、文学文体的变化

中国古典小说评点在文学发展中产生的另一重要影响是对文学文体观念的影响。金圣叹在《西厢记》“读法”中说：“《西厢记》乃是如此神理，旧时见人教诸仵奴于红氍毹上扮演之，此大过也。”[1] 在他看来，上乘的戏剧只能神会，不可实演。李渔说他批评的《西厢记》“乃文人把玩之《西厢》，非优人搬弄之《西厢》也”。这说明，经金圣叹评点的《西厢记》已变成不同于戏曲剧本的另一种文体了。

无论戏曲还是小说，金圣叹的评点都对作品的文体产生影响。他的评点对作品的分析形成了相当系统的文体要求，这些要求对后来的评点乃至一些文学写作都产生过重要影响。传统的戏曲叙事建立在舞台表演基础上，是叙述与接受行为直接交流互动。李渔《闲情偶寄》对戏曲剧本文体的种种要求都是基于这种叙述活动性质的。传统白话小说不同于戏曲剧本，但来源于“说话”表演；剧本和小说都是供人阅读的，但作为表演艺术的现场互动影响了这些作品在结构、语言等方面的文体特征。评点对作品的分析和解释产生的效果之一就是把现场即兴互动性质的叙述—接受活动改造成了案头化个人阅读活动。

评点对文体的影响之一在整体结构观念。金圣叹《读第五才子书法》说：“如《水浒传》七十回，只用一目俱下，便知其二千余纸，

[1] 金圣叹：《贯华堂第六才子书西厢记》，甘肃人民出版社，1985年，第26页。

只是一篇文字。中间许多事体，便是文字起承转合之法。”[1] 他在具体评点中强调有起有结、回环呼应的严谨章法。他认为《水浒传》结构的中心是“传”，即完成一个相对完整的人物塑造的情节段落：“夫一人有一人之传，一传有一篇之文，一文有一端之指，一指有一定之归。”[2] 结构的基本单元是“逐段逐段成文字”的“篇”：“亦有两三卷成一篇者，亦有五六句成一篇者。”[3] 他心目中的小说章法，就是由“篇”而“传”，再到大段落起结，直到全文大起大结这样一个完整的艺术形式。他把《水浒传》第七十一回以后的故事砍去而以“惊噩梦”结束，把《西厢记》的大团圆结局砍去而以“惊梦”结束，这种修改除了对故事意义的解释意图外，还表达了他对叙事文体的要求，所谓“千里群龙一齐入海”，通过突转的悲剧或失落感造成回肠荡气的结束效果。这种对作品形式结构的批评和修改，改变了原本比较松散、通俗的文体，使之变成了更典雅、严谨、统一、完满的文体。

在作品塑造艺术形象方面，评点改变了原本作为即兴表演作品形象的直观性。首先是胡应麟提出《水浒传》有超出语言之外的“抑扬映带、回护咏叹之工”，并非仅靠直观感受可领悟。而后从李贽、叶昼的小说评点开始，对形象的批评就超出了字面表达的直观意味，力求挖掘更深刻的哲理和情感意蕴。金圣叹对《水浒传》人物形象的分析和对《西厢记》情景意味的深刻分析，被认为灵心妙舌，有透发心

[1] 金圣叹：《读第五才子书法》，陈曦钟、侯忠义、鲁玉川辑校：《水浒传会评本》第二版，北京大学出版社，1987年，第16页。

[2] 金圣叹：《读第五才子书法》，陈曦钟、侯忠义、鲁玉川辑校：《水浒传会评本》第二版，北京大学出版社，1987年，第622页，第33回回目总评。

[3] 金圣叹：《读第五才子书法》，陈曦钟、侯忠义、鲁玉川辑校：《水浒传会评本》第二版，北京大学出版社，1987年，第17页。

花之妙。其后如张竹坡、毛宗岗、脂砚斋、黄小田等人的评点则更在金圣叹的基础上继续丰富和深入，如毛宗岗评点《三国演义》对人物性格特征的分析，张竹坡评点《金瓶梅》对世情和形象个性的分析，脂砚斋《红楼梦》评语对人物形象的理想性和复杂性的见解，黄小田对故事形象蕴含人性的认识，等等，增添了许多蕴藉和意境，使这些从公众艺术活动中形成的通俗文体演变为文人涵咏体验的高雅文体。

金圣叹把《水浒传》《西厢记》与《庄子》《离骚》《史记》及杜诗并列为“六才子书”，当代学者认为这是对通俗文学地位的肯定和提高，但金圣叹并非简单地肯定和抬高通俗文学的地位，而是通过删改和分析评点，把《水浒传》《西厢记》等通俗文学作品进行了重新阐发和改造，把它们从通俗文体改造成为典雅文体，从而得以列入经典。这样便使得传统的通俗文学扩展成为多层次、多种文体的文学类型，《红楼梦》就是明显受到评点影响而进行的典雅化的白话叙事创作，一部《红楼梦》就足以肯定评点对文学发展的作用了。

四、小说评点的当代意义

中国文艺学研究在20世纪经历了“外部研究—向内转—向外转”的三段式过程，即从50—60年代的文学与政治关系研究转向文学文本的研究，然后又转向文学与文化关系研究。但是80年代文艺学研究的向内转过程并没有真正实现，文艺学界对文学作品的审美性质、文学文本形式的自律性以及中国文学理论中的审美范畴研究没有充分发展，就被文化结构分析、意识形态批判和泛文学研究等向外转的趋势所冲击甚至淹没了。在这种学术发展状况下，有必要重新强调回到文本、细读文本的研究。80 年代向内转中曾有不少学者注意到新批评派的文本研究方法，但新批评派文本细读所要求的用不带成见的天真之眼面对作品的观点实际上是不可能的。这就要求面向文本的研究要探索更适合中国文学经验的方法，传统的小说评点或许会提供有益的启示。

如果我们相信接受美学的观点，那么任何一种解读，只要是建设性的，对读者的智慧和趣味有意义，都是可以接受的。在陈美林《清凉布褐批评〈儒林外史〉》中，我们可以发现当代评点对文本意义的建设性拓展。陈批本在每回末作承上启下的回评，以总结的方式隐括一回之主旨，对叙述的精彩之处作细致的分析，并提示下一回的思路。这样的批评使直观的欣赏与回味式的通读接续在一起，成为边欣赏、边反思的阅读。而在每回故事的叙述中，陈批本如明代批本一样，插入了许多夹批文字。这些夹批文字如金圣叹的评点般抉细发微，透发心花。比如第四回写胡屠户为追荐范进母亲的事去找和尚，和尚随口讨好说：“前日新中的范老爷得病在小庵里，那日贫僧不在家，不曾候得；多亏门口卖药的陈先生，烧了些茶水，替我做个主人。”此句后夹批：“拉别人人情为己情，‘多亏’和尚想得出，做得出。”[1] 这是一处不起眼的人物语言叙述，其叙述之妙往往会被读者忽略。但小说所表现作者观察世态人心的精细与深刻处恰恰就在这些不起眼的地方。批评者通过一句调侃文字就把此处语言的妙处揭示出来，令人有恍然大悟的喜悦。又如第十五回夹批，在匡超人与马二先生交往的每个细节中，把这个人物的性格素质细细抉发：“古怪、勤

---

[1]　陈美林：《清凉布褐批评〈儒林外史〉》，新世界出版社，2002 年，第 51 页。

快、乖觉、贫寒、孝思、乖巧”等，把这个涉世未深少年性格中的淳朴善良与精明乖巧这两面都揭示了。第五十一回回末总评则借助考证分析把藏于人物形象后的作者深层心理及社会背景展现了出来。这种学术意味较强的评论，使作品的阅读具有了更深广的历史和哲思层次。

由此可见，在今天文艺学研究对文学文本研究不足的情况下，重新审视评点式文本分析和批评，对文艺学研究的发展仍有积极意义。

作者单位：中山大学

论中国现代文学悲剧意识的美学特征

王本朝

中国传统文学的悲剧意识主要表现在和谐、统一文化秩序内的个体二人关系上，而“二人关系的追求与失落主要集中在夫妇和君臣上，这恰与人生的两个最敏感的问题——性和权力、爱情和政治——相重合”。[1] 中国现代文学的悲剧意识则主要建构在个体与社会、理想与现实的冲突和转换关系上，个体的独立、自由与社会必然性之间，理想的诱惑与现实的给定性之间所存在的矛盾和冲突的困境，是形成悲剧意识的内在原因。并且，现代作家的悲剧性感受和存在方式也融进了悲剧创作中，传统的悲天悯人在他们那里生长为韧性、抗争精神。这两个方面是规范现代文学悲剧意识的美学内涵的两个支点。

一、历史转换期的启蒙主义悲剧意识

中国现代社会处在一个非常复杂的历史转换时期，经济上从自给自足的自然经济和小农经济到市场经济，文化上从传统文化向现代文化生成和转变。处在历史转换期的文学的最大特征就是它的过渡性或

[1] 张法：《中国文化与悲剧意识》，中国人民大学出版社，1989年，第26页。

中间性，文学必须以促使社会历史的转换和进步来确定自己的位置和价值。悲剧意识往往发生在历史转换时期，形成悲剧地带，如雅斯贝尔斯（Karl Theodor Jaspers，1883—1969）所说："当新方式逐渐显露，旧方式还依然存在着。面对尚未消亡的旧生命方式的持久力和内聚力，新方式的巨大突进最初注定要失败。过渡阶段是一个悲剧地带。"[1]中国现代文学的悲剧意识就呈现、蜷缩在现代历史过渡时期的悲剧地带，以悲剧审美方式参与推动历史变革和社会进步，表现出改造国民性、批判封建制度的启蒙主义特征。

中国现代文学的悲剧视角始终关注现实、社会和人生，探讨、询问什么是理想的人性、什么是人的理想生活，或者说爱情和婚姻是什么等问题，常把人的生活境遇和命运与现实、社会的变革和改造紧紧联系在一起。在他们看来，悲剧仅仅是概括人生、反思传统、批判现实的手段，置悲剧于"社会历史与悲剧"模式中去理解和把握。鲁迅《呐喊》和《彷徨》，茅盾《子夜》和《腐蚀》，郭沫若《屈原》和《虎符》，巴金《激流三部曲》和《寒夜》，老舍《骆驼祥子》，曹禺《日出》和《雷雨》等中国现代文学优秀的悲剧作品，都关注人的现实和民族命运问题，把改造国民性和个性解放以及批判现实黑暗作为悲剧思维的重心。改造国民性是对传统国民劣很性的文化批判，倡导个性解放表现知识分子的命运和理想也含有一种启蒙主义性质，它的主题也是批判封建专制的扼杀人性和揭示知识分子自身弱点，两种启蒙都是现实性、社会性的，显示出不同的精神特质。鲁迅与郁达夫，茅盾与巴金，赵树理与路翎，老舍与曹禺都沿着不同方向伸展着启蒙

---

[1] 雅斯贝尔斯：《悲剧的超越》，工人出版社，1988年，第35页。

主义悲剧的丰富内涵。启蒙主义始终以启蒙为其目的和特点，既是对他人命运的关注和启蒙，也是对自身命运的关注和自我启蒙。

历史的转换与过渡使悲剧作家强烈地感受到生存的悲剧性情境，鲁迅深刻而丰富的悲剧意识不仅仅表现在改造国民性的峻急与深情，更潜存于他对自身命运的悲剧感悟和超越，他的“历史中间物意识”就是对历史过渡中生存悲剧性的理性概括，他认为“一切事物，在转变中，是总有多少中间物的。动植之间，无脊椎和脊椎动物之间，都有中间物，或者简直可以说，在进化的链子上，一切都是中间物”。[1]把自己的命运放置在新与旧，未来与过去的中间位置上，既增强了责任和义务感，也否决了自己作为范本、目标的虚幻性，理性认知与情感承诺在这里扭结为复杂的悲剧感，既呈现在鲁迅“哀其不幸，怒其不争”的悲哀和愤激中，也表现为过客似的绝望与抗争。巴金也有历史转换时期的悲剧自我意识，他说：“我知道我不过是一个过渡时代的牺牲者。我不能够免掉这一切，完全是由于我的生活态度。我是一个有血有肉的青年，我生活在这个黑暗的混乱时代里面，因为忠实，忠实地探索、忠实地体验，就产生了种种的矛盾。”“我的一生也许就是一个悲剧。”[2]郭沫若也始终摆脱不掉历史过渡中的悲剧性感受的苦涩与清醒，他说：“像我们这样五六十岁的人都是生活在一个过渡时代，中国想从封建社会中过渡到现代社会。”“中国社会的蜕变是过了时的，这使我们这些出水的蜻蜓，要脱皮真是艰难。像我自己脱了五十多年，一直都还没有脱干净。准保不会僵绝在芦梗上。”[3]茅盾在

---

[1] 《鲁迅全集》第1卷，人民文学出版社，1981年，第286页。

[2] 巴金：《爱情三部曲·总序》，《巴金论创作》，上海文艺出版社，1983年，第91页。

[3] 《郭沫若论创作》，上海文艺出版社，1983年，第152、566页。

现代复杂的历史和现实面前也经历过人生的孤寂与悲哀，他表述为："我是真实地去生活，经验了动乱中国的最复杂的人生的一幕，终于感得了幻灭的悲哀，人生的矛盾。在消沉的心情下，孤寂的生活中，而尚受生活执著的支配，想要以我的生命力的余烬从别方面在这迷乱灰色的人生内发一星微光。"[1] 中国现代作家对自身命运的强烈悲剧感受，使启蒙主义悲剧意识显得具体而复杂，如郁达夫在他表面上的放达与游戏里掩盖着爱与死的焦渴与挣扎；巴金的史诗性悲剧建构，纠缠着他内心里火样的激情和云似的忧郁。

二、悲剧眼光的忧愤和正义观念

中国现代悲剧作家以忧愤心态和正义观念的悲剧眼光去创作悲剧作品。鲁迅担心中国人从世界人中被挤出的危险，郁达夫的"祖国呀祖国！……你快富起来！强起来罢"[2] 的呼喊，都是忧愤的表现。现代作家在此基础上又以正义观念去观照现实，表现历史。在他们笔下，悲剧制造者与承受者之间善恶分明，悲剧结局并非一定要受难或死亡，只要是善的力量被毁灭或消失，便形成悲剧，如《祝福》中的祥林嫂，《骆驼祥子》里的祥子，《寒夜》里的汪文宣等，他们被逼到生活边缘，直至失去生存的权力和可能，最后显现出他们身上善的力量而表现出感人的悲剧性。他们缺乏对绝对者叩问和反抗的勇气，常常是默默忍受、挣扎，让自己善的价值和力量焕发出光彩。

善恶冲突是中国现代悲剧的基本冲突模式，善恶观念也是一种正

---

[1] 茅盾：《茅盾选集》第五卷，四川文艺出版社，1985 年，第 108—109 页。

[2] 郁达夫：《沉沦》，《郁达夫文集》第 1 卷，花城出版社，1982 年。

义观念，带着鲜明的伦理意识，表现在爱情、婚姻悲剧中，是对传统伦理道德的批判，对现代伦理关系的向往和肯定；表现在农民悲剧中，是对那些封建伦理意识的否定和对新型人格的强调；表现在知识分子悲剧中，是对知识分子伪善的否定，对传统的反叛与对自强、独立人格的向往。作者的主观倾向是邪恶力量终究会被打败，表现出中国现代文学的悲剧意识具有鲜明的乐观主义特点：希望总存在着，善的力量正在发展、壮大，乌云即将散去，结局尽管不如传统悲剧大团圆那样圆满，但也显现出光明的天空。鲁迅的《药》结尾出现了花环，曹禺《日出》在剧终时也让人看见那天边露着笑脸的太阳，老舍把个人主义的末路鬼样子送上绝路后分明看见民族的希望。

中国现代文学悲剧意识的忧愤与正义观念在某种程度上是对传统感时忧国，关心国计民生的忧患传统的承传和对传统文化、伦理意识的扬弃。《诗经》和《楚辞》、杜甫和白居易的诗都表现了鲜明的忧国忧民文学传统。“作《易》者，其有忧患乎。”[1]“忧愁幽思而作《离骚》。”[2]“盖人之情，悲愤积于中而无言，始发为诗，不然无诗矣。”[3]“士之有志于为善，而数奇不偶，终不能略展素蕴者，其胸中愤怒不平之气，无所舒吐，未尝不形于篇咏而见于著述者也。”[4]从诗文创作到理论主张都存在一条忧愤为诗的美学传统，这点在中国现代悲剧意识那里得到了充分的继承和发扬。中国传统文化是一种家族伦理型文化，拥有鲜明的善恶伦理意识，它的影响使中国传统文学的悲剧成为泪剧的代名词。清代毛声山在评元末高明在《琵琶记》开场词所

[1] 《易经·系辞下》，四库全书本。

[2] 《史记》卷 84，中华书局，1975 年。

[3] 陆游：《澹斋居士诗序》，《陆游集·渭南文集》卷十五，中华书局，1976 年。

[4] 黄彻：《碧溪诗话·自序》，人民文学出版社，1986 年。

提出的“论传奇，乐人易，动人难”观点时认为：“文章之妙，不难于令人笑，而难于令人泣。盖令人笑者，不过能乐人，而令人泣者，实有以动人也。”（第一出题词）悲剧要动人、感人，必须充分表现悲剧主角善的成分，并使其毁灭。所以，传统悲剧中出现的是窦娥的冤屈，岳飞的忠烈……中国现代悲剧意识与传统伦理意识有密切联系，但现代悲剧所理解的善，所追求的正义带有现代意义，有别于传统伦理观念。

西方悲剧意识也带有忧患意识，但所忧患的是人被逐出伊甸园后的原罪和沉沦。没有上帝，人该怎么办？什么是通向上帝之路？从莎士比亚（William Shakespeare，1564—1616）、陀思妥耶夫斯基（Фёдор Михайлович Достоевский，1821—1881）到卡夫卡（Franz Kafka，1883—1924）、福克纳（William Cuthbert Faukner，1897—1962）、艾略特（Thomas Steams Eliot，1888—1965）等西方悲剧作家，都表现了对人与上帝关系的连接和断裂后的忧虑，表现了原罪意识。在这忧患和追求中，西方悲剧眼光不是正义观念的善恶意识，而是命运观念的本体意识，它贯穿于西方悲剧意识长河，“显露了它与人性未经探查的背景之间的纠葛”。[1] 命运与正义有明显区别，如朱光潜《悲剧心理学》所说：“这两种观念是互相矛盾、不可调和的，因为命运观念意味着人的意志不起作用，而正义观念则强调人的意志自由和责任。”[2] 中国现代启蒙主义和实践性的强烈欲望决定了中国现代悲剧不可能选择命运的盲目与偶然，而是以悲剧方式高扬意志和责任。

---

[1]　雅斯贝尔斯：《悲剧的超越》，工人出版社，1988 年，第 35 页。

[2]　朱光潜：《悲剧心理学》，人民文学出版社，1987 年，第 105—106 页。

三、艺术理想的日常性和写实性

与西方悲剧意识中艺术理想的非常性和神秘性相较，中国现代悲剧意识的艺术理想则是日常性和写实性的。西方悲剧的非常性主要表现为悲剧人物贵族化和英雄化以及悲剧情节的非常性。西方悲剧从古希腊到19世纪，贵族、国王和英雄占据着悲剧主角，他们或者是地位高，出身贵或者是力量非凡，人格崇高甚至是恶的化身因其非常的人格也拥有悲剧性。悲剧情节的非常性，如杀父娶母，杀子复仇，常表现为暴力和残酷的凶杀。车尔尼雪夫斯基认为悲剧表现的是“人的伟大的痛苦，或者是伟大人物的死亡”[1]。叔本华认为悲剧“表现出人生可怕的一面”，“表现巨大的不幸”[2]。西方悲剧的神秘性表现为与宗教的关联、自然环境的阴森可怕以及命运的偶然性。奥尼尔（Eugene O′ Neill，1888—1953）坦率地说：“我是一个坚定的神秘论者……总是尖锐地感到某种潜在的力量（命运、上帝、创造人类今我的那个作为生物的旧我等）。”[3] 别林斯基（Виссарион Григорьевич Белинский，1811—1848）认为“与悲剧的观念结合着的是阴森可怕的事件和不幸结局的观念”[4]。西方悲剧中常出现鬼魂和恐怖的大自然景象，如奥尼尔《毛猿》中的大海，《琼斯皇》中的丛林，莎士比亚《哈姆莱特》里的鬼魂，它们或者作为一种象征和隐喻，或者作为一种背景和氛围，召唤我们从现象表层进入到深层，体悟到大自然和人类那不可知

[1] 《车尔尼雪夫斯基论文学》中卷，上海译文出版社，1979年，第86页。

[2] 叔本华：《作为意志和表象的世界》，商务印书馆，1982年，第350页。

[3] 奥尼尔：《尤金·奥尼尔评论集》，上海外语教育出版社，1988年，第356页。

[4] 伍蠡甫编：《西方论文选》下，上海译文出版社，1979年，第382页。

领域的神秘。

中国现代悲剧的日常性和写实性主要表现为题材日常性，人物平常性，故事生活化以及叙述、表现的现实化和真实性。中国现代悲剧的选材大都取自日常生活的人和事，自然环境的神秘与恐怖只在几部悲剧中出现过，如曹禺的《原野》和许地山的《缀满劳蛛》等，这种自然的神秘都是为衬托人物的性格而设置的，很少上升到本体高度。如果从人物精神意识，行动方式去看中国现代悲剧，可看到两种悲剧类型，一是自在型悲剧，二是自为型悲剧。前者主要表现为潜在、自然的生命形式，悲剧者缺乏对世界和自身把握的自主能力和强烈欲望。这在中国现代悲剧中主要有两种情形。一是鲁迅所说“近乎无事的悲剧”，悲剧主角同时又不自觉地制造出他人的悲剧，显示出双重悲剧角色，如萧红《呼兰河传》、巴金《憩园》、鲁迅《祝福》中的看客，等等。二是争取基本生存权利的悲剧，悲剧主角没有超出自己基本生活要求以外的更高要求和奢望，但悲剧依然降临在他们头上，如鲁迅《阿Q正传》、老舍《月牙儿》、茅盾《春蚕》等。这两种情形的悲剧表现出典型的日常性、平凡性特点，作者几乎照生活本身的自然逻辑真实地表现出生活本身所掩盖和存在的巨大悲剧性。

自为型悲剧主要表现为悲剧主角的主动性和进攻性，有强烈的把握、征服世界和现实的自我意识和超越欲望。如黑格尔所说：“自我意识只有通过扬弃它的对方（这对方对于它被表明是一个独立的生命）才能确信它自己的存在，自我意识就是欲望。”[1] 中国现代的自为型悲剧主要也有两种情形。一是现实中的先觉者、革命者、创业者和

[1]　黑格尔：《精神现象学》上卷，商务印书馆，1983年，第120页。

追求者，如鲁迅笔下的“狂人”形象、“疯子”形象，他们向封建礼教制度发起了猛烈进攻，显示出历史转折时期一批先知先觉者的悲剧力量。茅盾笔下的民族资本家创业者的悲剧也展现了作为悲剧主体人的辉煌与光彩，吴荪甫虽倒在实业化、工业化的民族资本主义发展道路上，但他的胆识与才干、希望与设想仍动人心魄；曹禺笔下的仇虎、繁漪也显示了悲剧者的热烈与残酷；巴金笔下的复仇者，叶紫笔下的革命者，都是现实中的自为型悲剧家族。他们是作者理想的寄托，时代精神的化身，标志着悲剧以审美方式对时代、现实精神的高度概括和象征。二是历史和神话传说中的英雄人物，如鲁迅《铸剑》的眉间尺和黑色人，郭沫若笔下的屈原、高渐离、段功、聂政和如姬，施蛰存笔下的花惊定，郑振铎笔下的普罗米修斯等，都表现了历史神话人物的悲剧性，往往被现实化，揉进作者的主观感受和情感世界里。

自为型悲剧人物也以平常性、现实性为特征，作者没有着力表现他们的神秘性与非常性，现实中的自为型悲剧自不必多说，就是仇虎的矛盾与痛苦也是在良心、道德层面展开的，也没有神秘的上帝存在。历史中的自为型悲剧颇有英雄特性，但没有被作者推到神秘的境地。施蛰存《将军的头》中的花惊定死后头仍挂在马背奔向爱情之地，这有传奇、神秘色彩，但这样的作品毕竟太少。中国现代悲剧的艺术理想是从日常性和写实性为主要特征的，这种写实性和日常性在某种程度上表现出民族个性。中国文化从孔子“不语怪、力、乱、神”就开启了民族重实际轻玄想，崇现实贬抽象的传统。朱光潜说，中华民族是一个“最讲实际，最从世俗考虑问题的民族。他们不大进行抽象的思辨，也不想费力去解决那些和现实生活好像没有什么明显的直接关系的终极问题”。[1] 李泽厚也用“实用理性”去概括中华民族的智慧。[2] 他们都抓住了中国传统文化的民族性特征。另外，中国现代悲剧意识的日常性、写实性也与中国现代唯科学主义思潮紧密相关，[3] 现代人相信科学可以解释万物，认识一切，神秘和非常事物也就无处藏身。

四、审美感受：笑与悲

笑本来是喜剧性的审美反应和特征，但是中国现代悲剧意识的审美感受在悲的内涵里却融进了笑。我们在读现代悲剧作品时分明感受到喜剧性因素的存在，这表明中国现代悲剧意识有相当的复杂性。

西方的悲剧与喜剧自亚里士多德开始就有严格的界限，从人物、题材和表现手法到美学效果都有鲜明的分界线。相对于悲剧，亚里士多德认为：“喜剧是对于比较坏的人的摹仿，然而，‘坏’不是指一切恶而言，而是指丑而言，其中一种是滑稽。滑稽的事物是某种错误或丑陋，不致引起痛苦或伤害。”[4] 这样，与悲剧相关的是英雄、受难、崇高和悲壮，与喜剧相连的是丑角、矛盾、滑稽和笑。中国现代悲剧意识却打破了这种界限，悲喜融合，悲中有喜，喜里含悲。鲁迅的悲剧往往包含着喜剧性因素，如《孔乙己》《阿Q正传》，在他们深刻的悲剧性里又有许多滑稽、可笑的东西。老舍《二马》《四世同堂》在表现人物悲剧性的同时也刻画了他们的喜剧性。钱钟书《围城》融合

[1]　朱光潜：《悲剧心理学》，人民文学出版社，1987年，第215页。

[2]　参见李泽厚：《中国古代思想史论》，人民出版社，1986年，第303—306页。

[3]　参见郭颖颐：《中国现代思想中的唯科学主义》，江苏人民出版社，1989年。

[4]　亚里士多德：《诗学·诗艺》，人民文学出版社，第8、16页。

悲剧与喜剧达到炉火纯青的地步，在希望与绝望的喜剧性进程中，得出一个真实得可怕的悲剧结论：人生如围城。

中国现代作家在表现悲剧性的现实和历史时又以敏锐的眼光发现了喜剧性因素的存在，因为中国近现代的历史转型特点本身就具有许多可笑的因素。马克思对历史的喜剧性有经典性论述："现代的旧制度不过是真正的主角已经死去的那种世界制度的丑角。历史不断前进，经过许多阶段才把陈旧的生活形式送进坟墓。世界历史形式的最后一个阶段就是喜剧。"他还简明地指出："黑格尔在某个地方说过，一切伟大的世界历史事变和人物，可以说都出现两次。他忘记补充一点：第一次是作为悲剧出现，第二次是作为笑剧出现。"[1] 中国现代作家在创作悲剧时就把历史过渡时期的"丑角"及其各种精神意识形式置于历史的"坟墓"，表现出它们众多的喜剧性因素。这是中国现代悲剧意识笑与悲融合的社会、历史原因。再一个原因就是创作主体担负着以悲剧审美方式进行文化思想启蒙，必然会以喜剧性方式把那些"无价值的东西撕破给人看"（鲁迅语），从而结束旧时代，完成中国封建社会制度的喜剧性终结。

作者单位：西南大学

[1] 《马克思恩格斯选集》第1卷，人民出版社，1972年，第5、603页。

第四部分

文艺美学学科问题研究

再论社会心理是文艺反映现实的中介

陆一帆

我提出社会心理是文艺反映现实的中介以后，对我的观点有赞成的也有反对的，其中给我许多启发，现把思考所得写出来求教于大家。

一、对几个观点的商榷

（一）文艺反映经济基础没有中间环节吗？

意识形态不直接反映而是间接反映经济基础这个问题，马克思和恩格斯反复说明过。但有同志认为马、恩只说意识形态与经济基础的联系、对经济的反作用是要通过中间环节，没有说意识形态反映基础也要通过中间环节。“艺术是直接反映生活还是间接反映生活是艺术反映生活的方式问题，而不涉及艺术与生活的中介范畴。”[1] 我以为，所谓中介就是两种间接联系的事物之间的中间环节。意识与存在联系首先是反映与被反映的关系，意识不过是存在的反映。所以意识这一概念本身就包含着反映存在的意思。有了反映与被反映关系才有意识

[1] 何楚熊：《社会心理不是文艺反映生活的中介》，《广州日报》1991 年 10 月 24 日。

与存在相互作用的关系。没有反映与被反映关系，其他方面的关系就无从发生。所以，意识与存在的联系就包含反映与被反映关系，这是不言而喻的。我们不能因为恩格斯谈到意识与基础的联系，“越来越被一些中间环节弄模糊了”时，没有明白说出“反映”，就否定它包含意识形态间接反映基础的意思。艺术是直接还是间接反映生活，的确是艺术反映生活的方式问题。而反映方式与中介并非水火不相容。间接反映生活这种方式就涉及中介范畴。没有中介怎么间接反映？

马克思和恩格斯认为，除了国家机关、政治制度及法律设施等物质上层建筑之外，还有意识形态本身诸形式即政治、法律与伦理等思想体系。文艺离基础最远，它反映基础往往还通过哲学、宗教两个中间环节。哲学常常是文艺的理论基础，宗教常常是文艺的主题和题材。

（二）社会心理能否成为文艺反映的对象？

我认为文艺通过社会心理间接反映现实。有同志反对，理由是，意识之间“并没有反映与被反映的关系”，“意识形态反映的对象只能是社会存在及由它决定的一切现实关系”。[1]这理由恐怕难站住脚。社会心理虽是意识，却客观地存在于思想家和作家头脑之外，是社会生活一个组成部分，因而成为意识形态反映的对象。文艺并非仅仅反映社会物质存在。“任何真正的哲学都是自己时代精神的精华”[2]，托尔斯泰（Лев Николаевич Толстой，1828—1910）是“俄国千百万农民在俄国资产阶级革命快到来的时候的思想和情绪的表现者”[3]。文艺描写

[1]　何楚熊：《社会心理不是文艺反映生活的中介》，《广州日报》1991年10月24日。

[2]　《马克思恩格斯全集》，第1卷，人民出版社，1956年，第121页。

[3]　《列宁选集》，第2卷，人民出版社，1972年，第371页。

社会物质存在是重要的，但更重要的是写出时代精神，写广大群众的思想感情。大家常说文学是人学，正是从强调描写人民群众心理的角度出发的。提出文艺不反映社会意识的同志说："如果把社会心理看成人们的意向、愿望、情感，那么，这些当然也是艺术表现的对象，但不是直接的表现。""社会生活是指人们的社会生存活动，包括物质生存活动和精神生存活动。艺术反映生活，就是以人们的社会生存活动为对象。"[1]我认为，社会心理只是意识形态（含文艺）反映的一种对象，它并非意识形态和文艺。有的同志把它们等同起来了，说："社会意识则属于观念上层建筑，普列汉诺夫认为社会意识有社会心理和思想体系两种形式，并没有否定社会意识作为观念上层建筑的属性。"[2]其实，并非所有的社会意识都是观念上层建筑。社会心理只是人们的日常意识，要经过专家的加工创造才成为意识形态，即观念上层建筑。普氏并没有把社会心理当作观念上层建筑，认为它只是经济政治与意识形态的中间环节。文艺是一种意识形态，是文艺家以社会心理为原料创作出来的。如果社会心理已经是意识形态，那就不用文艺家搞创作了。

（三）意识形态产生的方式是什么？

马克思和恩格斯虽然阐明了经济基础与意识形态之间有些中间环节，但他们所指的中间环节，要么是物质方面的（政治制度、国家、法律设施），要么是意识形态方面的（政治、法律、伦理等思想体系），从物质存在过渡到意识形态，中间经过什么关键性中间环节？

---

[1]　何楚熊：《社会心理不是文艺反映生活的中介》，《广州日报》1991年10月24日。

[2]　尹康庄：《源和流怎样混淆？》，《广州日报》1991年9月26日。

即意识形态通过什么方式从经济基础产生出来？恩格斯晚年说他和马克思来不及解决这个问题。有同志不同意我这看法，说："在我看来，恩格斯论及的关于意识形态产生的方式就是思维。……理论形态体系的思维是概念的思维。那么，艺术形态体系的思维又有何特征？或说艺术地掌握世界的方式是怎样的？这确是文艺学和美学应当研究解决的。"[1] 我以为恩格斯这里说的显然不是社会科学和文艺各用什么思维方式的问题，而是整个意识形态如何从经济基础那里产生的问题。因为，第一，恩格斯这段话是针对梅林（Franz Erdmann Mehring，1846—1919）的论文《论历史唯物主义》而发的，他在给梅林的信明白地说："我从末尾，即从《论历史唯物主义》这篇附录谈起。"下面谈的都是这个问题，完全不谈及抽象思维与形象思维。第二，关于社会科学用抽象思维及艺术掌握世界的方式问题，马克思和恩格斯都已论述过了，不存在"被忽略"的问题。

二、社会心理是文艺反映现实的折光镜

普列汉诺夫虽然提出了社会心理是意识形态反映经济与政治的中间环节，但为什么一定要通过社会心理？其过程如何？他未做具体论述。我以为这个意识形态产生过程，我们运用马克思主义辩证唯物论和历史唯物论及现代科学心理学原理加以研究，是可以说清楚的。

从存在变成意识，要经过人们的反映。列宁明确指出："认识是人对世界的反映，……在这里的确客观上是三项：1. 自然界；2. 人的认

---

[1] 何楚熊：《意识形态的产生方式是思维艺术通过反映生活显现社会心理》，《学术研究》1991 年第 5 期。

识＝人脑（就是那同一自然界的最高产物）；3. 自然界在人的认识中的反映形式。”[1] 这是唯物主义反映论的新发展。机械唯物论看不到人脑在反映过程的能动作用，以为反映就像照镜子，这在心理学上也有一个发展过程。以前行为主义心理学家认为，人们反映现实是按“S（刺激）—R（反映）”这个公式进行，有什么就反映出什么。后来心理学家觉得这只是动物原始的生理反应关系，人的反映公式应是：S（刺激）—O（人脑）—R（反映）。人脑（O）不仅有特殊的生理机能，还包括心理因素（要求、欲望、思想感情、价值观念及个性等），这些心理因素对认识影响很大。这在心理学上充分论证过。因此，人脑就像折光镜，外部世界转化为意识一定要经过它的折射。各人头脑中的心理因素不完全相同，所以反映出来的结果就不完全相同。

人们反映现实既然要通过人的头脑的折射作用，能否说意识形态反映现实的中介是个人意识而不是社会心理？不能。这是由两个方面的条件造成的：第一，意识形态的特殊性；第二，社会心理的特殊性。

先说意识形态的特殊性。意识形态是竖立于经济基础之上的观念上层建筑，一定要反映生产关系（经济基础），不反映生产关系的意识形式不能成为意识形态。意识形态并不仅仅反映生产关系，它也反映生产力和其他社会关系。但是，它首先是反映生产关系以及集中表现经济的政治。在阶级社会里，生产关系就是阶级关系。反映这种关系的思想体系就有非常鲜明的阶级性。不同阶级都有自己的思想体系。对立阶级的意识形态是明显对立的。“工人比起资产阶级来，说的是另一种习惯语，有另一套思想和观念，另一套习俗和道德原则，

[1] 列宁：《哲学笔记》，人民出版社，1976 年，第 168 页。

另一种宗教和政治。”[1]意识形态既然是生产关系的产物，有鲜明阶级性，它就为经济基础服务，随基础变革而变革。有人认为不是文艺反映经济基础才决定文艺的意识形态性质，是“艺术与生活的反映与被反映关系决定文艺的社会意识形态性质”[2]。这是值得商榷的。“经济基础”与“社会生活”是不相同的。社会生活内容很广泛，包括生产力、生产关系（经济基础）、政治制度、社会心理。经济基础只是社会生活的一个部分。文艺之所以具有意识形态性质，就是由于它首先反映了生产关系。如果不反映生产关系只反映生产力，就不具有意识形态性。自然科学没有意识形态性，就因为它不反映生产关系。

现在再来看社会心理的特殊性。社会心理是社会群体的日常意识（包括映象、思想、感情、愿望等）。人们在社会生活中接触各种事物，就产生映象和思想感情。在这些思想感情中有一部分是属于集体所有的，就叫社会心理，有一部分只是个人所独有，就叫个人意识或个人心理。社会上有很多集体，每个集体都有自己的心理，所以社会心理有很多种，“社会心理”只是一个总称。社会心理虽然有多种，但主要的只有阶级、阶层、民族、时代等四种心理。

社会心理不同于个人意识。第一，社会心理是群体典型的心理，是该团体中所有成员不同程度具有的共同心理，它不包括每个人的一切心理因素。一个团体中每个人既有与其他人相同的心理，也有与其他人不同的独特心理。前者是共性，可归入社会心理中，后者是个性不能归入社会心理。个人一定会有独特的心理因素，因为每个人都有

[1] 恩格斯：《英国工人阶级状况》，《马克思恩格斯全集》，第2卷，人民出版社，1956年，第410页。
[2] 何楚熊：《社会心理不是文艺反映生活的中介》，《广州日报》1991年10月24日。

自己的生活经历和个性。社会心理强调团体的整体性忽略个性，强调人的社会地位及所属阶级、阶层、民族、时代的特征，撇开个人的生活经历，地位等条件。第二，阶级思想感情是其他社会心理（阶层、民族、时代等心理）的核心，也是个人意识的核心，它对人所有思想感情起着支配作用。阶级思想感情是由阶级关系产生的。人们生活在一定阶级关系和社会制度中，经过一段时间以后便逐渐产生一定的阶级思想感情。它比较稳定地积淀在人们头脑中，不那么容易消失。

阶级思想感情形成以后，便成为人们反映现实的折光镜。不同阶级有各自反映现实的折光镜，对各种事物的认识、看法有所不同。同一事物在对立阶级思想的折光下，会得出两种相反的映象和思想来。

不仅对经济关系和政治的反映是这样，就是对自然物的反映也是如此。在不同社会心理的折射之下，会出现大不相同的映象。从一些古文物可以看到，原始和平时期的动物形象与战争恐怖时期的动物形象是很不相同的。仰韶型（半坡及庙底沟）和马家窑型的彩陶中有许多动物形象，如鱼、狗、蜥蝎、鸟、青蛙，还有陶盆里的人面含鱼的形象，呈现出活泼、快活、天真可爱的气派。这些彩陶是原始和平时期的产品，上面的动物形象正是和平安定的社会造成和平欢乐的社会心理的反映。夏商周是奴隶制产生与发展的时代，战争频仍，杀俘、吃人、掠夺，手段极野蛮残忍，造成恐怖的社会心理。反映在青铜器上的人面兽和其他动物形象都十分恐怖。这些动物在自然界不存在，这是在当时的恐怖心理折射下产生的动物映象，艺术家根据这种映象造出了青铜艺术。这种动物的恐怖形象是奴隶主阶级用以表现自己神威，吓唬奴隶和异族的，另方面又有驱逐邪恶保护自己的作用。

由于阶级思想是人们反映现实的折光镜，不同阶级的思想家及作家就拿这个折光镜去观察现实，处理历史遗留下来的思想资料，加工创造出意识形态来。哲学、经济学、文艺等就是这样创造出来的。以历史唯物主义为例，正如马克思和恩格斯所说："共产党人的理论原理，绝不是以这个或那个世界改革家所发明或发现的思想、原则为根据的。这些原理不过是现存的阶级斗争、我们眼前的历史运动的真实关系的一般表现。"[1] 历史唯物主义的产生，首先是由于资本主义社会矛盾日益尖锐而产生了工人阶级思想，这是工人阶级认识和反映现存的折光镜。马克思和恩格斯运用这个折光镜，一方面吸收和改造了过去的思想资料——法国18世纪唯物主义，特别是19世纪上半期德国古典哲学、英国古典政治经济学、法国空想社会主义、资产阶级历史学家的阶级学说等，另方面深入研究并反映了当时的社会现实，从而创造了历史唯物主义这一光辉思想体系。如果不是运用工人阶级思想这一折光镜，即使历史资料再多，现实斗争再尖锐也创造不出唯物史观。与马克思和恩格斯同时代的所有资产阶级思想家，面对同样的现实和历史资料却无法创立这一思想体系。这一思想体系创立出来后资产阶级思想家至今仍不愿也无法接受，他们仍死抱唯心史观不放。

文艺不论什么品种，不论是浪漫主义还是现实主义，不论虚构还是写真人真事，都通过社会心理这一中介去反映现实。文艺是用具体形象反映现实的，很多现实主义长篇小说如《水浒传》《三国演义》《红楼梦》等，明明是描写了社会矛盾、阶级斗争，而且写得很生动细致，怎么说它们不是直接反映经济和政治呢？这里我们要注意，描写不等于直接反映，间接反映也是要描写的。《水浒传》等作品之所

[1] 《共产党宣言》,《马克思恩格斯选集》，第1卷，人民出版社，1972年，第264页。

以是间接反映现实，因为它们所写的内容都是经过社会心理这面折光镜折射出来的。同一社会事物在不同阶级思想感情的折射下会得出不同的映像。各阶级的作家就根据本阶级的映像创作出不同的艺术形象来。例如梁山农民起义这一历史事实是客观存在的，但是，进步作家施耐庵根据农民阶级的映像创作出《水浒传》，反动作家俞万春根据地主阶级的映像创作出《荡寇志》。这两部作品的人物形象是截然相反的。如果没有阶级心理这一中介作用，就不会出现这种现象了。

以清代社会为描写对象的《红楼梦》，产生于清乾隆时代，正值清朝“河清海晏”的鼎盛时期。但是清代毕竟是我国封建社会末期，这时社会上已出现一个具有民主意识的知识阶层，曹雪芹即其中一分子，正是这种民主意识才能认识到清代社会的危机和衰败。《红楼梦》就是曹雪芹用民主意识这一折光镜反映现实的结果。当时统治阶层是绝不会有这种认识的，因为他们的思想是封建主义思想，这种思想只能折射出另一种社会映像，其御用文人会通过幻想编造出一个繁荣美妙的社会景象来，“贾府中兴”、“红楼园梦”等不就是这类幻想吗？

在意识产生过程中，个人意识不像阶级意识那样能使同一事物产生不同的映像和思想体系，它至多能使反映的结果有些个性而已。例如许多现代作家写过反封建作品，由于都是进步阶级作家，用进步阶级思想折光镜，所以其作品基本点相同，都反对封建礼教，写出它吃人的本质，同情被害者，赞扬反抗者。但作家个人生活道路和个性不同，有不同的个人意识，这就使其作品各具特色。在题材、人物、故事情节、创作方法、表现技巧和文学语言等各方面都有所不同。鲁迅与郭沫若，一个是现实主义大师，喜欢对社会黑暗做冷静剖析，无情批判；一个是浪漫主义巨匠，喜欢展示未来理想，对反抗者及其精神热情歌颂。但不管其作品差异多大，都没超出革命阶级意识形态范围。

由此可见：文艺反映经济基础和现实的中介不是个人意识而是阶级意识，这个中介不是个人头脑而是“阶级头脑”，人们说意识形态直接反映经济与政治时，也并不否认要经过头脑的作用。只不过仅仅看到头脑中的个人意识，看不到里面还有阶级意识在起作用，而且起决定性作用。在意识形态产生过程中个人意识也是一个折光镜，阶级意识就是最重要的第一级折光镜，正是它才使一些意识形式具有意识形态性质。个人意识只是第二级折光镜，它的作用是使意识形态作品个性化，使同一种意识形态形式具有多姿多彩的品格。也许正是由于这个原因，过去大家虽已看到个人意识的折光作用，但仍然说意识形态直接反映经济基础，文艺直接反映现实。

使一种意识形态形式多样化是重要的，特别是文艺尤为重要。因为文艺是用生动形象反映现实，专供审美之用，必须具有多样化个性化，没有个性就成了公式化概念化作品，就没有欣赏价值。所以我们说社会心理是文艺反映现实的折光镜，决不否定个人意识在反映过程中的作用。意识形态产生的全过程应该是这样：经济与政治—社会心理—个人意识—意识形态（包括文艺）。而不是：经济与政治—个人意识—意识形态（包括文艺）。没有社会心理的折光镜作用，意识形式成不了意识形态。我们不要只见个人意识作用不见社会心理作用。

也许有人觉得不好理解，人的头脑只有一个，什么意识都存放在这个头脑中，你中有我，我中有你，哪里分得出哪些是阶级意识哪些是个人意识？我以为它们虽然都存放在人的头脑中，一个人同时可以拥有阶级意识与个人意识，但二者是不同的，这可以分辨。阶级意识是整个阶级所有成员共有的意识，个人意识只是个人独有的意识；阶级意识是可以存在于个人头脑之外的，是客观的东西，个人可以获得它，也可以失掉它。个人任何时候都有个人意识，但不是任何时候都有他原来本阶级的意识。随着阶级意识的改变，他的阶级归属就由一个阶级转到另一个阶级，他就不再是原来那个阶级的代言人了。

以上我谈的社会心理主要是阶级心理，对民族心理、时代心理、阶层心理都未谈，它们也可以分别作为意识形态特别是文艺反映经济与社会现实的折光镜。它们有各自的特色，但作为一种中介的折光作用，其基本原理与阶级心理相同，所以这里就不再一一论述了。

三、社会心理是文艺直接反映的内容

社会心理的中介作用是文艺反映的内容。社会心理映像是创造艺术形象的直接原料。现实主义艺术形象就是用这种原料加工创作的。社会心理中的思想感情、理想等，艺术都要表现。这里有三种情况。

（一）以再现客观事物为主的现实主义艺术，也表现了社会思想感情，如《水浒传》就表现了当时广大被压迫人民的思想感情和愿望。在它所描写的人和物的系列形象中就包含着人民的思想感情。

（二）有些文艺种类描写了并非现实中有的事物的形象，是人们用想象和幻想编织成的，只存在于人们头脑中，只是一种理想和愿望，浪漫主义艺术就属于这类作品。理想愿望就是社会心理的一个内容。

（三）有些艺术并不描写和再现现实中的事物，只表现社会情感。如工艺美术和建筑艺术。一年多来，北京对“文艺是不是意识形态”

问题展开了热烈讨论。问题的提出主要是从工艺美术和建筑艺术反映的内容开始的。有人认为这种艺术并不反映经济基础，所以文艺不是意识形态，因为意识形态必须反映基础。很多人都反对文艺不是意识形态的说法，但对这二种艺术是不是意识形态避而不谈，有人为了说明这个问题，把艺术分为观念形态的艺术和物质形态艺术（即工艺美术和建筑艺术），后者不反映现实，所以工艺美术与建筑艺术不是意识形态。争论不休的双方竟然得出相同结论。这种观点是错误的。[1]

工艺美术和建筑艺术都是社会心理的直接反映，主要是社会情感和审美情趣的反映。这种情感情趣是由社会经济与政治现实产生的。改革开放以前我国的社会风气古朴、庄重、呆板、保守、单调，这在服装设计上就表现出来：品种很少，一律是蓝色或灰色，长期不变，老少均同，显得单调、保守。这种情调和风气正是当时经济与政治的产物。改革开放以来，我们的服装起了大变化：样式和颜色多姿多彩，总体上正好表现了开放、改革、活泼、奋进、明快的时代精神。

总之，工艺美术和建筑艺术都是意识形态。它们不直接反映经济和政治，却通过社会心理间接反映经济和政治。间接反映也是反映，虽然不描写那个事物，但通过中介物去间接反映，如象征艺术、音乐、有些舞蹈，都通过甲物表现乙物。间接描写也是文学常用手法。

作者单位：中山大学

[1] 陆一帆：《新美学原理》（修订本），广西人民出版社，1983年，第160页。

审美意识形态论作为文艺学的第一原理

童庆炳

一、问题的提出

我国新时期以来，文学理论研究的重要收获之一，就是由一部分学者率先提出的关于文学的审美反映论、审美意识形态论和审美价值论，摆脱了对文学政治工具论的单一、僵化思想的束缚。这一理论重新被唤起，几乎为全体理论界人士所接受，认为是合乎艺术规律的。对此，我们必须给予充分的公正的估价。最近出现了一些总结新时期20年来的文章，都不约而同提到这一点。这种总结无疑是有意义的，必须予以肯定。但是，这类总结往往把当时提出的审美反映论、审美意识形态论，仅仅看成是对政治工具论的冲击而已，似乎只是一种权宜之计；时过境迁，现在已经失效，并不是什么理论建树。更有的人把文学反映论、审美意识形态论说成是审美加反映、审美加意识形态的简单拼凑，说成是过时的纯审美主义等等。我并不认为这些说法是公正的，他们并没有真正了解审美反映论、审美意识形态论的真谛。

最近一段时间，由于国际外部环境的一些变化，有少数学者重新谈论文学为政治服务的问题，认为不能放弃文学为政治服务的口号，它仍然是正确的。似乎又要走回老路上去。在这种情况下，我认为有必要就这个问题申述我的一些看法，因为我也是当时较早提出审美反映论、审美意识形态论的人之一，而且至今仍然坚持这一观点，甚至认为审美反映论、审美意识形态论是文艺学的第一原理。

二、审美意识形态论的整一性

我们说文学是人类的一种社会的审美意识形态，并非把文学看成是审美与意识形态的简单相加，而是明确把审美意识形态当作相对独立整一的系统。这里首先说明审美意识形态的整一性和独立性问题。

在马克思关于社会结构的理论中，社会经济基础制约上层建筑。上层建筑分成两类，一类是社会政治制度等，一类是社会意识形态。社会意识形态归根到底要寻找社会经济基础的解释。但是由于社会经济基础对意识形态的制约要经过多种中介，有时候这种制约作用并不是看得很清楚的。意识形态都具有相对独立性，特别是哲学、宗教和文学艺术等作为更高悬浮于空中的思想领域（恩格斯语），其相对独立性就更加明显。有时候我们很难找到最上层的艺术与最下层的经济的联系。马克思在《〈政治经济学批判〉导言》中，所揭示的“物质生产的发展对于艺术生产的发展的不平衡的关系”，至今仍值得我们深思。盛唐时期无论如何昌盛，其物质生产无论如何也没法与我们今天高科技时代的物质生产相比，但是却生产了魅力无穷、无与伦比的盛唐诗歌。诗歌的生产不是直接与经济发展程度相联系的。物质生产存在着一条不断进步的规律，而文学艺术的发展却不存在这种进步的规律。诗歌作为一种审美意识形态诚然是那个社会的产物，有产生它的独特的多种社会条件，但一味把艺术的发展与社会的经济基础直接联系，是没有意义的。文学艺术作为审美意识形态自身有很强的独立性。

这里还有一个重要的观念，即所谓的意识形态是对各种社会意识形态的抽象，并不存在一种称为意识形态的实体。苏联著名审美学派的主将阿·布罗夫（A. Буров）曾说过：

“纯意识形态原则上是不存在的。意识形态只有在各种具体的表现中——作为哲学的意识形态、政治意识形态、法意识形态、道德意识形态、审美意识形态——才会现实地存在。”[1]

这种对意识形态的理解是正确的，而且极有意义。可惜布罗夫对这个问题未展开来论述。这里有两点值得我们注意。第一，意识形态都是具体的，而非抽象的。通常我们所说的意识形态只是对具体的意识形态的抽象和概括。那种所谓无所不在的一般的意识形态是不存在的。意识形态只存于它的具体形态中，如上面所说的哲学意识形态、政治意识形态、法意识形态、道德意识形态、审美意识形态，就是这些具体的形态。没有一种超越于这些具体形态的所谓一般的意识形态。第二，这是更重要的一点，所有这些具体形态的意识形态都是一个完整独立的系统。哲学意识形态不是哲学与意识形态的简单相加，政治意识形态也不是政治与意识形态的机械拼凑。当然，所有这些形态的意识形态有它们的共性，即它们都是社会生活的反映。但不同的意识形态反映的对象是不同的。哲学意识形态是对社会生活的总的根本性的反映，着重回答思维与存在、精神与物质的关系何者为根基的问题。政治意识形态一般而言是反映社会生活中不同集团之间的利益

[1] 阿·布罗夫：《美学：问题和争论》，上海译文出版社，1987 年，第 41 页。

冲突与妥协问题。法意识形态则是对于社会生活中统治集团按其意志，并由国家强制力保证执行的行为规则所反映出来的思想领域……审美意识形态一般而言是对于社会中人的情感生活领域的反映。意识形态的不同形态反映对象的差异，也导致它们形式上的差异。不同形态的意识形态有自己独特的内容与形式，并形成了各自独立完整的思想领域。自然，各个形态的意识形态是互相联系、互相作用、互相影响，互相渗透的，但又互相独立。这些不同的意识形态领域，对于社会的经济基础来说，的确有靠得近与远的区别，但它们并无高低贵贱之分。它们之间的相互作用是不可避免的，但它们之间并不存在谁为谁服务的问题。例如，审美意识形态与政治意识形态的关系，并不总是顺从的关系；相反，审美意识形态对政治意识形态的规劝、监督、训斥等，也是十分正常和合理的。例如，西方的浪漫主义和批判现实主义，说的就是对于资本主义的政治秩序表示不满，对于在资本主义政治意识形态主导下的人性丧失、人的异化、人的悲惨生存状况以及非人的生活环境等，进行诗意的裁判。在这种情况下，审美意识形态自身形成一个独特的思想系统，它的整体性就充分显现出来。如果我们上面所说能够站得住的话，那么我们可以说，文学艺术作为审美意识形态是意识形态中一个具体种类，它与哲学意识形态、政治意识形态、法意识形态、道德意识形态有联系，它们的地位是平等的。在这里不存在简单的谁为谁服务的问题。像过去那样把文学等同于政治、把文学问题等同于政治问题的观念是不符合马克思的理论精神的。20世纪80年代初期，学术界提出文学的审美意识形态论、文学的审美反映论等，不是简单地把审美和意识形态嫁接起来，更不是什么权宜之计，而是根植于马克思主义理论的完整的理论建树。

三、文学审美意识形态性的内涵

文学的意识形态性，是文学与其他形态的意识形态的共性。文学的审美意识形态性则是文学区别于其他意识形态的特性。文学的审美意识形态性作为独特的思想系统，并非纯审美主义或审美中心主义。文学的审美意识形态性有丰富、完整的内涵。这可以从下面几点说明。

第一，文学的审美意识形态性，从性质上看，既有集团倾向性又有人类共通性。文学作为审美意识形态，的确表现出集团的、群体的倾向性，这是无须讳言的。这里所说的集团、群体，包括了阶级但又不止阶级。例如，工人、农民、商人、官吏、知识分子等，都是社会的不同集团与群体。不同集团、群体的作家由于所处的地位不同，代表着不同的利益，这样他们必然会把他们的不同集团、群体的意识渗透到文学的审美描写中，从而表现出不同集团、群体的意识和思想感情的倾向性。鲁迅曾经说过：

“文学不借人，也无以表示“性”，一用人，而且还在阶级的社会里，即断不能免掉所属的阶级性，无需加以“束缚”，实乃出于必然。”[1]

鲁迅所说是正确的。如一个商业社会，老板与雇工的地位不同，他们之间也各有自己的利益，作家若是描写他们的生活和关系，那么作家的意识自然也会有一个倾向于谁的问题，如果在文学描写中表现

---

[1] 鲁迅：《硬译与文学的阶级性》，《鲁迅全集》，第 4 卷，人民文学出版社，1959 年，第 164 页。

出来，自然也就会有集团或群体的倾向性。

但是，无论属于哪个集团和群体的作家，其思想感情也不会总是被束缚在集团或群体的倾向上面。作家也是人，必然也会有人与人之间相通的人性，必然会有人人都有的生命意识，必然会关注人类共同的生存问题。如果体现在文学的审美描写中，那就必然会表现出人类普遍的共通情感和愿望，从而超越一定集团或群体的倾向性。例如描写男女之情、父子之情、母子之情、兄弟姐妹之情、朋友之情的作品，往往表现出人类普遍的感情。大量描写山水花鸟的作品也往往表现出人类对大自然的热爱的普遍之情。

这里特别要指出的是，在一部作品的审美描写中，往往既含有某个集团和群体的意识，同时又渗透了人类共通的意识。就是说，某个集团或群体的意识与人类的共通的意识并不总是不相容的。特别是下层人民的意识，常常是与人类普遍的意识相通的。下层人民的善良、美好的情感常常是人类共同情感的表现。例如下面这首《菩萨蛮》：

枕前发尽千般愿，要休且待青山烂，水面秤锤浮，直待黄河彻底枯。白日参辰现，北斗回南面。休即未能休，且待三更见日头。

这是下层人民的歌谣，那种表达恋人对爱情的忠贞感情，不但属于下层百姓，也属于全人类的共同美好感情。正是从这个意义上，我们说集团倾向性和人类共通性的统一是文学审美意识形态性的重要表现。

第二，文学的审美意识形态性，从主体特征看，它既是认识又是情感。文学是社会生活的反映，无疑包含了对社会的认识。这就决定了文学有认识的因素。即使是那些自称是反理性的作品，也包含了对现实的认识，只是其认识可能是虚幻的、谬误的而已。有的作品其认识表现为对现实的批判解析，如西方批判现实主义作品，就表现为对资本主义世界的种种不合道义的弊端的评价与认识；有的作品则表现为对现实发展的预测和期待的认识，许多浪漫主义的作品都是如此。有的作品看似十分客观、冷静、精确，似乎作者完全不表达对现实的看法，其实不然。这些作品不过是冷眼深情，或者用鲁迅的话说“热到发冷的热情”，不包含对现实的认识是不可能的。但是，我们说文学的反映包含了认识，却又不能等同于哲学认识论上或科学上的认识。文学的认识总是以情感评价的方式表现出来的。文学的认识与作家情感态度完全交融在一起。例如，我们说法国作家巴尔扎克的作品有很高的认识价值，它深刻揭示了他所生活的时代的法国社会发展的规律，但他的这种规律性的揭示，不是发议论，不是写论文，他是通过对法国社会的形形色色的人物及其命运的描写，通过各种社会场景和生活细节的描写，通过环境氛围的烘托，暗中透露出来的。作者把自己对社会现实的情感评价渗透在具体的艺术描写中，从而表达出自己对生活的看法和理解。在这里，认识与情感是完全结合在一起的。

那么，这样的认识与情感结合的形态，究竟是什么呢？黑格尔把它称为 Pathos，朱光潜译为“情致”。黑格尔说：

“情致是艺术的真正中心和适当领域，对于作品和对于观众来说，情致的表现都是效果的主要来源。情致所打动的是在每个人心里都回响着的弦子，每一个人都知道一种真正的情致所含蕴的价值和理性，而且容易把它认识出来。情致能感动人，因为它自在自为地是人类生存中的强大的力量。”[1]

---

[1]　黑格尔：《美学》，第 1 卷，商务印书馆，1979 年，第 296 页。

黑格尔的意思是，情致是两个方面的互相渗透，一方面是个体的心情，是具体感性的，是会感动人的，可另一方面是价值和理性，可以视为认识。但这两个方面完全结合在一起，不可分离。因此，对那些情致特别微妙深邃的作品，它的情致往往是无法简单地用语言传达出来的。俄国的批评家别林斯基在发挥黑格尔的“情致”说时也说：

“艺术不容纳抽象的哲学思想，更不容纳理性的思想，它只容纳诗的思想，而这诗的思想——不是三段论法，不是教条，不是格言，而是活的激情，是热情……，因此，在抽象思想和诗的思想之间，区别是明显的：前者是理性的果实，后者是作为热情的爱情的果实。”[1]

这是别林斯基在他的文学批评活动中把握到的真理性的东西。文学审美意识作为认识与情感的结合，它的形态是诗的思想，因此文学史上一些优秀作品的审美意识，就往往是难以说明的。有人问歌德，《浮士德》的主题思想是什么，歌德不予回答，他认为人们不能将《浮士德》所写的复杂、丰富、灿烂的生活缩小到用一根细小的思想导线来说明。文学作品的审美意识是情致，是认识与情感的交融，认识就像盐那样溶解于情感之水，无痕有味，所以很难用抽象词语来说明。

第三，文学的审美意识形态性，从目的功能上看，是无功利性又有功利性。文学是审美的，那么在一定意义上它就是游戏，就是娱乐，就是消闲，似乎没有什么实用目的，仔细一想，它似乎又有功利性，而且有深刻的社会功利性。就是说它是无功利的（disinterested），但又是有功利的（interested），是这两者的交织。

在文学活动中，无论作者，还是读者，在创作和欣赏的瞬间一般

---

[1] 《别林斯基论文学》，新文艺出版社，1958年，第53页。

都没有直接的功利目的性。如果一个作家正在描写一处美景，却在想入非非地动心思要占有这处美景，那么他的创作就会因这种走神而不能艺术地描写，使创作归于失败。一个正在剧场欣赏《奥赛罗》的男子，若因剧情的刺激而想起自己的妻子有外遇的苦恼，那么他就会因这一考虑而愤然离开剧场。在创作和欣赏的时刻，必须排除功利得失的考虑，才能进入文学世界。只有在无功利的审美活动中，才会发现事物的美，才会发现诗情画意，从而进入文学世界。丹麦文学史家勃兰兑斯举过一个很能说明问题的例子：

“我们观察一切事物，有三种方式——实际的、理论的和审美的。一个人若从实际的观点来看一座森林，他就问这森林是否有益于这地区的健康，或是森林主人怎样计算薪材的价值；一个植物学者从理论的观点来看，便要进行有关植物生命的科学研究；一个人若是除了森林的外观没有别的思想，从审美的或艺术的观点来看，就要问它作为风景的一部分其效果如何。”[1]

这里，唯有艺术家是无功利的，这样他关心的是风景的美。正如康德所说那样：“那规定鉴赏判断的快感是没有任何利害关系的。”“一个关于美的判断，只要夹杂着极少的利害感在里面，就会有偏爱，而不是纯粹的欣赏判断了。”[2] 康德的理论可能有片面性，但是就审美意识形态在直接性上是无功利的角度而言，他是对的。中国古代文论讲究文学创作和欣赏时的虚静说，也是审美无功利的理论。刘勰继承老子庄子的悟道的虚静说，在《文心雕龙·神思》提出文学创作中的虚静说：“是以陶钧文思，贵在虚静，疏瀹五藏，澡雪精神。”

---

[1] 勃兰兑斯：《十九世纪文学主潮》第一卷，人民文学出版社，1958 年，第 161 页。

[2] 康德：《判断力批判》上卷，商务印书馆，1964 年，第 41 页。

意思是说，在酝酿文思的时候，可贵的是虚心和宁静，清除心里的成见，使精神处于纯净状态。虚静就是使人的精神进入一种无欲无得失无功利的极端平静的状态，这样事物的一切美和丰富性就会展现在眼前。所以，虚静可以理解为审美活动时的心理状态。

但是，我们说文学审美意识在直接性上是无功利的，并不是说就绝对无功利了。实际上，无论是作家的创作还是读者的欣赏在无功利的背后都潜伏着功利性，在间接上看，创作是为人生的，为社会的，就是所谓的无功利实际上也是对人生、对社会的一种态度，更不必说，文学创作往往有很强的现实性的一面，或批判社会，或揭示人生的意义，或表达人民的愿望，或展望人类的理想等等，其功利性是很明显的。就是那些社会性比较淡的作品，也能陶冶人的性情，陶冶性情也是一种功利。所以鲁迅说，文学“给人的愉快与休息，是劳作和战斗前的准备”[1]。鲁迅还说过，文学是“无用之用”。这意思就是说，文学意识的直接的无功利性正是为了实现间接的有功利性。

第四，文学的审美意识形态性，从方式上看，是假定性但有真实性。文学作为审美意识与科学意识是不同的。科学所承认的意识，是不允许虚构的，科学结论是实实在在的对客观规律的揭示。文学意识是审美意识，它虽然也追求真实，但它是在艺术假定性中显露的真实。这里，科学与文学分道扬镳了。文学虽然有对现实的不同把握方式，有的作品运用了神话、传奇、荒诞、幻想等（如《西游记》）来反映生活，有的作品则“按照生活本来的面目”（如《红楼梦》）来再现生活，但不论把握方式有何不同，文学按其本性是假定性的。所谓

[1]　鲁迅：《小品文的危机》，《鲁迅全集》，第4卷，人民文学出版社，1959年，第443页。

假定性就是指文学的虚拟的性质。所以，文学的真实是在假定性中透露出来的。可以说是假中求真。它是假定的，它不是生活本身，纯粹是子虚乌有；可它又来自生活，它会使人联想起生活，使人感到比真的还真。文学作品所显示的审美意识就是这种假定与真实的统一体。

文学作为审美意识形态，是与读者达成的一种默契。读者允许作者去假定去虚拟，却津津有味地去看作品中的故事，并为它欢喜或落泪，可并不认为它是实有其事。作者允许读者不把他的作品中的故事当作事实看待，允许读者把作品当作谎话（或者如巴尔扎克说的“庄严的谎话”）。正是在这种默契中，文学放心大胆走到了艺术假定的这一极。文学作为审美意识的前提，不是事实的记录，是假定的虚构。如果谁违反了文学假定性的前提，把文学变成事实经过的流水账，那么文学就要变成非文学。俄国著名戏剧导演斯坦尼斯拉夫斯基（K.C. Станиславский，1863—1938）曾说明戏剧的假定性：

“我们在生活中，从来没有看见到过几乎在所有剧本中作者们都这样指示的房间：在前景上左边和右边都有门；后墙中间又有门；在后景上左右两边都是窗户，你就试来建筑这样的房间看看……在生活中这简直不可能的，然而为了艺术的、假定的真实，这个问题并不重要，可以自由地加以解决。”[1]

斯坦尼斯拉夫斯基在这里谈的是剧场的假定性问题，其实这个问题对所有的艺术都是相同的。著名画家毕加索也说过：

“艺术是一种使我们达到真实的假想。但是真实永远不会在画布

[1] 《斯坦尼斯拉夫斯基创作札记》，《世界艺术与美学》第二辑，文化艺术出版社，1983年，第239页。

上实现，因为它所实现的是作品和现实之间发生的联系而已。”[1]

毕加索是从艺术本性的角度来谈艺术的假定性的，实际上把生活转移到书本上去这本身就意味着一种假定。这两位艺术家的论点同样适用于文学。文学的假定性不但表现在那些描神画鬼、神奇幻想的作品上面，就是在那些以反映生活本来面貌的完全写实的作品里假定性也是不可或缺的。没有艺术假定性，也就没有文学。然而文学的审美意识是假定的，但也是真实的。就是说，这假定是有真实性的。鲁迅说：

“艺术的真实非即历史的真实，我们是听到过的，因为后者需有其事，而创作则可以缀合，抒写，只要逼真，不必实有其事也。然而他所据以缀合，抒写着，何一非社会上的存在，从这些目前的人，的事，加以推断，使之发展下去，这便好像豫言，因为后来此人，此事，确也正如所写。”[2]

鲁迅这里所说的创作可以“缀合，抒写，只要逼真，不必实有其事也”，意思就是文学是假定的，但这假定如果加以推断，那么就像预言一样准确，这就是艺术的真实了。这就说明假定性如果不同真实性结合，那就成为虚假的谎言，那就没有价值了。艺术真实性是文学意识的一个基本要求。那么什么是艺术真实性呢？

艺术真实性是作家创造出来的。作家在创造艺术真实时有认识又不只是认识。作家在创造艺术真实的过程中，投入了全部的心理动作——感知、情感、想象、回忆、联想、理解等。因此艺术真实既是客观的，又是主观的，既有理，又有情。简括地说，艺术真实性是指

[1] 《毕加索论艺术》，《艺术译丛》1981年第2期。

[2] 鲁迅：《给徐懋庸》，《鲁迅全集》，第10卷，人民文学出版社，1959年，第198页。

文学作品的艺术形象的合情合理的性质。所谓合理，是指艺术形象应符合生活发展的逻辑，有了这种合理的逻辑，也就可以被读者理解。因此，作家可以不写真人真事，关键是要写得合理，写得合乎逻辑。一件生活中没有发生过的事情，由于作家揭示了它在假定情境中的内部发展逻辑，内在联系，内在规律性，也完全可以是真实的。对于艺术真实性来说，不在所写的人、事、景、物是否真实存在过，而在于所写的人、事、景、物是否展现了整体的必然联系。例如，《红楼梦》中贾宝玉对真实性的看法，就很有意味。稻香村是大观园的一景，若孤立起来看，那茅舍，那青篱，那土井，那菜园，都与真农舍十分相似，逼真极了。贾政看了此处后，说："倒是此处有些道理"。但贾宝玉则不以为然。他说："此处置一田庄，分明见得是人力穿凿扭捏而成。远无邻村，近不负郭，背山山无脉，临水水无源，高无隐寺之塔，下无通市之桥，峭然孤立，似非大观。争似先处有自然之理，得自然之气，虽种竹引泉，亦不伤穿凿。古人云：'天然图画'四字，正畏非其地而强为地，非其山而强为山，虽百般精巧而终不相宜。"贾宝玉的这段话是很有见地的。在他看来，天然不天然即真实不真实，不在事物布局的逼真，而在符不符合事物的内在联系。稻香村作为一个农舍放在大观园中，与那些雕梁画栋、楼台亭榭连在一起是不自然的，因而不合理。倒是怡红院、潇湘馆等与大观园的景观有一种内在的整体联系，所以有"自然之理，得自然之气"。贾宝玉的话给我们这样的启发，文学可以假定和虚构，但在假定和虚构的情境中，不可人为编造，不可"非其地而强为地，非其山而强为山"，要充分注意到事物之间整体的天然联系，即要合理，这样才能创造出艺术真实来。

合理是艺术真实性的客观方面，艺术真实性还有主观方面，因此除了合理之外，还要合情。按文学的审美要求，合情更重要。因为文学审美意识不是直接用道理说出，而是主要以情感作为中介，所以合理必须与合情结合在一起，才能达到艺术真实性。所谓合情就是指作品必须表现人们的真切感受、真挚的感情和真诚的意向。真切的感受、真挚的感情和真诚的意向可以把假定的虚构的升华为真实的。

真切的感受是很重要的，它可以把看起来不真实的描写提升为艺术的真实。例如李白的诗句“黄河之水天上来”，如果按事实来考察，这个诗句所描写的是不真实的。但是大家都觉得李白这句诗很真实，是李白自己的真切感受：黄河之水从高原奔腾而来，水流湍急，巨浪滔天，一泻千里，使人觉得这河水从天而降。黄河的雄伟气魄被这诗句淋漓尽致描写出来了。一个并不符合事实的描写，由于写出了作者的真切的感受而变得真实了。在文学审美描写中，真挚的感情更为重要。真挚的感情可以把虚幻的提升为真实的。汤显祖《牡丹亭》中的杜丽娘因痴情，生而死，死而复生，这在生活中是完全不可能的，但由于作者在描写中灌注了浓浓的感情，虚幻之笔竟然也成为可以接受的艺术真实。在文学审美描写中，作者的真诚的意向也十分重要。一旦这个真诚的意向成为作品的艺术逻辑，使作者与读者之间达成了默契，那么十分怪诞之笔，也可以令人信服。如鲁迅的小说《药》，在革命者夏瑜的坟上，凭空添了一个花环，若隐若现。表面看是不可理解的，不真实的。但是由于作家真诚的意向（同情革命者），得到了读者的认同，于是怪诞的描写也成为真实的描写了。

通过以上说明，文学的审美意识形态性具有艺术真实的品格。艺术真实性是客观的真理和主观的感情的统一，也就是艺术描写的合情合理性质。当然，在文学中，经常遇到的是情与理不一致，甚至发生矛盾，那么文学作为一种审美意识，应该牵情就理呢，还是应该牵理就情？一般来说，由于文学的意识的审美特性，十分重视感情的评价，如果遇到上面所说的情与理矛盾的情况，就应该牵理就情。上面所举的《牡丹亭》和《药》的例子就说明了这一点。

总而言之，文学审美意识形态理论既着眼于文学对象的审美特性，也重视把握对象的审美方式，既重内容，也重形式。文学审美意识形态论不是所谓的纯审美论。

我之所以特别钟情于文学审美意识形态论或文学审美反映论，根源在于我对文学特性的思考。我们可以从不同层面和不同的角度来界说文学，如文学是一种文化现象，文学是一种人的活动，文学是一种语言艺术，文学是对生活的反映和认识，文学是一种语言组织等等，所有这些回答都有道理。问题在于当我们要把文学与非文学区别开来的时候，从社会结构这个层面，从上层建筑和社会意识形态这个层面去把握文学的特性，我认为还是最为恰当的。这样我至今认为，文学的审美意识形态论是文艺学的第一原理。

作者单位：北京师范大学

对当前文艺学学科建设之我见

张炯

在我看来，狭义的文艺学是指文学理论。而广义的文艺学或者文学学，则涵盖文学理论、文学史和文学批评，以及与之相近的文艺美学和比较文学。当今科学的发展存在两种趋向，一是将学科越分越细，以利深入的研究；二是不断进行更高层次的综合，以利于宏观认识的提升和普遍规律的探讨。文艺学各学科都有它传统的边界，即各有特定的研究对象。文艺理论探求的是有关文艺方方面面的本质和规律的认识；文学史除了介绍和评价文学发展的史实，也力求探讨文艺发展的规律；文学批评则侧重具体作家作品和文学现象的研究，从不同视角和价值取向去加以评价。我认为，从改革开放以来，我国的文艺学及其相关学科的建设都取得很大的成绩，产生了大量新的著作，文艺理论方面许多学者致力于当代有中国特色的马克思主义文艺学体系的建构，并拓展视角，出现了认识论文艺学、主体论文艺学、象征论文艺学、意象论文艺学、实践论文艺学、生产论文艺学、生态文学和比较文艺学等各有特点的著作，文学史领域更出版了中国文学通史、断代史、文体史、地区史、民族文学史和理论批评史诸多新著，文学批评也出现了多层次多视角多方法的批评文字，包括美学的批评、历史的批评、心理分析的批评、印象主义的批评、结构主义和解构主义的批评、符号学的批评、文化人类学的批评等等。这次会议是在新的历史条件下讨论如何加强文艺学及其相关学科建设。下面，我就有关问题谈两点个人的浅见。

第一，文学虽有危机，但文学不会死亡，文艺学研究必须坚守阵地，与时俱进，开拓创新。有人认为图像时代来了，文学就会死亡和终结。这个立论是站不住的。人类从原始时代起都有图像，但再发达、再普通的图像仍不如现实生活本身所提供的图像那么生动和丰富。文学作为语言艺术之所以被需要，是因为只要人类存在就会有语言存在。语言是思维的外壳，凡是思维能达到的，语言都能加以表现，大至数万年的历史事件，小至每个人精微的情感思想世界和潜意识的流动，这是任何具体图像难以表现的。在人类从野蛮到文明的历史进步中，文学在丰富人们的精神世界，优化人们的思想情感方面起着巨大而深刻的作用。文学的独特作用是任何图像都难以取代的。今天，文学不但不会灭亡，而且，因与高科技的结合，可以借助电子媒介和光子传播手段进一步发展自己的空间。例如电影电视连续剧都以文学为基础，电视散文、诗歌的出现和网络文学的出现，都证明文学有着广阔的未来。我国现有作家近五万人，业余文学创作者更不计其数。全国600家文艺刊物，2000多家报纸都发表文学作品，每年出版的文学书籍以数万种计，年产长篇小说达800—1000部，上海的《故事会》发行量高达600万册。这都说明文学有广泛的作者，也有广泛的读者。英国的《哈利·波特》的作者罗琳因这部文学作品而财富八倍于英国女王。所以，妄言文学死亡是根据不足的。我们见到的是文学在发展、在演变、在不断创新。因此，文艺学会继续存在和发展，也是历史的必然。问题是，文艺学所涵盖的知识应该反映丰富的不断发展的文学现象，还须深化文学规律的认识，必须回答文学发展中所面临的迫切的问题，以引导和促进文学的健康繁荣。

我赞同文艺学要坚守研究阵地并发展自己的边界，深化和开拓新的研究领域，建立相关学科的良好互动，尝试拓展交叉性、边缘性的新学科，并把加强基础理论的研究与对当代需要迫切回答的现实问题的研究结合起来，使文艺学学科有更多的新的学术生长点。最近20余年我们曾在文艺社会学、文艺语言学和文艺心理学方面产生不少新的著作，在我看来，还可以在文学政治学、文学经济学、文学文化学等方面深入研究，从历史的全面考察中探讨文艺与政治、经济、文化的关系，弄清它的规律，以利于我们的文艺如何与政治建立更好的互动关系，起伟大作用于政治；如何迎接加入世界贸易组织后的市场经济，在世界市场上更有竞争力；如何更具文化的内涵和审美的品位，以帮助提升社会主义精神文明的建设。其中就包括对文艺政策的研究和追问，文学与文化产业的发展问题等等。关于文艺与历史、文学与人性的关系也有进一步研究的必要。当前创作中的新历史主义、新人本主义、性大潮、快乐主义等等，也都需要从理论上给予更深入的研究和更合理的回答。理论的创新往往不是来自苦思冥想，而来自新鲜活泼的文艺实践。文艺理论要推进，就必须关注当代中国问题、当代中国的文学实践。对于开拓文化美学、文化诗学，多开展文化批评、社会批评，我也很赞成。但新领域的开拓仍然取代不了文学理论和文学批评本身。

第二，在文艺学的多元发展中，马克思主义不能丢。马克思主义的文艺理论应作为主元继续被重视、被发展。马克思主义在经历了苏联、东欧剧变后的困难时期，由于中国的存在、也由于东欧走向资本主义的反面教训，世界范围内对马克思主义研究的热潮正在回归。我们反对马克思主义的教条主义态度，但应该相信马克思主义的基本原理，包括辩证唯物史观所提供的立场、观点和方法，它仍然是迄今为止最科学、最完整的世界观、人生观与价值观，仍然是当今一切科学，包括社会科学和人文科学发展的基石。我完全赞同会上许多同志提出的马克思主义不能丢的意见。自 20 世纪 80 年代以来，我国学术界对西方现代理论，包括现象学、存在主义、弗罗伊德主义、系统论和结构主义、解构主义等种种理论的介绍是必要的，但这一切毕竟不能代替我们自己的理论创造。何况，吸取和借鉴还要有批判的过程。学术的发展需要多元，因为客观世界一切事物都是复杂的，事物的本质也是多层次多侧面的，绝对真理只存在于相对真理之中，谁也不能穷尽真理，因此多种视角、方法和理论的探索，有助于我们丰富对于文学的认识，而且往往能起互补的作用，避免片面性。“罢黜百家，独尊儒术”，历史证明这不是发展学术的好办法。文艺学及其相关学科的建设中，今后我们还要继续关注国外的新理论、新观点、新成果，包括西方的，也包括东方的——如日本、印度的，但一定要批判地吸取。马克思主义也来自西方。只要它是科学的、好的，对我们有用，即使不是马克思主义也要借鉴。而马克思主义要作为主元，在文艺学及其相关学科的建设中起主导作用，它确实要与时俱进，要与新的实践相结合。文艺学的许多问题，马克思主义经典作家并没有为我们都提供结论，我们必须用它的立场、观点、方法，占有大量新的实践经验、新的学术成果，去加以分析研究，得出“有所发现，有所发明，有所创造，有所前进”的新结论。我以为，中国的学者如果要与世界对话，要使自己的学术观点和理论建树产生世界性的影响，只是跟在西方学者的后面跑，做个跟班，那是无法达到的。为此，必须充分发挥自己的优势。优势之一是我们有以几千年中国独特的文学实践为根据的中国文论传统，可以将之转化为更科学的现代理论；优势之二就是我们是在马克思主义指导下建设有中国特色的社会主义经济、政治和文化的，这种实践与马克思主义的结合必将产生更能吸引全世界注意的文论。我赞成这样的意见，即我们应该有充分的民族自觉和自尊感，努力这样做。新的世纪将是一个比20世纪变化更加深刻的时代，继工业革命之后，科学革命正在世界范围崛起，随着科技生产力和文化生产力及其产业的大发展，将给人类开辟更加美好的未来。这样的时代也将给自然科学、社会科学和人文科学的发展创造前所未有的契机，也同样会给文艺学及其相关学科的发展带来新的契机。这方面一定会大有作为。如果我们经过一代又一代学者的奋斗和更多的马克思主义为指导的努力，能够推出新的文艺学、新的文艺美学、文化美学或文化诗学的著作，我相信，一定会产生世界性的影响，并在全球学术史上占据自己应得的地位。（在暨南大学“文艺学及相关学科建设”研讨会上的发言）

作者单位：中国社会科学院文学研究所

现代中西方文艺理论学科基点研究

王坤

文艺理论的学科基点，特指构架文艺理论体系的逻辑起点和理论基石。大凡影响持久的文艺观点，都以特定的逻辑理论为基础。因此，对中西方文艺理论学科基点的比较与反思，既要重视观念，也要重视这观念是用什么样的逻辑理论组织起来的。

一、依傍型学科基点及其逻辑理论

西方现代文艺理论学科基点的确立，始于对黑格尔“美就是理念的感性显现”[1] 的批驳。绝对理念是黑格尔为文艺理论所确立的学科基点，他认为文艺的目的是用来表达哲学观念的。其实质在于认定文艺最终必须依傍于哲学。他甚至做出艺术终将由哲学所取代的结论。

根据“对立面的综合”的逻辑理论，黑格尔认为，世界上所有事物都是通过“正、反、合”的过程不断向前循环发展的：任一事物（正），在发展过程中都会产生对立面（反），经过斗争，正反双方合二为一，形成新的事物（合），并开始新一轮的正、反、合过程。绝

[1] 黑格尔：《美学》，第1卷，商务印书馆，1979年，第142页。

对理念就是以正、反、合三阶段的方式发展、显现的。艺术是绝对理念自我发展过程中的第一阶段。在这一阶段中，正、反、合的发展过程具体表现为象征型艺术、古典型艺术和浪漫型艺术。由于艺术以直接的感性形式表现“绝对理念”，因而总是有限的、片面的，但绝对理念却是无限的，所以艺术还不能完满表现出绝对理念的本质。宗教是高于艺术的阶段，因为它在表现绝对理念时，对直接感性形式的依赖要远低于艺术。不过，表现绝对理念的最高和最后阶段，还是哲学：它不需要借助任何感性形式就能完成这一任务。当艺术发展到浪漫型阶段时，由于不能更进一步表现绝对理念，宗教便取而代之，将绝对理念的表现推向新阶段。宗教在经过正、反、合三个发展阶段之后，也因不能继续表现绝对理念而让位于哲学，只有哲学才能不依赖感性形式，使绝对理念得到最完满的表现，即艺术最终要由哲学来取代。

中国现代文艺理论学科基点的确立，始于对文以载道传统文艺观的继承。文以载道强调文学是载道的工具，为传播道[1]服务，它寓含着中国古人整体把握世界的思维方式，与西方人条分缕析地把握世界的思维逻辑完全不同；从文艺观念看，它与“美就是理念的感性显现”几无二致，也是一种依傍型学科基点：将文艺地位定于道的传达上。

在继承传统文艺观的基础上，现代中国文艺学理论逐步确立起马克思主义文艺观的主导地位。它以哲学原理为基础，从存在与意识关系以及经济基础与上层建筑关系出发，将意识形态定为文艺理论的学

[1]“文以载道”是中国传统文艺观，对“道”的理解见仁见智，本文不做重点辨析。

科基点；用于组织、支撑马克思主义文艺观的逻辑理论，是马克思主义唯物辩证法。自新中国成立至新时期之初，这一学科基点经历了建立、偏离与复位的过程。20世纪50年代初期，在苏联专家伊·萨·毕达科夫（И.С. Будаков）、季莫菲耶夫（L.И. Тимофеев）等人指导下，马克思主义文艺理论学科基点得以确立。而随着极左政治路线的膨胀，文艺理论学科基点日益偏离：由定位于意识形态转为定位于政治，使文艺成为为政治服务的工具。“文革”结束后，朱光潜《上层建筑与意识形态之间关系的质疑》[1]，以及《上海文学》评论员《为文艺正名——驳“文艺是阶级斗争的工具”说》[2]这两篇文章，首先拉开了文艺理论学科基点复位的序幕。尽管它们的问世引起了非学术色彩极浓的学术争论，但是随着党中央对文艺“二为”[3]方向的重新定位，具有重大历史意义的学科基点复位工作终于完成。

二、独立型学科基点及其逻辑理论

西方现代文艺理论建设的要务之一是破除依傍型学科基点、确立独立型学科基点，赋予艺术以独立地位，为此，首先要批驳黑格尔的艺术消亡论。

克罗齐指出，“对立面的综合”这个逻辑理论是正确的；问题在于黑格尔对世界所有事物的性质做出了简单化判断，没能正确认识这个逻辑理论的适用范围。克罗齐认为，世界上除了存在性质相反的事

[1] 《华中师范学院学报》（社会科学版）1978年第6期。

[2] 《上海文学》1979年第3期。

[3] 《文艺为人民服务，文艺为社会主义服务》，《人民日报》1980年7月26日。

物外，还存在性质相异的事物。黑格尔的错误根源在于没看到这一点，滥用了逻辑理论：他用对立面综合这种逻辑理论不仅处理性质相反的事物，还去处理性质相异的事物，使其逻辑理论超出了适用范围，这就必然导致一系列错误结论，艺术消亡论是其中之一。克罗齐的哲学专著《黑格尔哲学中的活东西和死东西》，以“活东西”指黑格尔的对立面综合逻辑理论；“死东西”指这个逻辑理论的滥用。[1] 克罗齐提出应以另一逻辑理论——度的理论，去处理性质相异的事物。相异事物间只有程度高低之别，没有性质对立；程度低的事物，不依赖程度高的事物而存在；程度高的事物则包含程度低的事物。艺术与哲学是相异的关系。作为人类心灵活动第一阶段，直觉知识（艺术）可以脱离理性知识（哲学）而存在；相反，理性知识却不能脱离直觉知识而存在；哲学与艺术之间不存在矛盾斗争，只存在高级对低级的蕴涵关系。

克罗齐从逻辑理论入手，指出了黑格尔艺术消亡论产生的根源，论证了艺术可以不依傍于哲学而独立存在，为西方现代文艺理论确立了艺术即直觉的独立型学科基点。它的不足在于，变相退回到古希腊时期柏拉图的立场：艺术不像哲学那样能够反映真理，她只是对现实的摹仿，离真实的理念还隔了两层：[2] 艺术的地位低于哲学。

新时期以来，中国当代文艺理论研究的重点，首先就是恢复意识形态学科基点的本来面貌。从复位到现在，尽管出现了不少有影响、有价值的提法，但真正用较系统的逻辑理论或明确的学理思路支撑的学科基点，主要有三种：审美意识形态论、悬置论和文化论。

[1] 克罗齐：《黑格尔哲学中的活东西和死东西》，商务印书馆，1959 年。
[2] 柏拉图：《理想国》，商务印书馆，1995 年，第 387—401 页。

审美意识形态论，是复位以后马克思主义文艺理论学科基点的继续，直接吸收了文艺美学等新兴学科的成果。它在意识形态范围内，以审美为文艺的根本特性，为艺术有独立存在功能提供了扎实的理论根基，摆正了文艺与政治的关系，将以前的意识形态论向前推进了一大步。

悬置论的提出，仅从观点本身来看，是有悖于我们习惯的研究方式的，它与西方学术思潮的影响有较直接联系。19 世纪下半叶孔德（Isidore Auguste Marie François Xavier Comte，1798—1857）提出，只有物理科学才能研究、把握实在的对象，才是真正的科学；神学、形而上学（哲学）研究的都是虚无缥缈的对象，没有科学价值。他的结论是：我们只能研究事物的现象而无法研究事物的本质。到了 20 世纪初期，胡塞尔的现象学则更加理论化、系统化地提出了“悬置”本质的学说。20 世纪 80 年代以来，他们的理论观点对我国学术界产生了一定影响，文艺理论界的悬置论就是在这种背景下提出来的，主张将文艺理论的学科基点问题悬置起来，放弃对文艺根本问题的追问。然而，悬置论背后其实包容着一种严肃的学理思路：它执着地追问人们对于艺术特性的认识是否具有可靠的基础。在确立独立型文艺理论学科基点的过程中，这正是我们应当持有的学术精神。

胡塞尔的理论出于深刻的伦理动机[1]：人对自己和文化所负的责任只能通过对人类一切主张和信仰的基础进行检讨来完成。为此，首先要批判“自然的态度”：相信意识中的对象是独立于意识的客观存在，我们关于对象的知识是可靠的；其次要批判历史态度：相信历史

---

[1] 蒋孔阳、朱立元主编：《西方美学通史》，朱立元、张德兴等著：《二十世纪美学》（上）上海文艺出版社，1999 年，第 391 页。

给予的观念与思想是正确的。将这两种态度悬置起来，我们才能面对事实本身，才可能获得实在知识。可惜由于没能掌握西方认识史上学理发展脉络，在我们的文论研究领域，现象学没被真正理解和应用。

三、成熟独立型学科基点及其新思路

克罗齐之后，俄国形式主义、英美新批评派等在文艺理论学科基点研究中，向偏激独立型方向发展：在确立、巩固艺术的独立地位方面取得巨大成就；但又以“意图谬误、感受谬误、内部研究、外部研究”等理由割裂艺术与社会生活的关系，将艺术独立推向了艺术孤立。

洛特曼（Yuri Mikhailovich Lotman，1922—1993）[1] 在学术渊源上师承俄国形式主义，但他清醒地意识到，按照惯常思维轨道进行研究，外部研究与内部研究的对垒会僵持下去，艺术独立问题难以解决。得益于塔尔图大学久负盛名的生物学学科的启发，洛特曼把作为人类创造性精神劳动结晶的艺术文本，当作有生命的活生物体来看待。他认为，艺术文本的生命就体现在“艺术语言能以极小的篇幅集中惊人的信息量（试比较契诃夫的短篇小说与心理学教科书）”[2]。正是这种生命，使得艺术文本成为无尽的信息源。信息即意义，一部作品包含信息量越多，意义就越丰富，其审美价值越高；相反，它包含

[1] 尤里·米哈伊洛维奇·洛特曼，犹太人，生于列宁格勒，1950 年毕业于列宁格勒大学，1954 年前往爱沙尼亚的塔尔图大学工作至逝世。苏联最重要的符号学—信息论美学家，塔尔图学派代表人物。1968 年 1 月，国际符号学会在巴黎成立，他缺席当选副主席。

[2] Yuri Lotman: *The Structure of the Artistic Text*, University of Michigan, 1977, pp.23, 144.

信息量越少，意义就越小，其审美价值就越低。因此，美就是信息。恰如自然界存在生物链一样，人类社会中也存在文化链，[1]艺术就是文化链的环节之一，不可能脱离其他环节来发挥作用。所以，艺术文本必须与文本外的外文本相联系才能发挥作用。生物学理论与外文本概念这两大基石，为洛特曼的美就是信息奠定了牢固基础，从而创立了成熟独立型的文艺理论学科基点，解决了艺术独立问题：既然把文艺当作大千世界中独立存在的生命之一，艺术独立问题就用不着像以前那样去证明了；有了外文本概念，不再以社会为中心来看文艺，而是以文艺为中心来看社会，又通过文化链的方式，高度肯定了文艺与社会生活的密切关系，成功填平了外部研究与内部研究之间的巨大鸿沟。难怪有人把他誉为文艺研究中的哥白尼。[2]

自20世纪60—70年代开始，西方现代文艺理论的发展日益偏向文化论。20世纪80年代中后期以来，我国文艺理论界也开始着手将文化论作为学科基点。经过十多年探索，已取得重大的标志性成果：新近问世的一些文学概论教材直接将文化作为学科基点。文化论的提出，既是力图跟上西方文论研究发展趋势的结果，也与吸取“文革”惨痛教训有关。从纠正极左思想对文艺理论的巨大扭曲这个角度看，将学科基点定位为文化，确实能在更高层次上把握、摆正文艺与人类其他活动的关系，尤其是与政治活动的关系。但是，文化内涵太广，它几乎可以涵盖人类所有活动。如果说意识形态论的最大不足是对文艺的把握太笼统，那么文化论对文艺的把握则比意识形态论更宽泛。

---

[1]　《洛特曼自选集》，塔林，1992年。他从符号学分析文化链问题，是文化符号学先锋。

[2]　佛克马、蚁布思：《20世纪文学理论》，香港中文大学出版社，1985年，第34页。

西方将文艺理论学科基点转向文化，有两方面原因。1960 年，卡列欧·奥伯格（Kalervo Oberg，1901—1973）提出了文化震惊（cultural shock）[1] 问题。由于人们日益意识到不应被动适应，要主动面对文化震惊，文化问题便逐渐占据交流时代 [2] 的中心地位，文论界自然会顺应潮流。从内部原因看，西方现代艺术有大量作品展示、思考不同文化背景的人际交流所产生的文化震惊现象，而洛特曼创立了成熟独立型学科基点，一时无人能出其右。所以，学科基点问题远没有文化问题那么吸引学者的注意。然而，当代中国文论界是否可以仅凭具备外部条件就能与西方齐头并进？

文艺理论应当具有独立的学科基点，而理论之所以成为理论，绝不能离开逻辑的支撑。我国当代文艺理论在学科基点问题上，以学习、接受西方的影响为主，自己创见不多。从 20 世纪 70 年代末以来，实际影响我们的主要还是西方文艺理论的各种观点，隐伏于各种观点背后的逻辑理论、学理精神，没有得到应有重视。因此，我们在学习、接受西方文论的时候，常常没能准确理解。例如，关于意识形态，现在中性的评语是“过时了”。就学术观点而言，的确如此。但隐伏于其后的逻辑理论及其对文艺现象的系统阐释力，还是不能忽略的。

现代西方文艺理论最缺乏的是“道德观念与美学观念”[3]。而当代中国文艺理论学科基点的研究，目前主要仍处在依傍型阶段，不是依

[1] Kalervo Oberg, ‘Cultural Shock: Adjustment to New Cultural Environments’, *Practical Anthropology*, New Canaan, Conn, Volume 7, pp.177-182.

[2] Colleen Ward, Stephen Bochner, Adrian Furnham, *The Psychology of Culture Shock*, Routledge, 2001, Second Edition, pp.270-275.

[3] Richard Freadman, Seumas Miller, *Re-thinking Theory:A Critique of Contemporary Literary Theory and an Alternative Account*, Cambridge University Press, 1992, p.4.

傍于哲学，就是依傍于文化。因此，以马克思主义哲学原理为前提，高度注重逻辑理论与学理，将文艺理论的学科基点，由依傍型推向成熟独立型，避免偏激独立型阶段出现，是建立有中国特色马克思主义文艺理论体系的基础工作，这是目前中国文艺理论界的当务之急。

作者单位：中山大学

经典与文艺学学科生机的反思

王坤　蓝国桥

近20多年来，文艺学疆域快速拓展，以至于成为最不稳定的学科。这种不稳定，主要体现在以下几个方面。

第一，无边化。文艺学矫健的身影，活跃在人文社会科学的任何一个领域里。这种局面的出现，与文艺学向文化研究转向有直接联系。如何看待这种转向及其后续效应呢？首先，这是好事，一门学科如果缺乏走出家门的胆识，缺乏吸收、综合、融化其他学科知识的能力，其发展前景是难以乐观的。其次，这也有令人担忧处：文化范畴比意识形态大多了，无所不包。文艺学曾经几乎等同于意识形态，殷鉴不远，现在又几乎等同于文化，难免令人担忧。一门学科一旦什么都是，可能意味着什么都不是；一旦无边化了，可能意味着自我消解。

第二，取消论。这个话题由文学终结论以及日常生活审美化而来。现在的论者，一般都把文学终结论的帽子戴在J. 希利斯·米勒（J. Hillis Miller，1928—）的头上，其实多少有点冤枉他。2000年7月29至31日，“文学理论的未来：中国与世界”国际研讨会在北京召开。米勒在会上的发言引起轩然大波。杜书瀛的专著《文学会消亡吗——学术前沿沉思录》对此有详细交代。[1] 自那以后，有关终结

[1]　杜书瀛：《文学会消亡吗——学术前沿沉思录》，中山大学出版社，2006年。

的话语开始流行。美国阿瑟·丹托（Arthur C. Danto，1924—）的论文集，本名应该是《哲学对艺术的剥夺》[1]，托时尚之福，也被翻译为《艺术的终结》[2]。市面上以“……的终结”为书名的译著还不少！说有点冤枉米勒教授，是因为他在会上转述了雅克·德里达（Jacques Derrida，1930—2004）的看法：“在特定的电信王国中……，整个的所谓文学的时代……将不复存在。”[3] 在具体阐释过程中，米勒认为德里达确有文学终结的意思，也同意他的观点，但是所说的文学是有特定历史含义的：“‘文学’只是最近的事情，开始于17世纪末18世纪初的西欧。”而西方美学史上，有关现代意义上的艺术概念的定型时间，正好也是在17—18世纪。[4] 所以，德里达及米勒所说的将要终结的文学，并不是我们今天谈论文学时心里默认的文学，而是指进入电信时代后，原先在印刷时代占据统治地位的文学。在他们看来，电信时代的文学与印刷时代的文学是两个不同的概念。然而，近年关于文学终结论的说法，确实由此而来。由陶东风等青年学者引发的关于日常生活审美化的争论，与此有关，也与美国理查德·舒斯特曼（Richard Shusterman）《实用主义美学》及德国沃尔夫冈·韦尔施（Wolfgang Welsch）《重构美学》有关。[5] 陶东风并未明言生活审美化与审美生活化是否导致艺术终结，倒是指出应当重构文艺社会

---

[1] 将“The Philosophical Disenfranchisement of Art”译为“艺术的终结”并不确切，Disenfranchisement 一词意为“对……的剥夺”。

[2] 阿瑟·丹托：《艺术的终结》，欧阳英译，江苏人民出版社，2005年。

[3] 《全球化时代文学研究继续存在吗》，《文学评论》2001年第1期。

[4] 罗宾·乔治·科林伍德：《艺术原理》，王至元、陈华中译，中国社会科学出版社，1985年，第6—7页。

[5] 杜书瀛：《文学会消亡吗——学术前沿沉思录》，中山大学出版社，2006年，第244页。

学。[1] 问题在于，文学终结了，生活与艺术的界限消失，结果如何自有人得出结论；而结论肯定不是单一的，其中包括：以文学艺术为研究对象的文艺学，将随着文学终结而被取消。这一潜在结论，是这场争论之所以产生的潜在原因之一。

第三，后现代思潮的挑战。20 世纪 80 年代后进入我国文论界的后现代思潮极大开辟了学科空间，随着后现代削平深度模式、反中心主义等观念流行，已使文艺学面临严重的学科生存危机。对于后现代思潮的影响，汤一介有精当见解："后现代主义思想在 20 世纪 80 年代已经进入中国，但是并没有广泛流行，但到 90 年代突然成为当时中国哲学界（不仅是哲学而且其他学科，如文学、艺术等）注意的一个焦点。"原因何在？就在于不同于现代理论的明晰、确定、终极、完整和系统性等，后现代思潮追求不确定性、无层次性、反中心主义等。[2] 具体到文艺学，后现代思潮的挑战表现为反本质主义。其影响之大，已经足以颠覆现行文艺学教材体系：近年出版的文艺学教材，鲜有以本质论为基点的；而在此前，本质论是任何教材都不可缺的通灵宝玉呀！

以上三者造成了文艺学的学科危机。但现在的关键是，如何看待这种危机并指出生机的方向。在我国高校文科课程体系里，文艺学作为基础课，已有几十年历史，她早已被体制化了。受苏联影响，从 20 世纪 50 年代设置时起，文艺学就被赋予"扛旗、打头"的使命。文

[1] 陶东风：《日常生活审美化与文化研究的兴起——兼论文艺学的学科反思》，《浙江社会科学》2002 年第 1 期；《日常生活审美化与文艺社会学的重建》，《文艺研究》2004 年第 1 期。

[2] 汤一介：《20 世纪西方哲学东渐史》总序，杨河、邓安庆：《康德黑格尔哲学在中国》，首都师范大学出版社，2002 年，第 11—12 页。

艺学应当紧密结合文学作品的，但实际上文艺学的理论色彩日益浓厚，被越来越拔高、抽象，置文学作品于不顾，却在人文社会科学各领域纵横驰骋。总之，有体制化基石垫底，文艺学的无边化仍会持续。

对于取消论，只要能够分清印刷时代的文学与电信时代的文学这两者之间的联系与区别，只要这两个时代还可以并存，取消论就难以大行其道。更何况，日常生活审美化的争论尚在继续，一时也无法产生具有绝对权威性的结论。真正从学理上挑战文艺学的，就是反本质主义。对这个问题的探讨，恐怕还得追溯到欧洲中世纪以奥卡姆的威廉（William of Ockham，约 1287—1347）为代表的唯名论对唯实论的批判，以及波普尔（Sir Karl Raimund Popper，1902—1994）的反本质主义，下来才是维特根斯坦（Ludwig Josef Johann Wittgenstein，1889—1954）、德里达等现代哲学大家。学术史的经验告诉我们，仅仅以社会现实中的日常经验为依据，是无法应对学术论争的。否则，对待黑格尔的艺术终结论，仅用一句“艺术至今仍然存在”足矣，不需要克罗齐煞费苦心构建别的逻辑理论，通过指出黑格尔逻辑理论的不足即可驳倒艺术终结论。杜书瀛对黑格尔的艺术终结论也有精辟辨析，指出“终结”不是“消亡”，[1] 我们同样误解了黑格尔。

后现代思潮虽然没有运用像黑格尔那种一以贯之的逻辑理论，但其基本出发点是语言。且不说维特根斯坦，德里达的反中心主义就直接来源于他对语言能指与所指关系的独到辨析。相比之下，我们文艺学的理论色彩较偏向于形上思辨，而对语言学则比较忽略一些。到目前为止，本质主义思路存在的主要问题，是执着于探讨文学艺

[1] 杜书瀛：《文学会消亡吗——学术前沿沉思录》，中山大学出版社，2006 年，第 18—21 页。

术的共同性本质。如果世上确实存在共同性本质，或确实可以从现象中概括出共同性本质，那么，进行探讨又何妨？没必要因为这种思路存在问题就刻意回避或一概否定。所以，企图追求并运用放之四海而皆准的本质来规定文学艺术的特性及发展，肯定行不通；如果通过反本质主义来反对本质主义，恐怕也行不通。我非常赞同杜书瀛的意见：要本质、要普遍，但是不要主义；要规律，但不是放之四海而皆准。[1]

文艺学作为我国的一门学科，在被体制化之初承袭于苏联，随后就通过吸收西方经典文论的养分得到成长。综观我国编纂的或翻译过来的任何一本西方文论史，像康德那样较少涉及艺术而只谈纯理论的大家，非常之少！大多数经典文论，都以文学经典为基础：亚里士多德《诗学》与古希腊悲剧，黑格尔《美学》与古希腊戏剧，狄德罗《论戏剧艺术》，莱辛《汉堡剧评》，尼采《悲剧的诞生》，弗莱《批评的解剖》，等等，不一而足。尤其是作为文论基础的马列文论，几乎全是在对具体作品的批评中产生的。现在，我国的文论著作也可以开列出一份长长的清单了，其中的理论色彩，显然要比西方的浓厚得多；以分析作品为基础的，又比西方的少得多。既然这门学科的现代形态是从学习西方开始的，那就应该从基础的东西学起：通过精细研读作品，尤其是经典作品，从中概括、提炼出一些虽不是也不能放之四海而皆准、但确实有一定普遍性的结论，为文学艺术的发展总结经验，提供具有重要价值的参考。康德的东西，可以说是极高层次、甚至迄今最高层次的理论形态。没有长期而扎实深厚的积累，一上来就

[1]　杜书瀛：《文学会消亡吗——学术前沿沉思录》，中山大学出版社，2006年第239页。

学康德的路数，只会事倍功半。

黑格尔的艺术史只不过是他用来证明绝对理念显现过程的材料。这涉及学术研究的思维过程问题，尤其是材料与观点之间的关系问题，当另文细谈。就文艺学而言，借鉴史学研究的思路，还是应当论从史出吧。至于中国古代文艺学的典型形态就是诗文评。[1] 例如《毛诗序》《典论·论文》《文赋》《文心雕龙》《诗品》《诗式》《闲情偶寄》《原诗》，以及各种名目繁多的诗话、词话、点评之类，这些经典文论著作或文章都是以研读作品为基础的。也许这些诗文评的理论色彩远不及今天的文论著作和文章，但是也从来没有听说过它们的价值远不及今天的文论著作和文章。通过从古代文论宝库里吸收珍贵营养来发展今天的文艺学，这种呼吁不绝于耳。文艺学是研究文学艺术的，研读作品，尤其是经典作品，当为必备功课。

后现代思潮的解构力量，同样作用于人们对经典的认识。对经典的注重与讨论，从 20 世纪 90 年代末开始，逐渐成为学术热点之一。张荣翼在文章中指出，在当代，传统的经典机制已经式微，取而代之的是文学评奖制、文学演进中的潮流化趋势和视觉文化的崛起，即所谓“后文学经典机制”。[2] 黄浩则提出了“经典文学、文学经典主义”概念。他对经典文学的界定非常有个性：“文学经典能不能产生……取决于人们是否把文学文本当作经典来阅读”；经典文学时代都发生在人类社会经济不发达时期，那个时代的文学之所以被当作经典，不是由于当时的人们具有很高的鉴赏力，而是因为那时的文学资源匮

[1] 彭玉平、吴承学：《中国文学批评史研究回顾与展望》，《中国社会科学》1997 年第 5 期。

[2] 张荣翼：《文学经典机制的失落与后文学经典机制的崛起》，《四川大学学报》（哲学社会科学版）1996 年第 3 期。

乏，“人们除了把文学文本当作经典来阅读之外，别无其他可能”。[1]

由文学史常识可知：经典的形成过程漫长而各不相同。《西游记》成书过程经过了历史故事、佛教文学和民间传说、平话、戏曲和长篇小说五个阶段，从故事的产生、流传和演变，到吴承恩最后加工成书，期间达 900 余年。而《红与黑》出版之后几乎无人问津，直到司汤达（Marie-Henri Beyle，1783—1842，笔名 Stendhal）去世后才逐渐得到世人重视。对经典的认定，往往是当代人难以完成的。就对经典的认识而言，本文认同童庆炳和刘象愚的看法。童先生认为，文学经典是一个不断建构的过程，包括六大要素：作品的艺术价值、作品的可阐释空间、意识形态和文化权力的变动、文学理论和批评的价值取向、读者期待视野和发现人。[2] 刘先生指出，经典具有内涵丰富性、实质上创造性、时空跨越性和无限可读性等内在特征；在经典形成过程中，大师肯定、教育机构传授及读者阅读与判断起非常重要的作用。[3] 经典不可能消失，它是民族文化传统的重要构成。

文艺学重视经典，既要仔细研读历代流传、得到公认的经典，更要在重读中重新组合经典名单。能够成功做翻案文章的，必定是大师或成为大师。新中国成立后郭沫若为曹操翻案成功，是一个范例。不可因为经典的鉴定需几代人努力才可成功，就放弃对当代经典的挑选推荐。即便出错率很高，文学史上推荐同时代经典的这个传统也不能中断。现在学界对当代文学史的“三红一创”（《红旗谱》《红日》《红岩》

[1] 黄浩、张春城：《文学经典主义批判——兼答盖生先生》，《吉林大学社会科学学报》2005 年第 45 卷第 3 期。

[2] 童庆炳：《文学经典建构诸因素及其关系》，《北京大学学报》2005 年第 5 期。

[3] 刘象愚：《经典、经典性与关于“经典”的论争》，《中国比较文学》2006 年第 2 期。

《创业史》）堪称当代文学经典，已达成一定共识。对新时期以来经典性作品的认定，如《班主任》之类，也正在进行中。这项工作的阅读量颇巨大，近几年每年出版的长篇小说就达上千部。当代人荐选当代经典，视野不能局限于文学领域，还应意识到我们身处印刷时代与电信时代并存的社会。因此，除了重视印刷文本外，还要高度关注图像文本，重视承担图像展示的表演语言文本。像《亮剑》中李云龙的扮演者李幼斌、《暗算》中黄依依的扮演者陈澍，其身体语言文本应该进入研究范围。尤其是陈澍，她对角色的演绎，的确达到炉火纯青的地步。对于像《狼图腾》（姜戎）和《悲悯大地》（范稳）这样的优秀长篇小说，以后结合图像文本综合研究，阐释空间会更大些，阐释效果会更好些。其中的蕴涵对文艺学的支撑也可能更有力些。

文艺学在应对诸多挑战时，已隐约显出分野的趋势：以注重经典为基础的文艺学，被看作传统文艺学或经典文艺学；而顺应文化研究与反本质主义思路，将目光转向历史上和现实中被忽视的非经典文学现象和日常生活审美现象乃至民间习俗之类的文艺学，被视为非经典文艺学或非经典诗学。这种分野的发展还难以预测，但正如胡适《白话文学史》如今已是评述经典文学的经典文学史，现在支撑非经典文艺学的非经典文学现象，以后未必不会成为经典文学现象。当代著名摇滚歌手崔健的歌词《一无所有》已经进入学者圈定的经典名单，[1]这足以说明一代有一代之文学，即包含一代有一代之经典的意蕴。

作者单位：中山大学

[1] 谢冕、钱理群主编：《百年中国文学经典》，第7卷，北京大学出版社，1996年，第47—49页；陈思和主编：《中国当代文学史教程》，复旦大学出版社，1999年，第326—328页。

文艺美学的反思
——“文艺美学在中国”学术研讨会侧记

刘绍瑾　李凤亮

1999年11月2—5日，由《文艺研究》编辑部、暨南大学中文系、华南师范大学中文系、全国青年美学研究会共同主办的“文艺美学在中国”中青年学术研讨会在暨南大学举行，来自全国各地的近60位专家学者参加了学术讨论。著名美学家刘纲纪、文艺美学学科倡导人胡经之、著名文艺理论家童庆炳、饶芃子，作为特邀代表参加了会议。

与会专家学者以文艺美学的学科建设为中心，就“文艺美学的学科性质及其研究进程”、“文艺学与美学的关系”、“中国古代文艺美学研究的回顾与展望”等问题展开了认真而热烈的讨论。虽然目前明确描述和界定文艺美学的学科性质还为时尚早，但基于文艺美学蓬勃发展的趋势及当代文艺审美的多元景观，关注这一命题并从本土立场开展有中国特色的文艺美学研究，有其重要的理论价值与现实意义。

柏鸣（《文艺研究》主编）在开幕式发言中率先指出：“文艺美学在中国”这一话题是历史的产物。文艺美学研究有悠久历史，但它作为一个学科被提出和建设则是在近年。文艺美学作为一个年轻学科，积累了一批有分量的成果，但它的发展还面临不少问题。正因为它年轻，所以有进一步拓展的广阔空间。饶芃子（暨南大学教授）认为，在人类即将进入新世纪之际，全面回顾20世纪文艺美学研究走过的历程，不仅合时、适度，而且可以从这一富有张力的问题中引申出一系列重要话题。对于文艺美学，我们要反思它是怎样产生的，受到哪些因素影响，形成了哪些突破；要思考这些突破拓展了哪些新领域，带来了什么新问题，还要思考新的理论具有什么形态和特征，与过去的美学、文艺学在学科上是什么关系，有什么不同，更要考虑文艺美学应如何面对现实，怎样有益于古代文论的现代化进程等。

何谓文艺美学这一问题引发人们思考的不仅仅是概念界定上的区别，还有研究对象的区分及学科性质的定位。近年来学术界大致形成以下一些看法：一是认为文艺美学就是美学与文艺学的融合；二是认为文艺美学是以追问艺术意义和艺术存在本体为己任的学科；三是把文艺美学看作是对文艺进行美学阐释的一种学问，即美学的一部分；四是把文艺美学视作美学与文艺学的过渡桥梁。会上专家学者就文艺美学的性质界说与学科定位等问题阐述了自己的看法。

胡经之（深圳大学教授）结合自身的学术经历，回顾了80年代以来“文艺美学”学科的创立动因和发展过程。他指出，如果美学仅停留在争论美是客观的还是主观的这样抽象的水平上，并不能解决艺术实践的复杂问题。美学必须揭示审美活动的奥秘。艺术活动离不开审美活动，但艺术活动又自成系统。正是为了和其他美学相区别，他把这种艺术活动审美本质和审美规律的研究称为“文艺美学”。他认为应把文艺美学定位为文艺学学科的一个下属方向，而不是将其置于哲学或一般美学之中。柯汉琳（华南师范大学教授）指出，传统美学不等同于文艺美学，现代美学已逐步等同于艺术哲学，当今的美学就是文艺美学或艺术哲学美学由形而上转向形而下，指的是它从抽象的美的本质思考转向具体的审美现象和艺术的研究，而并非意味着放弃对艺术概念这些形而上的东西的思考。

文艺美学学科是否具有独立性这一问题，引起与会学者的热烈探讨与争鸣。姚文放（扬州大学教授）认为，“文艺美学”是用哲学一美学的观念和方法来研究文学艺术，在学科性质上等同于艺术哲学。文艺美学有其特别的规定性、独立性。它比一般美学、一般文艺学都低一个层次，分别体现属种关系。文艺美学更多哲学、美学味，而文艺理论则更多批评经验。刘晟（华南师范大学博士）则认为，文艺美学的学科独立性值得怀疑。他指出：无论是就研究对象还是研究者而言，文艺美学作为一门学科既必要又不可能独立，文艺美学、美学、文艺学应当三位一体地向纵深发展。人文学科内容的人文性、规范的游移性，使学科的分化蹈于空泛，流于虚幻；学者们也极易在由合向分的转向中，忽视分的弊端与危害。明确限定或任意模糊文艺美学的学科性质与对象范围，这两种意见形成的悖论引起与会学者的关注。也有学者审慎地表达了对学科细化的警惕与批判。金岱（华南师范大学教授）认为，科学主义带动了人文知识界的学科分化，在一定程度上推进了研究深入，但也应该看到科学主义强调理性分割、忽视感性体验的倾向，为人文学科预伏了重重险境。此外，现代教育体制所盲目强调的规范性、确定性，也加剧了人文学科细化的过程。他认为研究者应顺其自然，把注意力放在实实在在的研究上，而不必在条件尚未成熟时，过早地定性或纠缠于概念体系。

对文艺美学学科性质的论争，不可避免地涉及如何看待文艺美学同一般美学、一般文艺学、文艺部门美学的关系。与会学者就此进行探讨，形成此次学术会议的又一热点。刘纲纪（武汉大学教授）认为；文学美学的探讨与文学理论文艺学的建设不矛盾，前者是从美学的角度来研究文学，研究的是文学美文学理论回答的是文学美学不能回答的问题。在文艺美学研究中，应该先搞部门文艺的美学和理论，如文学美学、音乐美学等一般美的本质问题由一般美学去解决。童庆炳（北京师范大学教授）首先分析了新时期影响较大的六种文学观念（文学活动论、审美意识形态论、艺术生产论、情感论、语言论、文化论）的特质、来源及优劣，着重指出突出文艺的审美特性，强调审美意识形态论或审美反映论作为文艺学的第一原理，是基于文艺活动的审美本质属性与各种意识形态的具体性、完整独立性而得出的符合马克思主义文艺思想的结论。强调文学的审美意识形态属性，有助于正确认识和区分文艺学与文艺美学的学科界域及不同任务。

陈池瑜（湖北美术学院教授）认为，文艺美学研究要重视对艺术问题、艺术美，尤其是世纪现代艺术的研究。王坤（中山大学副教授）指出，新时期以来，我国文艺学研究中新的学科方向的开辟，几乎都与西方美学、文艺学理论的引进有直接的联系，但文艺美学的创立却是唯一的例外。文艺美学勃兴与发展的最大成就之一，就是为文艺学学科建设提供了新的逻辑起点和理论基石，即文学语言与审美意识。苏桂宁（暨南大学副教授）则认为，应从具体问题的研究人手，逐步去除文艺学、文艺美学建设中的非学理的政治等因素，还学术研究以本来面目，从而在有效而深入的学术研究中推动学科的建设进程。

中国人提出并建设的“文艺美学”，必然极为重视本民族丰富的传统文艺美学资源，并以之为重要基石。一方面，“美学热”的推动，文艺美学学科的兴起，影响所及，使得“中国古代文艺美学”的概念走俏于中国古代文论的研究领域；另一方面，中国古代文艺美学研究的深入，又大大地丰富和发展了“文艺美学”这一学科的建设。有鉴于此，本次研讨会特地邀请了几位在中国古代文论、古代美学研究领域学养深厚的学者前来与会，就“中国古代文艺美学研究的回顾与展望”进行了深入的研讨。蒋述卓（暨南大学教授）结合正在主持的“世纪中国古代文论研究史”课题的研究情况，阐述了古代文论与文艺美学的辩证关系。他在列举古代美学研究的一系列重要成果后指出，在古代美学研究中，“文艺美学”概念的出现和使用合乎中国美学和古代文论研究的实际，究其原因有三：一是因为中国古代文论、文艺美学的很多概念具有相通性，因而在实际研究中，也必须把文论、乐论、画论结合起来；二是由于基于中国文化基本精神的影响，诗、文、画、乐在创作和评论上彼此沟通、互相渗透，提供了整体观照的必要及可能；三是出自便于实际运用的需要。蒋述卓先生强调指出，当代文艺美学建设必须与古代文艺美学研究紧密结合起来，注重突显具有民族个性的优秀的理论内涵，这样才可能真正推动文艺美学不断深入和系统化。尤其是在当前文艺美学学科理论尚不成熟的情况下，更要联系古代文艺实践和理论来总结，从中汲取古代文艺美学的有益启示，开展当代文艺美学建设，而不必急于求成地对学科性质、研究对象等问题作硬性的区分。张毅（南开大学教授）结合文学史编写的实际，分析了20世纪文艺美学对近年中国文学史写作的影响。他把中国文学史的写作分为三个阶段：1. 20世纪初年，主要吸收文艺哲学的影响，如王国维在叔本华生命哲学影响下写成《红楼梦评论》，胡适、鲁迅在进化论影响下分别写成《白话文学史》和《中国小说史略》；2. 30—70年代，文艺社会学在文学史研究中占主导地位；

3. 世纪末年，文艺美学影响了文学史写作。在此指导下，文学史研究者努力从审美角度评价作家作品，着重关注文学自身的审美特性。比如，在对唐代诗歌的品评中，从文艺美学的角度抬高了李商隐的地位。这些变化说明，文艺美学的理论观念已对文学史研究产生了较大的影响；文艺美学也是这样为整个文学研究提供新理路而显示出超前意识。

张云鹏（河南大学副教授）探讨了美学史研究者入思方式的得失，指出：目前的美学史研究，多将研究对象设定在美学理论、学说、思想等方面，忽视了对审美实践活动的考察，在方法上也多采取以朝代更迭为线索，以美学家及美学著作为点作个案研究的方式，忽视了整体观照；因此，加强对历史文化语境的考察，对于深化传统文艺美学研究，显得重要而且急迫。部分学者从个案实证入手，以中国美学研究史上一些专家及专著为分析对象，阐发了对文艺美学研究的看法。张节末（浙江大学出版社编审）特地为本次会议提交了题为《法眼和“隔”与“不隔”》的论文。他在发言却主要谈到他心目中的“中国美学史理念”，勾勒了一部从庄子经由玄学到禅宗的中国美学发展史。他这种以哲学眼光看待中国美学史的做法，引起了与会众多中文系学者的异议，于是引发出中国古代美学研究是以哲学还是以文学为重心的争论。大多数学者认为，两者应互补共存，不宜偏废。

此外，吴予敏（深圳大学教授）借助于对王国维、朱光潜、蔡仪、李泽厚等美学家的美学实践与研究成果的例析，梳理出一条中国美学的现代性理路。於贤德（汕头大学教授）比较了钱钟书、王朝闻从事文艺美学研究的道路、方法和治学风范的异同，指出文艺美学研究要得到深入发展，在理论上有新的创造，必须把文学艺术的审美实践作为基本的出发点，理论思辨的对象应该是文艺作品和文学家的创作过程。潘知常、薛富兴、封孝伦、张振华等人还就“当代审美文化的发展及其对文学的影响”发表了自己的看法。正如王德胜教授（全国青年美学研究会会长）在总结发言时所指出的那样，此次研讨会议题集中，与会学者不仅就中心议题展开深入探讨，达到了增进交流的目的，而且提出了文艺美学研究中的一系列重要问题。虽然对文艺美学学科进行明确定位的条件目前尚不成熟，但尽可能地把定位过程中的问题找准、找全、挖深，这本身就有十分重要的意义。

作者单位：暨南大学

第五部分

审美大众化研究

推进审美文化研究的几个问题
——面向21世纪的思考

李珺平

“审美文化”20世纪90年代初被提出不久，1994年就经民政部批准，成立了专门的委员会。这表明，这种新说法已被民间和官方认可。近几年召开过多次审美文化讨论会，有关论文、专著时有出现，“审美文化”正在成为人文学界的前沿（或至少是热点）课题。这是一种好现象，体现了国内学人强烈的危机意识和前瞻意识：一方面觉察到美学自闭在象牙之塔，脱离了生命力源头活水而走向萎缩；另一方面也觉察到，站在新世纪门口遥望未来，中华民族的内在精神如何从实用主义、犬儒主义的躯壳挣脱，接受美的强力穿透、照射，勃发生机的问题，已迫在眉睫。马克思曾经深刻地指出：“任务本身，只有在解决它的物质条件已经存在或者至少是在形成过程中的时候，才会产生。”[1] 审美文化可能正是历史提出的任务。

然而，如果认真检视已有的研究成果就会发现，审美文化研究的现状并不令人满意。它可以被概括为三多三少：1. 泛泛议论者多，深入研究者少；2. 散点研究者多，从事整体理论建构者少；3. 玄谈者

[1] 《马克思恩格斯选集》，第2卷，人民出版社，1972年，第83页。

多，与实际接榫并面向未来，提供有效的、建设性的意见者少。当然，作为一项开拓性的工作，上述现象无可厚非。但是，如果从飞速发展的物质文明对社科研究的更高要求来看，问题便不可忽视。它促使我们检讨：审美文化的提出和提倡，理论准备是否不足？具体言之，审美文化是什么（What）？如果它是或不是一门学科，应如何定位（Where）？为什么研究它（Why）？这些基本问题不解决，深化研究便无从谈起。笔者无力用一篇短文解决上述问题，但愿意提供自己的思考。

审美文化是什么？

这本来应是从事研究的出发点，但目前成了最混乱的问题。80年代中后期兴起的审美文化热，内在动因很多，但其荦荦大端有三：一是美学研究的自闭症迫使部分学者觉得无聊而转向文化研究；二是社会主义精神文明建设滞后于经济建设而产生的巨大压力；三是试图从文化中找出摆脱窘困、焕发民族活力的希望元素。这样，将审美与文化连接，便有这新概念诞生。回顾提出审美文化的背景，不难演绎出三位一体的救弊动机的实质性内容：1. 救生活之积弊（生活中美的缺席和认识性、功利性的强权统治）；2. 救美学之积弊（美学自闭）；3. 拯救民族之魂，让美向社会的物质、文化领域进军（美生活化与生活美化）。这就是为什么审美文化直接从文化热中催生，为什么独独由美学界而不是由其他学者提出的原因。由于救弊动机过于显露而建设性愿望却隐藏深处，因而，对审美文化是什么的问题言人人殊，对于审美文化在什么基础上如何统一的问题更缺乏思考。

审美文化如何定位？

审美文化是什么的问题尚未解决，定位几乎不可能。可是，更多的人文学者往往愿意从它的二相式结构出发，分别定位在美学或文化学之内。前者认为，审美文化的理论建构应当同经典美学的话语系统相衔接，并由此寻求在美学学术史上的地位；后者认为，审美文化应当是文化系统中的子系统。两者的共同点在于，把审美文化看作其他学科的子学科，并希望为此努力。

但是，问题并没有解决。首先，把审美文化仅看成一门学科是否能被大多数人赞同？谁能保证不被概念化而走进新的象牙之塔，变成与社会生活全然无关的绝缘系，从而遗失本来涵盖的救弊内容？其次，即使它能被定位为子系统，那么，到底被归入美学还是文化学？显然，不管归属何方，都可能有打不清的笔墨官司。如果同意审美文化是一门超越于二者之外的独立学科，问题却又回到了端点：作为独立学科，其基本理路如何表述？例如，其核心范畴是什么，由此生发的范畴群是哪些，范畴之间如何建立联系以构成内在体系？其逻辑起点是什么？在论证时必然又会碰到美与文化两个基本概念的纠缠。

为什么研究审美文化？

表面看来，研究目的纯粹是主体性的事，其实不然。它的内在指向性直接暗示研究对象的选择。直截了当地说，研究审美文化是为了美学、文化学或其他学科的繁荣，还是为了用美濡化人、社会，尽可能使其全面发展？这样发问，旨在将研究目的接榫在对当代社会的实际考虑和未来社会的大致走向上，以体现本文的终极关怀。

当代社会的发展预示着21世纪将是高科技、信息化的时代。这标志着原本意义上人被物役的状况（仅为衣食住行而疲于奔命）大大改善，随着消闲时间增多而出现一个大众社会。但是，高科技、信息化极度泛滥，又意味着科学性、实用性对人的压迫，以及对社会的全面控制。如上悖论发人深思。发展科学、追求有用，其初衷是自己的解放，然而，一旦科学理性、实用理性宰制社会，人又将成为非人。从自然的奴隶异化为科技的奴隶，主子改换了，而人自身的境遇依然如故。因此，马克思本人、“西方马克思主义”以及西方现代派文学都从不同角度做过盛世危言式的论述。

如何达到经过扬弃的更高层次的“人本主义”，既享受科学之利，品尝有用之乐，又能超越之，使人本身得到全面发展？有的学者依据马克思《1884年经济学哲学手稿》的基本思路，揭橥审美文化中美的经验、强力，强调美向真、善领域的渗透，保持童心的纯洁，与此同时，脱下大众文化的外壳，分离消极因素，高扬美育、艺术教育之功效，提倡真、善、美三者圆融的“新意识”，并认为这就是审美文化研究的终极目的。笔者同意，这是一种目光远大、见解深刻且动机良好的看法。但是，审美文化与美育、艺术教育是什么关系，是相等还是包含？这里，仍有一个逻辑问题。如果相等，干脆叫美育或艺术教育罢了，为何要取新名词“审美文化”？如果包含，谁包含谁，被包含者在其中的地位、功能是什么？另外，美育是手段还是目的？若是手段，其目的是什么，是不是审美文化？美育与艺术教育关系如何，相等还是包含，异同点在哪里？席勒以来，人们对如上问题论述得并不清楚，今天该如何看？

如此追问的目的是让学界正视审美文化研究的尴尬状况。追问至此，我们能否论定，审美文化的提出是否粗糙了些，是否应该认真补救（重新推敲、限定）了？

依笔者愚见，经多年传播，审美文化影响日广，不能废除，但必须斩断攀缘的枝蔓，廓清其内涵。审美文化不是美学、艺术，也不是大众文化、后现代文化，但与它们或多或少都有一些联系。审美文化不应当作为美学的部门，成为振兴美学的工具，而应当向文化学靠拢，并建构独立品格。也许，审美文化被理解为“发展到高级阶段的文化”较妥，其定位放置在“人类文化的审美层面”较好，其研究目的主要似应考虑面向现代化、面向世界、面向未来，并协助其他学科，使华夏民族到达“应该如此”生活的境界。这些都是极概略的表述，聊备商榷。不管怎么说，审美文化研究要想走出困境，拥抱新世纪，如上 What、Where、Why 等三个问题，必须严肃对待。

此外，还有两点顺便指出。第一，审美文化研究不可排斥大众文化。中国正在走向工业社会（现代化），还没有到达西方那样的公司国家形态（后现代社会），因此不能照搬“西方马克思主义”、后现代主义文化理论，绝对排斥大众文化。在我看来，大众文化的主要特点在于复制性（非创造性），使之成为被卖（而不仅是被消费）的东西。在最短时间里生产大量易销品（即不仅允许复制，而且就是为复制而生产的），成为生产者的充分动机。生产者不知道顾客是谁，因而产品具有中性化，而顾客则具有非人格化的性质。从这个观点看，大众文化若不加强引导，便有麻痹人的美感，使消费趋于标准化的危险。但是，在中国这样具有几千年封建历史，农业人口，老、少、边穷人口占相当大比例的国家，存留有许多尚待清理的专制主义、奴隶主义的思想。它们是走向现代化的最隐蔽、最顽固的障碍，党和政府每时每刻都要花大力气对付之，[1]而大众文化却具备解构这些落后意识形态，唤醒主体自觉的作用。只要因势利导，从大众文化中就有可能崛起一代活泼泼的新青年。第二，审美文化研究必须重视美育，重视美向认识、道德领域的进入。这应当是审美文化的重心所在。

作者单位：湛江师范学院、北京师范大学

[1]　参考中共中央《关于加强社会主义精神文明建设若干重要问题的决议》。

走向文化美学

胡经之

也许只是我的直觉印象，我感到文艺学或艺术学近几年正在向两个方向发展：音乐、舞蹈、美术、戏剧、影视等的研究越来越趋向门类专门化，音乐美学、舞蹈美学、戏剧美学等越来越深入探索不同艺术独具的艺术奥秘，各自遵循自律。但是，文学研究却越来越趋同于文化普适化，把文学与整个文化融合起来，逐渐向文化研究转移。

本来，多年前就知道西方当代美学早已出现向文化研究转移的趋向，没有想到这种趋势很快在我们这里也出现了。有朋自远方来，畅谈后更加深了我这种印象。多年不见的香港中文大学美学教授王建元博士前不久来访，他一番宏论使我越发感到这个时代变化真是太快。这位在台湾曾以研究雄浑、崇高著名的美学博士，坦率告诉我他不研究抽象的美学问题了，已转向文化研究，关注很具体的文化现象，如：西方文化如何影响香港文化，香港如何应对迪士尼落户，等等。

当然也有不同声音。就在香港同一学校都是朋友的美学教授刘昌元博士就不以为然。在最近一次美学的国际研讨会上，他宣读一篇长长的美学论文，还是探讨美学的基本理论问题。他对我说：美学自身的基本问题，不能由文化研究所替代。他还将继续作美学沉思，不想转移。他对美学的执着，令人敬佩。

我却觉得，美学、文艺学这两种发展趋势，相反却又相成。自上而下，由下而上，应可互补，关键是如何将两者结合起来，促成新整合。我向来十分敬重哲学美学，但我不满足于仅对审美作哲学结论，而希望美学能解释人类具体的审美和创美。艺术创造和艺术审美，乃是人类审美现象中的独特形态，和自然审美、文化审美相比，有其独特性质和规律。因此，在20世纪80年代初，我热切期盼发展文艺美学或艺术美学，创办《文艺美学丛刊》，和叶朗、江溶倡编《北京大学文艺美学丛书》，参与王朝闻主编的《艺术美学丛书》。如今，文艺美学发展成了文艺学的一个学科，绘画美学、音乐美学、电影美学等也在向更纵深层次发展。我想，文艺美学或艺术美学还应有新发展。

但是，文艺美学或艺术美学并不要也不能代替哲学美学。审美学领域广阔得很，它至少应对这两类审美现象作理论概括：一是对自然的审美，二是对文化的审美。艺术创造和艺术审美，只是文化现象的一种。大自然为人类带来连绵不尽的美感。我们赞叹大自然之美鬼斧神工，自然天成，不由人力所致，具有独特魅力。随着人类实践领域的扩展，人在大自然中越来越多地发现天然美；但伴之而来的自然生态环境日益恶化，天然美也越来越显得珍贵。中国传统美学对天然美情有独钟，对自然审美有许多真切体会和精辟描绘。但对自然如何审美和自然本身怎么会美不是同一回事。对自然本身之美至今尚未有一个符合实际的合理解释。物种自然属性说，人的本质力量对象化说，都不令人满意。还是马克思的价值论可以把我们引向对自然美更合理的解释，应大有可为，且可发展为一门新学科：生态美学。前两年，我主编《人与自然》丛书时，就期盼《生态美学》早日出现。

但人生活在这个世界上，已不可能完全回归自然。我们每个人都已不可能脱离人自己创造出来的文化世界。在作为主体的人和作为客体的自然不断相互作用的过程中，自然不断在人化；人和人的相互作用的发展，使主体间的关系更为复杂多样；个体自我本身和周围环境的相互影响，使得个体世界也越来越丰富复杂。物和物，人和物，人和人的相互作用都在影响着个体世界。我们可以把文化区分为物质文化和精神文化，但任何文化都是处于一定人文关系中的人的活动的结果，人化的产物。对于我们生活于其中的文化世界，我们可以从不同的角度去对待，但我最感兴趣的还是如何从美学的角度来审视。我们需要各种各样的文化研究，我更希望走向文化美学。

文化之美是人创造的美，不同于天然美。美，并非都是人的创造；劳动创造出来的也并非必美。确实，劳动也在创造着美。如果人能按照美的规律来创造，人类就能创造出美。但是，如果人类劳动违反了美的规律，创造出来的就不一定美。人的本质力量对象化，未必都美。人间有多少假、丑、恶，不都是人的自我异化活动中滋生出来的吗？那么，人的文化创造怎样才能符合美的规律，这是文化美学必须回答的首要问题。进一层，人间的文化创造，并不只是仅为满足审美需要而展开的，很可能首先是为满足实用需要，甚至可能把交换需要放在首位。这样，文化产品的实用价值、交换价值、审美价值应是什么结构关系，这也是文化美学必须回答的问题。对文化的审美，和自然审美、艺术审美是怎样的关系，它们之间的联系和区别，这涉及更为复杂的审美标准、审美理想等，亦应是文化美学不能回避的问题。

人，更应成为文化美学关注的中心。人是万物的尺度，万事万物之所以有美丑，是因为它们对人来说具有肯定还是否定的客观价值。

人类之所以要创造文化，乃是因为自然不能完全满足人。人生活在这世界上，不仅只是为了生存，还要求发展，更要完善。所以，人要按照美的规律来创造文化，不断在创造中自我完善，成为自由而全面发展的完整的人，和周围环境（既有自然环境，又有人文环境）达到动态平衡。当然，人的自由本性的发展，人的理想人格的建立，人和环境的动态平衡，是不断发展的历史过程。马克思在1857—1858年写的《经济学手稿》中，曾这样论述人如何从现有环境中获得自由的历史过程：先是“人的依赖关系”的时代，个体不能独立，只能依赖于人才能生存。二是“以物的依赖性为基础的人的独立性”的时代，个体从人的依赖关系独立出来，却又堕入依赖于物的关系之中。三是“建立在个人全面发展和他们共同的社会生产能力成为他们的社会财富这一基础上的自由个性”的时代。[1]

“人的依赖”时代，就是我们所说的前现代。“物的依赖”时代是包括现代、后现代的整个现代化时代。而“自由个性”的全面发展，有待未来的理想时代。每个时代，都有自己的文化，文化美学应该面向自己时代的文化现象。

我国现正处在社会主义初级阶段，正在为实现社会主义现代化而奋进，目标自然是朝着“自由个性”方向全面发展。但中国地广人多，各地发展极不平衡，广大西部地区基本还在由前现代向现代转化。就是沿海发达地区，也还在为基本实现现代化而奋斗，前现代的文化现象也还到处可见，而却已从西方舶来后现代文化。这样，我国目前的文化现象，极为错综复杂。我们急需对现代化过程中涌现的错

---

[1] 《马克思恩格斯全集》，第46卷上，人民出版社，1972年，第104页。

综复杂的具体文化现象作文化研究，也需要及早对文化发展作宏观审视，从整体上关注文化发展的美学方向。文化美学、文化研究，两者相辅相成，相联系而又各有区别，在我国都应受到重视，都该得到发展。

关于文化研究，美国学者卡勒（Jonathan Culler）在《文学理论》[1]一书中曾有较为精辟的评述。文化研究在西方从20世纪60年代兴起，但其实在19世纪就已有萌芽。从歌德、卡莱尔、爱默生的时代就出现了一种新型的著作，它既不是评介文学作品，也不是思想史，也不是哲学、社会学，而是所有这些融为一体，形成一种新的类型。到了20世纪的60年代，从事文学研究的人开始研究文学之外的著作。文化研究已经不只是对文学作研究，而是涉及广泛的社会领域，用卡勒的话说，它“包括人类学、艺术史、电影研究、性研究、语言学、哲学、政治理论、心理分析、科学研究、社会和思想史，以及社会学等各方面的著作”。发展到90年代，文化研究成了人文科学一项主要活动。文化研究的对象，已扩展到整个广义的文化领域：“令人吃惊的是，随着文化研究的发展，已经说不清它究竟跨了多少学科”。文化研究已近包罗万象，从莎士比亚到肥皂剧，从弥尔顿（John Milton，1608—1674）到麦当娜（Madonna Louise Veronica Ciccone，1958—），从失乐园到迪士尼，高雅文化和通俗文化，过去文化与当今文化，都在文化研究视野之中。

文化研究是从文学研究发展而来，那么，文化研究兴盛起来之后，还需要文学研究吗？文化研究和文学研究是什么关系？文化研究

[1] 卡勒：《文学理论》，辽宁教育出版社，1998年，第4、45页。

有利于文学研究的深入。按卡勒的说法，“文化研究因为坚持把文学研究作为一项重要的研究实践，坚持考察文化的不同作用是如何影响并覆盖文学作品的，所以它能够把文学研究作为一种复杂的、相互关联的现象加以强化”。但是，文化研究并不能替代也不会取消文学研究本身。文学研究应该深入研究作为艺术文化之一的文学的特殊性：“文学研究关注的要点正是一部作品与众不同的错综性”。如果不能掌握文学的特殊性，而只停留在文化的一般性，“文化研究很容易变成一种非量化的社会学，把作品作为反映作品之外什么东西的实例或者表象来对待，而不认为作品是其本身内在要点的表象”。[1] 所以，卡勒在这部《文学理论》中，主要还是在阐释文学的特殊性，语言、修辞、叙述、意义、解释等仍然是主题。

我国的文化研究也在近几年兴起。我们也有了《文化研究》杂志，还有好些刊物所登的文化研究文章也多了起来，关注文化热点，分析文化现象，涉及教育、家庭、男性、女性、扶贫、下岗、腐败、污染、色情、暴力、黑社会、全球化等等，都是社会关注的现实问题。我们的美学也在面向现实，剖析当代审美文化现象，出现了多部研究当代审美文化的专著，使人耳目一新，令人鼓舞。依我看，美学如能面对当下现实，更多关注文化现象，进一步发展，正可走向文化美学。

文化美学首先应关注当代审美文化。但当代审美文化并不只限于大众文化，高雅文化亦在其列。文化美学可以通过对高雅文化和通俗文化的研究，探索当代文化如何走雅俗共赏之路。不只是当代审美文

[1] 卡勒：《文学理论》，辽宁教育出版社，1998 年，第 50、53 页。

化，就是非审美文化也应列入文化美学视野。艺术文化之外，政治文化、道德文化、科技文化、教育文化等也应受到文化美学关注，从美学上加以审视、评析。研究领域因现代化的发展而日益扩大，这正是文化美学和文化研究相近之处。然而，西方在解构主义、反本质主义兴起以来，文化研究关注具体问题的具体分析，从具体问题引发出思考。像福柯（Michel Foucault，1926—1984）的《性态的历史》，就把“性”放在具体历史中评说，说它是由一系列社会实践、话语实践共同造成的。人们“把原本相去甚远的、各个不同领域里的东西：一些我们认为与性有关的行为、心理的区别、身体的部位、心理的不同反应，还有最不同的社会意义，组合到一个统一的范畴之内（即‘性’）”。[1] 文化美学也要重视具体文化现象，并从文化研究中吸收养料；但更应重视归纳，从众多文化现象的分析中，从美学高度进行思考，做出理论概括，走向文化美学。

作者单位：深圳大学

[1]　卡勒：《文学理论》，辽宁教育出版社，1998 年，第 6 页。

“消费时代文化批评现状的反思”笔谈

编者按：20世纪80年代文化热兴起后，90年代审美文化日益发展成为推动经济发展的重要文化因素，文化批评和消费时代话语先后在文学评论界悄然流行开来，学界已就有关问题讨论了一段时间，但至今它们还是两个有纷议的概念，值得深究和澄清。为此，借2005年广东省文学理论研究会和比较文学研究会年会之机，本刊与学会组织者便酝酿相关论题展开讨论，以推动研究深入发展，因而有这组笔谈呈献给读者。

消费时代文艺学自身的调整与建构

蒋述卓（暨南大学教授）：随着消费时代来临，文学发生着快速变化，读者的趣味也发生了很大变化。文艺学如何贴近文学发展的实际，贴近社会生活，贴近读者大众的阅读欣赏实际，做出相应反应，是发展文艺学的关键。为此，文艺学自身需要调整，放宽视野，与时俱进，做一番新建构。

首先，应澄清文学的基本问题。在媒体与信息扩张的今天，文学的发展遇到了问题，比如什么是文学的文学性和文学存在方式，如何看待亚文学现象等，都直接与“当今文学是什么”这一基本问题相关。当今的文学文本呈现出多样形态，它不再是过去单一的纸质媒体，它可以存在于网络、影视、摄影、广告、歌曲之中，文学性开始向日常生活弥散。一些亚文学的东西浮升上来，如手机短信就介乎日常生活的沟通与制造文学意味之间。但是，尽管文学的存在方式发生了变异，构成文学的基本问题并没有完全改变，只是部分变异。比如，1. 文学是语言的艺术；2. 文学是情感的、能打动人引起共鸣的产物；3. 文学是深刻思想完美表达的艺术；4. 文学是可引起人快感、美感并达到娱乐的艺术。只要文学这四项基本特质还在，它不管以什么方式、载体出现，都构成文学，并具有文学性。比如崔健摇滚曲《一无所有》，陈小奇《涛声依旧》，能在感情上打动你，那它就是文学。难怪著名文学评论家谢冕教授要将崔健《一无所有》选入《百年中国文学经典》的诗歌类中去。有人说"大多数传媒文学是不可能经典的"[1]，我以为这话既对又不全对。宋词当时在酒楼坊肆流行时，有谁想到它也能成为日后的文学经典呢？宋词的传播方式相当于今天通俗歌曲的流行方式。许多唐诗之所以优秀，是因为它们在当时就被人广泛传唱，流行于社会之中而得以奉为经典的。流传甚广的"旗亭赌胜"故事反映出唐代优秀诗人的佳作在当时社会流行与被消费的盛况。流行的未必就是坏诗，不流行的未必就是好诗。白居易《琵琶行》《长恨歌》以及他的其他诗作在当时社会广泛流行，正说明其作品的思想与艺术价值为读者喜爱。唐诗上万首，经典选本只选数百首，许多诗被历史淹没了。所以，历史上大多数文学作品也不可能成为经典，而不仅仅是

---

[1] 曹万生：《消费时代文学人文性变异之思考》，《中外文化与文论》（第 11 辑），四川大学出版社，2004 年。

传媒文学而已。就如今天的长篇小说，一年一千部，又有多少能成为经典呢？经典是相对于后世来说的，是后世对前世创作的认可。当社会有需要出一千部小说，有市场，它就有出现的理由，这总比“文革”时期只有八部样板戏要进步得多。我们不能要求所有的传媒文学都成为经典，也不要以为只有传统的纸质媒体文学才可创造经典。

其次，从逻辑上说，传媒文学这个词有问题，难道纸质媒体就不属于传媒了？报纸也是传媒，难道报纸上发表的小说、诗歌不能成为经典，而只有在传统文学杂志《十月》《收获》《花城》等发表的小说、诗歌、散文才可能成为经典？经典不经典，关键在它提供的信息是否构成文学，并能否具备日后成为经典的元素。应弄清文类的变化。当今基础文类已发生新变化。梁启超所处的时代，小说已受到大众的重视，并产生广泛社会影响，故小说被梁启超视为“文学之最上乘”，小说这种叙事文类已代替诗赋抒情文类成为文学主流。虽然叙事文类仍是主流，但内部产生了变化。如影视借文学为蓝本插翅飞入大众百姓家成为核心媒体，而杂志、戏剧等沦为边缘媒体或文类。不同的媒体形式反过来又影响到文学创作方式，包括叙事方式。比如流行歌曲，我们长期视为快餐文化而不研究它们的文学构成、思想文化内涵及其表征。当今流行歌曲在叙事文类影响下也靠近叙述，减少了抒情。我们的文艺学不能无视文类内部的变化。不去研究并及时总结这些变化现象，理论就会滞后，新的原创性文艺学也无法构建。美国比较文学学者厄尔·迈纳（Earl Miner）曾指出，一种原创性诗学的形成必然是与它所基于的基础文类相关，像早期欧洲的摹仿诗学建立在再现文类戏剧基础上，中国古典“情感—表现”诗学则是在抒情文类抒情诗基础上产生的。[1] 从20世纪初以来，经过100余年，中国的叙事文类已成熟，而且与国际上的叙事文类理论相通。但中国当前在叙事文学的诗学并没有多少原创性，是追随西方而行的。如果我们掌握当今文类的变化，研究其美学构成规律，尤其是中国叙事文类的独特性，对构建有原创性的文艺学是有帮助的。比如现在有学者提出，中国现当代小说中的写意小说的问题，将它们的出现与中国文化传统、诗画乐的艺术传统联系起来综合考察，就有助于揭示中国当代小说创作的特有规律。

再次，要尊重中国经验。外国的理论进入到中国是要产生变异并带上中国人的理解和再创造的。如20世纪早期从西方传入的现实主义理论，在茅盾等现实主义作家那里有自己的理解，到了50—60年代则有邵荃麟、秦兆阳等理论家的自我创造。80—90年代传入中国的后现代主义理论，变了种，起初还有人指认他们是伪后现代。这没什么奇怪，因为它带上了中国学者的理解和阐释。理论流通与交流虽无国界，但理论的产生与再创造却有国别，这就凸显出中国经验之重要了。中国面临的消费时代与西方发达国家所处的消费时代有差别，作家的感受不一样，所产生的文学艺术也不同，这便是中国文学的中国经验。同样是大众文化，西方的现代舞，邓肯当年创立时是为了使舞蹈从古典舞中解放出来，使舞蹈从宫廷、贵族豪宅走向平民，走向自然，但现代舞传入中国，却成了精英式的了，它想大众化也难。当前文化产业界也想引进一些在西方国家属于大众文化的戏如《猫》《大河之舞》之类，但到中国后由于票价高，一般大众难以问津，便成了

[1] 厄尔·迈纳:《比较诗学》，中央编译出版社，1988年，第32—33页。

小众文化。这就是中国经验之不同。文艺学只有很好地尊重中国经验，研究中国的真实问题，才能更好地诠释中国文学，创建新时代文艺学。

又次，调整观察视角。文艺学关注当代文艺现象，也应与时俱进地调整观察问题的视角。如从生产视点观察问题，就是文化研究一个重要因素，文艺研究吸取其优势，能够更好地补充自身的不足。马克思主义文艺生产观很早就提倡从生产与消费对象关系研究文艺，后来的接受美学也具有类似视角。只不过，过去文艺学对文艺生产的问题未特别重视而已。又比如文学中的虚拟真实问题，也必须从当今数字时代的生存方式、交往方式去理解。虚拟如今也成了哲学的一个热点难点问题，生活中的人往往也错将电脑中的虚拟世界当作真实。何为生活真实？虚拟真实是否也构成了我们真实生活的一部分？现在不少奇妙的故事就产生于虚拟的真实生活之中。

最后，坚持文学的批判、拯救与超越功能。在消费社会，文学不能一味追随市场，迎合大众口味和趣味，它应坚守文学的理想，坚持文学的批判、拯救与超越功能。千百年来，文学在为帝王宫廷服务时的确有功利的一面。文学功利性还可表现在批判性上，如白居易主张新乐府运动，针对中唐社会现实，根据文学发展的需要，提出“文章合为时而著，歌诗合为事而作”，主张诗歌要多关注世事民生，这本身并没有什么不合适的。关键是文学还有“无用为大用”的一面，也还有大关怀大拯救的一面。伟大的文学家往往有悲天悯人的大胸怀。他们对社会与人生的批判，有时往往是功利性色彩淡得很的。他们往往从人类生存困境与出路探寻入手，在人类绝望处指出希望，实现将批判与拯救结合的文学超越，从而带给人类以信心、勇气与希望。20

世纪西方文学中的现代主义、存在主义文学正是在揭示人类生存困境中透露出批判与拯救，20世纪中国文学中的鲁迅也是如此，他的“救救孩子”的呐喊不是对中国社会和广大民众的警醒和拯救吗？“寄意寒星荃不察，我以我血荐轩辕”，鲁迅担心民众、社会对他不理解。中国当代文学中能怀有鲁迅那样阔大胸怀和远大关怀者罕有。消费时代的文艺学应该坚持文学的价值与理想，鼓励与引导文学创作的批判性、拯救性与超越性，在消费社会中提供强烈的人文关怀。

文化热、文化批评与消费时代

林岗（中山大学教授）：文化作为热点的讨论题目，是从20世纪80年代中期开始的。那时还没有文化批评之称，更没有进入所谓消费时代。当时一般的说法是文化热。现在回过头来看，当时批评界和学术界的文化热有其不够深入的地方，许多问题的讨论流于表面化。当初文化之所以会成为关注的焦点，大概是因为希望突破钳制思想多年的教条框框，希望别开生面的同时能够承继“五四”的启蒙精神再次启蒙。创新与启蒙的冲动是80年代文化热的动机。这时候的文化热和西方对现代性反思基础上的文化批评理论没有什么关系。至少在文学批评领域，它的具体操作还是很传统的。文化热中的大部分批评还是关注文本的，文本始终是讨论的重心，只不过切入文本的视点不是阶级、社会或政治，而是文化。文化与传统联系在一起，就有了进一步深入和发挥的契机。

文化热在80年代末落下了帷幕。90年代，学术界经过短期的沉寂，兴起了文化批评。学界有人以为这两者是先后相继，表明文化问题持续升温。表面上是这样，细看则不然。我以为它们产生于截然不同的社会情景。文化热的时候，社会已经处在现代进行时之中，但现代还拥有耀眼的光芒，就像一个遥远的理想吸引着你不停追逐，无论你多么努力追逐，你不可能赶得上。进入90年代，社会情形似乎不同了。至少在大城市，在知识精英生活身边，物质层面的世俗生活急剧变化，一日千里。从前千呼万唤也难得一睹真容的市场，不但来到了身边，还无孔不入。哪怕你想从市场逃走，也无路可逃了。90年代壮观的现代登场，在某种程度上瓦解了知识精英再启蒙的期望，因为他们至少触摸到例如市场、现代这种在十多年前还像神灵一样可望而不可即的东西。一旦直接碰面，一种不愉快的感觉油然而生。站在知识精英的立场，现代不但没有从前想象那么可人，连市场也是凶相毕露。

最直接的伤害可能是市场夺走了知识精英想象中的听众，这种抢夺的另一个学术说法就是消费。启蒙时期像众星拱月般托着的知识精英的大众，如今掉头不顾，遗弃了启蒙的呼声，向着市场大步走去，拥抱消费。这种伤害是致命的，缺乏听众就意味着边缘化。曾几何时，对启蒙的热衷和执着，换来了知识精英在社会版图中边缘化的位置。对自身利益的伤害是一个原因，另一个原因就是社会生活市场化引起的秩序重组出现了弊端，令知识精英从市场、现代、消费中猛醒。他们要反击了。90年代初，学术界有一场关于人文精神的讨论，这是知识精英的第一次反击。作俑者希望在市场逼近的威胁中高扬人文精神，设想自然是值得嘉许的，但从讨论的匆匆退潮可以看到曲高和寡的悲哀。接下来的故事就像近现代思想史上任何思潮发端的模式了：首先是借助传入的“西法”，然后让它回应本土产生的问题。算起来，广义的文化批评在西方也有了不短的岁月了。不早不晚，偏在20世纪90年代中国文化批评大行其道，这说明尽管社会变迁不平衡，广大内陆地区还存在着“内部第三世界”，有的地区甚至还处在前现代状态，但是不得不承认，至少在沿海大都市，确实在某种程度上进入了消费时代。

如果不是单纯从技术角度理解西方的文化批评或文化研究，则可以把它看成是对现代性反思的思潮和理论。它们和那些建构性的哲学思想和社会理论有不同的理论趣味，我们不难从中识别它们。在这一长串名单中，马克思、弗洛伊德、尼采应榜上有名，他们是后来批评理论的健将，福柯、德里达等人的前辈宗师。他们看到了现代性的弊端，并给予深刻揭示。在西方，批评理论戳破了启蒙时代以来社会不断进步直至建成世俗天堂的肥皂泡。总之，文化批评或者批评理论，顾名思义，它们在西方整个思想体系之中，是扮演批评者角色的。

经历了晚清以来的现代化进程，随着消费时代来临，中国社会也终于要服下文化批评这服药了。这当然是因为现代性出了问题，先不说如何补救，首先得让人们认清现代性到底出了什么问题，得让人们从现代的幻觉中醒悟，不再沉迷。这正是文化批评和批评理论的价值所在。这种意义上的文化批评有很强烈的批判性，与建构性思想比较，似乎有点作对的色彩。不过这种强烈的批判性，正是文化批评的生命力所在。如果缺乏批判精神，文化批评也就没有什么意义了。批判的角色和建构的角色，是一种抽象意义的社会分工，看似不两立，其实相互补充。将这样的理念落实到观察文化批评在中国近年的进展时，我们发现情形并不令人满意，最堪忧虑的是它缺乏批判精神。名号是有了，西方的批评理论也译介进来了，舆论也造起来了，可是真正的批评在哪里呢？既然是消费时代，文化批评也就可能演变成文化消费，供大众消费，供圈子消费。这是消费时代特有的，而圈中人对此似乎缺乏应有的觉悟。缺乏批判精神，是它可能走上被湮没的命运的信号。

现代性的弊端和以往那些政治性、制度性的弊端不同，人们找不到具体责备的对象。原因在于市场不是哪些个人让它形成，而是无数人的自发活动形成的。文化批评也不例外，尽管它要反思现代市场的蚕食，好像是站在市场和消费的对立面，可是市场同样不会放过它，市场和消费是没有爱和恨的。只要能够产生有效需求，市场就会来亲近，消费就会来凑热闹。就其姿态来说，文化批评针对的正是市场和消费，可是市场和消费却没有立场，它们不分敌友。而文化批评的隆重登场，以其时髦、新颖的面貌出现，这正是市场和消费求之不得的。于是大众传媒就会介入进来，商业运作就会自然产生，批评成了热点，理论成了时兴，消费效应于是顺势而起。本意也许是严肃的反思，结果却是消费的共谋，文化批评遭遇了尴尬。这种情形近年我们看得不少了。对文化批评来说，重要的不是看它揭起了反思现代性的大旗，不是看它字里行间表明的对市场和消费的批判性姿态，而是看它是不是以消费方式出现。文化批评在中国要有所建树，要不流于表面文章，一定要坚持真正的批评精神，同时要对市场和消费有真正的觉悟。

当代审美文化的消费本质与时代特征

高小康（中山大学教授）：审美文化在当今中国学术界是一个充满歧义和矛盾的概念。广义的审美文化可以包含与审美这个概念有关的一切，实际上把传统意义上的审美经验和观念问题统统包含了；狭义的审美文化则指涉传统审美活动之外的审美经验问题，这个含义往往和日常生活的审美化概念联系在一起。关于这个概念的研究存在评价矛盾：从席勒美学观衍生出来的肯定性评价，认为审美文化是人性整合的完美文化形态；而批判性评价则认为审美文化是文化工业通过审美乌托邦的幻象操控个人精神的反人性形态。这是讨论中常出现的概念歧义和评价矛盾。

要使审美文化问题真正具有学术意义，重要的是确定问题的客观性或对象性，在肯定或否定之前进行学术性的分析研究。那么，这个概念的对象性如何确定呢？抛开词源考证和词义阐释方面的争论，首先应当明确这是从中国近年文化现象中激发出来的文化和学术思考问题，审美文化的核心就是当代审美文化。它的产生语境则是社会生活经验的变化。许多学者注意到，中国社会生活自20世纪90年代以来出现的重要变化是，审美与日常生活的关系越来越密切：大规模城市建设和改造的基本趋势是美化环境——现代化、舒适化、娱乐化、绿化、亮化等等；城市中个人的生活需要和生活方式也从物质需要的满足越来越转向符号性、形象性、娱乐性需要的追求。审美文化或日常生活审美化的问题因此而成为现实经验提出的新的理论命题。

这个问题并非纯粹是基于中国经验产生的。从80年代开始进入中国学术视野的阿多诺（Theodor Wiesengrund Adorno，1903—1969）、本雅明（Walter Benjamin，1892—1940）、鲍德里亚尔（Jean Baudrillard，1929—2007）到近年来为人们所知的费瑟斯通（Mike Featherstone，1946—）、韦尔施（W. Welsch）、菲斯克（John Fiske）等人的论著都已对这个话题谈论了很多，这个问题其实首先是从西方文化批判中引进的话题，而后才对号入座地找到了当今中国文化经验提供的对象。这个对象的重要性在很大程度上是由于和西方文化批判对象相似性而产生的。在 80 年代，审美文化这个概念还没有被使用。审美活动从狭义的艺术活动扩展到广泛的社会生活方面，这在当时被认为是社会文明和人性的进步。显然，这是一种席勒式的乐观主义美学。这种对审美文化的乐观主义评价源自对审美这种经验所做的超越性解释，即从康德的无利害观念延伸到席勒的自由完美人性观念，审美被理解为人类精神需要发展的顶峰。

到了 90 年代，进入了日常生活审美化阶段。然而这种审美文化的审美内涵却不再是席勒式的超越性经验，而变成了以感性愉悦和符号性交往为特征的世俗经验。审美并没有使人变得更自由、更完美（如同席勒想象的那样），倒好像越来越变成了盲目、被动的审美产品的消费者（如同阿多诺所批判的那样）。审美文化因此越来越成为批判的对象。按照阿多诺的思路，具有社会批判性质的艺术和审美经验才具有积极价值，只要是令人愉悦、满足或与社会认同的审美经验，就都会因为服从、迎合社会而失去存在的价值。后来激进的文化批判者进一步指出，在资本主义文化环境中，审美经验的愉悦性或社会交流性质都会成为商业提供的消费品，从而使得这种精神性的满足变成由商人的意图引导的文化消费行为。用这些观点来对照 90 年代以来中国审美文化的发展态势，很容易发现这种批判理论的现实针对性和可操作性：今天我们的生活空间充满了为满足感官愉悦和情绪体验而制作的审美形象。不仅各种艺术和游戏娱乐越来越多进入日常生活环境，以往不具有审美意义的活动如居住、出行、购物、交往、工作等行为也被五光十色的图像和幻觉所包围。这些审美活动或者本身是提供给人消费的商品，或是为吸引消费者而制作的幻觉陷阱。就连看上去是公益或行政行为的城市景观建设和文化活动，也是为了吸引消费者和投资者的。审美文化似乎不过是商人设下的消费陷阱。中国近年的经济发展是以区域之间、阶层之间的高度不平衡为代价的。巨大的贫富差异形成了审美消费的身份差异，审美变成了强势群体的符号交往和等级化的身份认同方式：别墅、高尔夫、豪华汽车或西洋歌剧、古典美术等生活方式和趣味所构造的形象，隐含着对身份等级的划分，否定着当代文化的民主性和平民性，产生了审美文化消费的公平性问题。难怪有学者质问：日常生活的审美化究竟是指谁的生活在审美化？

但是这种文化批判的激烈态度却遮蔽了一些深层的文化问题。当我们用消费文化和商业动机来解释审美文化现象时，可能忽略了这样的事实：尽管所有的审美文化现象都有可能是商业行为的结果，却并不等于这就是商业动机的实现，尤其不等于是某种假想中统一的、实体化了的商业动机（即资本主义意识形态）的实现。首先，并不存在统一的实体化的商业。尽管所有的商业可能都要遵循某些普遍的市场运作规则，但各自之间不仅在利益方面可能是互相冲突的，而且在意图、手段乃至理念和道德方面也可能各不相同。其次，商业意图并不等于商业效果。商业向消费者提供的消费产品从理念上讲，可能性是无限的——供小资们中意的情调酒吧、古典音乐会，分别为布什政府和萨达姆政府生产的坦克，甚至还有提供给恐怖分子用的爆炸物和生化武器……除了我们知道的这一切，其实还有更多的（据伯明翰学派说是95%）的商业意图胎死腹中，没有形成社会消费。那么，是什么因素在淘汰、选择这些商业意图并形成有普遍影响的消费文化呢？其实是消费者。把消费文化描述成资本对盲从的大众进行操控的结果，这可能是法兰克福学派最不可思议的文化推理结论之一。无论我们怎样批判当今的审美文化或消费文化，都不能忽视这种文化与文明发展的内在可能与人性发展的普遍需要之间的关系。与其说商业操控了消费者，毋宁说消费者选择和鼓励了商业。消费文化的实质就是在人类生存的基本物质需要之外不断增加符号的、表象的、幻象的产品，推动文化活动从生存、繁衍和安全向交往、体验和幻想扩张。德国学者卡西尔（Ernst Cassirer，1874—1945）把人定义为符号的动物，也是注意到人类文明向符号化、幻象化需要发展的趋势。现代商业以高效率和普遍化激活和扩张着这种趋势。

有的文化批评者特别注意到当代审美文化的虚幻性质，认为这是一个用仿像或幻象替代真实的时代。当我们看到人的精神需要和生活理想如何越来越被虚拟图像所充斥，现实中危机、痛苦、不公正如何被美化、亮化的奢华图像所遮蔽，就不得不承认这个事实。然而承认事实和研究事实的意义之间还有很多路要走。就拿珠三角地区来说，都市文化经过20多年的发展形成了典型的消费文化形态：鳞次栉比的酒店和餐馆、华灯璀璨的街道和广场、形形色色的娱乐场所，还有几十个电视频道提供无数偶像和梦想……在这一切审美化了的城市生活图景的另一面，则是无数加班加点工作着的打工仔、踯躅在闹市区的流浪汉、马路上伺机抢劫的飞车党等等非审美的真实生活图景。这种强烈的反差使我们不得不注意到当代审美文化图景的幻象性质。

进一步分析这种文化矛盾就会发现一种悖谬：以奢华的消费为核心而凝聚起来的审美文化图景同弱势群体的生活状态是社会现实的两面。从贫穷山区和西部涌到南方来的人，大多数并非仅仅为了生存，而是被这里的消费文化所展现的幸福想象或幻象吸引来的。幻象吸引着追逐梦想者，使得人们的生活方式和生活理想日益脱离传统的现实秩序。幻象没有替代现实，而是贬低了现实，使得符号、想象和体验超越于物质需要。结果是人们可能越发缺少了满足和幸福感，越发增长着期待、焦虑和失落。这是时代的痼疾，也是时代的活力所在。

消费时代文学批评的迷惑

徐肖楠（华南理工大学教授）：消费时代并没有在中国全面、真正发生，但正越来越近走向我们。消费主义与现代性、市场化、小农意识、日常生活审美化等混在一起，其现代价值模糊，并越来越深入中国社会而形成一种生活方式，不断成为新的社会变化和生存形式的理由。于是，具有消费主义精神的文学表现日趋增多，消费与文学的话题也越发引起文学批评的注意。

面临消费时代与文学批评的关系时，首先面临着两方面的问题：1. 什么是消费时代？ 2. 文学在消费时代是什么？即文学还是一种诗性精神现象吗？消费时代，意味着消费不仅仅是消费本身，而且构成了人们的生活。那么，被消费所改变的生活与文学的关系再次分裂出两方面的问题：1. 消费时代作为一种现实而改变了文学和文学批评的什么？ 2. 文学和文学批评作为与消费不同的生活改变了消费的什么？这两方面的问题，是因为文学和文学批评作为现实的一种形式也被消费时代包含其中，同时也作为一种诗性生存形式要超越消费时代。

消费的发生带有审美化趋势，对物进行消费，同时激发自我想象和生理、精神的愉悦，使人们更有消费的理由，这往往弱化消费品的使用价值，强调其象征意义，因而激发了文学批评进入消费领域的可能。在消费社会中个体的真实性在一定程度上被有意掩盖，其审美状态也在一定程度上被有意保留在快感阶段，而消费强调的是社会中事物的瞬间性价值。显然，这样注重瞬间性价值的消费观念在影响着文学批评。消费主义文学不断蔓延及其不断衍生的新品种，例如短信文学现象，正在用瞬间性价值解释文学批评与消费之间的复杂关系。

对消费主义的文学批评同时在现实和象征的意义上介入消费社会，让更多人发生改变，而由于日常生活的审美化这一命题本身的含混，由于文学批评隐含的广阔的想象空间和阐释空间，对消费主义的文学批评借助了日常生活审美化，使对消费主义的任何修补、调校、追问、拆解、批判、张扬都成为可能，这种文学批评行为本身就包蕴了消费意识形态。但与具体的消费生存相对应的文学批评，也只是少数文学批评，虽然大多数文学批评也可能包含消费主义意识。

谈论文学批评与消费时代的关系时，要顾及几个方面，以便构成更谨慎的提问。1. 弄清消费的基本含义，看到消费主义的物质与精神的双重性。2. 消费的物质与精神双重性，产生了文学批评与消费的非单一精神化关系。3. 文学批评必然要面对消费性现实，文学批评与现实的关系本质，就是文学批评要关怀人类现实生存。4. 不能将消费生活等同于一般生活，不能忽视消费主义的现实特性和文学特性。5. 文学批评要肯定文学作为独立艺术门类是独立的诗性存在，并不消融于任何日常生活审美和精神消费之中。6. 弄清日常审美与精神消费的关系，特别注意两者并不等同也并不相互构成存在的理由。7. 避免将消费化等同于市场化，避免文学批评用对市场化的态度对待消费化。8. 避免文学批评对消费主义采取单一的抗拒或支持态度。9. 注意消费主义发生的民族文化特性，中国式消费与西方发生的消费情景不同。中国的小农因素延续到现代性和市场化中，修改了消费在中国的含义。

消费时代是一种现实，文学批评是融于现实之中而不是游离于现实的。文学批评根本无视和对抗消费生活的做法，显然是无济于事的，因为文学批评被包含在现实中。文学批评面临的消费主义文学是一种生活表现，这种生活表现不能被文学批评所否认，它也不能排斥文学批评的存在。文学批评并不单方面地构成消费生活的对立面，也不情愿与消费生活建立一致的攻守同盟。文学批评与消费时代的关系是既在消费生活之中，又超越于消费生活。文学批评与消费并不是简单的对应关系。消费是一种现实，文学批评是一种诗性活动，诗性若不能超越现实，便不成为诗性活动。诗性若等同于现实，也不成为诗性。文学批评在消费生活之中而又超越消费生活的这一特点，要求文学批评自身具有不被消费生活所瓦解的品质，否则，它将成为消费生活的被动依附，无法保持文学批评与现实的正常关系。

我们要思考的就是：文学批评怎样在消费生活之中？如何成为消费生活的一部分而又如何超越消费生活？文学批评既要反映消费所代表的物质性现实，又要从消费的精神或主体层面进入物质性消费生活，最终将两方面诗意地融为一体。文学批评在消费情境中的可能有三个层次。第一，文学批评有可能是消费时代的对应表现，它像镜子一样映射消费生活，直接进入消费时代的文学情景和价值，这包括消费生活内容也包括消费生存态度。一方面，这样的文学批评已经发生；另一方面，这也同时产生了消费时代的文学批评如何建构的问题。简单地说，消费时代文学批评的发生由不得我们的意志，但它的发展却可以在一定程度加以控制。第二，文学批评深入消费时代的生活和文学表现而展开自身的意义。这首先取决于不将消费生活看作唯一的生活，也不将它看作代替和控制历史的方式，同时不将消费主义文学表现看作唯一的和绝对的文学，也不将它看作代替和控制文学的方式。如果将消费时代与文学批评的关系仅仅看成抵制对立的关系，但其实质关系并不会因这种单方面的立场而简单化。其实，文学批评要跟上现实变化这样的立场我们已经有过，在文学批评面对市场化兴起时，我们就采取了简单的让文学批评支持或反对市场化的做法，并正在把它延续到消费时代与文学批评的关系中。实际上，文学批评不是一个东西，由不得我们让它融入或不融入消费时代。第三，文学批评融入消费主义所改变的生活方式从而获得改变生活的意义。消费精神本身包含着许多悖论，消费本身同时包含着物质与精神，消费本身既是对精神或主体的促进，又是破坏。如果在精神状态中包含对美和诗意的追求，它必然会改变生活，文学批评作为一种美和诗意的生活体现，就是在这种意义上被包含在消费生活中并介入和改变消费生活的。这时候，文学批评才真正融入了消费生活。

文学批评不能紧紧追随、依附、赞美消费，又不能拒绝消费、旁观消费。困难的是，在承认消费性现实的同时，必须保存和追求文学固有的审美精神和诗性生存。如果单方面地将消费时代与文学批评的关系作为一种文学批评紧跟生活的表现，将消费作为一种新的批评主题或者批评的进步来欢呼，就可能迷惑了自己。其实，在消费时代中，文学批评也可以不以消费时代为内容和主题而写出新的批评个性和审美风格。消费性现实是现实的一种，不承认它就是不完全承认现实，这违反了文学批评忠于现实，与现实一体化的本质；但对消费性现实的承认，却又容易迷失和瓦解诗性，因为消费具有摧毁一切的含义。

文化批评的多重指涉

李凤亮（深圳大学教授）：由日常生活审美化和审美的日常生活化问题讨论而兴起的关于文艺学学科边界的争鸣，构成了当代批评理论研究的重要事件。这场论争的起因，不只源于不同年龄、知识背景的学者对文学理论现状、出路的探求，还关涉到学界对文化批评理解的混杂。理解的混杂性很大程度上表现为简化了文化批评概念，造成自说自话的尴尬情境。

词语概念的流传具有扩张性，一个简单的词通过不同语境嫁接，能够演变为具有多重指涉的术语。在当代学科跨越、综合的语境中，文化批评至少有三重不同的指涉。文化批评的第一重含义是泛文化批评，具体指突破文学学科界限的跨学科批评，以及突破文学与其他艺术门类壁垒的跨艺术门类批评。在这方面，中国传统的批评很有代表性，它是学科尚未充分细化时的批评形态，文学、历史、哲学等相邻的人文知识呈现出很大的同构性、互融性。而在跨艺术门类批评方面，中国古人将书论、画论、乐论与文论互为打通、综合诠释，为我们提供了足可借鉴的先例。在中国现代批评建构中，上述跨学科、跨门类批评的传统并未在西方批评理论与方法的影响下全然消解，它们不仅以精神方式进入现代批评的中西对话之中，还出现了一些着力承传中国传统批评智慧的现代美学家、批评家。王国维、闻一多、朱光潜、宗白华、钱钟书、王元化等的文化批评实践，正是在中西对话、古今汇通、文史哲交融、不同艺术门类互照互证的精神追求中催生的。经过一个世纪对西方文学批评方式的学习和借鉴，今天我们已积累了足够的经验和教训。重视向西方鉴取与重视从传统批评获得有效资源，二者并不截然对立。中国传统跨学科、跨门类批评的整体论倾向，本身生长于一个学科界限模糊、思维方式综合的精神传统中，这种精神传统对于疗救因学科壁垒而产生的种种现代学术病可能有很强的疗效。在当下文学自身的跨学科、跨门类倾向日益突出（如跨文体写作、网络文学、电子文艺兴起）的情势下，上述方法有助于我们突破对文学的封闭理解，为过于细化的文学学科寻找更开阔的学术视野。

与泛文化批评反向，文化诗学批评着意于发掘文学文本所包含的丰富文化蕴含，这构成了文化批评的第二重含义。文化诗学（poetics of culture）曾作为新历史主义的别称。新历史主义学者尝试在文学本文与文化系统（语境）的互动中实践形式主义方法和历史方法的结合，他们"结合历史背景、理论方法、政治参与、作品分析，去解释作品与社会相互推动的过程"。其发起者斯蒂芬·葛林伯雷（Stephen Greenblatt）在《通向一种文化诗学》中明确使用了文化诗学一词，以倡导大胆跨越历史学、人类学、艺术学、政治学、文学、经济学等各学科界线的跨学科研究。[1] 新历史主义者这种文化诗学的跨学科研究，比中国传统批评的跨学科研究走得更远。其所追求的，已不仅仅是文学理解，更有政治阐释。这种"意识形态修辞"转移了文学研究的审美趣味，突出了历史颠覆意味与思辨品格，包含一种浓重的形式 / 文化学批评旨趣（a formal/ culturalogical approach）。文学文本这一开放结构所承载的丰富文化信息，以及凭借文学隐喻性

[1] 张京媛主编：《新历史主义与文学批评》，北京大学出版社，1993 年。

获得的巨大言述空间，诱使文化学者对文学文本抱有特殊兴趣。文学成了他们从事哲学、历史学、政治学等学术建构的神秘入口。这一旨趣，在文艺学家巴赫金（Михаил Михайлович Бахтин，1895—1975）身上体现得更明显。巴赫金自称首先不是一个文学理论家，而是哲学家。他从文学作品的语言意义分析入手，通过对陀思妥耶夫斯基和拉伯雷（François Rabelais，1493—1553）小说的形式研究，提出了狂欢化、复调小说等文化诗学批评概念，最终形成对话性的思想文化立场。在他看来，形式与内容、语言与文化不是两分的，而是一体的。文学文本正是某种文化、哲学观念的藏身所。文化诗学批评看重的不是“文学是什么”，而是“文学可为我们提供什么”。

当代文化研究比文化诗学走得更远。它不仅改变了文化诗学的研究对象，而且在视野、方法、理论目标的设定上有了巨大变化。文化研究是在当代科际整合语境中兴起的一个跨学科甚至突破学科界线的研究潮流，是多种流派、思潮、理论、方法的拼盘。它自20世纪中叶发端于西欧各国，90年代初被陆续介绍到中国，其范围涉及大众文化、文化身份、传媒、文化机构、文化消费、权力话语、殖民主义与后殖民主义、政治阐释学等。文化研究与泛文化批评及文化诗学批评最大的不同，研究对象已从单一的文学艺术文本扩展到社会日常生活，虽然一些文学艺术分析相当经典，如詹明信（Fredric Jameson，1934—）对梵高《农民的鞋》、蒙克《呼喊》的分析，然而其主要分析对象已转移至影像、广告、超级市场、摩天大楼、精神病人、社会运动等事象，艺术的经典化被置换为日常化；即使他们面对文学艺术，其注意点也与传统的经典分析方法殊异其趣。文化研究的方法已呈现出混杂性、多样性、综合性，其批评指向更具现实性。文学批评家的敏感性为其顺利过渡成文化研究者做了很好的铺垫。“实践性品格、政治学兴趣、批判性取向以及开放性特点”[1]，使文化研究各流派在领域和对象的变动之外，增加了在研究思维、操作方法、价值立场方面的相似性。从泛文化批评到文化诗学，再到文化研究，广义文化批评的上述三重指涉，异中有同，各有侧重。对文学存在的独立性与依存性加以考察，将静止的文本同活动着的世界结合起来诠释，打破传统的学科阈限而尝试多种互阐互证等等，都在表明文学研究或文学批评的多元时代已来临，它们挑明了学科内爆的合法性。如果说接受美学的提出在方法论层面挑起范式转换的话，那么文化批评的兴起，无疑昭示了一种从研究视野到理论方法、学术取向的整体转换。当代学术生长于一个交流日益迅速、广泛的世界中，随着学术与现实之间打破疆界，并由于媒体迅速发达而引起生活方式、学术方式变化，学人的社会关怀、现实介入欲望空前高涨。这种学术原驱力的变化，使文学研究与批评呈现出与传统迥然相异的面貌。社会变化及生活方式的演变，为学科内爆提供了合法性，也为文化批评的兴起找到了方法跨越与现实指涉的多种可能性。

当然，这种合法性和可能性并不必然带来文化批评的现实完美性。学科的内爆有一定的限度，文化批评在操作上也有其值得警醒的地方。上述文化批评类型便值得我们仔细区分，否则不仅引起概念、立场上的混淆，更容易引发像“文艺学学科边界何在”“文学研究是否已穷途末路”等看似严肃、实质荒唐的问题。而文化批评类型的选择，完全取决于操作者具体的学术指向。如果只是想为文学文本寻找

[1] 《文化研究》（第1辑），天津社会科学院出版社，2000年，第3页。

一个合理解释的宽广视野，那么泛文化批评足可担当；如果跨入文化诗学批评领地，你所关注的可能不是文学文本，而是文学身外之物；而文化研究远远走出了文学的疆域，走进了更繁杂的世象空间。这带来了我们必须面对的另一个难题：传统文学批评者知识的限度。

文艺学、美学对消费主义挑战的回答

於贤德

对于住宅、汽车、环境设计、商品广告这一类既有实用功能又有审美价值的消费对象，它所表现出来的实用价值与审美价值的复杂关系，以及这种关系对文艺学、美学学科发展的影响，最近引起学术界的热烈讨论。日用产品在激烈的商业竞争中所体现出来的审美价值，会不会对文艺学、美学的研究对象产生重大影响？能不能用日常生活审美化的命题来概括这类现象？这些问题不仅关系到文艺学、美学的学科发展，同时对于人民群众在社会实践活动中的审美能力的提高和美感享受的丰富、深化，都有着十分紧密的关系。正确认识这一问题，具有重要的理论意义与现实意义。

一、关于日常生活审美化的争论

这场讨论是从陶东风在《文艺研究》2004 年第 1 期发表的《日常生活的审美化与文艺社会学的重建》一文开始的。文中指出：

“就文艺学专业而言，审美化的意义在于打破了艺术（审美）与日常生活的界限：审美活动已经超出了所谓纯艺术 / 文学的范围渗透到大众的日常生活中。占据大众文化生活中心的已经不是传统的经典文学艺术门类，而是一些新兴的泛审美/艺术现象，……现代社会中影像生产能力急剧加强，影像密度空前加大，以至于把我们推向了一个全新的社会。在这个社会中，实在与影像之间的差别消失了，日常社会以审美的方式呈现出来。”[1]

李春青则发表了《在消费文化面前文艺学何为？》一文，认为传统的文艺学、美学不应恪守原有领域，应该随着社会生活的发展而变化：“既然文学批评与美学的研究对象是不断变化的，我们就没有理由非要固守以往的研究范围不可。或许不断扩大自己的研究领域正是这个学科得以存在的必要条件。从美学与文艺学发展的历史来看，具体的审美活动与文学实践具有无可争议的首要地位：它们在很大程度上制约着美学与文艺学的发展方向，因此审美活动与文学实践的发展变化就必然反映到美学与文艺学的理论形态上来。”[2]

持反对意见的学者从不同的方面批评了这一观点。杜书瀛在《后现代：生活与艺术合一了吗——我的回答是否定的》中指出，艺术必然要和生活相区别，必须对生活进行变异，只有对生活进行特异化处理，与生活相异而不是同一，才是艺术的基本特质之一。他指出：“尽管后现代、全球化、电子媒介等等使艺术发生了重大变化，甚至是天翻地覆的变化，尽管‘审美—艺术的生活化’和‘生活的审美—艺术化’铺天盖地而来，但是它并没有使艺术与生活合一，没有改变‘艺术—生活特异化’的特质。……审美、艺术，作为一种文化现象，作为人类最基本的最符合其本性的本体性活动之一，不能趋‘同’而必须趋异——不论是就其与生活的关系而言，还是就其自身发展而

[1] 陶东风：《日常生活审美化与文艺社会学的重建》，《文艺研究》2004年第1期。

[2] 李春青：《在消费文化面前文艺学何为》，《北京师范大学学报》2004年第2期。

言，都是如此。”[1]

童庆炳同样对日常生活审美化的观点持明确否定态度，认为一些学者提出文艺学研究对象的扩容问题，要把文艺学研究范围扩大到广告、美容、美发、模特走步、街心花园、高尔夫球场、城市规划、网吧、迪厅、室内装修，等等，其实质在于“颠覆原有的文艺学和美学”。他指出自己和日常生活审美化观点的分歧在对所处时代的不同定位，以及在于对待文学前途命运和文艺学研究对象的不同认识。他说：“今天的所谓‘日常生活的审美化’，绝不是中国今日大多数人的幸福和快乐。……文学既然顽固存在着，文艺学的对象就是文学事实、文学问题和文学活动。文艺学可能随着这些事实、问题和活动的变化而变化，但无论如何变，都不会把文学抛弃掉，而去钟情什么‘日常生活的审美化’。”[2]

争论双方在这一问题上的观点针锋相对，尤其是杜、童两位分别从艺术的本质特征和现实生活的客观情况、文学的永恒存在这些根本问题上否定了日常生活审美化的观点。笔者认同他们对于艺术与生活基本关系的看法及对于文学的命运和文艺学的内涵的阐述；但同时认为，对于日常生活审美化的命题只是简单地加以否定是不够的，还要从学理角度展开深入讨论，才能深刻地把握问题的实质，也能看到陶、李等学者提出这一问题的初衷及他们观点中包含的合理内核。

---

[1] 杜书瀛：《后现代：生活与艺术合一了吗——我的回答是否定的》，《汕头大学学报》2004年第3期。

[2] 童庆炳：《“日常生活审美化”与文艺学》，《中华读书报》2005年1月26日。

二、日常生活审美化的前提

要对日常生活审美化问题进行更深入分析，首先应该指出这一提法存在着明显的理论缺陷，最主要的表现就是没能把物质欲望的满足与心理需要的满足区别开来，没能把快感与美感区别开来。这就很容易在理论上产生一个错误：把人们在物的消费过程中得到的感官享受和生理快感简单地视为由精神愉悦和心理满足引起的美感。其实，快感与美感的区别是客观存在的，如果忽视或者有意抹杀两者之间的本质性差异，把物质消费混同为精神享受，那只能是对审美活动的简单否定。单纯的物质消费不一定能获得真正的美感，这一点是中外美学家一致认同的。康德曾明确指出，表现为“单纯的官能感觉的快乐”的快感与“促进着心灵诸力的陶冶”的美感有本质性区别，他说：

“快适的诸艺术是单纯以享乐为它的目的。……与此相反，美的艺术是一种意境，它只对自身具有合目的性，并且，虽然没有目的，仍然促进着心灵诸力的陶冶，以达到社会性的传达作用。”[1]

康德对快感与美感的分析十分深刻，他指出快感的本质在于“单纯的官能感觉的快乐”，而美感必须经过反省，一定要在精神领域得到升华，并且能够起到陶冶心灵的作用。从这一点出发，康德探讨了快感与美感跟客体性质的不同关系，指出审美只对对象的形式进行观照活动而不是实践活动，美感起于对形式观照而不是起于欲念满足：

“每个人必须承认，一个关于美的判断，只要夹杂着极少的利害

[1] 康德：《判断力批判》（上），商务印书馆，1985年，第151页。

感在里面，就会有偏爱而不是纯粹的欣赏判断了。人必须完全不对这事物的存在存有偏爱，而是在这方面纯然淡漠，以便在欣赏中，能够做个评判者。”[1]

康德关于美感的产生源于对象的形式这一观点，包含着深刻的内容。他对形式、表象跟人的感觉和心灵的相互作用进行了深刻的分析，认为人需要经过心灵世界的反省，才能对事物的形式进行审美鉴赏。形式给人的审美活动提供了入门的向导，它是内心世界在与外在世界的交往中对心灵本身跟宇宙天地的一种发现。康德认为客观事物的形式能引起人的美感，能够和人的认识功能相互契合，这并非就是形式主义思想，而是包涵了人能够超越实用价值的局限，从形式所蕴含的某种特殊意味中跟这一事物形成特定关系。这恰好说明了人对世界能够产生比实用需要更丰富更全面的心理关系。而事物的形式对于人之所以能产生如此丰富的意义，就是因为人的感觉本身不是由主观随意性决定的，而是包括了以动物进化为基础的人的全部生命史和人类社会实践史的全部成果。黑格尔曾强调："审美带有令人解放的性质，它让对象保持它的自由和无限，不把它作为有利于有限需要和意图的工具而起占有欲和加以利用。"[2] 所有这些都说明，审美不是对对象的直接占有和利用，而是从它的形式特征获得心灵自由展开的契机，并通过对人的情感的激励和想象力的拓展，使人在精神上得到解放。

正是由于审美不是物的消费，所以日常生活审美化不应只是物质欲望的直接满足，这样的消费是不可能在精神世界进入自由境界的，有时反而会使人变得空虚无聊。真正要使日常生活进入审美化境界，

[1] 康德：《判断力批判》（上），商务印书馆，1985 年，第 41 页。

[2] 黑格尔：《美学》，第 1 卷，商务印书馆，1979 年，第 147 页。

需要文学艺术净化人的心灵，陶冶人的情操，滋养人的情感，丰富人的想象，只有当文学艺术对人的精神引导作用得到充分发挥时，日常生活中的消费资料才有可能跟人形成审美关系。坚持把文学艺术作为文艺学、美学的主要研究对象，把文学艺术看作审美活动的典范形式，其根本目的就是全面提升人的本质力量，让人们在物质消费的同时能够获得美感享受。审美活动确实不是贵族的专利，但是任何一个真正懂得审美的人，作为真正意义上的审美主体，必须具有一定的审美能力，只有当他能够从实用功利的桎梏中解放出来，才能真正进入审美的境界。这种审美能力的获得，其实正是自然生命的人化和社会化的过程，并且只有在大量的审美创造和审美鉴赏实践中才有可能得到实现。那种通过技术手段制造的蕴涵科学原理深层结构的人工创造物，它们对于人的审美活动造成的难度，不但由于实用功利的作用容易遮蔽美的展现，而且由于物质形态的明确性，人们常常会把审美感受停留在外在形式表面层次上，客体深层的审美潜能就没有办法得到及时发掘。这就会使人们在审美观照中所获得的一系列美的形态，在内涵上变得肤浅，在形式表现上缺乏新颖性，最终使得美感享受显得比较薄弱。只有通过文学艺术的审美鉴赏活动去提升发现美的能力，使眼睛和耳朵从一般感觉器官演变为审美器官，才能使人从现实生活实用中超越出来，向着美妙空灵的精神境界升华，这一过程是文学艺术审美教育功能最终实现，使人的精神世界不断充实的基本保证。

三、文艺学、美学研究领域的拓宽

在指出日常生活审美化理论上偏颇的同时，还应该看到这一提法存在的合理内核，即文艺学、美学研究应该关心那些具有实用功能的产品对于人的审美意义。主张日常生活审美化观点的学者意识到学术的发展应该跟上时代前进的步伐，美学学科的研究对象有必要从传统的艺术领域拓宽到时装表演、广告设计、室内装修、城市环境等新领域。当今社会已经进入信息时代，文化传播模式的变革在商品经济的强烈刺激下，促使人类审美活动发生了一系列新变化。如果文艺学、美学学科闭关自守，不去积极关注历史车轮滚滚前进的现实，不去研究日新月异的科技成果对人的思维方式、情感方式和生活方式的实际影响，也肯定走进脱离实际的死胡同。因此，关注社会发展过程中表现出来的审美活动的新发展、新问题，毫无疑问是值得肯定的。

对于日常生活中那些具有实用功能的生活用品的审美把握，或者说怎样运用美学理论指导日常生活用品的生产，努力使日常生活用品在满足人们使用价值需求的同时，也能给人以审美享受，这是人类社会实践发展的必然趋势。物质生产与审美创造的融合，技术与艺术的交汇，正是人类本质力量不断壮大的结果，因此，在技术产品中并非只有它的形式才能给人提供美感享受，而是在深层次里蕴涵着更多的审美意蕴。人类在生产活动中对物质的改造，把那些纯客观的自在之物，改造成合乎人的需要、凝聚了聪明智慧、想象联想、情感意志和建造技术的崭新物质，这样的物质产品就能使人意识到自己的力量，让人感到创造的欢欣和满足。这时，物质产品就不是冷冰冰的、与人无关的存在了，而是充满了人的智慧、意志、情感、力量，饱含着人的血汗。它是人类自身进步的历史纪录，是社会发展的里程碑。文艺学尤其是美学从人与自然的关系，人对于自己欲望的态度，人对自己所创造物质产品的情感等各个方面去研究日常生活用品的审美价值，应该是大有可为的。这些比一般形式美感更为丰富、更加深刻的美感内涵的挖掘，可以使人类审美活动范畴不断拓宽，审美活动内涵不断深化，就有可能让人类生活在更为美好的世界里。

要达到这一目的，必须清楚地意识到日常生活用品主要是哪些因素跟人产生了审美关系，它的外在形式是如何适应人的生命活动的需要，又是如何为物的实用功能的实现提供保证。当我们把这样一些新的对象纳入美学研究范畴时，就要从它们的形式特征到深层内容对人的心理所产生的动力作用进行研究。这些对象的形式表现对人的心灵产生一种瞬时开启的作用，可能是人们和它形成审美关系的基础，而人们在实际生产和使用这些产品所获得的具体感受，也就成为审美的全部内容。从美学理论指导实践的角度来说，则应该研究如何运用人文尺度去指导产品的设计与生产，如何从人的生理—心理的需要去引导科技发明、工业产品在满足人们的实用功利的同时，能够更多地展现物质产品的精神意蕴。这应该说是人类审美文化历史发展的基本规律。过去许多属于实用范围的对象慢慢演变成为审美对象，有的甚至逐步演变成纯粹的艺术；而另一方面，由于美学的积极参与，使这样一些物质产品在体现着物质、功能、技术这些基本要素的前提下，因为具备更为丰富的审美价值而增加了商业竞争的砝码，产品因为具有大胆的创意、新颖的设计和精美的形态而受到消费者的欢迎，那么，这种情况的出现无论是对消费者生活质量的提高和精神世界的激励，还是对于经营者因为产品的美学价值而获得更多的利润，都是有利于人类进步的，因此也是值得肯定的。

问题在于文艺学、美学对于日常生活用品的这种关注不是否定学科的基本内涵，不是取消学科的应有领域，而是让它从原来的领域向外拓展。日常生活审美化的实现，不能不通过文学艺术对于人的熏陶这样一个基本途径。在那些日用生活资料的生产和消费过程中，如何使产品的审美价值得到提升，又能使人们在使用这些产品时获得丰富的美感享受，不是在直接的物质消费过程中就能实现的。在日常生活中，人们对于生活资料的消费更多地受到实用功利的制约，审美享受也就容易受到干扰，生产过程中消费品的审美价值必然受到实用价值的支配。此外，还会受到商品生产投入产出的价值规律的制约。因而，只有在艺术鉴赏和创造活动中审美活动的自由开展，才能使人比较容易感受到日常生活用品中的美。这就是我们应该在坚守文艺学、美学基本研究领域的同时，主张适当拓宽研究范围的基本理由，也正是在这种条件下，日常生活用品才有可能成为美学研究的对象。文艺学、美学正是在坚守基本理论和基本研究范围的同时，向那些具有实用意义的物质产品拓宽，并且在这种矛盾运动的张力中获得发展动力。

作者单位：广东外语外贸大学

后现代性与中国当代审美文化

彭立勋

一、后现代性与现代性的关系

后现代性及其与现代性的关系，是20世纪末以来西方文化思想界讨论的热点，盛行于20世纪70—90年代的后现代主义文化研究，后现代性是其中一个关键概念和范畴。后现代主义代表人物，从利奥塔（Jean-François Lyotard，1924—1998）、哈桑（Ihab Hassan，1925—）、詹明信、罗蒂（Richard Rorty，1931—2007）到德勒兹（Gilles Louis Réné Deleuze，1925—1995）、博德里亚尔、凡蒂莫（Gianni Vattimo，1936—）和鲍曼（Zygmunt Bauman，1925—）等，都积极参加了后现代性讨论。利奥塔《后现代状态》一书出版，更引发了一场围绕后现代性问题的哈贝马斯—利奥塔之争，使后现代性概念在西方广泛传播。西方有学者认为，文化研究中出现富有戏剧性的变化，“现代性问题和后现代性问题代替了更为熟悉的意识形态概念和霸权概念”[1]标志着一个文化研究新时代，可见此研究的重要意义。

后现代性广泛涉及哲学、经济学、政治学、社会学、美学、文化

[1] 安吉拉·默克罗比：《后现代主义与大众文化》，中央编译出版社，2001年，第38页。

学、语言学、心理学、教育学、历史学、各类文学艺术以及科学技术等众多学科和领域，本身带有学科整合性，内容庞杂。西方一批思想家和文化学者对后现代性有不同看法，甚至发表了针锋相对的观点，始终没有形成大致统一的认识，这也很符合后现代主义强调差异和多元的观念，因而其内涵较模糊。后现代主义代表人物对后现代性的理解大致有两个向度。一是历史向度，主要是把后现代性理解为一个时间概念，认为现代性和后现代性分属于西方社会和文化发展的不同时期或阶段。如詹明信表明，后现代主义或后现代性“乃是从历史的角度出发，而非把它纯粹作为一种风格潮流来描述”。[1] 他认为资本主义发展分三阶段，即市场资本主义、垄断资本主义和跨国资本主义。与此相适应，文化发展也分三个时期，即现实主义、现代主义、后现代主义，后现代性是与晚期资本主义相适应的一个文化时期的历史性标志。二是思想向度，主要把后现代性理解为一个文化性质变化的概念，认为现代性和后现代性分别为两种性质不同的文化认知、思维和体验方式。如利奥塔指出：“后现代主义的问题，首先是一个思想的表达法的问题：在艺术上、在文学上、在哲学上、在政治上。”[2] 凡蒂莫和鲍曼都认为后现代性不是一个更新的历史时期的出现，而是对现代性历史终结的一种体验。不能用区分工业社会 / 后工业社会、资本主义 / 后资本主义的方式来理解现代性和后现代性。现代性和后现代性可以而且必须在相同的概念空间和历史空间共存。在鲍曼看来，现代性和后现代性这两个术语的对立，意味着在理解世界，特别是社会

---

[1] 詹明信：《晚期资本主义的文化逻辑》，三联书店，1997 年，第 500 页。

[2] 利奥塔：《后现代性与公正游戏：利奥塔访谈、书信录》，上海人民出版社，1997 年，第 145 页。

生活方面的差异。“从现代性观点来看，知识的相对主义是一个必须加以反对并最终在理论和实践中加以克服的问题；那么，从后现代性观点来看，知识的相对性却是世界的一个永久性特征。”[1]

以上理解后现代性的两个向度，各有其合理性，在一定意义上是可以互相包容的。对后现代性这一概念或范畴，我们应从历史与逻辑的统一中来理解。

二、后现代性的文化特质

如后现代主义理论建构者詹明信所说：“不论从美学观点或从意识形态角度来看，后现代主义表现了我们跟现代主义文明彻底决裂的结果。”[2] 从现代性到后现代性，是西方文化在理论基础、思维方式、价值取向、话语体系乃至整个文化形态上的大转变，它使后现代性具有了迥异于现代性的诸多特质。

首先，以多元性和异质性拒斥总体性和统一性。西方现代主义文化观念建立在理性主义精神上，它坚信理性可以认识外部世界，获得真实知识。通过用理性去框架一切、整合一切，西方现代文化构建了以总体化、统一性为特征的主体性形而上学和各种理论体系，从而使人类一切努力都集中到某个目标上。这就是后现代主义理论家利奥塔所说的宏大叙事和元叙事。对于这些以总体性、统一性为特点的宏大叙事和元叙事，后现代主义表示出根本怀疑和拒斥。利奥塔说：“我

[1] 蒋孔阳、朱立元主编：《西方美学通史》，第 7 卷，上海文艺出版社，1999 年，第 896 页。
[2] 詹明信：《晚期资本主义的文化逻辑》，三联书店，1997 年，第 421 页。

们可以把反对元叙事的怀疑看作是‘后现代’。”[1] 后现代思想强调差别以及对不可测量之物的经验，而在所有关于统一性的观念中，没有无差别和不可测量之物的地位。因此他呼吁向总体性宣战，激活差别。后现代思想认为差别的不可还原性是根本的，统一性伴随的是强制和独断，重视差别以及异质性和多元性，应当成为新方向的基本特点。后现代主义哲学家德勒兹用游牧范式和城邦范式的对立，来说明后现代性和现代性的区别。所谓城邦范式，代表着总体性、同一性、控制、封闭和无差异，长期主导着西方文化的形而上学就是城邦范式的典范。所谓游牧范式则代表单一性、多样性、自由放任、开放、差异和重复，它是创造性和生成、反传统和反因袭的象征。“城邦范式的形而上学同一性哲学就像被分割成无数条块的平原，沟壑纵横，河流交错。人们住在这平原上，老死不相往来，过着封闭单调的生活。而游牧范式则好比一望无际、坦坦荡荡的高原，人们可以自由迁徙，过着无拘无束、四处流动的游牧生活。”[2] 这一比喻，充分说明了后现代性和现代性在思维方式上的巨大区别。

其次，以意义的消解和不确定性代替意义的确定性和深度感。后现代主义文论家伊·哈桑认为现代主义和后现代主义的区别主要在倾向上，一为确定性，一为不确定性。在西方现代文化理论和文化批评中，尽管对于如何确定文本的意义，在方式、方法上有各种见解主张，但是在确定文本所表现的意义这一点上却基本一致。解构主义创始人德里达把这种西方理性主义的读解传统称为逻各斯中心主义。在

[1] 利奥塔：《后现代状态：关于知识的报告》，三联书店，1997年，第2页。

[2] 叶秀山、王树人主编：《西方哲学史》（第七卷下），香港：凤凰出版社，2005年，第985—986页。

以逻各斯为中心的结构中，最基本的结构成分是说话声音（能指）与所指称对象（所指）的对立，在形而上学传统中，声音与对象（存在、思想、真理、意义等）有内在联系。德里达通过消解结构，使声音与对象的对立不复存在。他所倡导的解构方法，就是要把代表观念的概念打上引号，把它们仅仅当作符号，将符号所代表的思想含义悬隔出去。在这解构方式中，思想意味着虚无。德里达还创造了异延（difference）这个新术语，以说明语义取决于符号的差异，意义必将向外撒播，无止境延宕，意义最终是无法获得的。解构主义关于意义消解和不确定性的观点，被后现代主义者视为圭臬，在哲学、美学、文艺创作和欣赏批评中产生很大影响，导致后现代主义文化的平面化和无深度感。詹明信《后现代主义，或晚期资本主义的文化逻辑》将梵高的现代主义经典作品《农民的鞋》和后现代主义画家华荷的《钻石灰尘鞋》加以比较，认为前者提供了通向更广阔现实的征兆，有深刻含义；后者则是随意拼凑的，没必要解释。詹明信由此切入，分析了后现代文化艺术对表达人们认识深度的种种模式的消解："一种崭新的平面而无深度的感觉，正是后现代文化第一个、也是最明显的特征。说穿了这种全新的表面感，也就给人那样的感觉——表面、缺乏内涵、无深度。这几乎可以说是一切后现代主义文化形式最基本的特征。"[1] 这表现出后现代性与现代性在文化价值取向的根本不同。

再次，以大众文化、商业文化消弭高雅与通俗、艺术与非艺术的界限。在现代主义文化中，高雅文化和大众文化、商业文化，纯艺术和俗艺术各属于不同的审美经验范畴。现代主义典范的先锋派

[1] 詹明信：《晚期资本主义的文化逻辑》，三联书店，1997年，第440页。

艺术，以追求纯艺术为目的，明确要求与商业文化决裂。文化产业（cultural industry）刚出现，便受到以捍卫现代性为己任的法兰克福学派抨击。然而，后现代主义文化却不断向这些传统见解发起冲击。高雅和通俗、纯艺术和俗艺术的界限彻底消失，文化、艺术走向大众化、商业化，构成了后现代文化艺术的景观。“矫揉造作成为文化的特征。周遭环顾，尽是电视剧集的情态，《读者文摘》的景物，而商品广告、汽车旅店、午夜影院，还有好莱坞的B级影片，再加上每家机场书店都必备的平装本惊险刺激、风流浪漫、名人传奇、离奇凶杀以及科幻诡怪的所谓‘副文学’产品，联手构成了后现代社会的文化世界。”[1] 詹明信把这种大众文化、商业文化的泛滥称为审美民本主义（aesthetic populism），认为它也是后现代文化和艺术一个基本特色。由于后现代大众文化盛行是同消费社会、信息社会、传媒社会相适应、相结合的，所以，这种大众文化就同消费文化、传媒文化、网络文化结下了不解之缘。博德里亚尔从消费、信息、传媒和技术的角度分析当代流行文化和艺术，认为后现代社会文化是一个由通信网络、信息技术、传播媒介和广告艺术制造出来的各种各样模型所构成的虚幻世界，是一个纯粹仿真秩序，艺术和其他商品一样被纳入消费系统。在消费系统中，消费主体被作为消费客体的商品所组成的消费客体系统控制、吸引、蛊惑，甚至个人的认知、思想和行为也为这种客体所左右。在流行模式中，美和丑相沟通；在媒体传播中，真和假相沟通。所有崇高的人文价值标准，道德、美学和实践教育的整个文明标准，都会从影像和符号体系中死亡。博德里拉认为，后现代文化

[1] 詹明信：《晚期资本主义的文化逻辑》，三联书店，1997年，第424页。

的上述特征表明西方文化已经步入伪病态时期。这些分析揭示了后现代性和现代性在文化形态和文化生态上显示的重大差别。

三、后现代主义影响下的审美文化

审美文化是指与审美活动和审美经验相联系的文化。它是从审美角度看文化，也是从文化角度看审美。这种审美与文化的交融，是后现代文化的自觉倾向，也是后现代主义文化研究的独特角度。这是在当代审美文化中，后现代主义影响特别明显的一个重要原因。在后现代主义影响下，基于中国改革开放以来特殊的经济、社会和文化背景，特别是向市场经济以及信息社会、消费社会的转型，中国当化审美文化发生了显著变化，在三个方面表现出后现代性趋向。

詹明信认为，高雅文化和大众文化界限的消失，是后现代主义的特点之一。另一位后现代主义文化研究者费瑟斯通也说：后现代主义的定义“强调了艺术与日常生活之间界限的消解、高雅文化与大众通俗文化之间界限的消失”。[1] 大众文化、商业文化主导着后现代社会的文化世界，成为现代性转向后现代性的一个突出标志。中国实行改革开放以后，西方具有后现代性的大众文化很快传播到我国。从风靡世界的流行音乐，到好莱坞商业大片，从欧美畅销小说和书刊，到迪士尼卡通音像产品及其衍生制造物，等等，逐步进入中国文化市场，进入大众的文化消费，迅速在大众中流行开来，这直接影响和推动了大众文化发展。中国市场经济的发展，大众传播媒介的发达，文化与经

[1]　迈克·费瑟斯通：《消费文化与后现代主义》，译林出版社，2000 年，第 94 页。

济的融合，以及大众文化消费需求的扩大和审美趣味的变化，等等，也为大众文化的发展提供了各种条件。在20多年的时间里，伴随着新时期改革开放而发展起来的当代中国大众文化，已经从审美文化的边缘逐步走向中心，大举进入中国人的文化视野和文化生活，成为新时期中国当代文化发展和建设中最值得注意的现象之一。

中国大众文化作为审美文化的新形态，不同于传统民间文化。民间文化是人民群众自生自发的创作，是民众自然而然的经验表达，是为了满足民众自享自娱的需要，具有集体性、口语性与传承变异性等特点。而当代大众文化则是在大工业生产、市场经济和现代科技的基础上发展起来的，是通过市场机制有意识运作，使文化和经济结合的产物。由于借助大众传媒的力量，并进行批量生产和复制，当代大众文化流传范围可以不受任何地域限制。当然，当代大众文化和传统民间文化，在通俗易懂、符合大众审美趣味及为群众所喜闻乐见等方面，也有许多类似之处。中国当代大众文化是在西方后现代、后工业社会形成的大众文化的影响下发展起来的，与西方当代大众文化具有明显的借鉴关系。因而两者在文化形态、形式、手段、载体，乃至某些内容方面也有相同或相似之处。但是，我们也不能将中国当代大众文化和西方后现代大众文化加以等同。在立足中国当代国情和群众文化需求，实现本土化的发展中，中国当代大众文化的时代特征和民族特征日益显现。以影视和动漫的大众文化产品为例，在形式、手段上与国际接轨的程度越来越高，而在性质、内容上中国特色越来越鲜明。

当代中国的大众文化几乎包括了各种文化艺术形式，与文化产业的多个门类直接结合在一起。特别是在影视、音乐、演艺、文学、出版、动漫游戏、娱乐休闲、广告、旅游等类文化产业和文化形式中，大众文化已经形成了规模。《甲方乙方》《不见不散》《手机》等贺岁片上映时的高票房价值，电视连续剧《渴望》播放时万人空巷的效果，歌星流行歌曲演唱会的盛况，电视超女大赛时的热捧，让我们对大众文化在群众审美文化中的重要地位和作用深信不疑。

詹明信在比较现代主义与后现代主义差别时指出，前者是乌托邦式的设想，后者却和商品化紧紧联系。后现代大众文化就是和商品化紧密相连的文化。它是借助于市场作用，通过文化产业而发展起来的。作为商业文化，大众文化的消费功能和娱乐功能较突出。从“超级女声”到“我型我秀”“舞林大会”等真人秀节目的热烈反响，从上海“新天地”娱乐圈到深圳“世界之窗”艺术表演的火爆场景，表明我国当代大众文化的商业性、消费性、娱乐性、消遣性充分展现。在肯定大众文化对满足人民群众文化需求发挥重要作用的同时，如何引导大众文化在发展中处理好意识形态属性与商品属性、社会效益与经济效益、教育作用与娱乐作用的关系，是一个值得注意的问题。

四、审美文化中的后现代倾向

从哲学上来说，德里达的解构主义是后现代主义的真正灵魂，是颠覆西方形而上学传统的锐利武器。所谓解构，针对的是传统哲学主体—客体、形式—内容、现象—本质、偶然—必然、能指（语言）—所指（说话的对象）之类两极对立的概念结构。按照解构主义的观点，上述每一个对立结构中的前者都达不到后者，后者不是前者的源头和原本。因此，解构的结果必然是对内容、本质、真理、意义的质疑，引发消解意义、消解理想、消解崇高、消解价值标准。

文学创作中的消解之风，自20世纪80年代末以来，在小说创作中不断蔓延，“他们的小说告别了思想启蒙，走向解构和逍遥之途如新写实小说”。[1] 从20世纪80年代末到90年代盛行于文坛的新写实小说，不乏成功之作，但创作思想的总体倾向与解构思潮有密切关系。新写实小说告别了艺术真实需透过生活现象以揭示生活本质的现实主义文学观念，热衷于表现生活的原生形态和“纯态事实”，强调使生活现象本身成为写作对象，不再追问生活有什么意义，通过瓦解文学的典型性以消解强加在生活现象上的所谓本质。有的作品关注消除了人性精神因素的原始纯粹的本能世界，有的作品醉心于日常生活平庸琐细的生活流程。这些作品采取纯客观创作态度，以零度情感来反映现实，取消作家情感介入，消解了激情和价值判断，以致主体意识弱化及现实批判立场缺席。作品对所描绘平庸无奈的现实生存状况丧失了批判能力，所有改变现实的理想因素都被消解。这使我们想到詹明信对后现代文化的无深度感、情感消逝及主体性瓦解等特征的分析。

而在所谓身体写作中，我们看到自然主义的人欲放纵、精神因素缺席以及价值标准失范。这是意义消解向另一向度的发展。身体写作论者强调身体是写作的起点，作品的思想、意蕴、语言，无不带有作者身体的温度。而身体不可避免地与欲望联系。于是我们看到，对于身体的欲望展示，性事的大量感官化描绘，在一些作品中大肆泛滥，到了让人熟视无睹、麻木不仁、完全消解了意义的地步。有人称这是“以身体的名义所进行的一系列还原或者解构活动”。而这些作品所展现的“对即兴的疯狂不作抵抗，对各种欲望顶礼膜拜”（卫慧语），导

[1] 雷达：《当前文学创作症候分析》，《光明日报》2006年7月5日。

致对价值标准的消解和颠覆。从卫慧的《上海宝贝》到木子美的《性爱日记》，后现代身体写作以人欲放纵走完了解构人文精神之途。

解构思想对于中国当代审美文化的影响是多方面的，表现形式多种多样。王朔小说对既定秩序和准则的嘲弄、调侃和颠覆；历史题材电视、电影对历史真实的消解；描写偷情故事的作品低水平重复和感性化、平面化；毫无内容的废话诗；充满恐怖和扭曲的行为艺术；解构红色经典，亵渎英雄人物，等等，无不是解构思潮的产物。解构思想有打破既定模式的积极意义，也有导致多元放任的消极作用。

五、中国当代审美文化的新景观

法国当代哲学家博德里亚尔在其后现代理论中着重考察了媒体、信息技术和消费社会对后现代文化带来的变化。他认为后现代文化一个基本特征就是模拟（simulation，或译“类象”），当代发达的资本主义社会作为新型消费社会，都已进入新的模拟时代。后现代文化就是由通信网络、信息技术、传播媒介和广告艺术制造出来多样模型构成的虚幻世界，是纯粹的仿真秩序。这种虚拟现实或超现实（hyper-reality），销蚀了模型和真实的差别。“模型、数字和符号构成了真实，真实变成了模型、数字和符号，模仿和真实之间的界限已经彻底消融，从内部发生了爆炸，即内爆。内爆所带来的是人们对真实的那种切肤的体验以及真实本身的基础的消失殆尽。”[1] 对此，博德里拉举例说，80 年代美国电视节目就直接模拟出真实的生活情境，医生的形象

---

[1]　博德里亚尔：《模仿》，纽约：Semiotext（e），1983 年，第 23 页。

或模拟医生就经常被当成真正的医生，如此等等。这种以模拟为特征的后现代文化，也是中国当代审美文化的新景观。随着文化与高科技结合以及文化进入大众消费系统，这种由电影、电视、网络、电子游戏、音像制品、广告和图文版书刊等所创造的图像，它们和以往时代艺术家创作的视觉艺术作品相比，具有后者所无法取代的直观性、虚拟性和仿真性，能够产生虚拟的超真实感，往往使我们置身其间而忘却现实世界的存在。这便是博德里亚尔所说的超现实："影像不再能让人想象现实，因为它就是现实。影像也不再能让人幻想实在的东西，因为它就是其虚拟的实在。"[1] 数字媒体还可以在似乎非常真实的空间构造出任何图像，使文学那种超越现实幻想呈现在人们眼前，如好莱坞大片所创造的影像空间。这一切使图像文化给人以特殊的感官感受和审美享受，使图像审美在当代审美文化活动中成为最普遍的选择。

图像文化的普泛化，消解了纯粹审美和日常生活的界限，这也是后现代主义特征之一。在消费社会中，除物质商品的消费外，还出现了对符号、形象与美的消费，重视商品符号和象征价值（如品牌）的消费主义文化盛行，环境越来越符号化、图像化。这种与日常生活和消费文化相关的图像，是艺术的、审美的，又是消费的、生活的。生活杂志鼓吹的理想家居，广告或时尚电视剧宣传的理想服饰，等等，图像文化与日常生活审美化已成为当代审美文化的普遍特征。图像文化具有感官性和瞬间性特点，带着消费时代的商业气息。如何克服其平面化及感官刺激的消极影响，是当代审美文化建设不可忽视的问题。

作者单位：深圳市社会科学院

[1] 博德里亚尔：《完美的罪行》，商务印书馆，2000 年，第 17 页。

“第五代”电影20年来的文化态势

桂青山

20世纪80年代出现的中国第五代电影绝不是偶然的勃发，而是应运而生的必然文化产物：天时、地利与人和，它无不占到。因之，它振臂一呼而应者云集。然而，任何国家、民族、时代的文化艺术，只能应运而生，不能人为造作；而若要长久发展与进步，则必须有自己坚实健康的根基而与时俱进，绝不应与世浮沉甚或随风俯仰。

一、第五代导演第一阶段创作的文化体现：与时俱进

任何以确切的年代数字截然划分某种文化阶段，都不可能确切，只能是相对的参照。在这里，将20世纪80年代中后期（延至90年代初期）视为第五代导演创作文化的第一阶段，也如是。

以“文革”结束为时代表征，20世纪80年代的社会文化主导是批判专制，解放思想，张扬被长久压抑的人性，摆脱捆绑身心的束缚，渴望现代健全的国家体制，追求健康积极的生命实现……对传统文化全方位的检查与反思，对现代人文思想又一轮的接触与体味，其结果是在一定程度上更新了人们的观念，进而推动了社会改革开

放进程。

第五代电影导演整体，作为一代艺术家在20世纪80年代中期应运而生，以其特定的艺术传媒手段发挥了应有的文化作用，不辱使命。

我们看一下在这阶段中第五代导演代表性的创作：

陈凯歌《黄土地》（1984）、《边走边唱》（1991），张艺谋《老井》（1986）、《红高粱》（1986）、《菊豆》（1990）、《大红灯笼高高挂》（1990）、《秋菊打官司》（1992），田状状《猎场扎撒》（1985）、《摇滚青年》（1989），吴子牛《晚钟》（1987）、《大磨坊》（1990），李少红《血色清晨》（1990），夏钢《一半是火焰一半是海水》（1988），何群《寡妇村》（1988）、《出嫁女》（1990），王小列《顽主》（1988）等等。

上述作品鲜明地体现了一种整体的文化品格：通过或寓言或传奇、或写实或概括的艺术形象体系，都蕴含着形而上的社会反思与生命觉悟。《黄土地》以诗意的镜像语言，传达着厚重深沉的人文思考，《边走边唱》承载着近乎宗教层面的对生命与人生的终极拷问；《红高粱》《菊豆》《大红灯笼高高挂》等则以寓言体的传奇，张扬着千百年来被压抑、束缚的健康人性，颠覆着从来如此、天经地义的专制文化与病态人生；《老井》《秋菊打官司》之类，或挖掘中华民族源远流长的生存艰难以及因之产生的人性变异，或准确把握当代社会生活的历史变迁与公民意识的逐渐觉醒；《晚钟》《大磨坊》等，则通过对历史事件刻骨铭心的剖析、审视，使人们在难以言说的沉默中，体味到从没有过的清醒的痛悟；而《血色清晨》《寡妇村》与《出嫁女》等，则以强烈的民俗色彩，极具震撼性地展示出当代民俗深处的文化蒙昧、畸形、弊端与病变，进而呼唤着清醒、健康、积极、自然的人性境界与生命觉悟；至于《摇滚青年》与《一半是火焰一半是海水》

《顽主》等作品，则以热烈的音像语言直接宣泄人文观念的前卫与新潮，或以调侃、戏谑、灰色幽默的方式，表露着对传统、规范、正经的社会法则与个体人生的嘲讽、冲击乃至反叛……

这其间，并不排除张艺谋以及其他导演的《代号美洲豹》（1988）、《古今大战秦俑情》（1989）等另类影片，或偶走商业路径或试验纯艺术品格，但就总体而言，第五代影片这个时期的文化主潮是在应运而生基础上与时俱进，对社会文化的历史性进步起了推波助澜作用。作为当时社会精英文化的艺术体现者，第五代电影导演们不辱使命了。

二、第五代电影第二阶段的文化体现：与世浮沉

这第二阶段大致为20世纪90年代。这阶段中国文化的总体状态是：消沉与泛滥并生，退隐与寻求同在：回避时代的个性消遣与疏离现实的学术把玩遥相呼应，形而上的拘谨与形而下放纵相安无事，物质世界无序活跃与精神领域低迷平庸相得益彰；徘徊而不乏摸索，探寻又往往茫然；在文化多元化表象中，显得根基飘游与定向不稳。

与80年代相比，90年代的文化分化现象突显。如果说80年代的社会文化有一种整体根基与基础走向的话，90年代社会文化在初期暂时沉闷后，呈现出鲜明的文化分化，这是文化多元化的体现，也是文化散漫化的状态。就精英文化而言，便呈多种态势：如退隐化、边缘化、皈依化与世俗化，也残存着潜在的抗争与顽固的坚守，等等。所谓退隐，是一定程度的失语；所谓边缘，则是不再作黄钟大吕的主音；所谓皈依，是回归注解与阐述官方意识形态的传统职能；所谓世俗，就是索性放下精英的自命，在适世的标榜下追求适己的现实。

第五代导演中，确有固持文化思维的中坚人士，但也难免且自然的在这总体的社会潮流中，产生分化。这期间的种种分化，有沉沦，有苟且，更多的是在现实生存的前提下，探寻、摸索、试验、开拓，以求中国电影的种种突围与超越，欲为当代电影开掘或保留一道生存之途。只是与80年代主要致力于形而上的文化使命相比，此阶段渐渐向形而下的层面作汗漫的转移。第五代电影此期的主要创作有：

陈凯歌《霸王别姬》（1993）、《风月》（1995）、《荆轲刺秦王》（1998），张艺谋《活着》（1993）、《西楚霸王》（1994）、《摇啊摇，摇到外婆桥》（1995）、《有话好好说》（1997）、《一个不能少》、《我的父亲母亲》（1999），吴子牛《南京1937》（1995）、《国歌》（1999），李少红《红西服》（1998），张建亚《三毛从军记》（1992）、《绝境逢生》（1994）、《开心哆来咪》（1997）、《紧急迫降》（1999），夏钢《大撒把》（1990）、《与往事干杯》（1995）、《伴你到黎明》（1992），何群《凤凰琴》（1993）、《混在北京》（1995），霍建起《赢家》（1996）、《那人·那山·那狗》（1999），冯小宁《红河谷》（1996）等。

这些作品给人的总体印象是：它们没有了上一阶段的共同根基，而以各自的人文观念与艺术品格，顺随时世地进行着东行西走、南探北寻。尽管我们不能否认其间孜孜以求的意念，也不能完全无视其不同品格的艺术营造。陈凯歌一向以自己强烈表现欲的艺术风格著称，《霸王别姬》将古老的京剧艺术与极具现代观赏诱惑的同性恋相混合，浓艳的镜像，精致的造型，曲折的情节，复杂的人性，畸形而纯真的情感，美丽而悲哀的故事……无论被斥为只为满足西方评委的东方猎奇，还是被誉为“电影大师级的经典之作”，它自身毋庸置疑的艺术存在确是铁定的事实。《荆轲刺秦王》则以更大气的制作、恢宏的场面、极具感官冲击力的镜像语言，掀起了一次与民共舞的观赏浪潮。张艺谋《西楚霸王》也走《刺秦》的路径：构图精美，故事曲折，人物脸谱化的张扬，历史艺术化的改写……题材不俗，手段强悍，确有某种大家气势。然而，这些作品的人文内涵该怎样评判？它们究竟要在即时的社会生活中传达怎样的文化意识？这种意识又与时代的历史进程有怎样的关系？是张扬一种霸气？是表现某种隐喻？是唤醒新时期的人文意识？还是只为好看而为之的退守性镜像传奇？

张艺谋《活着》有些别致的空灵，但与余华的原作相比，过多社会背景的关涉，多少降低了本来蕴含的形而上悟觉，给观众的感受便只有苦涩的现实性感慨了。而他的《梦醒时分》《有话好好说》，更与其前期作品的文化内涵迥异，分明体现出人格精神与处世态度的变格与疲软。李少红《红西服》、夏钢《大撒把》《与往事干杯》、何群《混在北京》等作品则是对芸芸众生的生态扫描，传达、宣泄着艰难而自强、惆怅而温婉、愤世而无奈的种种现实情绪，这类作品是真实的，又是散漫的。与前面的传奇自然不属于同一层面，而自身内部的人文取向，也不大（或大不）相同，其林林总总与纷乱不群，被某些评论者视为当代生活与人文心态的跟拍与录像，不无道理。

其他影片更其纷繁：《一个不能少》强调原生态，但又明显是趋时的造作；《摇啊摇，摇到外婆桥》《我的父亲母亲》《那人·那山·那狗》均特意传达着既定的人生情境，但其疏离现在、回避当前的潜因，也只能使人产生文化层面的惆怅与迷茫。其他，如吴子牛、冯小宁此期作品中鲜明主流意识形态的体现，张建亚影片的商业化追求，夏钢镜像间都市小人物平凡境况的展示，等等，我们从中既可以感到在总体适世、合时的影像体系探索寻求中，在导演之间各显身手的比拼，又明显看到每个导演自身的文化游移、变化乃至悖反。

所有这些，恰恰可视为90年代社会文化状态的一种写实。

三、新世纪以来第五代电影：随风俯仰

此阶段以世纪之交为始。就世纪之交我国文化态势有着旧世纪末的失落、悲酸乃至恐惧，又有着新世纪初期的迷茫、惶惑与无所适从。在这种社会的集体意识或集体潜意识下，被冠以大众文化之名、蕴涵着某种后现代意味的文化思潮涌现：消费文化扑涌，世俗欲望膨胀，不要终极精神的文化快餐泛滥，只看现在、只要活着而不问从哪里来到哪里去，满足于平面化与肤浅化，只追求感受不要觉悟，沉溺于无所用心的轻松情境而拒绝与摒除形而上的悲剧意识，等等，不能说已完全占据社会思潮主流，但其甚嚣尘上的态势，于文化覆盖面之广泛，则毋庸置疑。

在上述文化背景与时代氛围中，如果说，前一时段第五代电影还有着东冲西突、南试北测的文化寻求、探索、期冀的潜意识，那么在此阶段，便基本上只为活着而随风俯仰，为纯粹形而下的市井消费左右而终归商品化了。此期间第五代的主要电影作品有：

陈凯歌《温柔地杀我》(2000)、《和你在一起》(2002)，张艺谋《幸福时光》(2001)、《英雄》(2002)，田壮壮《小城之春》(2002)，夏钢《玻璃是透明的》(2001)、《向水倾诉》(2001)、《一见钟情》(2002)，何群《飞虎队·澳门》(2009)、《无声的世界》(2000)，霍建起《九九艳阳天》(2000)、《蓝色爱情》(2001)、《生活秀》(2002)，冯小宁《黄河绝恋》(2000)、《紫日》(2001)，麦丽丝《天上草原》

（2002），以及宁瀛的《夏日暖洋洋》（2001）等。

此阶段电影可细分为三种。第一种倾心竭力地追求极致之美，以超级感官愉悦（相对于国内影片而言）获得观众青睐，《英雄》是其集大成的代表。以三千万美元的大手笔，精心刻意地欲问鼎奥斯卡奖，欲振兴大陆电影票房的濒临危亡，其动机可嘉，其手段（制作、宣传、营销等）也有力，其经济效果与商业经验更值得重视。但从文化角度审视，其意识形态的传达与20年前正相悖反，就当前社会文化效应论，它不过是适应乃至趋从世俗消费而已。其他如《黄河绝恋》《紫日》《小城之春》《天上草原》以及虽非电影但出于张艺谋之手的豪华歌剧《图兰朵》等作品，尽管从审美角度看，均有不坏的表现，但其文化品格的肤浅、陈旧、平泛与疏离，也只能归入适世与适时的典雅型消费文化一类：在镜像表层的典雅下，埋藏着商品化基因。

第二种以贴近时下小人物普通生活为标榜，用近乎写实的风格，讲述老百姓自己的故事，力图达到清明上河图的某种意蕴。此类影片以《和你在一起》《生活秀》《玻璃是透明的》为代表。这类作品确实是对时下百姓生态与心态的某种展示，所以能获得部分观众的认可。但它停止在生活表层的扫描，没有更重、更深地触及时下百姓内心主弦与集体意识（及集体潜意识），也没有蕴含真正审时度势的文化启悟，因此实际上不是真正的现实表现，只是带有现实风格的世俗摹写，是一种疏离的写实、仿实，因而受到某些人的“伪现实主义”之讥。

第三种则是纯粹商业追求的制作。这类影片以世俗消费需求为唯一对象，其文化层面的随波逐流更自然而然。其中，宁瀛《夏日暖洋洋》倒是对当下社会无根状态的展示，对人生片断的零碎扫描。从观赏角度说或许不好看，其特意为之的叙述方式也不高明，但从文化意识看确有意走出新路，并不随风。这就比一味沉溺世俗、趋从时潮、满足平浅的大众消费全然失去文化自我来，显得有价值与意义。

总体看，这一段文化主导取向是屈从大众消费需要的随风俯仰。

四、近20年中国文化流变的当前审视

纵观第五代导演的电影创作，这里要强调：与时俱进不应混同于与世浮沉，更不能变质为随风俯仰。真正的与时俱进，应奠基在清明认知社会文化的历史大趋势与时代大背景上，致力于社会文化的健康进展。与世浮沉只根据时政与世事的即时需要而生而动，缺乏定向的人文寻觅而漂泊；至于随风俯仰则属于只追风潮、全失自我的沉沦。

我国当前的人文态势，正处于大的历史转型时期，总体上可使国民认同、信守的文化，即包括生命意义、人生态度、社会觉悟、国民意识、世界观念，以及与现实有关的各种价值取向、各种机制建构等等所组合的当代健康的主流文化，应该说尚未清醒、稳定地形成，尚在徘徊、探索、角逐乃至拼争之中，尚在更新、重构前的一时消沉与迷茫中。在这种特定文化时段，如果我们的文艺作品只停止在对杂乱浮泛的现实表层作适俗乃至媚俗的再现与传达，那么，对现代国民精神的科学建构、对健康昂扬的中华民族生命，到底是有益还是有害？

当然，生活不能没有平浅轻松，不能没有休闲愉悦，不能没有原始放任，但也不能没有理性深刻，不能没有思辨过程。文化不能过于沉重让人难以走出压抑，过于沉重决不应成为文化消费的结果，但消费文化的轻松也决不应以浅薄为基础让人轻浮，堕入轻浮毁掉的会是整个民族文化构造。一个国家、民族，乃至每个人，不能没有主导其

生存发展的文化灵魂。社会的文化组成，官方文化、大众文化与精英文化三足鼎立，才能构成稳定的文化结构。而就三种文化的分工与职责而言，任何时代的精英文化均应处于时代前沿的引领与召唤位置。

第五代电影导演当然不全是文化精英，也不能因其明星、大腕、名人的传媒身份便成了精英文化的天然体现者。但因他们的创作演变，确可窥得近20年来中国文化流程之一斑，也可从反思中对真正怀有时代与历史使命感的文化精英们有所启示。第五代电影导演尽管过了其最辉煌的时运阶段，继他们之后的新人、新作已经破土而出、显出顽强的生命力。但我们还是怀着某种恋旧情结，不无期冀地问一声：廉颇老矣，尚能饭否？毋庸置疑，具有一定后现代基因的大众文化在当代已经出现，并日益泛滥。在这样的文化背景下，我国文艺如何因历史与时代特定的文化使命而定岗、定位？

有学者借用西人大众文化理论，在讲述“信息时代的大众传媒必然产生大众文化，而大众文化因其平面性、消费性与世俗娱悦性的本质，必然要求文化产业（或产业文化）与之相适应……”之后，对当代中国文艺创作（或运作），做出如下判断：

“大众的规则就是市场……艺术与生活的界限要取消。艺术不仅是要贴近生活、走入生活，而且艺术就是生活。艺术在大众社会里转变了性质，在电视里艺术不再是高于生活的个体创造，电视节目应是集体共同生产出来的大众文化消费品……要让他们（指大众）欢快，让他们掌握话语权。这是一个人人参与行动、享受文化、追求娱乐、平等交流的时代，是失去权威、中心话语的时代，是超级民主胜利的时代。”[1]

---

[1]　陈默：《影视文化学》，北京广播学院出版社，2001年，第25页。

的确，当代电视（或曰现代传媒）文化确已成为大众须臾不可或缺的生活消费品。但这绝不等于说，我国当代的文艺创作与运作，就应完全以适应大众世俗文化的消费需求为终极目的。甚至也不能仅仅以展现带有某种后现代意味的社会生活物像为终极标准——尽管它们可能有某一层面的对社会状况、时代风貌的认识价值。至于所谓超级民主之类乌托邦想象、至于不要任何权威与中心的时代臆造、至于完全能够人人参与行动、享受文化、追求娱乐、平等交流的政治伊甸园，都只能是纯书斋中的学术性空想。即使是大众文化成为主流社会，也不可能没有任何权威，只不过没有了唯我独尊且强迫大众接受的专制性权威；中心也还是要有的，只不过不再有唯一的中心，而是多中心的不同形式的有机组合。所以，对待当前大众文化消费的正确方针应是：在适应的基础上对其进一步升华，在平等的交流中对其做自然的推举。只有这样，才是真正符合历史文化进步大趋势的奉天承运，而不是一叶障目不见泰山的随波逐流。否则，在欢呼大众文化终于到来的一片喧嚣与沉溺中，难免会走向自身的反面。

当代中国表现大众文化特定对象的艺术作品，应在一种新意义基础与价值准则及历史引领的内蕴中，去展示社会状态的无意义、无价值与无历史。或在无意义的形象系统的艺术展示中，使观众读者获得某种反思后的意义的重新定位与价值新层面的奠基。否则，对象已呈无意义状态，你再以无意义的表现再现之，到底想让观众在一头雾水中得到什么？艺术创作之于社会人生还有什么意义？

另外，现在人们所说的后现代文化，虽然绵延至今已经几十年或更长，但从世界文化数千年历史流变的大背景来看，毕竟只是一种过渡文化，或曰文化的过渡。它绝不是、也不应是一种终极文化。在某种意义上，它既是相对于现代主义文化的“后文化”，又同时具有孕育期间的健康的新世纪多元组合文化的“前文化”态势。真正的现代主义之后的后现代文化，应是在上述变态、剧痛之后的重新融合：多元展示在健康的总体新价值与新意义基础上的文化共舞。

对学界而言，既要理解后现代产生的背景及现时的状态与意义，又要有历史主义的宏观审视与时代把握。一味宣扬、恣意展览而不加节制与必要的把握，无异饮鸩止渴。也要注意过犹不及的弊端：若不能审时度势地一味长久恶治，以后现代主义的极端性反叛、否定、打倒、推翻一切维系世界、社会与人间的道理、规则与理念，唯求大破，不思新立；只要瓦解，不思整合；只要混沌的天然，弃绝清明的理念……那也绝非济世良方。

作者单位：北京师范大学

谈流行文化审美精神的流失

朱寿桐　王晖

当代的流行文化（popular culture）更多体现为商业文化。随着我国社会主义市场经济的发展，本来在中国受压抑的流行文化得到迅猛发展，各种时尚的流行文化形式以声色感受、直观刺激、绚丽的形态深刻地影响着日常生活，重新构建着我们的消费文化，同时也给文坛带来新的文化格局。这种格局中包括影视文学、通俗文学、网络文学、流行音乐、时装时尚等，无论人们喜欢与否，它都以迅速流行的方式吹皱起当代世俗人生的一湖春水。

学术界普遍意识到流行文化是时代不可回避的重要文化现象，它在当代文化背景下，以某种远离暴力的方式对20世纪以来精英文化所固有的种种滞重实施了消解，使得包含多种矛盾体共存的多元文化格局初步形成，就此而言，流行文化的研究对于积极推进当代中国审美文化的理论建设便有重大现实意义。对流行文化，人们往往热衷于探讨它的特征，在特征性把握中找寻其运作规律，把握其发展前景。这样的学术努力是十分必要的。不过，这样的努力容易造成有关流行文化的界说与特征众说纷纭。当然，我们也可以疏离这样的学术纷扰，暂缓钻研流行文化的内涵与特点，而从流行文化的具体形态审视其美学精神的流失现象，加以学术解说，这不失为有意义的学术选择。

文化是人类的精神与物质两方面建设的结晶，流行文化也是这样建造的。不过，未必所有流行文化的建设都按美的规律进行。一个不容忽略的事实是：当代流行文化更多体现着美学精神逐渐失落。这或许是流行文化的一般特征，也是我们研究流行文化的一个可靠门径。

一、中国流行文化及情结

当代中国流行文化是指当代中国一定时期、一定地域、一定人群所遵从的一种价值系统，包括思想感情、语言、行为和生活方式。具体表现在三个方面。一是通过传统传媒传播的文化：电影、电视、通俗小说、流行歌曲等；二是通过网络传播的文化：网络文学、网络游戏等；三是新生活方式下的流行文化：时装、广告等。绚丽多姿的流行文化以其范围广阔、层次丰富和形式多样在中国迅速传播。它在丰富生活的同时，却在研究领域处于尴尬局面，人们并不取完全认同的态度。有人把它归为“比较低的等级”，或明确地认为流行文化就是不健康的。这些观点比较偏激，但流行文化未尝不缺乏一些重要因素。从文学角度看，流行文化的一次性消费特性常常体现为对文化经典的排斥，对审美精神的剥蚀。不少流行文化，特别是能迅速流行的那一类，往往以对传统美学的消解、挑战来制造轰动效应，哗众取宠或使盲从者趋之若鹜。这样运作的结果，自然会导致审美精神的流失。

审美精神作为对某种无条件的绝对感性的追寻，体现在对自由的追求、对人生的关怀等方面。[1] 流行文化以追求自由为初衷，刻意创

---

[1]　邹其昌：《论审美精神》，《广西社会科学》2002 年第 1 期。

新，张扬自由精神，将个性充分展示出来，很快受到关注。本来，自由是人的本质，也是美的本质。但随着大众的接受，尤其是通过传媒被成千上万人接受后，开始出现模仿、复制。在本杰明·泽弗奈亚（Benjamin Zephaniah，1958—）看来，大众传媒的发展已使艺术进入机械复制时代。迪克·海蒂兹（Dick Hebdige，1951—）给流行文化下的定义认为，流行文化就是那类普通可得的人工制品：电影、录音录像带、CD 或 VCD、时装、电视节目、沟通和交流的模式等。这种普通的人工制品已背离自由精神，丧失了创新的意义。有人于是提出了流行文化是自由对自由的背离的观点。流行文化在追求自由方面走入误区，进而影响到它的深层内涵，不再深刻地关怀人生的意义，所有神圣、美好的境界在它们面前都变得直白、肤浅，甚至走向媚俗，人们不讲任何技巧、秩序、规范地随意宣泄情感，特别是在网络文学中，更是随处可见这种随便、消解或疏离了审美情趣的情感发泄。[1]有人说“大约有人群的地方就有所谓‘网络文学’”，这话未免有些夸张，却道出了网络文学随意性特点。在对现实愤懑情绪的宣泄中，流行文化的拥趸们忽视人生意义的思考，对人生不抱终极意义的关怀。而人生问题是中国传统美学关注的焦点，也是审美精神的重要组成部分，它直接影响作品的高度，在经典作品里无不蕴藏着人生关怀，对现实人生的关切和整体把握能力，是中国优秀文学传统的一部分。

当然，流行文化并非全无审美价值，但它所引起的美感，不是忘情的赏心悦目、兴感愉悦，而常常是通向人的欲念和快感，还让人以是否带给人利益作为标准来加以衡量，因为大众要求的总是最刺激、

[1] 王晓芳：《学理的探讨、思想的交锋——当代流行文化国际学术研讨会综述》，《武汉大学学报》2002 年第 1 期。

最兴奋的东西。流行文化是以卖点为评价标准的，这与传统美学精神背道而驰。流行文化在流行的过程中缺失了审美精神。

二、流行文化的生存环境

流行文化审美精神的流失是与流行文化产生的土壤分不开的。流行文化作为一种商业文化，它以商品经济发展为基础，而且直接构成一种商品经济的活动形式，让作家与作品完全进入市场。市场经济运作的根本目的是为了遵从效益原则获取最大利润，这种利润来源只能是广大文化消费者。为了适应整个文化市场，获得最广大文化消费者市场，流行文化格外讲究包装，努力制造卖点，包装成为生活中决定性的环节，把大众对产品的消费转为对形象的消费，《上海宝贝》的成功是个典型例子，“美女作家”“新人类作家”是它的两个重要卖点，作者卫慧特地请来上海一流的化妆师和摄影师将自己搬上封面，出版社原计划是把它归入“布老虎丛书”出版的，但这套比较传统的女性文学书系在流行制造者心目中已不能吸引人们眼球，于是集合其他 70 年代出生的作家，另推出一群“新人类作家”制造流行效应。“新人类作家”这个词语引来了好奇，被大众传媒大力推荐，造成轰动效应，由此引发了解情况的人们对性别、相貌与文本成功之间关系的疑问。

这样一种在流行文化意义上属于成功的运作，正是以牺牲、抽取原来能够体现当代中国女性作家温文尔雅、秀外慧中品貌的“布老虎”美学精神为出发点。显然，美女作家的流行让人们从原来的美学世界中抽身出来，带着另一番浓厚的当然也世俗得多了的兴趣注视着新的文学与文化的流行款式。

流行文化以现代大众传媒为基本载体，并且在大众传媒的操作体制中流行、扩展。但传媒是把双刃剑，它对文学的重要性，特别是文学传播方式的重要性，已经成为作家们的共识。在大众传媒体制中，由于电影、电视最能满足感性要求，故成为消遣娱乐的首选。莫言《红高粱》、苏童《妻妾成群》之所以能被大众接受，与张艺谋成功导演的相关演片分不开。阿多诺认为，流行文化是资本主义文化工业的产物。文化工业通过大众传媒操作的标准化、合理化生产，对它的消费者施行自上而下的有目的整合和统治。“文化工业的意识形态力量在于，它用统一取代了意识。”[1] 从中看出阿多诺非常重视大众传媒对文化产生和接受的意识形态控制力量，它与电影、电视等媒介形成互动，扩大影响。但电影、电视程式化的运作，限制了观众的想象空间和回味的余地，流行文化消费者在观看中很少思维，追求视觉冲击，看重的是形式，对内容不够重视，忽视了审美精神的表现力度。

流行文化作为速食文化、快餐文化，迎合了处于快节奏社会中的人们娱乐的需要，这种娱乐需要意味着流行文化要认同大众的审美格调，流行文化为流行而缺失了审美精神。

三、流行文化与审美精神的关系

流行文化与审美精神的剥蚀、消解是否有必然联系？如果这种联系是必然的，就必能引起深层的美学思考。当然，没有人会主张完全

---

[1]　T.W. Adorno, *The Culture Industry*, ed. J.M. Bernstein, London:Routledge, 1992, p.90.

按照传统、经典的审美价值标准、规范来批判或衡量流行文化。事实上，流行文化的创造者、推行者似乎早已不承认传统审美精神和审美规范的权威性，为流行文化辩护的研究者也千方百计脱离原有的学术轨道，对于传统的审美规范和审美精神发动一波接着一波的质疑与挑战，从而构成了当下流行文化理论的基本面目，也造成了审美理论的热闹现象以及某种意义上的尴尬局面。

面对现实与理论层面的热闹与尴尬，我们有多元的选择，而且应该提倡多元选择。整齐划一的学术是粗暴的，也不必要，特别是对流行文化和流行话题，学术界应显示更大的包容性。如果套用“存在的就是合理的”这样的老话，我们不妨也可以说，流行的就是合理的，没有一定的合理性就不可能达到哪怕是最短时效的流行。既然是合理的，或带有合理性，则流行文化现象是任何简单的理论批判所无法推翻的。不过，正像人们可以包容甚至欣赏一种流行款式，而自己并不一定也去追逐这种款式一样，在人们对流行文化采取包容态度的同时，在对流行文化挑战传统审美精神、剥蚀美学精神种种现象采取包容态度的同时，并不一定需要痛心疾首地反思原有的审美规范和最具普适意义的审美精神，甚至改变态度加入欣赏流行文化的行列。包容乃至欣赏流失了美学精神的流行文化与对传统审美规范、审美精神的坚守，这在理性的学术环境下，应该不是水火不相容的关系。流行文化不论怎样剥蚀、流失美学精神，对于学术规范、美学精神坚守者来说，都不应构成巨大沉重的压迫。原因有二：其一，从范畴来说，立体传媒条件下的流行文化更多站在时代的最浅表层，消解审美规范，其挑战美学精神的后现代文化特征，本来就与一般的文学、文化思潮追求审美境界，按照美的规律来建造的品质有相当大的距离。可是这样突破的努力，至少在流行文化的辩护者那里，实际上是为了使流行文化与传统审美规范、审美精神有资格构成某种平衡关系。明白了这一点，传统审美规范和美学精神坚守者完全可以处变不惊，笑看风云。其二，从历史发展状态看，今天的流行文化比以往任何时候都更加突出地体现为“流行”特征。这种流行过程的快捷、短促可以使得任何一种针对他们建构新审美规范的企图搁浅。这就是一段时间以来为流行文化辩护的人们在理论建构上建树寥寥的原因。这样的情形告诉我们，流行文化终究不会获得巨大的理论能量和学术耐力，以改变它们一直挑战的传统审美规范、美学精神，它们没有足够的时间积累真正实现跨越或推翻这种美学规范的精神，并以新的建构取而代之。

流行文化有它的理由，但所有理由都不足以支撑它跨越或推翻审美规范、美学精神的强大力度。审美规范、美学精神的坚守者有理由坚守自己的立场，却没必要否定和漠视流行文化的存在与流行。

作者单位：暨南大学

第六部分

审美文化范畴研究

论美学研究范围的自律与扩展

彭修银

“美学冷下去了，文化学热起来了”，这是时下的议论。其实美学与文化学并不存在学科间的屏障，它们是相辅相成的。美国著名美学家托马斯·门罗在《走向科学的美学》一书写道：“文化的范围在19世纪和20世纪的扩大，对近代美学产生了革命性的影响，美学不仅具有国际性，而且涉及各种文化之间的相互关系。”并说美国美学的发展，从根本上来说，“是美国文化本身的某些倾向的逐步成熟所造成的”。[1]因为美的规律，审美活动的规律是由社会文化现象的内容、结构和功能制约的，美学中一些根本问题的解决，直接取决于对社会文化现象特性的研究，而美学的发展也有利于文化圈层的扩大。因此，从这个意义来讲，当前文化学的研究也是美学不断发展的需要。

美学研究范围是历史地发展和变化的。自18世纪德国启蒙运动思想家鲍姆嘉通主张美学成为独立科学以来，中经康德、谢林（Friedrich Wilhelm Joseph von Schelling，1775—1854）、黑格尔，由于他们都忽视物质实践的伟大作用，一直把人类物质生活中的审美活动排斥在美学大门外，把美学研究范围局限于艺术领域，认为美学只研

---

[1] 托马斯·门罗：《走向科学的美学》，中国文联出版公司，1985年，第184、179页。

究艺术问题，研究艺术本质、特征、创造规律、艺术发展规律。如康德，将人类活动分三类，即实践的、认识论的和美学的，而美学的最大特点就在于它不是实践和认识论的领域，这样就拒绝了人类物质生活中的审美活动。谢林、黑格尔认为审美活动是非功利的，与实用无关，与物质生活、日常生活相对立，是高于物质生活和日常生活的。于是他们认为美学就是艺术哲学或者"美的艺术的哲学"。这种美学研究范围的界说，延续了150年，至今还有着深刻影响。

近30年来，随着文化圈层的扩展，美学研究范围也不断扩大。托马斯·门罗就明确指出："美学作为一门经验科学，它的研究领域主要由下面两组现象组成，一组为艺术作品（绘画、诗歌、舞蹈、建筑、交响乐等）或其他类型的产品、形式或作品，另一组是与艺术作品有关的人类活动，如外在的和内在的行为和经验方式、技巧、对刺激的反应、创造、生产和表演艺术的活动，还有领会、鉴赏、使用、欣赏、评价、管理、教学诸如此类的活动。"[1]按照他的意见，艺术不仅是文学、绘画、音乐戏剧等，而且服装设计、烹调术、整形外科学、文身、酿酒等也是艺术。在他列举的四百多种艺术样式里，绝大部分已超出艺术范围，其中有些属于物质生产活动中的审美问题。瑞士著名美学家、国际美学协会主席约瑟夫·甘蒂纳和托马斯·门罗一样，也认为美学已超出仅仅对艺术研究，美学不仅要结合人的艺术活动，而且也要结合其物质活动，因此他将当代美学概括为环境美学。

美学研究范围的扩展，在苏联一些美学名家那里得到足够重视。

---

[1] 托马斯·门罗：《走向科学的美学》，中国文联出版公司，1985年，第273页。

如奥夫相尼科夫（М.Ф. Овсяников）几乎在每部著作都强调生产和生活中贯穿着审美活动，美学应广泛运用到生产和生活中去。对以往的美学批评道："几个世纪以来，美学处于一种不涉及物质生产而局限于艺术领域的状态……这种观点表现了对待作为社会生活基础的生产劳动的极端不公正的态度。"[1]A. 齐斯（А. Зись）也说："在一个人们摆脱了贫困，对未来满怀希望的社会里，审美原则取得了以前社会无法相比的巨大意义。当前，马克思主义美学的重要课题是研究现代迅速发展起来的审美活动的各种方式，包括工业艺术设计，审美教育，人周围环境的审美性质，以及审美原则的其他各种表现。"[2] 尤·鲍列夫（Ю.Б. Борев）在其《美学》一书也写道，当人的活动表现出族属意义时，"全人类的因素赋予人的活动以审美的色彩或者至少是审美的内容。在这个意义上，人的任何活动在一定程度上都可以看作是审美活动。"[3] 这里我们感兴趣的不是他们为美学制定的原则，而是所反映的当代美学研究趋势，以及在现代发达社会，把美学原则运用于对客观世界各种实际掌握方式的巨大意义。

近两年来，随着美学研究的深入，我国也有美学家注意到美学在生产和生活中的作用和意义，注意到了审美生活与经济生活的密切关系，并着手从理论上探讨这些问题，甚至出现了与美学有关的边缘性的学科，如经济美学、商品美学、工业美学、服装美学等等。但是不管美学研究范围在现代有多大的扩展，至少我们不能把客观世界的所有现象都归入美学研究范围，与此同时，我们也不能把物质生产、科

---

[1]　奥夫相尼科夫：《美学》，上海译文出版社，1982 年，第 19 页。

[2]　A. 齐斯：《马克思主义美学基础》，中国文联出版公司，1985 年，第 6 页。

[3]　《美学文艺学方法论》上，文化艺术出版社，1985 年，第 98—99 页。

学技术创造和日常生活中丰富的审美内容从美学中排斥出去，使美学研究范围变得过分狭窄，以至妨碍美学的发展。因此，准确界定和扩大美学研究范围，从根本来说是当前美学发展的需要。

美的规律、审美活动规律是由社会文化现象的内容、结构和功用制约的，准确界定和扩大美学研究范围，应放在整个文化系统来考察。

关于文化，有理论家把它归结为精神生产领域，还有的把它归结为精神生产和物质生产两个领域。本文遵循苏联当代美学家M.C.卡冈（M.C. Каган）对文化的理解。卡冈认为，文化虽然是自己所有成分有机相连的某种整体，但它仍被划分为三种相对独立的层次，即物质、精神和艺术。但是它们的区别应理解为：在文化层次，精神文化所有产品是被物化的，否则这些产品就不可能存在，而物质文化的全部过程则表现精神的目的、计划和模式。至于艺术创作，它是精神因素与物质因素有机交融在一起，互相融为一体的，产生出某种性质上独特的现象——艺术。[1] 如果我们要准确界定和扩大美学研究范围，就必须依据文化这三个基本层次。因为审美定向、审美原则、审美性质、审美价值、审美体验，既存在于物质生产中，也存在于精神生产和艺术活动中。

人的物质生产和物质生活中的审美活动也是人的最基本审美活动，精神生活中的审美活动都是由它派生的。

关于物质生产领域的美学问题，在马克思主义经典作家那里做了全面阐明。马克思在《1844年经济学—哲学手稿》深刻地指出，人作为普遍的生产力，可以创造各种迥然不同的物品，而且是在摆脱了

---

[1] 参见M.C.卡冈：《美学和系统方法》，凌继译，中国文联出版公司，1985年。

每个个人的直接物质需要的情况下生产的；并强调人具有能够揭示对象所固有的尺度的创造能力，“懂得按照任何物种的尺度来进行生产，并且随时随地都能用内在固有的尺度来衡量对象，所以，人也按照美的规律来塑造。”[1] 马克思这里明明讲的是物质生产，却不用“生产规律、客观规律”等字眼，而用“美的规律”。这是说，物质生产不仅增殖社会财富，而且还培养和发展人按照美的规律理解和创造物品的能力，不仅可以生产高质量产品，还可以提供高尚的精神享受。其实这里讲的“人也按照美的规律来塑造”，按照我们今天的理解可以是一部工业艺术设计理论的基本点。工业艺术设计作为审美活动的特殊形式，是把物质生产领域的审美活动和非审美活动结合起来的一种实用艺术活动，是实用艺术在工业范围扩大的结果，是美学渗入技术、艺术进入生产的结果。它通过现代工业所创造的日常生活用品、劳动工具等来传达一定类型的艺术趣味，从而实现群众的审美文化交流。按其对人的审美影响来说，它比其他任何审美活动形式都广泛，日益成为确立高尚艺术趣味和发展人的美感的重要因素。因此，美学要想避开物质生产活动中的审美活动，无论如何也是不可能的了。

总之，揭示物质生产劳动中的审美因素，对我们扩大美学范围是最有前途的，因为它揭示了最基本、最富有群众性的活动的审美内容。另外，它将使我们弄清蕴涵在艺术中的审美价值的愿望得到发展和增强，因为物质生产劳动作为人的最基本活动，以最大众化的形式体现了审美本质。对艺术审美价值的需要和掌握，是同人们对蕴藏在物质生产劳动中的美学需要的增长，同掌握美学的价值紧密、辩证地

[1]　马克思：《1844 年经济学—哲学手稿》，人民出版社，1979 年，第 5—51 页。

联系在一起的。因此，美学应广泛研究物质生产范围内“按照美的规律进行塑造”这一重大课题，来提高美学对劳动人民的审美教育作用。

人按照美的规律活动的另一个重要领域是精神领域。精神生产意味建立科学的理论、概念等等。精神文化是观念的，它在实践的活动中变成物质力量。精神领域的审美活动包括人的行为、科学创造、体育运动、文化教育以及社会各种庆祝活动等。这里面有的还未被美学充分研究，但它们都是实践性的艺术活动，属于特殊审美活动方式。

在精神领域的审美活动中，首先要提到的是道德与美的问题，正如苏联美学家尼·阿·德米特里耶娃（Н.А. Дмитриева）所说：“当人类社会把美的概念从物质的领域推广到精神领域中去的时候，首先是推广到道德关系方面。”[1] 这是因为道德有广泛的社会性。它不仅贯穿于各个社会形态，还遍及社会各领域、渗透到社会各种关系中。道德体现个人与整体、个人利益与整体利益的关系。“人们自觉地或不自觉地，归根到底总是以他们阶级地位所依据的实际关系中—从他们进行生产和交换的经济关系中，吸取自己的道德观念。”[2] 我们所提倡马克思主义的道德，本身包含巨大的审美内容：个人的自由而又全面发展着的意愿和人类意愿一致，它要求充分发展“人自身”、丰富人的本质、发掘人本质的真正的美。因而，培养马克思主义道德也是一种“按照美的规律进行塑造”。道德教育主要是使一定社会、阶级的道德观念转化为人们的内在品质，从而对社会生活发生作用。这种精神上提高的有力因素就是美感的发展，它会使人的思想意识高尚起来。这样，道德形成和美感形成就合二为一。在此意义上，美学起到未来伦理学的作用。

[1] 尼·阿·德米特里耶娃：《审美教育问题》，知识出版社，1983 年，第 30 页。

[2] 《马克思恩格斯选集》，第 3 卷，人民出版社，1972 年，第 133 页。

在精神生产领域里，科学活动中的美学问题，是美学原则在科学发现过程中的作用，是科学的伟大成就给人的美的感受和感动。科学追求真，但往往也在追求美，使科学真理中的真与美有机结合起来。法国数学家庞加莱（Jules Henri Poincaré）认为："在我们用下意识所形成的大量组合中，……只有若干组合是谐和的，因而同时是美的和有用的，它们能够激起我们的特殊的几何直觉。这种几何直觉把我们的注意力引向这些组合，从而使它们得以被我们意识到。特殊的美感是一个独特的筛子，只有那些依赖自己的和谐而成为真理的东西才能通过它。特殊的科学美感也是科学创造性的一个标志，它在科学发现中，往往是有意识的证明活动的先导。没有美感的人，很难成为发明家。"[1] 理论物理学家韦尔（Herman Klaus Hugo Weyl）也曾说过："我的工作总是力图把真和美统一起来，但当我必须在两者中挑选一个时，我是选择美。"[2] 从他们的科学创作实践可以看出，科学家在创造活动中往往以对美的追求作为创造的重要动机。

另外，科学创造不仅包含认识，也还包含着对科学创造的劳动成果的美感愉悦。对形形色色的现象及其高度和谐的揭示、对自然规律显示的美、对未来世界的构想、对人类理性力量的感觉、对人类依靠科学获得的对自然和社会控制权的认识等，由此引起的喜悦和艺术家创作获得的美感一样强烈。苏联 B. 恩格里加尔特院士说："就科学家的创作成就所带来的欢乐情感的力量和深度而言，完全同于艺术家在完成其创作构思时所产生的情感的性质和力量。这也就是只有人才能感受的最强烈、最高尚的快感。"[3] 总之，美学是科学最积极的环节，

---

[1] 刘大椿：《科学活动论》，科学出版社，1985 年，第 219 页。

[2] 钱德拉塞卡：《美与科学对美的探求》，《科学与哲学》，1984 年第 4 辑。

[3] П.А. 拉契科夫：《科学学——问题 · 结构 · 基本原理》，科学出版社，1984 年。

随着科学事业发展，科学创造的审美动机的意义也将越来越大，科学创造作为内心满足和精神力量的美感泉源将广泛吸引人的兴趣。

在精神层次，除道德和科学创造以外，文化教育、体育运动等，都与美有直接关系，因此它们也都属于美学科学范围之内。

以上我们强调了物质和精神的审美活动作为美学研究范围的重要意义，这并不否定美学作为艺术哲学的重要意义，不否定美学与艺术的密切关系及其历史渊源，并不会把一般艺术理论从美学排斥出去，以致将艺术活动的原则、特征消融在其他审美活动方式中去。艺术作为审美活动最高阶段的产物，它最能充分表明人对现实的审美关系，是社会审美理想最重要的表现领域。社会审美文化的水平都取决于艺术，取决于它的艺术思想成熟程度。因此，我们的美学更应该深入探讨艺术中的美学问题，特别要深入探讨一些部门艺术的美学问题。

从以上对文化系统三个基本层次的分析来看，三个美学学科领域由于各有特殊成分和专业范围，因此会出现各种美学分支。如技术美学会出现工业美学、商品美学、经济美学等美学分支；实践美学会出现教育美学、体育美学、科学美学等美学分支，艺术美学中有“单体艺术美学”和“多体艺术美学”。单体艺术美学包括小说美学、散文美学、诗歌美学、音乐美学、雕刻美学、绘画美学、书法美学等。多体（综合）艺术美学包括戏剧美学、电影美学、舞蹈美学等。我们只有充分考虑到其多层次性，才能准确界定和扩大美学研究范围。

作者单位：湖北大学

论克尔凯郭尔绝望心理范畴的审美意义

刘慧姝

克尔凯郭尔（Søren Kierkegaard，1813—1855）是19世纪西方重要的哲学家和神学家。克氏发展了一种新主体性思想：人的真正主体性建立在孤独个人的内心感受上，个人及其内在体验是主体性的根本。他讨论了反讽、焦虑、忧郁和绝望（irony，anxiety，melancholy and despair），认为情感作用在于把个人抛回到自己身上，向其揭示成为真正自我的任务和命运。克氏对近代哲学的突破是提出活生生的个人，着眼辗转于疾痛绝望中的每个生命。他认为人身上存在两极：1. 人在有限的生命历程中要靠个体自由的选择方能真正行动，即个体的独立出场性；2. 个体生存是在一定背景下出场，并非个体的自觉选择而是强加上的。因此，生存的根基意味着人在此世活下去的根据和理由，或理解为生存的根本荒谬性。只要生存两极缺少一极，个体就绝望。绝望是普遍的精神疾病，靠死亡从疾病获救是不可能的，这疾病和它的折磨及死亡恰恰在于不能死去。绝望使持有审美观者能面对生存虚无和无意义，从而在濒临生存极境中发现自我。绝望因此是生成审美的契机，个体因之向更高阶段飞跃，真正自我在飞跃中实现，从而体验到审美境界。

一、绝望的内涵与类型

在克氏看来，绝望是每个人通向自由之路的必然选择，人只有在自由中才会获得绝对。他说：“何为绝对？它是永恒的自我。但何为自我？就其基本概念而言，我的答案是：它既抽象又具体——它是自由。”[1] 自我是永恒对个人的要求和呼唤，也是个体的权利。当个人完全选择自我时，也就选择了自由，从而使自己的生存无限化。克氏强调，在绝望中人们选择的不是偶然性的自己，而是有永恒价值的自我，只有做出绝对性选择才能达到自由。克氏的自我是有限和无限的综合体。这种自身与自身关联的综合关系若是和谐的，就自由，而绝望是这种综合关系中的错误关系。绝望的形式靠反思自我的组成成分而抽象达到。绝望是否被意识到，构成了绝望与绝望之间质的不同。

首先，以不涉及绝望有无意识、而只涉及综合的自我构成成分的方式来分析，绝望有两种。1. 由有限和无限定义的绝望。无限的绝望是由于有限的缺乏。自我在抽象的无限化或抽象的孤立中产生幻想存在，使人失去根底。处于这种绝望的人忙于眼前俗事，在更深刻意义上缺乏自我。有限的绝望则缺乏无限，人的原始性自我被剥夺或在精神意义上自我阉割。这种有限化过程让人成为一个数而非一个自我，人处于这种绝望中，为得到公众喝彩，获得荣耀和尊敬而把自己抵押给世界，但从精神意义上没有自我，即没有一个能让他们为之去冒风

---

[1] Søren Kierkegaard, *Either/Or* (vol.2), trans. Walter Lowrie with revisions and a foreword by Howard A. Johnson, reprinted from the English Edition by Princeton University Press, 1959, p.218.

险的自我。2. 由可能性和必然性定义的绝望。可能性的绝望是缺乏必然性，以欲求、渴望及忧郁或想象形式迷失于可能性中。可能性的深渊导致自我缺乏现实性，成为一个抽象可能性，自我在可能性中幻想地反思自己，却没有意识到自己，因此失去自己，未使自己成为一个人类存在者。必然性的绝望是缺乏可能性，这意味着对于一个人每件事或已成为必然，或已变得琐碎平常。庸俗资产阶级的心智状态是无精神性。决定论和宿命论是精神的绝望，但无精神性也是绝望，同样失去自己。视一切为必然的人在生活中搞得精疲力竭，并在绝望中被压碎。

其次，由意识定义的绝望有三种。绝望不断增加的强度依赖于意识的程度，意识程度越高，则绝望强度越强：

1. 无知于绝望的绝望，或对有自我和永恒自我的绝望着的无知。对绝望无知的个体仅仅是一个更加远离真理和获救的否定性。因此，无知远不能破除绝望或变绝望为不绝望，而它事实上成为绝望最危险的形式。这种绝望最常见。

2. 在绝望中不要成为自身，即软弱的绝望。软弱绝望又有对于世俗绝望或对于世俗生活绝望，及关于永恒的绝望或对自身绝望两种。

在第一种情形，存在着纯粹直接性或含有量反思的直接性。直接性的人的自我和自身是同他人直接联系里的伴随物，并且其中只有关于永恒事物的虚幻显现。自我实际上消极地在需求、渴望、快乐等方面被绑缚在与他人共存的直接性中。这种绝望极脆弱，每一种对它反思的过分举动都会把它带入绝望。直接性实际上没有自我，不能够认出自身，通常只能在幻想中完结。直接性的人以另一种情形帮助自己：他希望成为别人。如果直接性有了某种反思，绝望就会被略微缓解，对于自我的意识，以及由此而来的对绝望的本性和人的绝望状态的意识就会产生。这种绝望本质上是软弱、痛苦中的绝望。它不仅是痛苦和对外部环境的屈从，而且在某种程度上是自身的活动或行为，因此出现了某种程度对于人的自我反思。对于世俗的绝望或对于世俗事物的绝望是绝望最普通的形式，特别是在对世俗事物的绝望带有定量反思的直接性里。它在更高形式上强化绝望，或者导致信仰。

第二种情形是关于永恒的绝望或对其自身的绝望。只要是绝望，对于世俗的或对于世俗事物的绝望也就是关于永恒的绝望或对其自身的绝望。这种绝望所以产生，是因为他把极高的价值归于某种世俗事物。在绝望中，意识上升到新层次，即关于他软弱的意识。他不是明确离开绝望而转向信仰，深自谦卑于自己的软弱，而是扎根绝望中，对其软弱产生绝望。他有更清醒的绝望意识，有了关于永恒的绝望，对自身如此软弱以致把非常重要的意义归于他世俗的存在绝望；这软弱的存在对于他成了绝望的象征，象征他已失去永恒和自身。

3. 绝望中要成为自身，即违抗。克氏认为这种绝望称为男性的，这种绝望是在精神限制或资格范围内被考虑。女性式绝望（绝望中不要成为自身）则是一个较低的综合。这第三种绝望是不愿成为他自身的绝望者个人向前迈出的辩证一步。这种绝望是有过程的：首先出现的是对世俗或世俗事物的绝望，接着是关于永恒的绝望以及对于自身绝望，随后违抗出现，它是凭借永恒之助而来的绝望，是在绝望中要成为自身。这种绝望非常接近真理。这里的绝望意识到它自身是一个行为，它直接来自自我，他本人要靠存在的无限形式构成自我。

二、美学式绝望

克氏认为审美的生活观具有直接性，是满足欲望、享乐的人生观。审美的存在方式有两种表现形态：浪漫的享乐主义和抽象的唯理智主义。克氏看到，人如何通过瞬间娱乐寻求逃避自己；审美生活导致厌烦和焦虑，最终导致绝望，绝望是对无意义和空虚最强烈的表达，它构成审美人生存在方式的顶点。审美的生活表明自身陷入绝望，在绝望中单纯靠欢乐不再获得瞬间满足，自身体验到希望的丧失。持审美观者不能从他之外找到自己，既不能在享乐主义和感官追求上得到满足，也不能在深奥抽象的思辨上得到满足。要发现真正自我，必须转向内心世界，做出决定、承担义务和选择自由。只有在这运动中他才能使自己摆脱分散、放荡的存在，成为一体化的自我，因此，绝望是主观的强化，这种主观强化构成达到可靠、真正自我的途径。在选择绝望中，自我给予自己以新生，从无决断力的审美阶段进入决定承担义务的伦理阶段或拯救自我的宗教阶段。

持美学观者的绝望是无限性绝望和可能性绝望，反抗想成为自己及反抗着不想成为自己。持美学观者以想象的构筑来躲避永恒关怀，思辨者凭必然性建构来回避永恒的召唤。持美学观者的缺乏必然性绝望与思辨哲学家的缺乏可能性绝望在本质上一致，都是对生存本真状态的迷失与回避。思辨哲学家陶醉于必然性小世界，自以为发现了客观真理而傲视生存本真。持美学观者将想象创造的世界作为自己的天地，并不将之扩充到普遍有限的世界；在自己的生存状态体验到虚无和荒谬，渴望脱出虚无深渊，他们极有可能获得真正的自我。

克氏所指的荒谬，是指两方面的绝对关系，如外在与内在、现象与本质的超越性绝对关系。荒谬的特点是在荒谬中两方面在相互关系中真正实现自己，即两者的统一就是两者的分别自我实现。克氏所批判的单面性不是两方面中某方面实现另一方面没实现，而是当一方掩盖另一方时，两方面同时失落。所以克氏会说“绝望地成为自我”是一种“致死的疾病”，是自我的最大失落。如果绝望中的自我是被行动造成的，这绝望仍在绝望中要成为其自身。这种绝望是与其寻求帮助，宁可带着地狱的痛苦而成为他自身。接受别人帮助对他来说意味着屈服于他人和被羞辱，自我更愿意以经受痛苦为代价而保持住自身。

克氏认为，通常诗人的存在总是人类的一种牺牲品。诗人的存在是一种美学式生存状态，这种生存状态在不断追求乐趣和理想幻灭中起伏变动，不断面临虚无和短暂，永远不能达及永恒与超越。因此，每种美的生活观都是绝望的，每个按美学方式生活者，无论意识到与否，都处于绝望中。但是当某人知道了这个事实，一种更高的生存形式便成为迫切要求。美学式生活充满可能性、不确定的东西，但根源于虚无。这种生活建筑在直接性和瞬间上，最终导致个体陷入绝望。绝望的力量会吞噬一切，直到他在永恒中找到自己。因此，绝望成为美学式生活的终结，又是向更高生存审美境界飞跃的动力与契机。

克氏是宗教哲学家，他批判持美学观者的生存是从其宗教信仰角度出发的。他认为美学生活的归宿是绝望，绝望是罪（Despair is sin），“绝望的对立面是有信仰”。[1] 自我通过自我意识，成为直接面

---

[1] Søren Kierkegaard, *The Sickness unto Death: A Christian Psychological Exposition for Upbuilding and Awakening*, ed. and trans. with introduction and notes by Howard V. Hong and Edna H. Hong, Princeton University Press, 1983, p.77, p.49.

对上帝的自我，这个自我便能获得一种新性质和资格，不再仅仅是人类自我，而是神性自我和直接面对上帝的自我。因此，克氏又重新定义自我的标准：自我只有在上帝面前才是一个自我。正是在上帝面前的生存意识使得人类的罪过变成了真罪。罪的存在并不可怕，先有罪，才有对这种罪的救赎。克氏说的罪是基督教的范畴，强调罪的对立面不是美德而是信仰，强调仅仅把信仰放在内心或口头上是不够的，必须通过身体力行才能成为基督徒。克氏坚持基督教的内在性原则，把信仰建立在人与上帝的不可沟通上，从而突出了人类自我的意义。

三、审美生成的契机

克氏认为，一个人在绝望时会发现自我。绝望本身就是一种选择，绝望中蕴含行动的动力，绝望在个体经历与虚无之间的一番切实斗争之后方能获得，一旦个体与生存的虚无相遇后产生绝望，他势必要采取行动，要去选择。因此，克氏提出："当我绝对地选择时，我选择了绝望，而在绝望中，我选择了绝对，因为我自己就是一种绝对。我居于绝对之中，是绝对的化身。"又说："我不是创造自己，而是选择我自己。"[1] 只有在绝望中选择绝对，真正的自我（神性自我）才会呈现，而选择的途径就是悔悟，通过悔悟，人能够制服罪，并从中获得完整的、具有连贯性的人格。这种品质恰恰是持美学观者在无

[1] Søren Kierkegaard, *Either/Or* (vol.2), trans. Walter Lowrie with revisions and a foreword by Howard A. Johnson, reprinted from the English Edition by Princeton University Press, 1959, p.217, 220.

终极目的的选择和行动的过程中所匮乏的。克氏确信，只有将信仰引入生存，美学的个体才有获得拯救的可能性。

持美学观者主张的生活显然处于罪的状态，他们没有真正的自我，他们的罪在于逃避了永恒的召唤。一个人要完成永恒赋予的使命——成为具有永恒有效性的自我——意味着要接受上溯到祖先的原罪，在上帝的面前谦卑地承认自己的罪，并且要通过悔悟来赎罪。从理智的角度出发，这种形式是难以理喻的，但如果从宗教信仰的立场去实践，靠个体调动意志的力量去实现从罪到赎罪的转换，就能回应永恒的召唤。在各种对生存本真状态的逃避行为中，克氏将救赎的可能性赋予了持美学观者。思辨哲学家陶醉在理性的乐观中，从而远离了绝望和罪，也因此丧失了与永恒的交流。持美学观者由于自我否定精神的存在，在生存中努力成为善与真，对绝望产生了深切的体会，他们便获得了向更高目标飞跃的可能性。之所以这样，是因为绝望有它自己的辩证法。一方面，“绝望确实就是永恒和其自身的丧失”；另一方面，“绝望越是强烈，在一定程度上它就越接近于得救”，“只要这绝望是开放的，就存在着获救的可能”。[1] 所以，绝望以否定性力量，时时刻刻介入人的生存活动，推动人在每一时刻都处于生成进程之中。因此，在一定程度上，绝望被看作个体获得自我的动力。

在《恐惧与战栗》中，克氏说：“假如美学试图在多年来终结的地方，即有关高尚的幻想之中开始起步的话，这也是可以期望的。但一旦它这样做，它就会与宗教携起手来，因为这是唯一能够将美学

[1] Søren Kierkegaard, *The Sickness unto Death: A Christian Psychological Exposition for Upbuilding and Awakening*, ed. and trans. with introduction and notes by Howard V. Hong and Edna H. Hong, Princeton University Press, 1983, p.62.

从其与伦理学的斗争中拯救出来的力量。”[1] 按克氏的理论，审美的真正自身亦是信仰，即是宗教激情。信仰不是一种知识而是一种自由行为，一种意志的表达。信仰即是这样一种悖论：个体性比普遍性更高。其表现形式为，该运动重复不断，个体在作为个体而从属于普遍性的东西之后，又借助普遍性而成为比普遍性更高的个体；此外，作为个体的个人与绝对处于一种关系之中，即人能真正地面对上帝，成为他自己。克氏在解释亚伯拉罕的故事时认为，亚伯拉罕站在信仰的巅峰，但他的信仰却是通常理智所无法理解的一种荒谬现象。克氏肯定的是一种宗教的生存方式，它是从否定的概念中推演出来的，是从罪恶中，从伦理和道德律令的失效中推演出来的。信仰的实现正是荒谬的实现，而荒谬的实现意味着其表象、外在方面走向极端，正是无可摆脱的疾病走向极端，亟待拯救之时转而回归内向性的自我，回归自身，实现真正的自我，而这恰恰就是审美。可以说，真正的审美是个体的自我完善、自我充盈、自我建构，是自我的两极——有限与无限、暂时与永恒、自由与必然的自由融合。因此，真正的生存的意义必须在审美中实现，即在绝望或荒谬的极端中实现。当个体选择绝对时，也即选择了具有永恒有效性的自我。这自我是永恒对个体的要求和呼唤，一个人只有能够单独、直接面对上帝并经受住其考验，才能够完成永恒赋予的任务，获得完满的自我，也获得生存之美，这就是真正的大美——真善美统一。这时，生存自由才会真正展现出来。

克氏在日记中曾表明，他希望自己的思想发展不是建立在客观东

[1] 克尔凯郭尔：《恐惧与颤栗》，刘继译，贵州人民出版社，1994 年，第 67 页。

西的基础上，而是建立在与个人生存的最深的根基紧密相连的东西之上，即建立在基督教精神的基础上。他寻求的正是个体的生存及其实践意义。由于人类客观性的知识大都远离生存，缺乏慰藉，而基督教能将注意力完全从外界收回，将它返入内心，把任何一种与他人的交流都转变为一种与上帝的交流，所以克氏引入了上帝。如果抛开克氏思想中的宗教元素，可以看到他从个体生存体验领域向人类精神命运探讨的努力。他关于绝望的论述触及了人类的本性和内在情绪体验，这在一定意义上开拓了个体生存的深度与广度。

作者单位：中山大学

审美现代性中的纨绔主义

陈瑞红

一、纨绔主义的演变

在英文中，dandyism[1] 来自 dandy，dandy 一词在英文中大约出现于 18 世纪后半叶，最普通的意思是：花花公子、纨绔子弟。据耶鲁大学纽黑文教育学院的姚尔·阿彼塞勒（Iole Apicella）考证，它可能来自北美独立战争时期，英国人嘲笑美国兵士的一首流行歌曲“Yankee Doodle Dandy”：Yankee Doodle came to town/ Riding on a pony/ Stuck a feather in his cap / And called it Macaroni！[2]（歌词大意：吊儿郎当的美国佬，骑着匹矮种马进城来，帽子上插根羽毛，叫它“麦克罗尼”。）

Doodle 是美国口语，指吊儿郎当的人，doodle 和 dandy 两词音形相近，都与歌中的 Macaroni 意思相关。Macaroni 来源于意大利语，原意是“意大利通心粉”，引申为“时髦男子、花花公子”。1764 年，一个上流社会的年轻人社团在伦敦成立，其成员都游览过意大利，致

---

[1] Dandyism 的法文为 dandysme，郭宏安在《波德莱尔美学论文选》（广西师范大学出版社，2002 年）将其译为“浪荡作风”；本文鉴于这个概念在历史衍变中获得的丰富文化意味，将其译为“纨绔主义”。

[2] Iole Apicella, *Preciosite and Dandyism: Ages of Beauty*, http://www.yale.edu/ynhti/curriculum/units/1994/2/94.02.06.x.html.

力于将那里的时髦优雅生活方式和服饰引入英国。该社团也叫“麦克罗尼俱乐部”（Macaroni Club），是伦敦近代纨绔风尚发源地之一。由Macaroni 到 Doodle 再到 dandy，这条衍生线索是较为可信的。

1813—1816 年间，dandyism 开始用于指称优雅时髦浪子的趣味、作风、理念、格调等，此间纨绔主义著名代表人物首推乔治·布鲁梅尔（George Bryan Brummel，1778—1840）。巴尔扎克在《风雅生活论》（1830）这一具有戏谑风格的长文里，专门讨论了布鲁梅尔式的生活风格，论及风雅生活对于一切与个人有关事物的完美性追求，发现“风雅生活的核心是一种伟大的思想，它条理清晰，和谐统一，其宗旨是赋予事物以诗意。”漂亮的布鲁梅尔则被比作风雅生活中的拿破仑。[1] 这里所谓的风雅生活，就是最初作为一种生活时尚和生存风格出现的纨绔主义。

在纨绔主义的发展过程中，法国人于勒·巴比·德·奥里维尔（Jules Barbey d’ Aurevilly）的概括举足轻重。巴比称纨绔主义是“一套完整的生活理论”，在衰颓社会中，产生于“适当与厌倦之间无休无止的挣扎”。它的特色就是对整齐划一、平庸、鄙俗的痛恨，相应的后果则是对新异的偏爱胜过快乐“一直不停地制造意外——那些习惯于陈规旧俗的人所无法依据逻辑预料的意外。”[2] 浪子们不无才智，却宁愿游手好闲，在他们看来，松弛懒散无疑是优雅的。柏拉图《会饮篇》中美貌放浪的少年亚尔西巴德，被巴比指认为最早的浪子原型。

法国现代派诗人波德莱尔作为浪子和纨绔主义理论家都很重要。他赞赏精美服饰和化妆品，推崇使自然美化的人为技巧，自称每天至

---

[1] 《巴尔扎克全集》，第 24 卷，人民文学出版社，1994 年，第 25、31 页。

[2] 参见 Karl Beckson, *The Oscar Wilde Encyclopedia*，New York: AMS Press, 1995, p.59。

少花两小时在梳妆室。在《现代生活的画家》中，他提出生活和艺术不可分离，认为艺术现代性除了姿态和姿势，还体现为对现代着装的描绘。在对浪子精神的把握上，他强调其高傲气质和对抗姿态："这些人被称作雅士、不相信派、漂亮哥儿、花花公子或浪荡子，他们同出一源，都具有同一种反对和造反的特点，都代表着人类骄傲中所包含的最优秀成分，代表着今日之人所罕有的那种反对和清除平庸的需要。"[1] 浪漫主义诗人拜伦，是波德莱尔心目中理想的浪子。

18 世纪 90 年代，纨绔主义与颓废主义、唯美主义融合，在"为艺术而艺术、生活模仿艺术"的审美原则下，生活风格与艺术技巧无法截然分开。王尔德（Oscar Wilde，1854—1900）作为英国唯美主义运动的主将，在《谎言的衰朽》提出"生活模仿艺术远甚于艺术模仿生活"[2] 的观点，这与纨绔主义生活理论和处世风格一拍即合。他在生活中以"带着一个使命的浪子"[3] 自命，还在伦敦上流社会沙龙里扮演风流倜傥的浪子角色。他的多数作品有纨绔主义精神气质，讽刺喜剧《不可儿戏》在伦敦演出的轰动，标志着纨绔主义艺术的成功。至此，纨绔主义潮流已丰美灿烂。

二、纨绔主义的现代语境

19 世纪中期以来，欧洲工业革命促使社会各阶层分化和重组。资本主义政治经济结构性原则追求、创造着社会成员间的平等关系，激

[1] 《波德莱尔美学论文选》，郭宏安译，广西师范大学出版社，2002 年，第 438 页。

[2] 《王尔德全集》，第 2 卷，中国文学出版社，2000 年。

[3] 《王尔德全集》，第 5 卷，中国文学出版社，2000 年，第 357 页。

发了从封建等级秩序解脱出来的个人寻求现代认同、张扬独立个性的内在冲动，使其努力以高雅的趣味证明自身的优越。所以，“浪荡作风（纨绔主义）特别出现在过渡的时代，其时民主尚未成为万能，贵族只是部分地衰弱和堕落。在这种时代的混乱之中，有些人失去了社会地位，感到厌倦，无所事事，但他们都富有天生的力量，他们能够设想出创立一种新型贵族的计划，这种贵族难以消灭，因为他们这一种类将建立在最珍贵、最难以摧毁的能力之上，建立在劳动和金钱所不能给予的天赋之上。”[1] 这天赋指智力优越，也意味着他人不可共有的独特敏锐感受力。而后者恰恰是审美现代性的根本出发点。

与社会、政治、经济、科技等的现代化进程同步发生，启蒙意识形态引领强有力的思想文化变革，颠覆了西方长期占统治地位的宗教式文化思想。宗教在西方衰微，意味着生活态度的合理化建构、凡俗文化和社会逐渐成形。人们开始亲切地打量自己的身体，怀着欣慰的心情体验感官愉快。美作为感官所能审察、承受的灵性形象，越来越成为沟通感性与理性、寄寓现代人灵魂的新的神圣殿堂。美学在1750年由德国哲学家鲍姆嘉通获得命名后，也得到突破性发展。康德提出审美活动的独立性和无功利性观念，艺术审美拥有了独立自足的评判标准，不再必须担负认知、教化功用。人们相信无功利的审美活动将消除强制，获得身心自由，使理性观念与感性兴趣相调和。尤其到了19世纪，市民社会和现代资本主义发展，人类实现了历史上巨大技术进步，又造成空前的经济压迫、人的异化和道德堕落，起源于理性主义进步观念和乐观哲学，越发暴露出自身的局促和虚妄。这时，美代

[1] 《波德莱尔美学论文选》，郭宏安译，广西师范大学出版社，2002年，第438—439页。

替宗教成为在精神荒原流浪的现代人获得救赎的最高希望。

按西美尔（George Simmel，1858—1918）的论点，现代文化质态是审美性的，他把现代人的精神生活喻为艺术品，因为“人的心性乃至生活样式在感性自在中找到足够的生存理由和自我满足”[1]。纨绔主义是这种审美性的典型、甚至极端的代表。对美的崇拜和追求，成了纨绔主义的主旨。为此，波德莱尔将它称作现代宗教。对纨绔主义者来说，精神与物质生活的艺术化相统一，精神优越首先要借助生活各个细节完美来体现，所以寻常服饰也有了非凡的意义，“服饰集科学、艺术、习俗、感情于一体”[2]。正如艾伦·莫尔斯（Ellen Moers）所说：“浪子被等同于艺术家社会也就理所当然应对他们殷勤供奉。布鲁梅尔的确是所有艺术家的原型，因为他的艺术与他的生命是结合在一起的。他高雅的装束和风格就是活生生的杰作。”[3]成为艺术品，意味着生活中瞬时的新奇、精彩、惊诧等感性体验升华到审美愉悦，这赋予浪子一种戏谑、表演性、玩世不恭的心态。

纨绔主义者往往集浪子与艺术家于一身，其生活的艺术甚至高于通常意义上的艺术创作。但就在这里，潜伏着纨绔主义的深刻危机。丹尼尔·贝尔（Daniel Bell，1919—）曾指出这点，传统现代主义试图以审美对生活的证明来代替宗教或道德不仅创造艺术，还要真正成为艺术，这就为人超越自我的努力提供了意义。但这种寻找自我根源的努力却又使现代主义的追求脱离艺术，走向心理。[4]贝尔这一观点道出了审美现代性中纨绔主义脱离、取消艺术创造活动的倾向，但它的问题远不止于此。

---

[1] 刘小枫：《现代性社会理论绪论》，上海三联书店，1998年，第302页。

[2] 《巴尔札克全集》第24卷，人民文学出版社，1994年，第63页。

[3] Ellen Moers, *The Dandy: Brummell to Beerbohm*, London: Secker & Warburg, 1960, p.263.

[4] 马克斯·韦伯：《新教伦理与资本主义精神》，北京三联书店，1987年，第142页。

三、纨绔主义的矛盾

纨绔主义的外在矛盾主要体现为它是作为资产阶级平庸生活方式和清教主义价值理念的反抗者和对立面出现的，但对社会的否定和反抗又相当暧昧含混。按韦伯（Karl Emil Maximilian Weber，1864—1920）的观点，从基督教禁欲主义到近代资本主义启蒙理性之间，是一脉相承的，前者到后者的演化意味着禁欲主义从修道院带入日常生活，并与机器生产技术和种种经济条件一起在形成庞大的近代经济秩序过程中发挥作用，形成一种庞大机制，如一只铁牢笼控制着降生于这一机制中的个人的生活。[1] 英国是清教主义统治最稳固和资本主义发展最超前的欧洲国家之一，压迫和异化更严重。纨绔主义懒散无为、耽于享受、玩世不恭的生活风格是对这种压迫的逆反，它与资产阶级平庸、琐碎、讲究实利的生活方式截然对立，尽管这种对立在不同的纨绔主义者那里表现不尽相同，在波德莱尔那里体现为“一个贵族理想，即一个精神和感受性的理想的反抗”[2]，在王尔德那里则是“审美主义代替伦理道德、美感主导生活法则”[3]。然而，纨绔主义与资产阶级生活方式是相互依存的。作为资本主义经济文化发展的逻辑产物，纨绔主义不可能根本超越资本主义的价值体系和脱离其特定的社会历史。另一方面，纨绔主义是一种极富于表演性、展示性的处世风格，浪子“只能以反对的姿态出现，只能在别人的面孔上看到自己的存在，从而保证其存在。其他人便是一面镜子。”[4] 而资产阶级生活方式正好充当了这面忠实的镜子。罗伯特·罗斯（Robert Ross）对这面镜子在

---

[1] 马克斯·韦伯：《新教伦理与资本主义精神，三联书店，1987 年，第 142 页。

[2] 查尔斯·泰勒：《自我的根源：现代认同的形成》，译林出版社，2001 年，第 679 页。

[3] 《王尔德全集》，第 5 卷，中国文学出版社，2000 年，第 452 页。

[4] 引自《加缪全集》，第 3 卷，河北教育出版社，2002 年，第 181 页。

王尔德生活中的重要地位说得很清楚：“有两样东西对他来说是绝对必须的，用佩特的话来说，就是接触优美事物和社会地位。”[1]

纨绔主义内部也矛盾重重，主要体现为审美态度与媚俗、颓废形式的悖反。纨绔主义处世风格意在将人生打造成精美的艺术品，以至于那喀索斯的自恋情结在浪子与艺术家身上得到空前膨胀。[2] 他们对于自身服饰、居室、日用器皿等的美化装扮、对艺术品和工艺古玩的赏鉴收藏，都依托于丰厚的经济实力，巨大的开销往往迫使并无多少祖产的浪子、文人参与商业文化炒作。随着中产阶级美的理想逐渐占据审美消费的主导因素，各种形式的美就像服从市场规律的任何商品一样，可以在社会上广泛传播。同时任何商品都能披上美的外衣去追逐更大利润。生活艺术化的追求，不可避免地纳入商业化、媚俗化浊流。在这一点上，乔治·杜·摩里埃慧眼独具，他发表在画刊《喷趣》上的那些讽刺漫画，已将王尔德的审美态度看作商品拜物教了。

纨绔主义的另一危险陷阱是颓废。颓废因深植于时间破坏性、人的没落的宿命以及与生俱来的死亡本能之中，而成为审美现代性的关键词。纨绔主义与颓废的关联主要建立在两个层面的感官放纵与超越善恶。尼采将艺术审美心理归结为“醉”，“为了艺术得以存在，为了任何一种审美行为或审美直观得以存在，一种心理前提不可或缺——醉”。[3] 尼采列举了多种醉：性冲动的醉、强烈情绪的醉、激烈运动的醉、酷虐的醉、破坏的醉、某种天气影响的醉、因麻醉剂作用而造成的醉，以及意志的醉等等。正是对于醉的感性愉悦的追寻，引领浪子

---

[1] 《王尔德全集》，第 6 卷，中国文学出版社，2000 年，第 780 页。

[2] 王尔德笔下的那喀索斯：美丽池塘映出少年之死而变悲苦；但池塘爱那喀索斯，“因为他躺在我的岸边低下头看我时，在他眼睛的镜子里我看见我自己的美映了出来”。

[3] 尼采：《悲剧的诞生：尼采美学文选》，周国平译，三联书店，1986 年，第 319 页。

超越艺术与生活的界限，在美的历险中一往无前，加速消耗生命，甚或跨越伦理道德的藩篱、涉足危险邪恶的禁地，从而成为“英雄主义在颓废之中的最后一次闪光”[1]。波德莱尔与王尔德等人的放浪生活众所周知。他们的作品也充分刻画这种冲动。前者的诗歌，在邪恶、丑陋、堕落的“恶之花”中耽迷；后者的小说任凭其主人公“把作恶看成实现他的美感理想的一种方式”[2]。弗洛伊德所说人的死亡本能，在道连·格雷的身上得到深刻体现。颓废乃至死亡，恰恰意味着审美的退场和终结，绽露的是审美超越性和生命有限性的本质对立。

实际上，纨绔主义在19世纪欧洲的发展演变过程，也是审美因素从内在诉求向外在实践扩张和增强的过程。艺术审美作为此岸救赎的途径，在反抗资本主义工业文明造成的理性对感性的压抑中，的确能够调节感性与理性间的紧张。然而，审美的调节意味着加强感性，反抗理性，审美的调节机并不能无限使用。一旦审美性被推到极端，它不仅不会实现人生救赎，还会像荣格预言的那样，导致“文化的大劫难”和“野蛮状态”的复归。[3]纨绔主义面临的唯美与媚俗、先锋与颓废的尴尬与困境，就是由于它不断强化和夸大审美感性因素，逐渐走上另一极端，终于在王尔德那里爆发了纨绔主义审美姿态与资产阶级道德法律的激烈冲突。随着王尔德1895年以“有伤风化”的罪名被起诉和判刑，纨绔主义与唯美主义运动也走向没落。纨绔主义的没落，作为历史个例，极为典型地反映了审美现代性的矛盾命题。

作者单位：南京大学

[1] 《波德莱尔美学论文选》，郭宏安译，广西师范大学出版社，2002年，第439页。
[2] 《王尔德全集》，第1卷，中国文学出版社，2000年，第156页。
[3] 赫伯特·马尔库塞：《爱欲与文明》，上海译文出版社，1987年，第141页。

从怀旧感看斯宾格勒的文化观

赵静蓉

1918 年，德国历史哲学家斯宾格勒（Oswald Arnold Gottfried Spengler，1880—1936）出版了《西方的没落》一书，第一次全面而确切地提出西方文化已经没落、现代文明成为社会发展新精神的言论。这不仅使整个西欧知识界为之一震，也标志着怀旧理论研究从时间维度向空间维度及深度的转折。这一转折基于现代人对现代生活的认可，也基于现代人质疑启蒙的策略调整。

一、文化没落与文明崛起

在斯宾格勒的视界里，文化符合霍尔的界定，即特定民族或集团在特定时期共有的意义和价值方式。文化是可以单独成立的，历史发展和文化兴衰交替都是宿命，全人类的历史是不存在的，只有各种文化的历史，而任何文化都要经历青春、生长、成熟和衰败，最终走向死亡，因而文化注定是要没落的。我们必须承认和接受在西方现代时期文化已然没落、文明成为必然归宿的事实。

在斯宾格勒看来，文明就是“文化的不可避免的归宿”。在这里，斯宾格勒第一次确定了文化和文明的时间间隔，在二者的周期性意义而非伦理学的意义上使用了这两个概念。文明属于文化的晚期阶段，或说文明的形成就意味着文化终结，“它们是一种结束，已成的跟随着方成的，死随着生，僵硬跟随着扩展，理智时期和石建的、石化中的世界城市跟随着大地和多立斯时期、哥特时期的精神上的童年。它们是一种终结，不可挽回，但因内在的需要，一再被达到。”[1] 斯宾格勒指出，希腊时期及希腊的心灵是文化的代表，罗马时期及罗马的才智则属于文明的象征。希腊化是精神性的、经验性的和极性的，希腊世界是完整的独项，是一个“作为历史的世界”，它排斥智性，讲求直觉、视觉、想象和批判的理解力；而罗马化是实体性、实践性和周期性的。罗马世界是一个结构性系列，是“作为自然的世界”。思想取代直观感知占据了人类认识方式的统治地位，注重因果关系鉴定，信任理论和规则，它“把生活变成一种死板的过程，把事实的活生生的内容变成抽象的真理，把张力变成公式”。[2] 这两种文化形态发展到现代，就是古典心灵与现代理性。在斯宾格勒看来，罗马、文明、理性和现代都是必然的，是历史真正展开的标志，希腊、文化、心灵和古典则不得不被作为历史而过去，作为纪念碑、传统或记忆而留存下来，为我们更好地理解现在提供材料。可见，尽管他仍沿用了自卢梭以来以审美和启蒙为两极的二元对立思维（希腊—罗马、文化—文明、心灵—理性、古典—现代），但在价值立场上更倾向于黑格尔，他所呈现的形象绝非一个甘愿逃避文化没落现状的悲观主义者，而是决意告别甚至遗忘过去、要立足现实为文明未来效劳的积极分子。

[1] 奥斯瓦尔德·斯宾格勒：《西方的没落：世界历史的透视》上册，齐世荣、田农等译，商务印书馆，1995 年，第 54 页。

[2] 奥斯瓦尔德·斯宾格勒：《西方的没落：世界历史的透视》上册，齐世荣、田农等译，商务印书馆，1995 年，第 107 页。

所谓“世界的历史就是城市的历史”，[1]文化没落和文明崛起的标志是市镇消失和大城市诞生，这与滕尼斯（Ferdinand Tönnies，1855—1936）对社团及社会、利奥塔对居所与大都会的区分不谋而合。市镇是依附于大地和血缘的，它与居住者之间有内在恒定联系，它是原始古朴的村落，是贯穿亲情和维护心灵安全的地方，是人类可以依托的家，是“感情和生长的产物”，而不是知识的产物。在市镇家屋中，门神、灶神都还存在，人对神灵保持着虔敬之心，人的命运也与家族、种族、自然等统一的集体利益维系在一起。但大城市严格遵循等价交换的商业精神和金钱意识。城里人是寄生性的，他们没有传统、宗教和对血缘的敬畏，只注重眼前的事实，只以获取利益为首要的生存机智。

二、文明都市里的游牧民

在金钱意识主宰下，斯宾格勒认为，现代生活的主体已从文化人变成了文明世界中的文明人。文化人的形象代表是农民，他们的生存状态比较原始，生存范围相对固定，他们的世界是静止的、整体性的世界，人的流动较少，人与人之间的联系也很紧密。农民靠耕种土地生活，这不是掠夺自然，而是改变自然；不是获取什么，而是生产什么，因此，人把自己扎根于他所照料的土壤，人的存在是植物性的生存。文明人的代表则是市民，斯宾格勒戏称其为“智性的游牧民”，他们摆脱了土地束缚，从定居生存转向了游牧生存。一切传统的东西

---

[1] 奥斯瓦尔德·斯宾格勒：《西方的没落：世界历史的透视》上册，齐世荣、田农等译，商务印书馆，1995 年，第 206 页。

对他们都不能构成规约和威胁，他们在智性上自由，感觉上也随时可变，所谓“哪儿好，那儿就是家”。他们向往未来、不可知、有待开发的一切可能性，使自己成为无家可归也坚决要与土地家园告别。

文明人和文化人是历时性的，但在共时性空间扩展上也有分化。这两类人象征了浮士德灵魂中的两种对立：一是执着尘世享受，一是向上提升精神。前一种人大致包括现代的经济学家、政治家、法学家等，他们对科学进步持完全肯定态度，厚今薄古，以今天的标准衡量过去，认为现代“再好不过”。这类人的最大危险就在于没有任何体验的深度，只有空洞而肤浅的现世感觉。“在他们手里，全部古典文化、全部古典心灵的反映，最后就只剩下一堆社会的、经济的、政治的和生理的事实了，余下的就被看成了‘次要的结果’、‘反射’、‘附带现象’。”[1]后一种人主要有艺术家、诗人、语言学家和哲学家，他们立足于现实却从过去寻找观点和途径，把古典当成了永恒的典范。从某个角度来说，这些人的行为和选择恰恰可以证明怀旧最容易发生在审美的领域。但斯宾格勒对他们的恋旧态度并不欣赏，而主张应该培养一种扎根于现实的感情，说明了二者本质的不同。前者的怀旧是一种时间意义上的倾向，着重于对过去的依恋，而本文所论述的却是斯宾格勒的空间意义上的怀旧，亦即对家园（现代家园）的依恋。前一种人的思维方式太容易使人陷入到实用主义的泥沼里；后一种思维方式也同样是虚幻和不切实际的，因为在斯宾格勒看来，金钱主导社会方向的时代显然没有艺术和哲学的领地：

“一个单纯讲究广泛的效果、排斥巨大的艺术成就和形而上学成

[1] 奥斯瓦尔德·斯宾格勒：《西方的没落：世界历史的透视》上册，齐世荣、田农等译，商务印书馆，1995年，第48页。

就的世纪——我们可以坦率地说，这是一个和世界城市的观念正相吻合的非宗教的时代——乃是一个没落的时代。”[1]

艺术的没落意味着艺术创造力已消亡，现代艺术成了一门堆砌材料、复制原本的制造业；哲学的没落则意味着实践精神的丧失，哲学成了书斋学者围绕概念和命题互不相让的辩论术，哲学家也成了专业分工下专司哲学理论的专家和工匠，学科与学者没有了活泼的生命力。这是斯宾格勒意义上的艺术终结论，也是他站在历史发展过程中所能看到和指出的艺术与哲学的唯一出路，那就是随同文化没落一起没落，继之变成另一种与古典艺术、哲学截然不同的东西。既然如此，那么后起的浪漫主义者完全把希望寄托在遥远的过去，试图以过去的典范力量来弥补现实的不足，实际上也无济于事而且不合时宜。由此，斯宾格勒对无论是唯物的，还是观念的历史研究思路都信任。

三、都市之根与两栖性

斯宾格勒有浓厚的现实感，是个彻头彻尾现代人。对于文明人的困惑，他的解决办法是立足现实，在困境中寻求生路。他对文化没落的拯救是遵循时间线性发展的，认为所能做的是为文明未来做打算：“委身于技术而不委身于抒情诗，委身于海洋而不委身于画笔，委身于政治而不委身于认识论。他们所能做到的，仅此而已。”

从理论上讲，立足现实这条道路完全切合现代人的生存实况，因此它应该使所有现代人感到“心安理得”。但为什么斯宾格勒在同样

[1]　奥斯瓦尔德·斯宾格勒：《西方的没落：世界历史的透视》上册，齐世荣、田农等译，商务印书馆，1995年，第73、67页。

的问题上流露出无可奈何的感伤情绪来，以致对身居其中的大城市产生思念之情呢？从现代性给人类社会造成的双重后果来分析，斯宾格勒准确地予以揭示但又不能解决、更无力跨越的问题，是现代人在城市生活中的身心分裂。这一点其实在早期浪漫派那里就已有揭示了。斯宾格勒的特别之处在于，面对同样的精神危机，他让人们选择“向前看”，在接受这一分裂现状的前提下，以对文明及象征文明的大城市的热爱和渗透来弥合这种分裂。不再像卢梭那样对现代文明抱持激烈的痛恨之情，也没有像席勒一样退避，而是学着去承认、接受甚至喜欢上它。假如说浪漫派诗人是为了寻找本真自我而回到过去，以现实立场“重新发现”过去的同时把过去理想化，从而为了过去的缘故热爱过去，那么斯宾格勒所设想的文明人则是现代人以将来的立场认同现实，为了现实的缘故而热爱现实。

现代人是自由的，可以在任何地方自由栖居，但现代人却不幸福。自工业革命以来，随着社会迁移和资本积累渐趋发达，至 19 世纪末 20 世纪初产生的现代人大多作为移民居留在城市，他们在现实生活中由现代文明造成的身心分裂表现为对城乡差距的意识分裂。人们渴望在喧嚣的大城市找到能够安身立命的地方，希望以此为基点越来越多地了解和把握城市，甚至完全投入其中，彻底转变成城市人；另一方面，他们的根又在乡村，与自然的血脉联系或许随着在城市居住时间越来越长而渐渐淡漠，但不可能消失殆尽，这随着岁月的流逝慢慢沉积下来，作为一种无意识影响着其日常生活。这就使介于城乡之间的边缘状态或两栖性成为这些人的宿命，他们既不可能回到乡村，也无法完全融入城市。技术暴力所带来的金钱和机器不仅没有给现代人带来幸福，反倒使他们失落在坚硬又冰冷的金属世界，找不到心灵的返乡之途。乡愁病已扩展成浸透整个现代人类心灵的不治之症。

四、大城市里的思乡病

在日渐一日与城市亲近的努力中，现代人最终再也不愿意回到乡村，这种从不能到不愿的态度转变，使其自为地排斥乡村以及由乡村所能带来的一切感觉，在思想意识层面彻底逃离过去的根。所谓思乡，实质上就是对这种感觉的迷恋、渴望和追寻。正是在此意义上，斯宾格勒犀利地洞察到现代生活的本质，称之为对大城市的思乡病。

乔纳森·马修·施瓦茨曾提出过要细致区分“思家的追求和怀乡的渴望”，“后者是，至少很明显地，以过去为导向的，而思家病中的家却像‘将来完成时’中的一条规则，‘它是一种使人熟悉和认可周围环境并归属其中的动力’。思家是一种对归属的向往——对存在的向往……”[1]这就是斯宾格勒意义上的思乡病，它强调对现实的渗透和对将来的归属，绝不甘于从现在遁入往日的生活。在西方现代文学史上能够较恰切地体现这一文化情绪的是法国诗人波德莱尔。巴雷特（William Barrett，1913—1992）拿他和英国诗人华兹华斯（William Wordsworth）相比，认为二者的基本差异在于波德莱尔“是第一个城市诗人，因为在他之前的其他诗人都是乡村诗人。因此，他唱出了一种新颖的，也是更极端的关于人类异化的曲子。在这点上，华兹华斯是个生活在乡村的人，因此他观察也好，谴责城市也好，总是站在外

[1] 齐格蒙·鲍曼：《生活在碎片之中——论后现代道德》，郁建兴、周俊等译，学林出版社，2002 年。

面描写城市”[1]。波德莱尔说：“任何一位抒情诗人，最终注定要踏上返回失去的乐园的道路”，[2]这大概不仅因为表达“失去的乐园”是历代诗人的兴趣和使命所在，还因为波德莱尔对现代资本主义文明的罪恶和丑陋现实的洞悉和批判，更使他无法不肩负起追寻理想家园的重任。波德莱尔看到了“现代生活的美和英雄气概”，但又洞察到了隐藏在这种美和英雄气概背后的畸形和病态，他对现代都市生活既爱又恨，被伯曼（Marshall Berman）称为“牧歌式的和反牧歌式的现代主义”[3]。波德莱尔区别于他的浪漫主义前辈及象征主义后继者的地方就在于，他把自己存在之根深深扎在现实生活中，他的诗集《恶之花》第一次向现代资本主义大城市敞开大门，其他杰作也都取材于现实生活。波德莱尔不由自主地热爱他所生活的巴黎，在《给资产者》一文中，他怀着单纯的热情赞颂由资产者带来的社会进步、知识、财富和智慧，但波德莱尔同时更是一个极度敏感和犀利的现代性批判者，他认识到尽管“现代生活有一种独特的和真实的美，但这种美与其与生俱来的悲惨和焦虑、与现代人所不得不支付的账单密不可分”，所以，尽管《给资产者》宣示了物质现代化和精神现代化的自然姻亲，但波德莱尔的狂热及矛盾却在《现代生活的画家》得到了更准确的揭示。保罗·瓦雷里概括道：

“波德莱尔的原创性在于，他强有力地也是最早地刻画了一种作为被过度的文明化所精巧地设计出来的现代人，现代人富有敏锐和充

---

[1] 威廉·巴雷特：《非理性的人——存在主义哲学研究》，杨照明、艾平译，商务印书馆，1999年，第128—129页。

[2] 夏尔·波德莱尔：《恶之花》，郭宏安译，漓江出版社，1995年，第135页。

[3] Marshall Berman, *All That Is Solid Melts into Air: the Experience of Modernity,* New York: Penguin Books, 1988, pp.131, 141, 132.

满活力的感觉，有痛苦而敏感的精神，他的大脑塞满了烟草，他的血液燃烧着酒精……波德莱尔把这种敏感的个体描绘成一种典范，一种现代生活的英雄。”

这种“现代生活的英雄”往往就是斯宾格勒意义上的思乡者。他们对现实首先怀抱着深深的热情，然后才是对现实的憎恶和批判，而憎恶和批判也是其爱恨交加复杂感情的体现。本雅明这样理解波德莱尔，“一个城市变得越离奇古怪，对人的本性的认识就要越加深刻，才能在其中生存下去”，“波德莱尔喜欢孤独，但他喜欢的是稠人广众中的孤独”。[1] 现代生活中的波德莱尔们的思乡病已与早期浪漫主义诗人的怀旧完全不同了：前者的浪漫抒怀再不能继续像后者那样充满单纯和明媚的感情，无论对工业文明污染了的大自然，还是对传统社会安静祥和的社会秩序，或对已被商业精神和世俗生活日渐削减的青春激情，都是为着投入现实生活并在其中生存下去。它是现代人能想象出来最实际的浪漫主义，是在现代性压抑下最佳的个人拯救手段。

如此说来，斯宾格勒有所觉察但却无以把握的那种现代人对大城市的依恋感是一种特殊怀旧，是共时层面的思乡。这乡指称现代社会大城市及其所代表的文化精神。与这一文化形态相对应，斯宾格勒意义的怀旧主体日渐突显出现代怀旧主体的重要特征——精英化或贵族化，主要是中产阶级常感受到家园、身份、归属等带来的焦虑感。

对大城市的思乡病源于现代人在心理空间和情感认同上的距离，以及生存文化与精神文化交融的未完成性，但不仅仅是斯宾格勒提到的城乡身份，而且将有更多身份困境被带出怀旧的问题语境，比如性

---

[1] 本雅明：《发达资本主义时代的抒情诗人》，张旭东、魏文生译，三联书店，1992 年，第 58、68 页。

别身份、职业身份、阶层身份、民族身份、宗教身份等等。当文化没落、文明崛起后，当人与历史的传统共存方式需要调整甚至重新塑造时，他的怀旧理论或文化观念都为众多研究视角展开了可能性。

作者单位：暨南大学

对当前艺术生活中“刻奇”现象的思考
——从米兰·昆德拉谈起

李珺平

一、刻奇现象及其基本内涵

“刻奇”即Kitsch的音译，源于19世纪德国。原义指保存些破烂，如签名、树叶，作为人生某事件的纪念。在这原始义中，刻奇蕴含着物件和纪念两重内涵。作为物件，这签名、树叶可能是平常的；但作为纪念，它可能有特殊意义。人保留这些物件不是为了储存破烂，而是看重附丽于它的意义。英文的诠释是“庸俗的艺术作品，无真正艺术价值的作品”[1]。这个诠释的特点，是将刻奇导入了艺术/生活研究领域，但其内涵没有脱离德文原始义。其义为：不错，它是一件作品（物件、破烂），但其本质是庸俗、没价值的，不是真正的艺术。

刻奇作为一个时髦名词在艺术生活中大量出现，作为美学范畴在艺术/生活互动关系研究中浮到水面，与捷克裔作家昆德拉（M. Kundera）分不开。昆德拉在大陆的最早中文翻译者景凯旋说，中国理论界曾将Kitsch译为媚俗，这是误译。[2]此言有理。在昆德拉那里，

---

[1] 《牛津高阶英汉双解词典》，第4版，商务印书馆、牛津大学出版社，2004年，第965页。

[2] 景凯旋：《昆德拉与我们》，《随笔》，2007年第2期。

刻奇是一个与媚俗相对待（对比，不是对立）的概念。昆德拉认为，媚俗追求世俗趣味而刻奇追求虚假意义，双方唯一相似点是：试图摆脱或逃离乏味生活的动机。在《七十一个词》中，昆德拉把刻奇描述为：人在具有美化功能的哈哈镜前带着激动的满足看待自己。[1] 景凯旋由此认为刻奇是一种欺谎、伪崇高，“自我伟大的非个人化的不真实的激情”[2]。

笔者基本同意此义，但要补充一下：刻奇本质上是艺术 / 生活主体对物件、事件的过度赋义。某一物品、事件可能有意义但并不像主体所设想的那样大，但为了满足自己的设想并达到某种目的，主体曲意认同主流意识形态或迎合大众心理，对该物件、事件的内涵过度发掘，并赋予过高、过深的意义。例如，尿溺——请允许笔者以庄子使用过的事物为譬[3]——无所谓崇高与否，但如果一个人认为自己的尿溺肥了田，支援了社会主义的粮食生产，做了巨大贡献，这就是刻奇。这里，不是尿溺不对，问题出在所赋予的夸张意义上。

在当前艺术 / 生活中，刻奇现象比比皆是，几乎弥漫了整个社会。从艺术看，有的电影给秦始皇带上“统一寰宇”光圈而给刺客贴上“服从统一大局”标签，有的抗战电视剧为小孩赋予神圣功能，被网民嘲笑为“抗日战争何必动员千千万万人民群众，还要打八年，小嘎子一个，不用多久就搞掂了”。有一部刻画女公安局长的电视剧，被网民责备说“俺质疑的不是她的为人和责任，而是这种愚蠢的铺天

[1] 昆德拉：《生活在别处》，孟湄译，三联书店，1992 年，第 130 页。

[2] 景凯旋：《昆德拉与我们》，《随笔》，2007 年第 2 期。

[3] 庄子说“道在尿溺”，禅宗认为“禅在干屎橛”，所比愈下，目的无非是为了用最通俗甚至最丑陋的事物来说明最复杂深刻难懂的道理，但不是说大道、大禅就真的全在尿溺、干屎橛之中。

盖地的宣传和肆意夸大的事迹”。还有春节晚会上的相声、小品。其讽刺功能已悄然消失，而充斥其中的是赞扬、粉饰或煽情。在网民自动发起的“不看春晚的八大理由”中，第五条“过于说教”就专门批评这些作品。网民认为，它们“从一开始就迫不及待地直奔一个主题。……观众在无形中被那些喋喋不休的真理涮了一把：要家庭和睦、邻里互助、遵纪守法——好像老百姓连这些都不懂”。

生活是艺术的土壤。从生活看，刻奇现象更普遍。首先，所有那些给日常生活的普通行为冠以美好辞令如“为革命而〇〇”、“为振兴中华而〇〇”的口号，就是刻奇。读书明明是给自己增进知识，为找工作做准备，打球明明是锻炼身体，为了长寿延年，却被赋予革命和振兴中华的意义。其次，所有那些用崇高名义给正常行为贴金并大肆宣扬者，也是刻奇。慈善捐款者本来可以减、免税，但有些部门强给人家颁奖，成为笑柄。最后，在狭隘爱国主义或民族主义激励下的竞技体育也演变为刻奇闹剧，比赛被赋予民族兴亡的意义，赢了是民族伟大胜利，输了好像就是民族毁灭。中国“粉丝”在亚运会上将人丢到多哈、全亚洲乃至全世界人民面前，都和理直气壮的刻奇分不开。

二、刻奇的伪崇高属性

刻奇与媚俗不同。后者是媚悦大众而前者是愚弄大众。作为行为主体的后者谄媚、讨好大众，是一种精神向下的运动，可能出于商业目的（或其他）。但作为行为主体的前者，其动机、目的就隐蔽得多。它以貌似崇高的审美、意义向上邀功，向下欺骗百姓、捞取金钱，还自以为干的是千秋伟业，其实也是一种精神向下的运动，因为人们明白就里之后的“换频道”、所爆发的大笑（或冷嘲、讽刺）、臭骂，乃至所编造的黄段子等，实际就是对刻奇者的愚弄。

如果说媚俗使人讨厌，被媚悦者还有一种“你要掏我腰包就得服务于我”的世俗粉色快感（幽默），那么刻奇就是让人恶心。从心理学讲，它更是萨特所言的那种说谎和自欺交集而成的欺谎。萨特认为，说谎是对别人掩盖真情，自欺是对自己掩盖真情。在这两种情境，主体都会陷入极度自责的无意识焦虑。前一种情境，说谎者处于犬儒主义的两难中，他“在自身中肯定真理，而在说话时又否认它，并且为了自己否认这个否定。”后一种情境，自欺者亦处于两难中，“自欺永远摇摆于真诚和犬儒主义之间。”[1]不管是刻奇者还是被刻奇者，除非良知完全泯灭，多少都会体验到刻奇过程中的说谎和自欺的困窘，也都会不同程度地陷入焦虑。尤其是被刻奇者，一旦发觉真情被掩盖，他不但没有快乐，没有崇高，相反会有一种正常人性被嘲弄的绛紫色愤怒，一种灰色失意感。这样，当刻奇者以高高在上的姿态糟践社会良心和真诚时，被刻奇者获得的是无奈和荒谬。因此，刻奇的最大危害是导致全民道德失范，进而导致社会分崩离析。

刻奇与崇高是对立范畴。崇高感，用康德的话说，是主体自由精神的挣扎和获取，“真正的崇高感只能在评判者的心情里寻找，不是在自然对象里”。当主体对数量庞大或威力巨大的事物产生压迫感、恐惧感、不愉快感时，觉得自己渺小、微不足道，然而他可以依恃自己的人格力量和道德理性，凭借想象力的机能，瞬间超越恐惧、不愉快而进入一种“你伟大，但我可以把握你、超越你，因而我比你更伟

[1]　萨特：《存在与虚无》，陈宣良译，三联书店，1997年，第83、85页。

大”的澄明境界，顿然生出更大的狂喜和由衷的快乐，这就是崇高。“自然界在我们的审美判断里，不是在它引起我们恐怖的范围内被评判为崇高，而是因为它在我们内心里唤起我们的力量。”[1] 崇高这种从压迫、不愉快始，经由道德人格力量的激发和想象力的超越，进入自由、狂喜的特点，在人类社会领域一样存在，它就是悲剧所描写的内容以及所激发的美学效果。

艺术 / 生活中的刻奇是一种伪崇高。在刻奇中，真情、真相消失了，代之以夸张的、被有意放大了的和无法被普遍认同的意义。从刻奇者说，他只是为了完成任务或套取国家划拨的资金，并没有被对象所感动，那胡编乱造的作品或刻意而为的事迹，已完全被某种卑鄙或卑下动机所异化，并借助于已陈旧、僵化的框框，匆忙赶制出来，以欺哄上级和广大百姓。从被刻奇者说，这些所谓的作品和事迹更不可能带来感动，百姓从中发现的不是事件本身的意义，甚至不是真相，而是刻奇者的丑恶嘴脸。他们进入了被戏弄、被压迫和不愉快之中，其道德人格力量被解构，想象力被抑制，浑身上下充满了莫名其妙的不适和恶心，再也无法超越，无法享受真正崇高带来的精神自由的荡漾以及激情宣泄后的狂喜。艺术 / 生活中不是没有崇高，而是被刻奇者粗暴的自以为是的行为阉割了，消解了，丑化了。如果说崇高是生命中可以承受之重，刻奇就是生命中不可承受之轻。

从与美的关系看，刻奇不是美，甚至与美无关。康德认为，美也是自由精神的体现。一个被欲望和金钱控制的人是无法审美的。在康德看来，除匀称、合度等形式外，美的最大特征就是基于个人精神自

[1] 康德：《判断力批判》上，宗白华译，商务印书馆，1964 年，第 95、102 页。

由的无功利性。“一个关于美的判断，只要夹杂着极少的利害感在里面，就会有偏爱而不是纯粹的欣赏判断了。”[1]一个清秀女孩出现时，我们若不带功利目的来观看，她呈露的是纯净之美。一旦我们用功利目光盯住那娇媚的容颜，白皙、柔嫩的皮肤，并起意骗她卖淫换取金钱或娶她传宗接代时，美就荡然无存。此时，我们成为欲望的奴隶，而她成了欲望对象。刻奇也是如此。功利性是刻奇最突出的特征，在刻奇中，刻奇者用功利（政治或道德）的意义控制并强暴了物品和事件的本来面貌，也强暴了被刻奇者。它不是用理性来说服人，用美来濡染人，而是挟着某种强力来压迫人、教训人、震慑人。被刻奇者满腔愤怒但又不能或不敢发泄，只好用黑色幽默来化解。因此，刻奇传达的不是美而是具有威慑力、让人望而生畏的恐惧，同时表露了丑。

三、刻奇在一些国家文化中的表现

刻奇，不仅中国有，德国、中欧、东欧最典型，而且存在于整个世界。从广义人类学看，刻奇属于人类为自己生存寻找意义的过度行为之一。马克斯·韦伯说：“人是悬挂在自己编织的具有意义的网上的动物。”而美国普林斯顿大学教授克利福德·格尔茨（C. Geertz）补充说：“我认为文化就是这些具有意义的网。”[2]这就是说，人类是为自己编制意义之网的动物，而文化便是编就的网。

人类为什么要给生存寻找意义、编织文化之网呢？回答这个问题，视野又须放远一些。人类有理性，而理性却是一把双刃剑。它使

[1] 康德：《判断力批判》上，宗白华译，商务印书馆，1964年，第41页。

[2] 克利福德·格尔茨：《文化的解释》，韩莉译，译林出版社，1999年，第5页。

人脱离了蒙昧状态，有可能追寻高于动物的生存价值和意义，也使人进入痛苦之中。既然每个人从出生那天起就开始了向死亡的回归，迟早都要死亡，为什么还要活？在西方哲学家那里，这种发问本身就是为自己行为寻找意义的出发点和始基。苏格拉底（Sokrates）说，哲学的定义就是“死亡的准备”。[1] 中国人如司马迁“或重于泰山或轻于鸿毛”之说，也是对死亡及其意义的思考。从这个角度讲，人类一切文化（尤其宗教和艺术）差不多都是为了解决这个问题而编织起来的形式—意义之网，而一切生活和生命活动也都是为了肯定这些意义的价值。但如果过度强调并给任何行为赋义，就会走火入魔成为刻奇。刻奇就是一种过度赋义的做派。它太随意、太泛滥、太拔高、太矫揉造作，尤其令人厌恶的是，它借助政治或道德强力，以崇高的扮相掩盖了自身的投机圈钱动机或与某种精英意识合谋以诱人入彀的本来面目。

如果说从古代到浪漫主义是人类用崇高为自己确立生存意义的时代，那么 19 世纪以后则常常使用刻奇。按昆德拉的说法，狭义的刻奇，从时间上看，就与浪漫主义有关并紧随其后，德国和中欧是浪漫主义流行之地因而也是刻奇产生和泛滥之地。他认为尼采对雨果《美丽的词》和《礼服》的讨厌，就是对尚未定型的刻奇的厌恶。[2] 此外，瓦格纳（R. Wagner）、柴可夫斯基（Tchaikovsky）的音乐旨在煽动一种莫名的激情，也是刻奇。[3] 还有就是斯大林时代艺术 / 生活中的社会主义现实主义及其向东欧的扩展，简直就是刻奇的胜利。从政治看，昆德拉认为，极权国家圆满继承并努力发展了刻奇，因为它们不

[1] 叔本华：《爱与生的苦恼》，陈晓南译，中国和平出版社，1986 年，第 149 页。

[2] 昆德拉：《生活在别处》，孟湄译，三联书店，1992 年，第 130—131 页。

[3] 瓦格纳和柴可夫斯基的音乐有人认为非常动听，但在昆德拉看来却不是，因为它们强力煽动人的激情，而不是巧妙诉诸人心中的自然自由的情感。

容忍艺术 / 生活表现嘲笑、怀疑主义和个人主义，并掩饰所有社会问题。米沃什（Czeslaw Milosz，1911—2004）补充说，它们“总倾向于给事件添上比其实际具有更有发展余地的逻辑”，[1] 只能说好不能说坏，一切都被恣意赋义。而只要过度赋义并强迫别人接受——不管是否传媒操控、艺术家合谋还是政府提倡——都是刻奇。

四、对刻奇的消解

要消除或减轻刻奇的危害，就不能就事论事，而应该从全球性角度予以分析。消除媚俗不容易，而消除刻奇更难，因为刻奇背后存在着一种寻求终极意义的动机，而且与特殊集团的利益扭结在一起。

刻奇虽然是将某种意义推向极端的过火行为但毕竟还属于赋义范畴，所以在它背后有一种根深蒂固的寻求终极意义的动机。由于与人的基本需求相关，该动机牢牢扎根于人类学并在艺术 / 生活各个层面顽固地体现出来。尼采试图解构此意义，说：“上帝已死。”[2] 又说：“只有作为审美现象，人世的生存才有充足理由。”[3] 尼采对刻奇充满厌恶。在尼采看来，要重估一切价值，首先就要清除基督教教义赋予艺术 / 生活的过度意义，其次则要把人生看作一种审美存在而不是欲望存在，用它来代替终极意义并获得生存勇气。但尼采的办法行不通，一是因为他虽然试图取消终极意义却没有（也无法）清除其赖以

[1] 米沃什：《作家的自由》，绿原译，林洪亮、蒋承俊主编：《桔黄色旅行中的奇妙瞬间》，中国社会科学出版社，1993 年，第 69 页。

[2] 尼采：《查拉图斯特拉如是说》，王雨、陈基发编译：《快乐的智慧——尼采精品集》，中国社会科学出版社，1997 年，第 248 页。

[3] 尼采：《悲剧的诞生》，周国平译，三联书店，1986 年，第 275 页。

产生的动机；二是因为他并没有从根本上毁灭终极意义，只是用一种替代了另一种，趋于过度赋予的惯性就会死灰复燃并在某种情境中膨胀；三是他所提供的审美世界恐怕也不是最好的。

事实上，尼采甫去世，新的终极意义就产生了。特具反讽意味的是，这种意义恰好由尼采本人被利用而来，它就是一种以超人为形象秀而以命定历史观为内容的终极物。它打着集体主义旗号，要求牺牲个人来满足所谓历史的规律。对它的过度赋义，导致千百万精壮青年投入战场，千百万老弱病残关进集中营，人类也进入最黑暗时期。昆德拉对刻奇的愤怒，就不仅包含了对中欧、东欧、苏联斯大林主义的思考，更包含着对奥地利和德国极权主义的思考。也正是从这个角度，他毫不客气地把这两个国家列入了刻奇名单。昆德拉通过对中欧作家卡夫卡、哈耶克（J. Hajek）和布洛赫（H. Broch）的评论，把这种历史观称作怪物，并严厉谴责了它非理性、非人道的罪责。他说："怪物来自外界，名字叫做历史：它同历险者一向乘坐的火车已毫不相干；它是非个人的，不可控制，难以预测，不可理解——也无法逃避。"[1] 由此看来，用命定历史观来替代宗教也行不通。

刻奇难以消除的另一个原因是它往往与特殊集团的利益扭结在一起。19 世纪以来，伴随资本主义生产方式向全球蔓延的一个奇特现象是民族国家的复兴，而创建者往往就是该社会一些独特集团。他们打着全社会的旗号，巧妙地赋予各种行为和事件以过度的意义。由此，民族主义、国家主义开始出现并凭借不同意识形态兴盛起来。在这种情况下，原来那些被尼采宣布要去掉的宗教、道德等借尸还魂并以各

---

[1] 昆德拉：《被贬低的塞万提斯遗产》，《桔黄色旅行中的奇妙瞬间》，中国社会科学出版社，1993 年，第 142 页。"一向乘坐的火车"，指欧洲的自由民主理念。

种崇高辞令出现。从这个角度说，美国学者亨廷顿（P. Huntington）把后冷战世界的范式归结为文明冲突很有道理。[1]

中国的刻奇没那么复杂，但也难以消除，因为它与儒家传统纠结在一起。宋明理学给君臣、父子、夫妻关系过度赋义，将宗法专制时代的政治伦理和自然道德抽象为天理，将女人的三从四德升华为民族大义。“文革”期间从各行各业制造英雄，给人世间最普通的行为赋予过高的政治意义。上述刻奇，都严重败坏过国人的灵魂。

虽然刻奇很难消除，但总不能坐视不管。对付刻奇的关键是理性和良心或良知，务实、冷静地去掉那些已经程式化的和过度泛滥的意义，回归真相、真情和原本的物品与事件，刻奇是可以对付的。

作者单位：湛江师范学院、北京师范大学

[1] 参见亨廷顿《文明的冲突》《不是文明是什么》等文，中译全文见《现代外国哲学社会科学文摘》1994 年第 8 期、第 9 期、第 10 期。必须指出，文明冲突不是亨廷顿制造的，他只做了一种预测，后冷战世界的发展证实了它。如果三篇文章就能制造出全球的文明冲突，那岂不是说世界太容易操控了？

构建范畴：深化审美文化研究的突破口

於贤德

一

从20世纪90年代开始，审美文化研究引起了国内美学界的重视，经过十几年努力，这一研究已取得较为可观的学术成果，这主要表现在三方面。1. 审美文化基础理论研究有了相当收获，林同华《审美文化学》[1] 和夏之放《转型期的当代审美文化》[2] 两本专著的出版，在审美文化基础理论与学科格局方面进行了有一定深度的探讨，开了审美文化研究学科建设的先河。2. 审美文化史研究成绩斐然，陈炎主编的四卷本《中国审美文化史》[3] 对中国审美文化进行了较为系统的考察，是一部不同于审美思想史和审美物态史的审美文化史。[4] 吴中杰主编的三卷本《中国古代审美文化论》[5]，"突破了既有的写作范本，把美学史写成审美的理论与实践、思想与生活、观念与艺术有机统一的审美意识史和审美文化史"。[6] 周来祥主编的六卷本《中华审美文

[1] 林同华：《审美文化学》，东方出版社，1992年。

[2] 夏之放：《转型期的当代审美文化》，作家出版社，1996年。

[3] 陈炎：《中国审美文化史》，山东画报出版社，2000年。

[4] 朱立元、易存国：《书写中国审美意识史的成功尝试》，《文汇读书周报》，2004年3月11日。

[5] 吴中杰：《中国古代审美文化论》，上海古籍出版社，2003年。

[6] 朱立元、易存国：《书写中国审美意识史的成功尝试》，《文汇读书周报》，2004年3月11日。

化通史》[1]，抓住特定时代美学总范畴和审美理想作为历史发展的主线，并着力揭示了这一总范畴和审美观念、审美创造的发生、发展、裂变、兴替的过程，系统阐述了中华民族审美文化的发展历程。此外，余虹主编的《审美文化导论》[2]，从审美文化的历史样态到当代状况的审视和阐释，为审美文化的实证研究与理论阐释打下了扎实的基础。3. 汕头大学与徐州师范大学相继编辑出版《审美文化丛刊》，为研究的深入提供了必要的学术园地，有力地推动了这一研究朝着新的广度和深度发展。审美文化研究经过近20年发展，确实取得了长足进步。

这样一个令人鼓舞的学术态势也给我们提出了一个新任务：通过更深入的理论探讨，通过对审美文化的历史形态与现实发展的深刻关注，从理论体系与学科建设层面促进研究的深化，促使这一领域的研究产生质的飞跃。构建审美文化研究的理论范畴，是促进这一研究向着学科建设方向发展，有效提升其理论层次和学术水平的突破口。

范畴构建是理论体系走向成熟的重要标志，也是学科体系建设最基本的认识论基础。在哲学史上，最早系统研究范畴的是亚里士多德，他认为范畴就是在对客观事物分析归类得出来的基本概念。他在《范畴篇》提出了实体、数量、性质、关系、地点、时间、姿态、状况、活动与遭受这样10个范畴。德国古典哲学家康德则创立了一个先验论的范畴体系，这个体系由4个大类12个具体范畴组成，他高度重视对范畴逻辑功能的阐释，强调了范畴在思维活动尤其是加工感性材料中的重要作用。黑格尔哲学则高度重视范畴的普遍性意义，认为范畴“贯穿于我们的一切表象”，是“一般的东西”。他从辩证法观

[1]　周来祥：《中华审美文化通史》，安徽教育出版社，2006年。

[2]　余虹：《审美文化导论》，高等教育出版社，2006年。

点认为范畴之间的关系不是一成不变的，而是相互联系相互转化的。他说："通过范畴的作用，单纯的知觉被提升为客观性或经验，但另一方面，这些概念，又只是主观意识的统一体，受外界给予的材料的制约……这些范畴和范畴的总体（即逻辑的理念）并不是停滞不动，而是要向前进展到自然和精神的真实领域去的，但这种进展却不可认为是逻辑的理念借此从外面获得一种异己的内容，而应是逻辑理念出于自身的主动，进一步规定并展开其自身为自然和精神。"[1] 但是他的客观唯心主义的哲学思想影响了他对范畴本质的科学认识，他认为范畴是独立的本质，范畴的演变是绝对精神的自我发展。

唯物辩证法认为范畴是主观与客观的统一，是客观世界规律性的东西在人的认识中的反映形式。列宁指出了范畴的本质属性："思维的范畴不是人的工具，而是自然的和人的规律性的表述。"一定的范畴标志着人类对客观世界认识的阶段性成果，"本能的人，即野蛮人，没有把自己同自然界区分开来。自觉的人则区分开来了，范畴是区分过程中的梯级，即认识世界过程中的梯级，是帮助我们认识和掌握自然现象之网的网上纽结"。[2] 据此，范畴是在反映客观世界的整体性和内在联系的体系中存在的，它的本质表现在各构成要素的关系结构中。范畴是人们在实践基础上取得的科学认识的结晶，又是进一步认识世界的起点。它同人们对客观世界的认识不断深化的过程相一致，表现着科学发展的总体要求。不同门类科学体系都有各自的范畴。

审美文化研究的进一步深入，有理由朝着建构范畴的目标前进，这学科建设进一步发展的必然要求。特定学科的理论范畴构建，首先

[1] 黑格尔：《小逻辑》，商务印书馆，1980 年，第 124—125 页。

[2] 列宁：《列宁全集》，第 55 卷，人民出版社，1990 年，第 75、78 页。

是人们认识客观世界本身存在着的特殊本质的要求，因为各种事物在具体运动过程中总是以特殊形式表现出来。因此，人们要真正认识具体事物，就必须从这一事物的矛盾特殊性出发，遵照具体问题具体分析的原则，建立既能反映具体事物本质特征，又能符合人类试图准确、深刻地把握客观事物的探究欲望的特定概念，并且在众多概念中提炼出能够揭示这类事物本质内涵的核心概念，完成从感性认识向理性认识的飞跃这一重要环节，使这样的理性认识的成果最终成为“认识和掌握自然现象之网的网上纽结”。正如毛泽东《矛盾论》指出的，“每一物质的运动形式所具有的特殊本质，为它自己的特殊矛盾所规定。这种情形，不但在自然界中存在着，在社会现象和思想现象中也同样地存在着。每一种社会形式和思想形式，都有它的特殊矛盾和特殊的本质”。[1] 审美文化作为客观存在的社会形式和思想形式，它跟传统美学中所指的审美对象相比较，应该有独特的人文意蕴和美学价值，相应地也会有特殊的存在方式。当我们把这种有特殊本质的社会存在作为研究对象时，就不可能简单地移用传统美学研究的方法和范畴，而必须创造出能够准确反映审美文化所具有的特殊矛盾和特殊本质的理论范畴，找到能够科学地揭示审美文化的深层内涵及其复杂模式的研究方法。因为我们已经明确认识到，审美文化跟一般的美的事物区别是由它们不同的本质特征决定的，两者并非只是名称不同。因此，简单搬用传统美学的理论范畴和研究方法，也就无法真正把握审美文化的本质特征和内在规律。建构审美文化理论范畴应该认真审视审美文化研究的特殊矛盾，找出它跟哲学美学、文艺美学和心理学美学的

---

[1] 毛泽东：《毛泽东选集》，第 1 卷，人民出版社，2005 年，第 309 页。

根本区别，从研究对象、方法等角度深化对审美文化研究的认识。

为此目的，必须对作为研究对象的审美文化的存在形式及其所反映的社会生活内容进行深入探讨，通过准确把握它的本质特征，逐步形成认识和掌握这个特定对象的基本概念。这个过程实际上是把握对象的本质特征的过程与找到把握对象的理论范畴的过程，认识在深入研究这一过程的循环往复与良性互动中得到深化。审美文化这十几年的研究，使我们对这种有别于一般的审美存在的特殊对象有了由浅入深的了解，这一过程也使我们初步获得了把握审美文化的理论之网，所获得的理论成果已经为进一步深化这一研究打下了基础。而理论范畴建构，正是这种学术研究开始由自为状态向自觉境界转化的具体表现，也是审美文化研究蓄势待发、将迎来一次质的飞跃的标志。

二

那么，怎样把握审美文化研究对象的特殊本质与特殊矛盾呢？要解决这一问题，先要厘清传统美学几个分支学科即哲学美学、文艺美学和心理美学的学科性质，对其研究对象、方法和社会意义与学术价值进行深入讨论，然后再跟审美文化研究进行科学比较，这样才有可能把握审美文化的个性特征，准确概括审美文化研究的学科品格。

对于审美文化研究的研究对象与学科特性，这些年来已经有一些学者提出看法。林同华的有关论述是较为系统的，他把文化看作人类行为及其产物的全部组成中的一部分，是通过社会传播的，在此意义上，他从“美学系统，即是美学文化系统，实质上，都是审美文化系统”这一基本看法出发，认为“美学文化学，就是审美文化学”[1]，而“美学文化学是美学与文化的结合体。这种结合并非一切文化模式与美学文化的组合，而是有其内在结构与外在形式要求的结合。……无论在各种文化模式的整体中，都有其内在和谐和审美的情感寄托。如果不拘泥于文化因素的形式，而注重其内在的神韵和特定流动的形式要素，那么，就很容易理解美学与文化学识如何在整体上会结合成一门新兴的学科”。[2] 林同华把审美文化学定位为美学与文化学的交叉研究，这个看法注意到了审美文化研究跟一般美学研究的区别，这一点值得充分肯定。同时，他提出美学与文化学结合并非简单的凑合，而是有内在规定性的，这种规定性在关系上是两者之间有“内在的和谐”，在内涵特征上是“审美的情感寄托”，这一看法也很有意义。但是，在对这样一个交叉研究的具体对象的分析中，林同华把他所主张的美学文化学看成是美学研究的特定对象，认为美学文化学应该包含三个层次：“第一个层次，是人类行为心理文化意识所产生的美学”，“第二个层次，是文学艺术文化所产生的美学”，“第三个层次，是人类文化哲学系统里的审美观问题”。[3] 这三个层次，其实都是美学研究的基本内容，如第一层次所指的“行为心理文化意识所产生的美学”，就是美学发生学的研究对象，因为任何审美意识、审美活动和美学思想都是在人类特定行为心理和文化意识的作用下形成的；第二层次所指的文学艺术，在传统美学研究中往往被看成人类审美活动的典范形式；而审美观问题是人类文化哲学系统的重要内涵，也是传统美学研究的基本问题。由于他在具体研究对象的把握上没有能够

[1]　林同华：《审美文化学》，东方出版社，1992 年，第 4 页。

[2]　林同华：《审美文化学》，东方出版社，1992 年，第 4—5 页。

[3]　林同华：《审美文化学》，东方出版社，1992 年，第 13—14 页。

把交叉研究的本质特征贯穿到底，这就导致把美学文化研究的交叉性销蚀掉了，实际上也就抹杀了审美文化研究的特殊矛盾与特殊本质。

夏之放《转型期的当代审美文化》一书中也对审美文化研究进行了考察，认为“审美文化是文化系统中的一个子系统，是文化整体中的一个层次或者层面，即文化系统的审美层面。审美文化不应当被简单地看成是文化家族的一个单独的成员，它附丽于诸文化形态之上，具有覆盖和跨越整个文化领域的一种特质。”[1] 夏之放把审美文化的内涵看成是附丽于各种文化系统中的审美特质，并认为审美文化研究把一般的文化客体纳入到审美文化领域而成为审美文化的对象，从审美层面来把握对象，从审美的角度来理解其意义。他接着指出：“我们研究审美文化时，应当注意首先从一般文化现象中把审美文化层面抽取出来，剥离出来，加以单独的考察和研究，才能确定审美文化的独特性质”；并且认为审美文化特质就是“人的审美活动”和“人与现实对象的审美关系”。夏之放对于审美文化特征的认识有独到之处，但是他对这一特征的具体把握，还是有待商榷的，因为无论是人的审美活动，还是人与现实的审美关系，都是美学原理研究的基本理论问题，如果审美文化研究解决的就是这样一些问题，它跟一般美学研究相比就没有什么特质了，这一学科的存在价值就很难彰显了。

林同华、夏之放是在审美文化研究刚刚兴起的时候，对这一问题进行的思考和探索有筚路蓝缕的开拓意义。余虹在2006年出版的《审美文化导论》，则是中国美学界对这一问题的较新认识。他根据英国学者雷蒙·威廉斯（Raymond Williams）的“文化主要是指表意或象

---

[1]　夏之放：《转型期的当代审美文化》，作家出版社，1996年，第52页。

征的体系”这一观点，认为：“‘审美文化’是一种介于感性、理性和神性之间的表意或象征体系，这便是它与纯粹的感性文化（如感性狂欢）以及纯粹的理性文化（如自然科学、社会科学、道德、法律）和纯粹的神性文化（如神学、宗教）区别开来。”[1] 审美文化有两大特点，一是与感性经验密切相关：“如果说理性的抽象和神性的冥思在使我们进入超感性世界的同时也使我们远离了活生生的感性世界，审美文化则使我们在与理性与神性的关联中始终保持着与感性世界的亲近，这便是审美文化最为根本而特有的价值。”二是和各种文化形态有复杂而深刻的联系：“审美文化总是和特定历史时期的宗教、政治、哲学、道德、科学、经济等领域纠缠在一起的。”[2] 余虹从文化表现形态及其相关性这两个角度阐释了审美文化的内涵和特质，确实有助于人们对审美文化的认识深化。但是，这一看法对于审美文化内涵的界定与特质的分析存在矛盾，前面说它“介于感性、理性和神性之间”，后面却把与感性的亲近看成最根本而特有的价值，这样阐述留下了令人费解的空间。

笔者认为，哲学美学或美学基本原理的理论研究，关注的是人类审美活动的一般性问题，它所探讨的基本问题就是人与现实的审美关系，也就是美与审美这两个基本问题。它主要包括对美的本质特征的哲学阐释，对美的基本样式与存在形态的类型学分析，对审美鉴赏与审美创造的人类学、文化学与心理学内涵的探究，以及有关提高人的审美能力的教育学研究。而完成这一任务的方法，要运用逻辑思辨对美与审美的本质属性与历史形态进行科学抽象，通过具体分析、阐释

[1] 余虹：《审美文化导论》，高等教育出版社，2006 年，第 8 页。
[2] 余虹：《审美文化导论》，高等教育出版社，2006 年，第 8—9 页。

的过程，去探寻美与审美这一社会形式与思想形式在交错、互动中表现出来的特殊本质与特殊矛盾，为人类的物质生产、艺术创造、社会生活与心灵世界向着更加美好的方向发展提供思想和理论上的指导。对美的问题进行哲学思辨，就是哲学美学的根本特征，正如彭富春指出的："哲学美学是关于美学基本问题的哲学思考，它将美学的基本问题置于哲学的基本问题之中。"[1]

文艺美学主要关注人类精神产品之艺术所具有的审美特质、审美价值，艺术作品的美对人的特殊作用，艺术创作、鉴赏活动如何按照美的规律展开，艺术美所产生的社会影响如何对人的精神世界与社会生活产生影响。文艺美学的研究内容主要包括对艺术美的本质特征和内在规律的研究，艺术美与现实生活中美与丑的辩证关系分析，人类在对艺术美的创造与鉴赏、接受与批评过程存在的内在规律的阐述，艺术的思想内容与表现形式之间完美统一的审美理想探求，以及各种艺术样式在创造与鉴赏过程中审美特点的揭示。它主要是通过对具体文艺作品的鉴赏、解读与分析、阐释，来达到把握艺术美的内在规律和本质特征的目的。胡经之对文艺美学与一般美学和诗学的比较，已经准确地阐明了这一学科的本质特征："文艺美学不像美学原理那样，侧重基本原理、范畴的探讨。但文艺美学也不像诗学那样，仅仅着眼于文艺的一般规律和内部特性的研究。文艺美学是将美学和诗学统一到人的诗意根基和人的感性审美生成上，透过艺术的创造、作品的阐释这一活动系统去看人自身审美体验的深拓和心灵境界的超越。"[2]

心理学美学则是从人的心理活动规律来探讨审美活动中特殊的心

---

[1]　彭富春：《哲学美学导论》，人民出版社，2005年，第4页。

[2]　胡经之：《文艺美学》，北京大学出版社，1999年，第2页。

理现象，力求把握审美活动中的心理活动表现形式及其内在规律，它运用现代心理科学知识与理论成果，揭示人类在审美心理结构，审视审美活动对于人的精神快感和身心健康的重要意义，探讨审美活动对于形成健康而优雅、坚强而有活力的人格特征的作用，关注审美调适在优化精神生活和心灵世界的意义和价值，分析不同类型的美与美感跟人的心理平衡的关系。心理学美学主要通过心理分析与实验的方法进行研究，随着心理科学迅速发展和社会对人的精神生活质量日益重视，心理学美学在近半个世纪得到了迅速发展。林同华把这门学科称之为“美学心理学”，但对于它的具体内涵的分析其实更符合心理学美学基本特性，他说：“应用现代心理学的概念显现的科学内涵，去区分、阐述历史上美学家所提出的审美心理范畴，这是揭示审美心理结构的必经之路。我们所以把它看成‘美学心理学’，就是因为它具有美学和心理学的双重性品格，是一门跨文化系统的新学科。”[1]在这里，心理学的知识结构和理论体系是作为美学研究的基本手段来看待的，而审美心理范畴、审美心理结构这些美学学科基本内容则是这一研究的中心，尤其是它所具有的美学和心理学的双重品格。因而，林同华对美学心理学的学科定位，用在心理学美学同样合适。

三

把范畴的构建看成审美文化研究的突破口，是这一研究深入发展的实际需要，是学术发展内在规律的必然要求。在当前的相关研究中，这一问题已经引起许多学者的重视和初步探讨。余虹在谈到审美

[1]　林同华：《美学心理学》，浙江人民出版社，1987年，第2页。

文化具有感性直观的特点时，列举了“风景、酷、帅、爽、秀、淡、雅、崇高、神圣”[1]等词语用来表达审美文化观念，正是这种探索的具体表现。这些概念表现出对时代特征和学科内涵的积极关注，但是，由于未能深入抓住审美文化的本质特征，没能从学科特殊的矛盾和特殊本质去揭示它的要害，因此还存在一些不足之处。在语言表达与内涵阐释方面，它们跟一般美学原理所说的审美范畴或审美形态相比，有当代特色，却没有在理论内涵上揭示出审美文化的本质特征。

审美文化研究的核心是从文化角度对审美活动进行理论分析，它运用实证分析与理论阐释相结合的研究方法，通过对历史和现实生活中的审美物态、审美现象、审美观念、审美理论及审美活动的文化内涵和文化价值的挖掘、解读与科学概括，揭示审美活动在人类文化系统中的独特地位及其特殊作用。因此，审美文化理论范畴的构建，首先应该以文化事象为切入点，从人类文化发展的高度对审美活动的历史与现状、审美产品的文化内涵及其在特定历史阶段的发展水平，进行整体性、社会性、历史性的微观分析与宏观阐释，通过科学抽象来掌握审美与人类生活的内在关系及其具体的运行方式，并由此提出能深刻反映审美文化研究内在规律的理论范畴。审美文化研究的范畴应该是从文化总体性出发，在考察人类物质生产与精神生产的相互联系与转化的过程中所形成的认识和掌握审美问题之网的网上纽结。可见，构建审美文化研究的范畴，其理论基点与核心就是审美活动中的文化问题，这正是它跟哲学美学、文艺美学与心理学美学的不同之处，也是这一学科得以成立的根本依据。其实，从文明发展的阶段性

[1] 余虹：《审美文化导论》，高等教育出版社，2006年，第8页。

来讨论物质文化的审美价值及其与其他文化要素的关系，早已引起马克思主义经典作家的重视。马克思认为："只要知道一个民族……的武器、工具或装饰品，就可以事先确定该民族的文明程度。"[1] 他通过对物质文化的美的生成、发展与具体表现的具体分析，揭示了作为实践主体的人在特定时代创造性劳动中所显示出来的人的本质力量的内涵与发展水平，揭示了隐藏在物质生活实用性需求之中的制度文化、精神文化以及民族心理结构的具体内容。这种历史唯物主义原则对于我们更准确地把握审美文化研究的本质特征，构建审美文化理论范畴，具有重要的启示性意义。

沿着这条思路，笔者认为审美文化研究在构建范畴的过程中应重视通过特定文化事象，挖掘蕴涵在其中的人性和人情，阐释凝聚在物质文化中的审美意蕴所包含的人的发展历程与发展方式，并且通过对不同文化形态的美的事物所显示的共同性与个别性的比较，探索美的事物对于民族文化心理结构的重要影响，从文化发生学的角度审视人的建造活动所体现的心理内容对于文明发展的影响。审美文化研究的范畴构建还应通过对物质文化的美及其多样而深邃意味的探究，去展示人类生动活泼、丰富多彩的精神生活及其呈现的人学意蕴，由此达到对人更加全面、深刻、准确的把握。这种从美的物态化表现的具体分析，上升到对人的本质、人的价值、人的存在的哲学思考，正是审美文化的人学特性的反映。可见，审美文化研究理论范畴的构建还有一个可供参考的思路，即从人与物的审美关系在历史进程与逻辑展开出发，在心灵世界与物质文化这一纵横交错的坐标系中，选取一些具

[1]　《马克思恩格斯全集》，第46卷上，人民出版社，1956年，第129页。

有特定意义的审美对象作为深入研究的点，通过这些点的文化阐释和心理分析，去展示人类精神世界与创造能力的发展历程与现实状貌，使审美文化研究成为更深刻认识人类本质力量的重要渠道。

构建审美文化研究理论范畴还应该认真借鉴文化人类学、艺术文化学与文化社会学的研究方法和理论成果，因为这些领域的研究跟审美文化有许多相通或者相关的地方，这些学科的研究对人的创造活动和社会生活、心灵世界高度关注，都重视从人类社会历史展开的过程中去考察文化的演进，通过对具体文化事象所包含人学意蕴的阐释，去探索人的深层本质与文化发展规律。如美国历史学派掌门人博厄斯（Franz Boas，1858—1942）接受了地理文化学派的理念，通过对美洲印第安人原始艺术及世界各文化传统的田野资料的深入分析，阐述了人类在原始艺术审美创造中呈现出来的区域与类型之间的特定关系；又如上世纪初兴起的文化人类学，通过对边远的非西方社会的审美活动的关注，探讨了这些社会类型中的艺术跟宗教、政治、经济等活动及具体社会生活语境的广泛联系。由此发展而来的当下艺术人类学更重视对艺术创造、流通、消费及其所植根的制度、所产生的影响的关注，而贯穿其中的社会学取向，可以成为审美文化范畴建构的参照系。特别是阐释人类学把艺术看作社会文化体系的组成部分，倡导用深描和充分尊重地方性知识的方法，尽可能追寻文化持有者眼界内的文化世界，从艺术品的符号表征特性建立起由艺术而反观其文化的认知结构和知识体系。这种学科借鉴，对于建构审美文化理论范畴肯定有重要的启迪作用。

作者单位：广东外语外贸大学

《学术研究》所载审美文化研究相关文章辑目

一、改革开放前的研究

《审美意识与创作方法——（创作方法札记之一）》李泽厚 /1963（6）

《资产阶级美学观点的艺术标本——〈北国江南〉的思想实质和美学思想解剖》萧殷、蓝宜 /1964（6）

《派克美学思想批判》李泽厚 /1965（4）

二、新方法影响下的研究

《美在连续值逻辑的桥梁上流动：用模糊数学研究美学的设想》刘君奇 /1985（5）

《浅议接受美学中的反馈思想》汤伟民 /1985（5）

《论审美的心理距离》潘智彪 /1985（5）

《萨特存在主义美学述评》张德兴 /1990（5）

《先秦美学的方法论意义》刘伟林 /1987（1）

《西方现代心理美学评价》彭立勋 /1996（12）

《〈周易〉的美学精义》袁振保 /1984（5）

《一个从玄学向美学转化的论题——论“言意之辨”对〈文心雕龙〉的影响》吴观澜 /1987（1）

《中国审美主体理论的发轫与道家哲学：曹丕“文气说”探源之一》李岚 /1988（3）

《有无之辨与自然雕饰之争——魏晋南北朝两种审美情趣的玄学根源》袁济喜 /1986（1）

《道家美学》杨煦生 /1990（1）

三、审美学的形上思考

《论自然美的社会性质》向翔 /1986（3）

《论“多向型”审美意识》蔡列 /1986（5）

《审美：精神文明的一个高层次领域》钟阳胜 /1986（6）

《西方古典美学“理想”范畴的研究》王强东 /1997（10）

《美学的精神》史可扬 /2000（4）

《论审美知觉的社会性》潘智彪 /2004（12）

《美育与人的审美需要》潘智彪 /2000（12）

《论审美活动的历史沉沦》刘士林 /2002（4）

《中国近代美育的发展》罗国萍 /1996（6）

《主体间性与中国美学的拓进之维》程金海 /2005（7）

《对美之意象的非对象化感知》邹元江 /2009（4）

《关于中国当代美学发展中的两个问题》劳承万 /1989（5）

《20 世纪中国审美主体研究纵论》彭立勋 /1999（4）

《西方近代美学思潮的主导精神和基本倾向》彭立勋 /2006（5）

《关于普列汉诺夫的“美感矛盾二重性”》何梓焜 /1987（4）

《中国现代美学史上的怪才——张竞生》陈望衡 /2000（12）

《反思美学中的实体论思维》陈静海 /2002（11）

《中西美育“净化”说之比较认知分析》庞跃辉 /2003（7）

《20 世纪五六十年代美学讨论之历史反思》章辉 /2003（11）

《从后现代的角度看柏拉图的艺术观》蓝国桥 /2004（5）

《走出实践美学二元对立思维的误区——兼与易中天、杨春时商榷》胡鹏林 /2004（11）

《叶维廉对道家美学抒情性的探寻》闫月珍 /2008（5）

《〈巴黎手稿〉与实践美学》章辉 /2006（12）

《论朱光潜的物甲物乙说与李泽厚积淀说的互补性》於贤德 /2007（6）

《论梁宗岱的审美批判个性：慎思明辨与诗性体悟》张仁香 /2007（6）

《梁漱溟关注身心关系的文艺学思想论析》高迎刚 /2007（2）

《20 世纪以来的自然美问题研究》杜学敏 /2008（10）

《康德“美是道德的象征”在先验体系中的构架性意义——兼论美学学科的道德形上形态》劳承万 /2008（7）

《论康德美学中的图式》胡明娥 /2009（2）

四、文艺美学的拓展

《论风格规律及其美学实践意义》贾益民 /1986（2）

《论风格构成的美学规律》贾益民 /1987（4）

《风格演变与艺术史的心理学思考》陶东风 /1989（5）

《从破体为文看古人审美的价值取向》吴承学 /1989（5）

《创作自由的矛盾二重性及审美特质》孔智光 /1985（5）

《中西灵感说与文化差异》饶芃子 /1992（1）

《佛教心性论对古代文艺创作心理学的启示》蒋述卓 /1992（1）

《论〈文心雕龙〉的逻辑体系》劳承万 /1991（4）

《司空图的审美图式论》孙汉生 /1993（3）

《论严羽的审美理想与时代的关系》韩湖初 /1988（5）

《严羽“不落言筌”说的美学内涵》吴大泽 /1985（6）

《“三外”说——司空图的诗鉴赏心理学》刘伟林 /1989（5）

《略论康有为的诗歌美学观》陈永标 /1993（6）

《中国古代鉴赏心理学论纲》李建中 /1994（10）

《接受美学与中国古代文论研究》樊宝英 /1997（5）

《关于文学鉴赏理论建构的思考》吴俊忠 /1998（7）

《审美理解：文学本体论》董馨 /1998（1）

《误读的美学意义》潘雅琴 /2000（6）

《审美形式：文学研究的独特视角》钟东 /2001（4）

《论意象的沉默姿势》费勇 /2000（8）

《论克尔凯郭尔绝望心理范畴的审美意义》刘慧姝 /2006（8）

《论中国现代文学悲剧意识的美学特征》王本朝 /1993（3）

《毛泽东的审美趣味》王济民 /1993（5）

《论宋词的感伤美》罗斯宁 /1994（6）

《宋诗“平淡”美的理论和实践》程杰 /1995（10）

《浪子词人柳永与正统君臣审美意识的冲突》张海鸥 /1997（3）

《苏轼文学观念中的清美意识》张海鸥 /2001（6）

《古典美学的拓展与突破——〈金瓶梅〉美学风貌论要》王坤 /2000（5）

《人情小说审美范式的确立——〈金瓶梅〉人物谱系归属研究》陈文新 /2003（5）

《论季语在俳句中的审美价值》陈红蕾 /2000（5）

《〈风流时代〉三部曲：喧嚣之下人性层面美的追寻》何楚熊 /2000（10）

《林逋咏梅在梅花审美认识史上的意义》程杰 /2001（7）

《明清小说评点山水画概念析》张世君 /2002（1）

《重新审视小说评点的审美阅读意义》高小康 /2005（10）

五、文艺美学学科问题研究

《关于文艺本质问题的思考提纲》陆一帆 /1991（5）

《再论社会心理是文艺反映现实的中介》陆一帆 /1992（3）

《对“社会心理是文艺与社会存在的中间环节”的一些理解》何梓焜 /1993（1）

《关于文艺批评标准的思考提纲》陆一帆 /1993（6）

《对《关于文艺批评标准的思考提纲》的思考》余富智 /1993（6）

《台湾香港刘熙载文艺美学思想研究述评》涂林祥 /2003（1）

《试论古代文论的“现代转换”》王元骧 /1997（1）

《审美意识形态论作为文艺学的第一原理》童庆炳 /2000（1）

《文学性的意识形态效应》董馨 /2005（8）

《现代中西方文艺理论学科基点研究》王坤 /2003（5）

《经典与文艺学学科生机的反思》王坤、蓝国桥 /2008（3）

《对当前文艺学学科建设之我见》张炯 /2004（2）

《论文学的多重本质》杨春时 /2004（1）

《重读马克思多种视角的文艺批评》柯汉琳 /2007（2）

《学科的自觉：全国文艺学博士点学科建设学术研讨会综述》南文 /1996（10）

《“文学理论与学科泛化”笔谈》李珺平、王钦峰、杨飏、蓝国

桥 /2008（10）

《文艺美学的反思："文艺美学在中国"研讨会侧记》刘绍瑾、李凤亮 /1999（12）

六、审美大众化研究

《论美学研究范围的自律与扩展》彭修艮 /1987（5）

《泛美—善文化与文学的浑沌》刘朝谦 /1990（6）

《推进审美文化研究的几个问题——面向 21 世纪的思考》李珺平 /1998(2)

《走向文化美学》胡经之 /2001（1）

《视觉文化的转向》周宪 /2004（2）

《"消费时代文化批评现状的反思"笔谈》蒋述卓主持 /2006（3）

《文化诗学的理念与追求》刘洪一 /2003（12）

《唐君毅的文化诗学》侯敏 /2004（8）

《文艺学、美学对消费主义挑战的回答》於贤德 /2006（6）

《程文超的文学研究与文化建构》陈伟军 /2006（10）

《论审美文化与社会之间的互动》潘智彪 /2006（4）

《后现代性与中国当代审美文化》彭立勋 /2007（9）

《从和谐审美文化把握和谐社会的文明演进》庞跃辉 /2005（3）

《从环境美学到城市美学》程相占、阿诺德·伯林特 /2009（5）

《本雅明文化批评"谋略"的启迪》黄春燕 /2005（7）

《论法兰克福学派大众文化理论的生成语境》赵勇 /2004（11）

《〈圣经〉的美学内容及其传统》陆扬 /1990（5）

《从童话看成人的文化想象》金莉莉 /2003（12）

《阿恩海姆的电影美学思想》史风华 /2005（10）

《新历史主义对新时期影视的影响》曾耀农 /2005（10）

《“第五代”电影 20 年来的文化态势》桂青山 /2004（2）

《中国作家介入当代影视文化的群体现象》梁振华 /2004（5）

《电子虚拟世界之传播本质》梅琼林 /2006（6）

《数字化操控时代的艺术作品》约斯·德·穆尔、吕和应 /2008（10）

《中国古代生命美学初探》余福智 /1996（4）

《种群文艺视角的可能研究空间》张开焱 /2003（9）

《中国古代美女的地域认同文化研究》蓝勇 /2008（2）

《西方主体论身体美学的诞生踪迹》王晓华 /2009（11）

《论旅游的美学本质》许宗元 /1997（4）

《中日菊花意象的人文涵义比较》王莲、谢建明 /2008（12）

《论夏代玉器的审美特征》朱志荣、石迪 /2009（3）

《谈流行文化审美精神的流失》朱寿桐、王晖 /2007（11）

七、审美文化范畴研究

《论城市美的形式特征》於贤德 /1996（12）

《审美现代性中的纨绔主义》陈瑞红 /2003（12）

《从视觉文化观点看时尚》周宪 /2005（4）

《都市规则与怀旧情绪——张欣小说读解》温宗军 /1999（2）

《从怀旧感看斯宾格勒的文化观》赵静蓉 /2006（4）

《世纪之交广东诗歌崛起的文化生态考察》向卫国 /2005（1）

《上海怀旧：对一种审美生活方式的向往》刘永丽 /2006（8）

《对当前艺术生活中“刻奇”现象的思考——从米兰·昆德拉谈

起》李珺平 /2007（9）

《构建范畴：深化审美文化研究的突破口》於贤德 /2008（9）

八、书评

《美学领域的新开拓——陆一帆著〈新美学原理〉评介》陈衡 /1984（4）

《劳承万的审美中介学研究——当代美学研究的新视向》刘伟林 /1992（4）

《评彭立勋〈美学的现代思考〉》程文超 /1998（7）

《探究审美生理基础的重大贡献：评黎乔立的〈审美新假说〉》王世德 /1994（2）

《词学探源与文化阐释——评〈宋代词学审美理想〉》吴国钦 /1995（12）

《改革尝试与学派的追求：评劳承万教授主编的〈文艺学美学丛书〉》申家仁 /1997（10）

《历史的探寻与美学的沉思——读饶芃子教授的〈比较诗学〉》陈涵平 /2002（7）

《诗性智慧的现代阐释——读劳承万的〈诗性智慧〉》刘士林 /2000（8）

《立意创新 史论结合：评陈永标教授〈中国近代文艺美学论稿〉》程国赋 /1995（4）

《〈文艺学多棱镜丛书〉述评》刘晓春 /2002（9）

《〈澄明美学〉的学术理念旨归》刘士林 /2004（1）

九、学术访谈

《东方诗学与东方批评：关于建设中国特色文艺学的对话》杜书瀛、毛峰 /1996（6）

《寻求现代化的历程与 20 世纪中国文艺理论：访博士导师朱立元教授》王命前 /1997（1）

《面向 21 世纪的比较文艺学——访博士导师饶芃子教授》李凤亮 /1999（7）